“十二五”职业教育国家规划教材修订版

高等职业教育数字艺术设计新形态一体化规划教材

CorelDRAW X8 中文版案例教程（第2版）

CorelDRAW X8 Zhongwenban Anli Jiaocheng

组　编　李　涛

主　编　吴丰盛　胡　明　付世平

副主编　吴桂芳　吴宝辉　王　玲　路玲娟　倪飞舟

高等教育出版社·北京

内容提要

本书是"十二五"职业教育国家规划教材修订版，也是高等职业教育数字艺术设计新形态一体化规划教材。

本书详细介绍了CorelDRAW X8的基础知识及其在平面设计各个领域中的应用。首先在基础知识部分向读者介绍了CorelDRAW X8的工作界面和基本操作，以及CorelDRAW X8中图形绘制的相关操作，然后通过多个经典案例详细剖析了CorelDRAW X8在DM广告设计、海报设计、图书封面设计、包装设计、VI设计、产品造型设计与UI设计等领域中的应用，同时在案例中整合了工具详解、行业知识、设计师经验等模块，旨在培养和提升读者的综合设计能力，使其尽快成为一名合格的设计者。

为了学习者能够快速且有效地掌握核心知识和技能，也方便教师采用更有效的传统方式教学，或者更新颖的线上线下的翻转课堂教学模式，本书配有49个微课，已在智慧职教平台（www.icve.com.cn）上线，学习者可登录网站进行学习，也可通过扫描书中的二维码观看微课视频或进入"即测即评"，随扫随学。此外，本书还提供了其他数字化课程教学资源，包括制作精良的电子课件（PPT）、习题答案、源素材等，可在智慧职教的网站资源展示页面下载。

本书可作为高职高专或应用型本科院校艺术设计类和计算机类专业相关课程的教材，也可以作为相关培训机构的教学用书或平面设计爱好者的自学用书。

图书在版编目（CIP）数据

CorelDRAW X8中文版案例教程 / 吴丰盛，胡明，付世平主编. --2版. -- 北京：高等教育出版社，2017.8（2019.1重印）

ISBN 978-7-04-047487-9

Ⅰ. ①C… Ⅱ. ①吴… ②胡… ③付… Ⅲ. ①图形软件－高等职业教育－教材 Ⅳ. ①TP391.413

中国版本图书馆CIP数据核字（2017）第039090号

策划编辑 张 维　　责任编辑 许兴瑜　　封面设计 杨立新　　版式设计 马 云
责任校对 刘娟娟　　责任印制 耿 轩

出版发行	高等教育出版社	网　址	http://www.hep.edu.cn
社　址	北京市西城区德外大街4号		http://www.hep.com.cn
邮政编码	100120	网上订购	http://www.hepmall.com.cn
印　刷	北京鑫海金澳胶印有限公司		http://www.hepmall.com
开　本	787mm×1092mm　1/16		http://www.hepmall.cn
印　张	17	版　次	2015年1月第1版
字　数	450千字		2017年8月第2版
购书热线	010-58581118	印　次	2019年1月第2次印刷
咨询电话	400-810-0598	定　价	49.80元

物 料 号　47487-00

智慧职教服务指南

基于“智慧职教”开发和应用的新形态一体化教材，素材丰富、资源立体，教师在备课中不断创造，学生在学习中享受过程，新旧媒体的融合生动演绎了教学内容，线上线下的平台支撑创新了教学方法，可完美打造优化教学流程、提高教学效果的“智慧课堂”。

“智慧职教”是由高等教育出版社建设和运营的职业教育数字教学资源共建共享平台和在线教学服务平台，包括职业教育数字化学习中心（www.icve.com.cn）、职教云（zjy.icve.com.cn）和云课堂（APP）三个组件。其中：

• 职业教育数字化学习中心为学习者提供了包括“职业教育专业教学资源库”项目建设成果在内的大规模在线开放课程的展示学习。

• 职教云实现学习中心资源的共享，可构建适合学校和班级的小规模专属在线课程（SPOC）教学平台。

• 云课堂是对职教云的教学应用，可开展混合式教学，是以课堂互动性、参与感为重点贯穿课前、课中、课后的移动学习APP工具。

“智慧课堂”具体实现路径如下：

1.基本教学资源的便捷获取

职业教育数字化学习中心为教师提供了丰富的数字化课程教学资源，包括与本书配套的电子课件（PPT）、微课、动画、教学案例、实验视频、习题及答案等。未在www.icve.com.cn网站注册的用户，请先注册。用户登录后，在首页或“课程”频道搜索本书对应课程“CorelDRAW X8 中文版案例教程”，即可进入课程进行在线学习或资源下载。

2.个性化SPOC的重构

教师若想开通职教云SPOC空间，可将院校名称、姓名、院系、手机号码、课程信息、书号等发至1548103297@qq.com（邮件标题格式：课程名+学校+姓名+SPOC申请），审核通过后，即可开通专属云空间。教师可根据本校的教学需求，通过示范课程调用及个性化改造，快捷构建自己的SPOC，也可灵活调用资源库资源和自有资源新建课程。

3.云课堂APP的移动应用

云课堂APP无缝对接职教云，是“互联网+”时代的课堂互动教学工具，支持无线投屏、手势签到、随堂测验、课堂提问、讨论答疑、头脑风暴、电子白板、课业分享等，帮助激活课堂，教学相长。

系列教材序言——奔赴未来

一件好的作品，技术决定下限，审美决定上限。技法的训练如铁杵磨针，日久方见功力；美感的培养则需博观约取，厚积才能薄发。优秀的作品哪怕表面上只有寥寥几笔，背后却蕴含着创作者的眼界、经历和见地。而正是艺术，让人脱颖而出。

这是个充满机会的世界，作为艺术设计类学科的莘莘学子，用面向未来的知识武装自己的头脑，做一个有着丰沛热情且敢于实践的人，你将永远不缺少舞台。而我们这些先行者，只是将我们仅有的一些经验传授给读者，希望读者可以站得更高，视野更远。

在本套教材构思之初，通过高等教育出版社汇集多位一线设计师和教师进行的历次研讨，我们发现在知识爆炸的时代，使学生每天面对那么多故作高深的专业词汇和不知缘由的操作指令决非培养学习兴趣的有效方法。我们真正需要做的是建立适合自身的数字艺术知识体系，这不仅需要掌握操作方法，更需要知道如何合理地运用知识和技术。

所以，我们决定不做庞大而主次不分的百科全书式教材，同时也极力避免软件说明或案例罗列式的教学姿态。在技能梳理上我们秉承“少即多，多则惑”的理念，力求更加简洁、系统、复合，将传授“方法”作为本套教材的核心，最终“磨”出了这套教材。希望呈现在读者眼前的这套教材最终能够符合构思它的初衷和本心。

数字艺术相关知识涉猎广、范畴大，为了拓宽读者的知识面，我们建立了艺术类在线教育平台“高高手”（www.gogoup.com），汇聚了相关领域的各路高手进行分享切磋。阿尔文·托夫勒曾说过：21 世纪的文盲不是那些不会读写的人，而是那些不会学习、摒弃已学内容并不再学习的人。也许，我们都该摒弃浮躁，静下心来，脚踏实地地努力学习属于自己的新技能，做一个新时代的水手，奔赴所有尚未到达的码头。

系列教材组编　李涛

于北京

我要提问

www.liangzhishu.com/ask/

第2版前言

本书内容

第1版教材《数字艺术设计精品规划教材》是“十二五”职业教育国家规划教材，因其任务驱动式编写思想，“教、学、做”一体化的立体模式而获得了艺术设计教育界和广大艺术设计爱好者的一致好评。随着软件版本的不断更新和设计内容的不断丰富，为了更加全面地满足广大读者朋友的学习要求，决定在第1版的基础上进行修订和升级。

本次修订主要内容

1.软件版本由CorelDRAW X5版本升级为CorelDRAW X8版本。

2.重新调整了内容结构，使其更加合理。

3.对原来的教学案例进行调整和替换，使其更符合当下的教学需求。针对新增的设计内容，增加了新的教学案例。

4.丰富了配套实训和课后练习，新增了部分教学课件。

5.为了适应新的教学形式，配备了Abook数字课程（http://abook.hep.com.cn）。本书的实例、素材均可下载。

配套教学资源

本书提供了立体化教学资源，包括教学课件（PPT）、高质量教学视频、案例和拓展训练的素材及源文件、课后练习答案、行业和企业考证模拟题及答案等。教学视频以二维码形式在书中相应位置出现，随扫随学，以强化学习效果。通过众多的配套资源，希望能为广大师生在“教”与“学”之间铺垫出一条更加平坦的道路，力求使每一位学习本书的读者均可达到一定的职业技能水平。

本书由吴丰盛、胡明、付世平担任主编，吴桂芳、吴宝辉、王玲、路玲娟、倪飞舟担任副主编，参与编写的还有凌兴向、石国银、侯楚著、郭晓霞、卢景峰、闵文婷、陶洪建等人。由于时间仓促，疏漏之处在所难免，恳请广大读者批评指正。

编 者

2017年7月

第1版前言

关于 CorelDRAW

CorelDRAW是由世界顶尖软件公司之一的加拿大Corel公司开发的一款图形图像软件，其非凡的设计功能广泛地应用于商标设计、模型绘制、插图描画、排版及分色输出等诸多领域。用于商业设计和美术设计的PC上几乎都安装了CorelDRAW。学习CorelDRAW除了可以掌握其强大的功能外，还能极大地提高读者对数字艺术设计的兴趣。作为一种创作手段，它可以帮助设计者从一个全新的角度看待问题，也为开拓更为广阔的想象空间提供了必要的技术条件。因此无论在易用性还是应用的普遍性上，CorelDRAW对于设计师来说都有着非同一般的重要性。

与以往版本相比，CorelDRAW X5具有50多项新增功能和增强功能，包括资产管理、颜色管理和Web图形等主要增强功能，以及各种学习资源和其他一些前所未有的内容，从而使设计者的工作流程更为高效和灵活。

本书内容

本书从理论到案例都进行了较详尽的叙述，内容由浅入深，全面覆盖了CorelDRAW X5的基础知识及其在相关各行业中的应用。10多个精彩设计案例融入了作者丰富的设计经验和教学心得，旨在帮助读者全方位了解行业规范、设计原则和表现手法，提高实战能力，以灵活应对不同的工作需求。整个学习流程联系紧密、环环相扣、一气呵成，让读者在轻松的学习过程中享受成功的乐趣。

全书共分为8章，第1章讲解了CorelDRAW X5的基础知识和基本操作；第2章具体介绍了CorelDRAW X5中图形绘制的相关操作；第3～8章介绍了多个平面设计应用领域的基础知识和经典案例，包括DM广告设计、海报设计、图书封面设计、包装设计、VI设计、产品造型设计，使读者能够较为全面地掌握各个平面设计领域的行业需求和专业技能，提升市场意识，并提高对CorelDRAW软件综合运用的能力。

配套教学资源

本书提供了立体化教学资源，包括教学课件（PPT）、高质量教学视频、案例和拓展训练的素材及结果、课后练习答案、行业和企业认证模拟题等，其中教学视频、案例和拓展训练的素材及结果存放于DVD光盘中，教学课件、课后练习答案、行业和企业认证模拟题请联系编辑获取（1548103297@qq.com）。DVD光盘中的教学视频与书中内容一一对应，对于一些操作性较强的部分，大家可以通过观看视频来加深印象。光盘所附的教学视频只限于个人学习，我们欢迎大家在小范围内与朋友共享，但请不要复制和传播光盘中的内容。如有培训机构或其他商业组织需要使用光盘中的教学视频，可联系作者购买授权版本。

本书由胡明、杜娟任主编，吴桂芳、王玲、路玲娟任副主编，参与编写的还有石国银、郭晓霞、张莉丽、凌兴向、魏云柯等人。由于时间仓促，疏漏之处在所难免，恳请广大读者批评指正，以便修订时更加完善。

编 者

2014年10月

案例教学设计

实践●提高

3.3

● 难易程度

★★★★

房地产广告设计

项目创设

本案例将设计并制作房地产广告。制作的广告页面色调醒目、视觉传达效果突出，便于记忆，最终效果如图3-4所示。

制作思路

首先利用不同的工具和命令制作出房地产广告的背景效果，然后导入相应的素材文件，最后利用“文字”工具绘制出宣传语及地产信息。

图 3-4

素材：素材与源文件\Chapter 3\3.3\素材
视频：教学视频\3.3 房地产广告设计.f4v

案例制作步骤

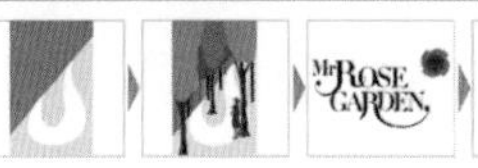

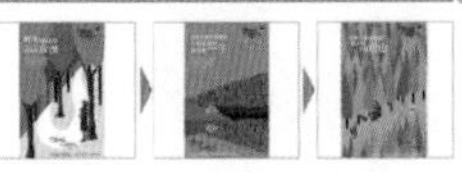

14 绘制LOGO图形

点击工具箱中的“椭圆形”工具，按住键盘“Ctrl”键和鼠标左键不放，然后拖动鼠标，在空白区域绘制一个正圆形，效果如图3-19所示。

15 绘制饼图

选中上一步绘制的正圆形，在“椭圆形”工具属性栏中选择“绘制饼图”，并设置“旋转角度”为21.136°、“起始和结束角度”为180°，效果及参数设置如图3-20所示。

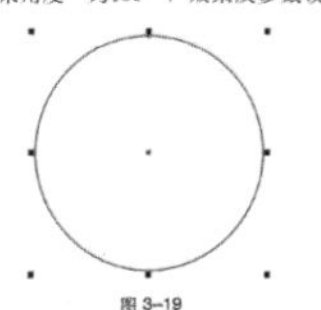

图 3-19

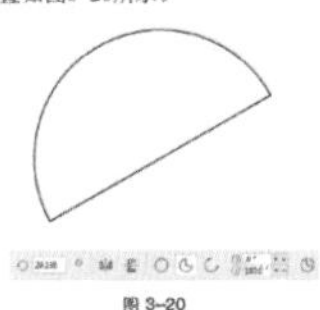

图 3-20

16 填充颜色

选择工具箱中的“交互式填充”工具，为绘制的饼图填充颜色，效果及参数设置如图3-21所示。

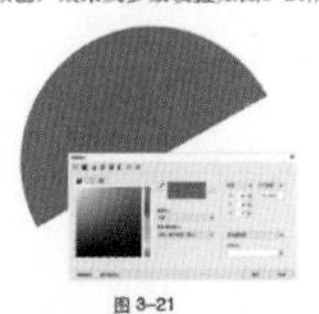

图 3-21

图 3-22

17 绘制其他图形

利用步骤15-16的制作方法，绘制另外三个旋转角度不同的饼图，并将绘制完成的四个饼图放置在一起组合，效果及参数设置如图3-22所示。

18 调整位置并组合

将绘制完成的四个饼图放置在相应位置，并对四个图形进行编组，效果如图3-23所示。

图 3-23

工具详解

锁定对象

在调整其他对象时，锁定的对象会不受影响。选中需要锁定的对象，选择“对象”→“锁定”→“锁定对象”菜单命令，此时该对象的周围会显示锁图标，由此来反映当前的对象是锁定状态。

如果需要对该对象进行解锁，可以选择“对象”→“锁定”→“解除锁定对象”菜单命令将其解除锁定。如果页面中包含多个被锁定的对象，可以选择“排列”→“对所有对象解锁”菜单命令，来完成对象的解锁。

对象被锁定状态

行业知识

书籍封面设计的要点

1.平面构图

对封面设计构图起决定作用的因素是平面分割。分割是一种重要的构图方法，可将组成画面整体的各个部分进行最佳的配置，如果处理得当，会给构图带来主题清晰、层次分明的艺术效果。

平面分割的变化是无穷无尽的，罗列式的构图则显得烦琐臃肿。平面构图的一个重要特点就是装饰性，该特点对构图以及形象塑造有着直接的关系。封面设计是装饰性的艺术，构图必须考虑怎样对所要塑造的艺术形象进行装

设计师经验

CorelDRAW常用技巧

1.快速复制色彩和属性

给图像添色的一般方法就是选择对象，单击右边的调色板中的颜色图标。若给轮廓添色，就是右键单击颜色图标，或者是选择工具箱中的颜色工具和轮廓颜色工具。在CorelDRAW软件中，给群组中的单个对象着色的最快捷的方法是把调色板中的颜色直接拖到对象上。同样的道理，复制属性到群组中单个对象的捷径是在用户拖动对象时按住鼠标右键，当用户释放鼠标时，程序会弹出一个右键快捷菜单，在菜单中选择

拓展训练——酒店宣传三折页设计

利用本节中制作的请柬广告折页的相关知识，按照配套光盘中提供的素材文件制作出“酒店宣传三折页”，最终的效果如图3-156所示。

封面

内页

图 3-156

- 技术盘点：“贝塞尔”工具、“椭圆形”工具、“矩形”工具、“文本”工具、“2点线”工具、图框精确剪裁。
- 素材文件：配套光盘中的“素材与源文件\Chapter 3\3.4\拓展训练\酒店宣传三折页设计.cdr”。
- 制作分析：

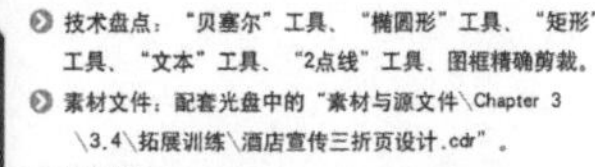

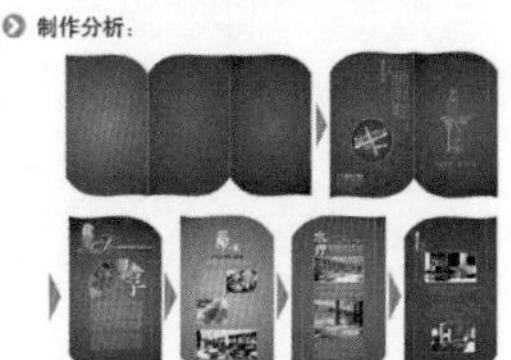

[项目创设]　描述工作情境，明确项目应达到的能力目标，并进行项目分析。

[制作思路]　进行任务分解，提炼出制作的重点步骤。

[随扫随学]　微课在书页中以二维码方式呈现，随扫随学。

[资源介绍]　向读者指明案例的素材文件和教学视频文件在光盘中的位置。

[图解步骤]　通过图片方式展示项目的制作步骤，使读者对项目有更直观的认识。

[工具详解]　针对一些重要工具进行深入介绍，让读者更全面地掌握该工具的使用方法和技巧。

[行业知识]　紧扣项目制作流程，介绍相关行业中的一些常识和经验，让读者增加对行业的了解。

[设计师经验]　向读者介绍设计师的从业经验，帮助读者更合理、高效地完成项目制作。

[拓展训练]　让读者自己动手进行职场操练，以此来巩固和提高学习效果。

Chapter 1 初识CorelDRAW X8

Chapter 2 CorelDRAW X8 中的图形绘制

Chapter 3 DM广告设计

Chapter 4 海报设计

Chapter 5 图书封面设计

Chapter 6 包装设计

Chapter 7 VI设计

Chapter 8 产品造型设计与UI设计

Chapter 1

初识CorelDRAW X8

CorelDRAW X8是一款优秀的图形设计软件，具有强大的图形绘制与编辑功能，在VI设计、平面广告设计、产品包装设计、印刷品排版设计、插画设计、工业造型设计和网页制作等方面的应用非常广泛。本章主要针对CorelDRAW X8的应用领域、工作界面、工作环境、基本操作以及图像基础知识等几个方面进行详细介绍。

	学习内容 \ 学习目标	了解	掌握	应用	重点知识
学习要求	CorelDRAW X8的应用领域	☺			
	图像的分辨率	☺			
	图像的色彩模式	☺			
	CorelDRAW X8的工作界面		☺		
	视图的基本操作			☺	
	对象的基本操作			☺	

1.1 CorelDRAW X8的应用领域

CorelDRAW X8是一款专业的矢量绘图软件,具有强大的图形绘制和文字编辑功能，常运用于平面广告设计、装帧设计、VI设计、包装设计、界面设计、文字排版和插画设计等平面设计领域。

1. 平面广告设计

平面广告设计是当前设计界中最普遍的设计项目，也是CorelDRAW应用最为广泛的领域。无论是用户正在阅读的图书封面，还是在大街上看到的招贴、海报等，这些平面印刷品基本上都需要使用CorelDRAW软件对其进行处理。该软件完善的绘图功能，在平面广告设计中也发挥着巨大的作用，是制作平面广告设计过程中不可缺少的绘图软件。如图1–1所示是应用CorelDRAW X8完成的平面广告作品。

2. 装帧设计

CorelDRAW在印刷行业中也可以完成设计排版的工作，它可以将提供的素材文件通过编辑得到特殊的图形效果。应用这一特性，用户可以将图形与文字相结合，从而制作出精美的版面效果，轻松地完成书籍装帧设计。除此之外，该软件还可以将文字及图形通过编排而完成如画册和折页之类的设计工作。如图1–2所示是应用CorelDRAW X8完成的画册作品。

图 1–1

图 1–2

3. VI设计

在设计VI（Visual Identity，视觉识别）企业视觉识别系统的过程中，使用CorelDRAW远远要比其他软件方便、快捷。它提供了强大的编辑曲线功能，常用于相关的VI设计制作。用户可将编辑后的标志或图形放在合适位置上，从而制作出VI的具体应用图形。例如，将标志图形放置到办公用品中，进行办公系统设计；应用曲线的细致调整功能，制作出标志的细节效果，并与文字共同组成标志设计，如图1–3所示。

图 1–3

4. 包装设计

包装设计包含了设计领域中的平面构成、立体构成、文字构成、色彩构成及插图、摄影等，是一门综合性很强的设计专业学科。包装设计也可以通过CorelDRAW来实现，通过曲线的编辑功能及填充图形功能编辑包装中的各个区域，然后组合成最终效果。用户也可以使用此方法来设计包装盒，并通过添加细节部分的图形和文字来说明产品的特点，从而得到包装盒的效果。如图1–4所示为设计的手提袋效果。

5. 界面设计

界面设计是一个新兴的领域，已经受到越来越多的软件企业及开发者的重视，虽然暂时还未成为一种全新的职业，但相信不久就会出现专业的界面设计师。由于当前还没有用于界面设计的专业软件，因此绝大多数设计者使用的都是CorelDRAW，再加上网络的普及，使该软件成为设计者需要掌握绘图软件的一个重要原因。如图1–5所示为使用CorelDRAW X8完成的手机界面设计。

图 1–4

图 1–5

6. 文字排版

CorelDRAW绘图软件在排版设计中最广泛的应用就是字体和图案的排版。CorelDRAW可以无限缩放文字的大小，并通过编辑文字制作特殊的曲线，从而编辑出满意的效果。因此，大多数广告公司都用CorelDRAW绘图软件进行宣传资料及杂志封面、内页的处理。如图1–6所示为使用CorelDRAW X8完成的杂志内页的排版设计。

7. 插画设计

插画具有悠久的历史，作为一种传统的艺术形式，其概念也比较宽泛。使用CorelDRAW绘图软件设计并制作插画不仅可以表现出插画的写实风格，而且还能区别于矢量风格的插画。写实风格是利用CorelDRAW绘制真实人物的方法来突出表现这类图形的逼真效果以及立体感，而矢量风格则是将插画中的各个区域应用编辑曲线法绘制出来后，再将各个图形填充上大面积单一的颜色。如图1–7所示为绘制的矢量动漫插画效果。

图 1–6

图 1–7

1.2 CorelDRAW X8中的图像概念

图像是以数字方式来记录、处理和保存的文件，有时也称为数字化图像。CorelDRAW X8中的图像有两种类型，分别是矢量图像与位图图像。这两种类型的图像有着各自的优点与缺点，也各具特色，而且它们能够弥补对方的不足。因此，在对图像进行处理时，需要将这两种类型的图像交叉使用，这样才能得到良好的效果。

1.2.1 矢量图像

1. 矢量图像的概念及特性

矢量图像是以数学的矢量方式来记录图像内容的，它存储的数据称为矢量数据。矢量图像的内容以线条和色彩为主。例如，一个图像的数据需要记录4个端点的坐标、图像的颜色等，因此这种矢量文件所占的空间很小，所以很容易进行放大、缩小或旋转等操作，而且不会失真。目前，制作矢量图像的软件很多，主要包括Flash、Illustrator、CorelDRAW等。对于在各种输出媒体中按照不同大小使用的图稿（如Logo、图标等），矢量图像是最佳选择。矢量图像的缺点是，无法表现出位图图像所能够呈现的丰富的颜色变化和细腻的色调过渡效果，以及放大后不能如位图图像般显示出清晰的线条，如图1–8所示。

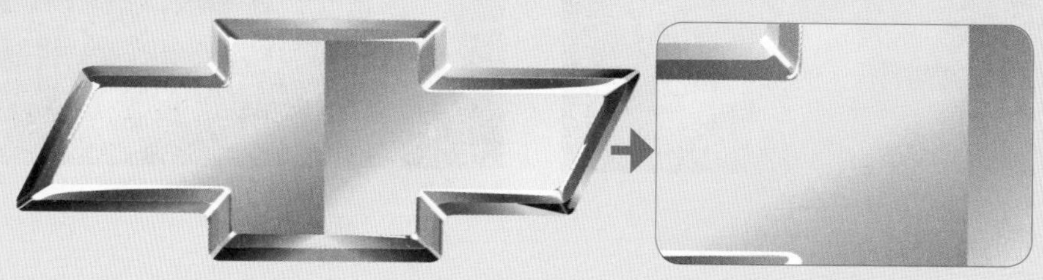

图 1–8

CorelDRAW X8的主要功能就是对矢量图像进行制作和编辑，并且能够对位图图像进行处理，还支持矢量图与位图之间的相互转换。

> **技巧 提示**
>
> 矢量图像有一个致命的缺点就是，很难制作出颜色丰富且变化多样的图像，绘制出来的图形无法呈现出逼真的效果。

2. 矢量图像的文件格式

矢量图像的格式很多，如AI、EPS、SVG、DWG、CDR、WMF等。当打开某个图像文件时，程序会根据每个对象的代数式计算出这个对象的属性并显示出来。编辑这样图像的软件也称为矢量图像编辑器。

3. 矢量图像的文件特点

矢量图像具有以下4个特点。

① 可以无限放大图像中的细节，不用担心会由于失真而出现马赛克现象。

② 对于一般线条的图像和卡通图像，存储成矢量图文件比存储成位图文件的容量要小很多。

③ 存盘后的文件大小与图像中对象个数和每个对象的复杂程度成正比，而与图像面积和色彩的丰富程度无关。所谓复杂程序的对象，是指对象结构的复杂度，如五角星比矩形复杂，一条任意的曲线比一条直线复杂。

④ 矢量图可以被方便地转化为位图，而将位图转化为矢量图就需要经过复杂而庞大的数据处理，并且生成的矢量图质量无法和原来的图像质量相比。

1.2.2 位图图像

1. 位图的概念

位图也称为栅格图像，最基本的单位是像素，像素呈方块状，因此，位图是由许许多多的小方块组成的。位图图像的特点是可以表现出色彩的变化和颜色的细微过渡，从而产生逼真的效果，并且很容易在不同的软件之间交换使用。使用数码相机拍摄的照片、通过扫描仪扫描的图片都属于位图。

在保存位图图像时，系统需要记录每一个像素的位置和颜色值，因此，位图所占的存储空间比较大。另外，由于受到分辨率的制约，位图图像包含固定的像素数量，在对其进行旋转或者缩放时很容易产生锯齿，如图1-9所示。如果想要观察像素，可以使用“缩放”工具在位图上连续单击，将位图放大至最大的缩放级别即可。最典型的位图处理软件就是Photoshop。

图 1–9

2. 位图文件的格式

位图文件的格式很多，最常见的有BMP、GIF、JPG、TIF、PSD。将同样的图像分别存储为以上几种文件格式时，文件的字节数会有一些差别，尤其是JPG格式的图像，该格式的图像经过了复杂的压缩算法，大小只有BMP格式的1/20～1/35。

3. 位图文件的特点

位图文件的特点如下。

① 图像的面积越大，文件的字节数越多。

② 图像的色彩越丰富，文件的字节数越多。

以上这些特点是所有位图所共有的，这种图像表达方式很像初中数学课所讲的在坐标轴上逐点描绘的函数图形，虽然可以把图形描绘得很漂亮，但用放大镜看这个函数图形的局部时，就是一个个粗糙的点。

1.2.3 图像的分辨率

无论是计算机屏幕的显示比率，还是DVD、VCD等光盘产品的效果比率，都涉及一个概念——分辨率，它是指单位长度内所含有的点（即像素）的多少。

1. 图像分辨率

图像分辨率就是指每英寸图像内有多少个像素，分辨率的单位为dpi，例如，100dpi就表示该图像每平方英寸含有100×100个像素。当然，使用不同的单位计算出的分辨率数值是不同的，以厘米为单位计算出的分辨率比以英寸为单位的分辨率数值要小得多。分辨率的大小直接影响到图像的质量，分辨率越高，图像越清晰，反之越模糊。不同分辨率的图像效果如图1-10所示。在对图像进行处理的过程中，应该针对不同的用途设置不同的分辨率，这样才能更经济、更有效地制作出高品质的图像。

2. 设备分辨率

设备分辨率是指单位输出长度所代表的像素个数。它与图像分辨率的不同之处是，图像分辨率可以更改，而设备分辨率不可以更改。如常见的计算机显示器、扫描仪、数码相机等，这些设备都有自己的固定分辨率。

3．屏幕分辨率

屏幕分辨率是指在打印灰度级图像或分色图像所用的网屏上的每英寸的点数，它是以每英寸有多少行来测量的。

4．位分辨率

位分辨率可用来衡量每个像素存储的信息位元数。该分辨率决定在图像的每个像素中存放多少颜色信息。例如，一个24位的RBG图像，即表示其R、G、B均使用8位，三者之和为24位。

5．输出分辨率

输出分辨率是指输出设备在输出图像时每英寸所产生的点数或像素数。输出分辨率主要描述图像输出时的效果，输出分辨率越大，则图像效果越好。只有对图像认识清楚，才可以在制作中采用合适的软件，才可以用尽量简单的设备制作出高品质的图像，才可以花最少的精力实现最好的效果。

技巧 提示

图像的尺寸大小、图像的分辨率和图像的文件大小之间有着密切的联系。分辨率相同的图像，如果尺寸不同，文件大小也不同。尺寸越大，文件也就越大。同样，增加图像的分辨率，也会使图像文件变大。这三者构成了函数关系，由任意两者可以求出第三者。

图 1–10

1.2.4 图像的色彩模式

在进行图形图像处理时，色彩模式以建立好的描述和重现色彩的模型为基础，每一种模式都有它自己的特点和适用范围，用户可以按照制作要求来确定色彩模式，并且可以根据需要在不同的色彩模式之间转换。下面介绍一些常用色彩模式的概念。

1．RGB色彩模式

自然界中绝大部分的可见光谱可以用红、绿和蓝3种色光按不同比例和强度的混合来表示。RGB分别代表着3种颜色：R代表红色、G代表绿色、B代表蓝色。RGB模型也称为加色模型，通常用于光照、视频和屏幕图像编辑。RGB色彩模式使用RGB模型为图像中每一个像素的RGB分量进行分配（除了0和255）；白色的R、G、B值都为255；黑色的R、G、B值都为0。RGB图像只使用3种颜色，就可以使它们按照不同的比例混合，从而在屏幕上呈现16 581 375种颜色。

2．CMYK色彩模式

CMYK色彩模式以打印油墨在纸张上的光线吸收特性为基础，图像中每个像素都是由青色（C）、洋红（M）、黄色（Y）和黑色（K）按照不同比例合成的。每个像素的每种印刷油墨会被分配一个百分比值，较亮（高光）的颜色分配较低的印刷油墨颜色百分比值，较暗（暗调）的颜色分配较高的百分比值。例如，明亮的红色可能会包含2%青色、93%洋红、90%黄色和0%黑色。在CMYK图像中，当4种分量的值都是0%时，就会产生纯白色。在制作使用印刷色打印的图像时，要使用CMYK色彩模式。

3. HSB色彩模式

HSB色彩模式是根据日常生活中人眼的视觉特征而制定的一套色彩模式，最接近人类对色彩辨认的思考方式。HSB色彩模式以色相（H）、饱和度（S）和亮度（B）描述颜色的基本特征。色相是指从物体反射或透过物体传播的颜色。在0°～360°的标准色轮上，色相是按位置计量的。在通常的使用中，色相由颜色名称标识，如红色、橙色或绿色。饱和度是指颜色的强度或纯度，用色相中灰色成分所占的比例来表示，0%为纯灰色，100%为完全饱和。在标准色轮上，从中心位置到边缘位置的饱和度是递增的。亮度是指颜色的相对明暗程度，通常将0%定义为黑色，100%定义为白色。HSB色彩模式比前面介绍的两种色彩模式更容易理解。由于设备的限制，在计算机屏幕上显示时要转换为RGB色彩模式，打印输出时要转换为CMYK色彩模式，这在一定程度上限制了HSB色彩模式的使用。

4. Lab色彩模式

Lab色彩模式由光度分量（L）和两个色度分量组成，这两个分量即a分量（从绿到红）和b分量（从蓝到黄）。Lab色彩模式与设备无关，不管使用什么设备（如显示器、打印机或扫描仪）创建或输出图像，这种色彩模式产生的颜色都保持一致。Lab色彩模式通常用于处理Photo CD（照片光盘）图像，单独编辑图像中的亮度和颜色值，在不同系统间转移图像以及打印到PostScript（R）Level 2和Level 3打印机。

5. 索引色彩模式

索引色彩模式最多使用256种颜色，当将图像转换为索引色彩模式时，通常会构建一个调色板，用于存放并索引图像中的颜色。如果原图像中的一种颜色没有出现在调色板中，则程序会选取已有颜色中最相近的颜色模拟该种颜色。在索引色彩模式下，限制调色板中颜色的数目可以减小文件大小，同时保持视觉上的品质不变。网页中常常需要使用索引色彩模式的图像。

6. 位图色彩模式

位图色彩模式的图像是由黑色与白色两种像素组成的，像素用位来表示。位只有两种状态：0表示有点，1表示无点。位图色彩模式主要用于早期不能识别颜色和灰度的设备。如果需要表示灰度，则需要通过点的抖动来模拟。位图色彩模式通常用于文字识别，如果扫描需要使用OCR（光学文字识别）技术识别的图像文件，则需将图像转化为位图色彩模式。

7. 灰度色彩模式

灰度色彩模式最多使用256级灰度来表现图像，图像中的每个像素有一个0（黑色）～255（白色）之间的亮度值。灰度值也可以用黑色油墨覆盖的百分比来表示（0%表示白色，100%表示黑色）。将彩色图像转换为灰度色彩模式的图像时，会去除原图像中所有的色彩信息。与位图色彩模式相比，灰度色彩模式能够更好地表现高品质的图像效果。需要注意的是，尽管一些图像处理软件允许将一个灰度色彩模式的图像重新转换为彩色模式的图像，但转换后不可能将原先丢失的颜色恢复，只能为图像重新上色。所以，在将彩色模式的图像转换为灰度色彩模式的图像时，应保留备份文件。

1.3 CorelDRAW X8的基本操作

在进入CorelDRAW X8的学习之前，首先要对CorelDRAW X8的一些基本设置和操作有一个初步的了解。本节将围绕工作界面、文件管理、页面设置、视图模式及对象的基本操作几个方面详细讲解CorelDRAW X8的基本操作。

1.3.1 CorelDRAW X8的工作界面

CorelDRAW X8在绘图、设计制作、编辑合成、输入输出、网页制作和发布等领域占据了非常重要的位置。CorelDRAW X8的工作界面主要由菜单栏、标准工具栏、属性栏、工具箱、标尺、绘图页面和默认调色板等组成，如图1-11所示。

图 1-11

菜单栏：集合了CorelDRAW X8中文版的所有命令，并且分门别类地放置在不同的菜单中，以供用户选择使用。CorelDRAW X8提供了12个菜单，每个菜单都包含了子菜单命令。

标准工具栏：包括了最常用的工具，可帮助用户轻松地完成最基本的操作任务。

属性栏：当选择工具箱中的相应工具时，属性栏上会显示该工具的控制选项。默认情况下，属性栏上会显示页面设置的相关选项。

工具箱：分类存放着CorelDRAW X8中文版中最常用的工具。这些工具可以帮助用户完成各种工作。使用工具箱可以简化操作步骤，提高工作效率。

标尺：用于测量图形的尺寸并对图形进行定位，是工作中不可缺少的辅助工具。

绘图页面：是CorelDRAW X8绘制图形的区域，该区域的图形能够被打印出来。绘图页面的方向包括两种，即横面和竖面。

默认调色板：位于软件界面的右侧，其中包含一些预设的颜色，使用起来更方便、快捷。

1.3.2 文件管理

本部分主要介绍CorelDRAW X8中文件管理的相关知识。

1. 新建文件

微课：新建文件&打开文档&保存文档

新建文件用于创建一个新空白文档，以供设计者操作。新建文件的方法有3种：从“立即开始”界面新建文件、从模板新建文件和使用菜单命令新建文件。

从“立即开始”界面新建文件：启动CorelDRAW X8软件，会默认弹出“立即开始”界面，如图1-12所示。此时，在“立即开始”界面中单击“新建文档”链接，弹出“创建新文档”对话框，如图1–13所示。在该对话框中可设置文件的名称、大小、原色模式和渲染分辨率等信息，然后单击“确定”按钮，即可创建文件。

图 1–12

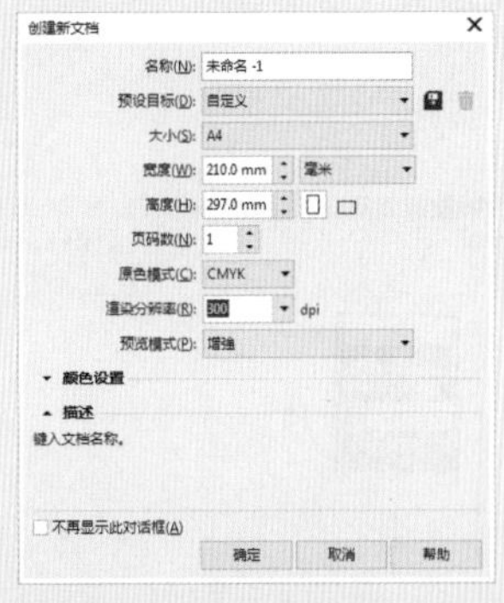

图 1–13

从模板新建文件：在“立即开始”界面中单击“从模板新建”链接，会弹出“从模板新建”对话框，如图1–14所示。在该对话框左侧列表中选择相应的类型，在右侧“模板”选项组中选择相应的模板文件，单击“打开”按钮，即可从模板新建文件。

使用菜单命令新建文件：选择“文件”→“新建”菜单命令，如图1–15所示，在弹出的“创建新文档”对话框中进行设置，即可新建文件。

图 1–14

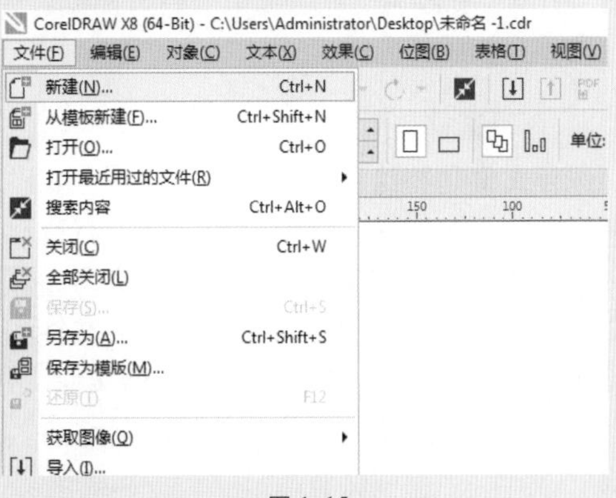

图 1–15

2. 打开文件

如果计算机中存在CorelDRAW文件，那么用户就可以对其进行查看和编辑，打开文件的方法有3种：从“立即开始”界面打开文件、使用菜单命令打开文件和通过标准工具栏上的“打开”按钮打开文件。

从“立即开始”界面打开文件：启动CorelDRAW X8时，在弹出的“立即开始”界面中单击“打开其他”链接，如图1–16所示。此时，将弹出“打开绘图”对话框，如图1–17所示。在该对话框中选择需要编辑的文件，然后单击“打开”按钮，即可打开素材。

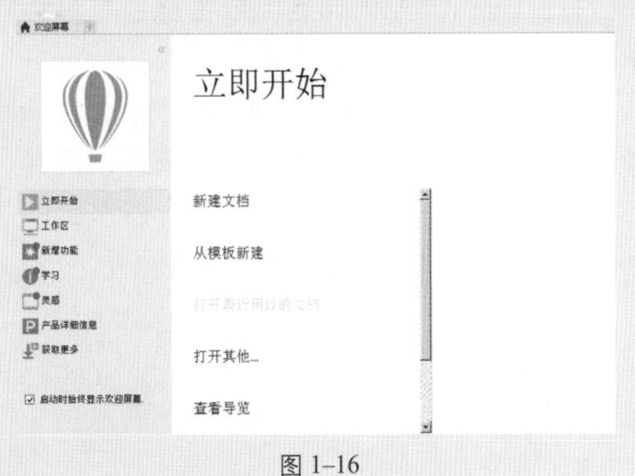

图 1–16

使用菜单命令打开文件：选择“文件”→“打开”菜单命令，如图1–18所示。此时，将弹出“打开绘图”对话框，在该对话框中选择需要编辑的文件，然后单击“打开”按钮，即可打开素材。

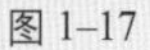
图 1–17

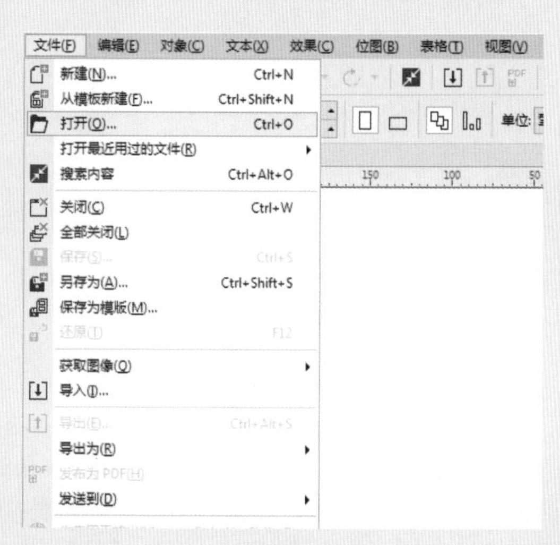

图 1–18

通过标准工具栏上的“打开”按钮打开文件：该方法十分简单，只需要直接单击标准工具栏上的“打开”按钮，即可弹出“打开绘图”对话框，此时便可打开需要编辑的素材。

技巧 提示

除了上述3种打开文件的方法之外，还可以通过按【Ctrl+O】组合键打开需要编辑的文件。

3. 保存文件

保存文件是将绘制好的图形文件保存在硬盘中，以便下次使用。每个应用软件都有自己的文件格式，并以扩展名为标识加以辨别。保存文件有两种方式：使用菜单命令保存文件和通过标准工具栏上的“保存”按钮保存文件。

使用菜单命令保存文件：文件绘制好后，选择“文件”→“保存”菜单命令或者按【Ctrl+S】组合键，此时将弹出“保存绘图”对话框，选择保存的位置，单击“保存”按钮，即可保存文件，如图1–19所示。

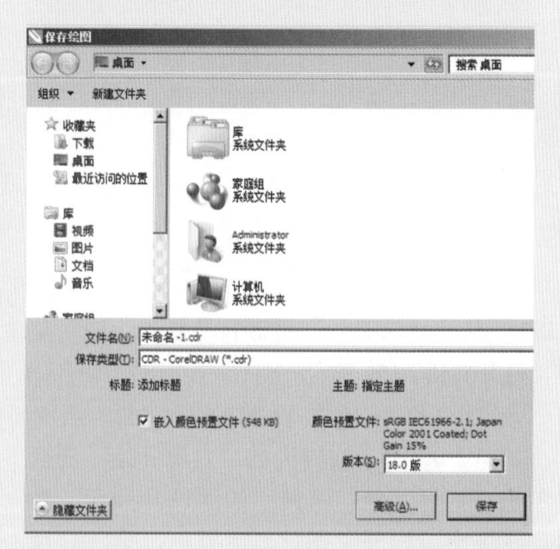

图 1–19

通过标准工具栏上的“保存”按钮保存文件：打开CorelDRAW X8后，单击标准工具栏中的“保存”按钮，即可保存文件。

此外，如果用户将一个图形文件以其他名称保存起来或保存在其他位置，则可以选择“文件”→“另存为”菜单命令，在弹出的“保存绘图”对话框中选择保存位置即可。

技巧 提示

按【Ctrl+Shift+O】组合键，可以将当前编辑的文件保存至另一个路径下。

4. 导入和导出文件

“导入”和“导出为”命令是“打开”和“保存”命令的延伸，是文件格式操作的一个扩展。

导入文件：在设计制作中有时需要使用位图，这时选择“文件”→“导入”菜单命令或单击“导入”按钮，即可打开“导入”对话框，如图1–20所示。选中要打开的位图，单击“导入”按钮，即可导入文件。

图 1–20

导出文件：选择“文件”→“导出为”菜单命令（位于“导入”命令的下方）或单击“导出”按钮，将弹出“导出”对话框，如图1–21所示。在该对话框中设置“文件名”“保存类型”等选项，设置完成后单击“导出”按钮，即可在指定的文件夹中生成导出文件。

图 1–21

1.3.3 页面的基本操作

在进行操作之前，首先要设置图形的页面属性。页面设置主要包括页面大小、方向及版面的布局等。

微课：插入页面&重命名页面&设置页面顺序

1. 插入页面

在创建好的文档中添加新的页面，可满足设计者对页面设计的需要。下面对插入页面的方法进行详细讲解。

01 选择插入页面命令

右击页面指示区中的“页面1”，在弹出的快捷菜单中选择“在后面插入页面”或“在前面插入页面”命令，即可插入页面，如图1-22所示。

02 设置“再制页面”的参数

当在快捷菜单中选择“再制页面”命令时，会弹出其参数设置对话框，设置页面参数，如图1-23所示。单击“确定”按钮，即可再制页面。

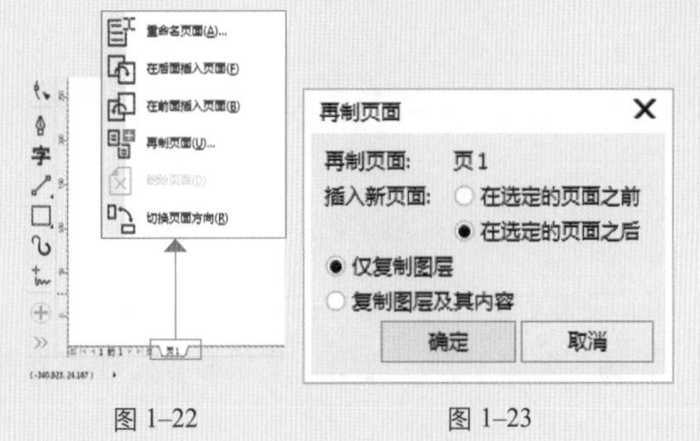

图 1–22　图 1–23

2. 重命名页面

为页面重新命名，可方便用户在具有较多页面的文档中快速查找和编辑。下面对重命名页面的方法进行详细讲解。

01 选择“重命名页面”命令

选择需要重命名的页面，右击页面指示区中需要重命名的页面，在弹出的快捷菜单中选择“重命名页面”命令，如图1-24所示。

02 重新命名页面

打开“重命名页面”对话框，如图1-25所示。在“页名”文本框中输入名称，然后单击“确定”按钮，重新命名的页面名称将会显示在页面指示区中。

图 1-24

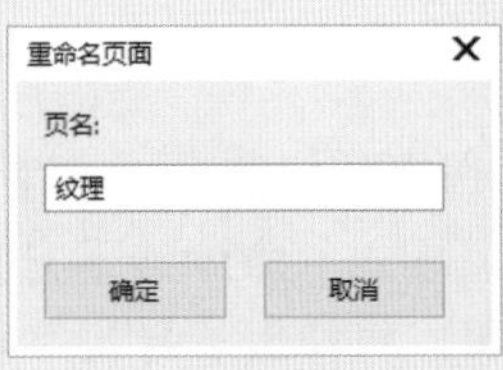

图 1-25

3. 设置页面属性

选择“编辑”→“选项”菜单命令，在打开的对话框中可对文档大小、版面、标签和背景进行设置，具体步骤如下。

01 选择“选项”命令

选择“编辑”→“选项”菜单命令，弹出“选项”对话框。在左侧列表框中选择“文档”→“页面尺寸”选项，在右侧“页面尺寸”选项区域中设置“大小”为“名片”，如图1-26所示。

02 设置页面参数

在“大小和方向”选项组中单击“纵向”按钮，然后单击“确定”按钮，即可得到需要的页面，如图1-27所示。

图 1-26

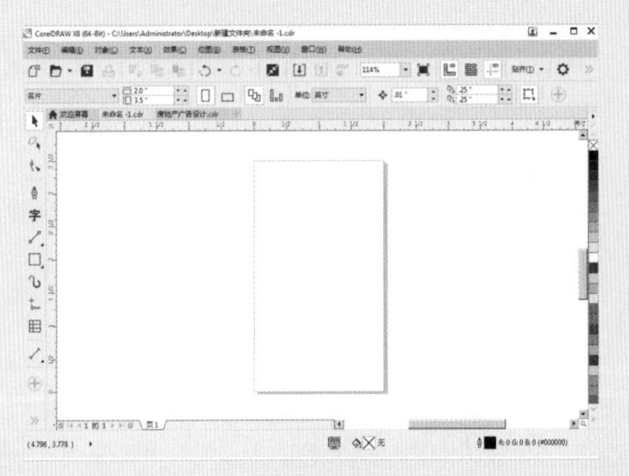
图 1-27

4. 设置页面背景

选择“编辑”→“选项”菜单命令，在打开的对话框中可以对页面背景进行设置，具体步骤如下。

01 选择“选项”命令

选择“编辑”→“选项”菜单命令，打开“文档”对话框，在其左侧列表框中选择“文档”→“背景”选项，如图1-28所示。

02 设置背景颜色

在右侧“背景”选项区域中选择“纯色”单选按钮，并单击其右侧的颜色下拉按钮，弹出颜色面板，如图1-29所示。

图 1–28

图 1–29

03 选定背景图像

在“背景”选项区域中选择“位图”单选按钮，然后单击“位图”右侧的“浏览”按钮 浏览(W)...，弹出“导入”对话框，如图1-30所示。在该对话框中可以选择一张图片作为背景图像。

04 导入背景图像

选定位图图像之后，单击“导入”按钮，即可将位图图像导入到CorelDRAW X8中，如图1-31所示。

图 1–30

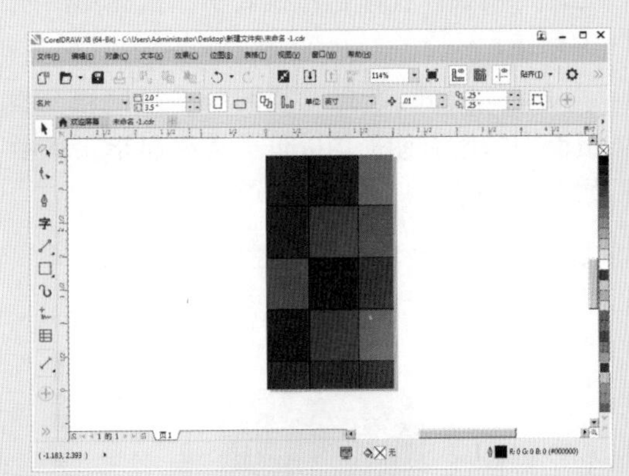

图 1–31

1.3.4 视图的基本操作

在CorelDRAW X8中，为了取得更好的图像效果，在编辑过程中应及时查看目前图形图像绘制的效果。用户可根据需要设置文件的显示模式、预览文件、缩放和平移画面，还可以在同时打开多个文件时调整各文件窗口的排列方式等。

微课：选择显示方式&窗口的基本操作

1. 选择显示方式

在不同的视图模式下显示图形图像的画面内容，质量会有所不同。用户可选择“视图”菜单中的相应命令，对显示方式进行调整。CorelDRAW X8充分考虑用户的需求，提供了“简单线框”模式、“线框”模式、“正常”模式、“草稿”模式、“增强”模式和“模拟叠印”模式6种显示模式。

“简单线框”模式：选择“视图”→“简单线框”菜单命令，即可使用该模式显示。在该显示模式下，所有矢量图形只显示外框，其色彩以所在图层的颜色显示，所有变形对象（如渐变、立体化、轮廓效果等）只显示原始图像的外框，位图则全部显示为灰度图，如图1–32所示。

“线框”模式：选择“视图”→“线框”菜单命令，即可使用该模式显示。在该显示模式下，显示效果与“简单线框”模式类似，只是所有的变形对象（如渐变、立体化、轮廓效果等）以所有中间生成图像的轮廓显示，如图1–33所示。

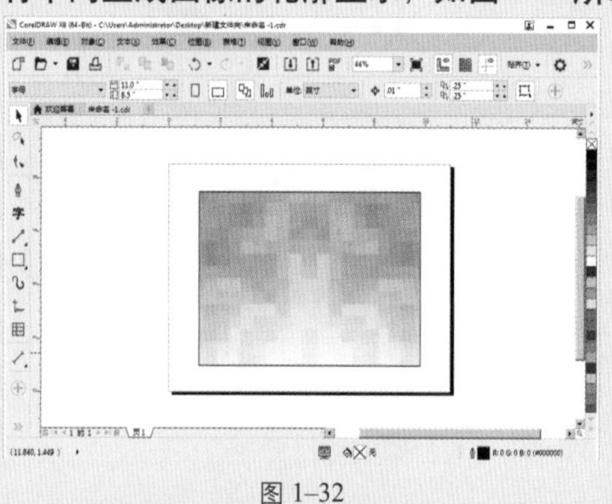

图 1–32

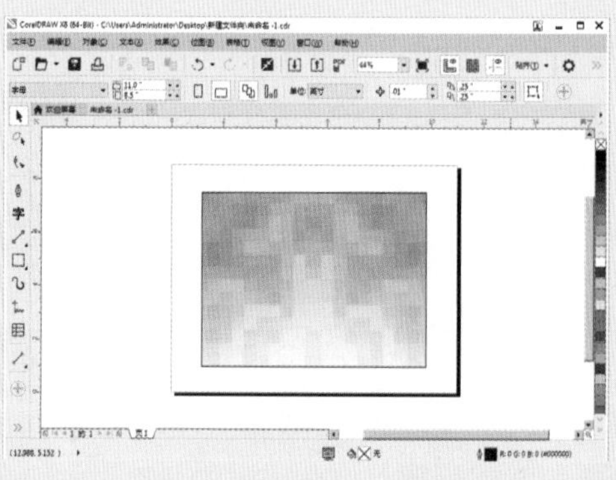

图 1–33

“正常”模式：选择“文件”→“打开”菜单命令，打开一幅矢量图形，则默认的显示模式为“正常”模式。在该显示模式下，页面中的所有图形均能正常显示，位图以高分辨率显示，如图1–34所示。

“草稿”模式：选择“视图”→“草稿”菜单命令，即可使用该模式显示。在该显示模式下，页面中的所有图形均以低分辨率显示。其中，花纹填色、材质填色等均显示为一种基本的图案，如图1–35所示。

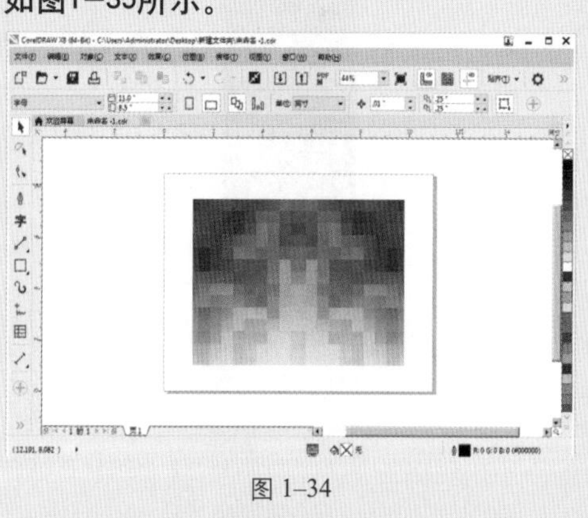

图 1–34

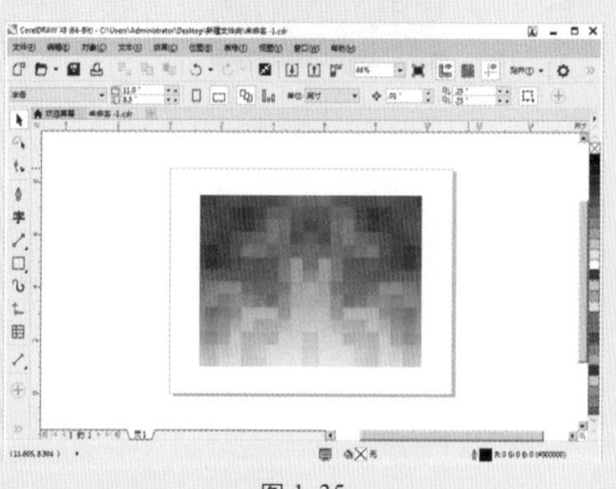

图 1–35

“增强”模式：选择“视图”→“增强”菜单命令，即可使用该模式显示。“增强”模式为视图模式的最佳显示效果。在这种模式下，系统会以高分辨率优化图形的方式显示所有图形对象，并使其轮廓变得光滑，使过渡更自然，从而得到高品质的显示效果，如图1–36所示。

“模拟叠印”模式：选择“视图”→“模拟叠印”菜单命令，即可使用该模式显示。在该显示模式下，可将模拟重叠对象设置为叠印的区域颜色，并显示PostScript填充、高分辨率位图和光滑处理的矢量图形。

2. 窗口的基本操作

通过选择“窗口”菜单中的相关命令，可以进行新建窗口或调整当前显示窗口的相关操作。当使用CorelDRAW X8绘制的过程中，如果需要观察一个文件的不同页面，或同一页面的不同部分，或同时观察多个文件，就需要打开多个窗口。

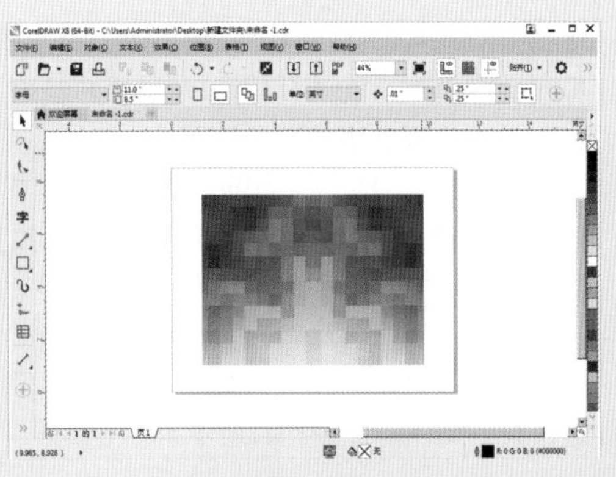
图 1-36

新建窗口：选择“窗口”→“新建窗口”菜单命令，将会弹出一个与原窗口图像相同的新窗口，从而可以在新窗口中修改原窗口中的对象，而原窗口中的对象保持不变，如图1-37所示。

层叠窗口：选择“窗口”→“层叠”菜单命令，即可将两个或多个窗口以一定顺序层叠在一起，这样用户可以任意挑选绘制窗口。单击任意窗口的标题栏，即可将其设为当前窗口，如图1-38所示。

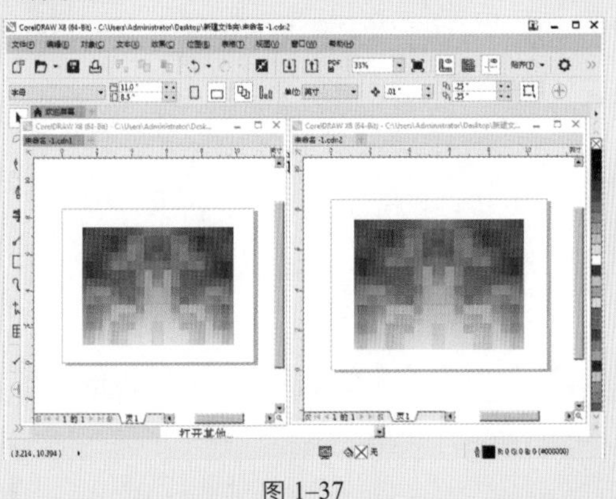
图 1-37

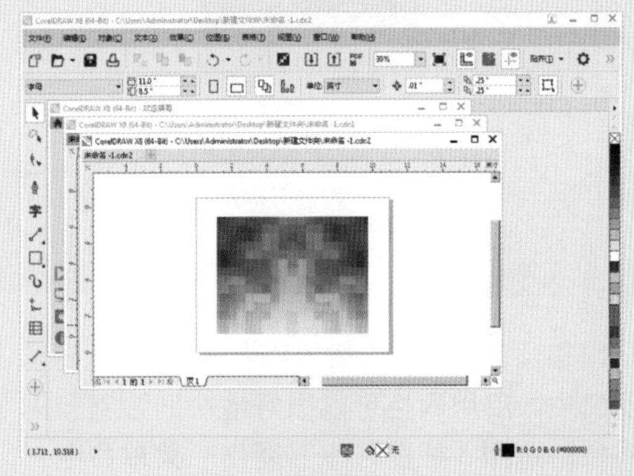
图 1-38

水平平铺窗口：选择“窗口”→“水平平铺”菜单命令，则两个或多个窗口便会以同等大小水平平铺地显示出来，如图1-39所示。

垂直平铺窗口：选择“窗口”→“垂直平铺”菜单命令，则两个或多个窗口便会以同等大小垂直平铺地显示出来，如图1-40所示。

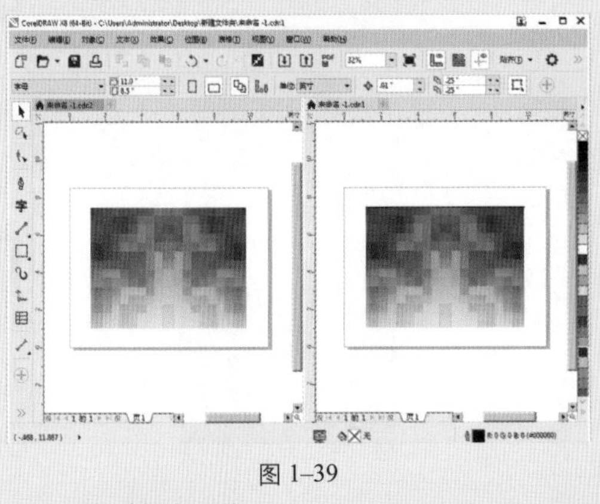
图 1-39

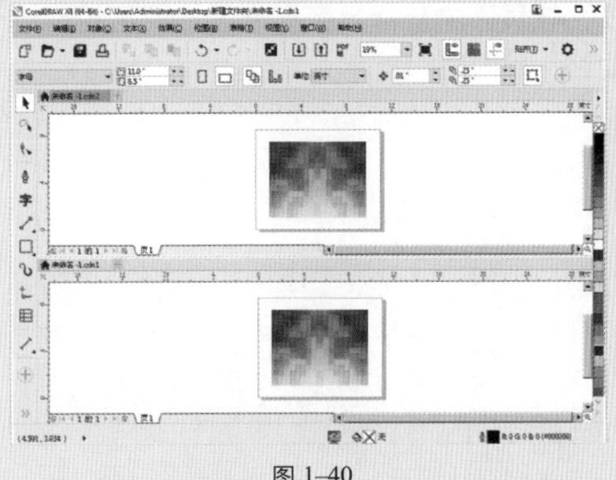
图 1-40

3. 页面辅助操作

在CorelDRAW X8中，可以借助一些辅助工具对图形进行精确定位，如标尺、网格、辅助线等。这些辅助工具在打印时不会被打印出来，给绘图带来很大方便。

标尺的应用与设置：标尺可以帮助用户精确绘制图形图像，并可确定图形位置及测量大小。设置标尺的步骤如下。

01 显示标尺

选择“视图”→“标尺”菜单命令，即可将其显示出来，如图1-41所示。

02 设置标尺的属性

选择“编辑”→“选项”菜单命令，弹出“选项”对话框。在该对话框的左侧列表框中选择“文档”→“标尺”选项，则会在右侧打开“标尺”选项区域，在这里可以设置标尺的单位、原始位置及其他属性，如图1-42所示。

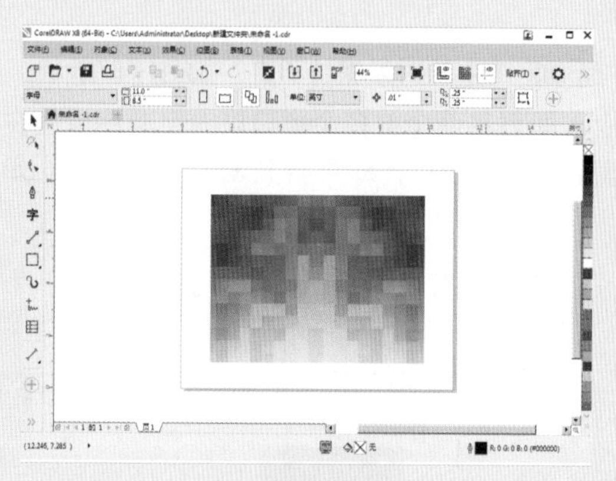

图 1-41

图 1-42

网格设置：在默认情况下，网格不会显示在窗口中。启用网格可以很好地协助绘制和排列对象。选择“视图”→“网格”菜单命令，网格就会显示出来，如图1-43所示。

辅助线设置：在CorelDRAW X8中，辅助线是非常实用的辅助工具之一。通过对其调节可以帮助用户对齐绘制的对象，并且打印时不会被打印出来。选择“视图”→“辅助线”菜单命令，在页面中从标尺旁拖动鼠标即可绘制出辅助线，如图1-44所示。

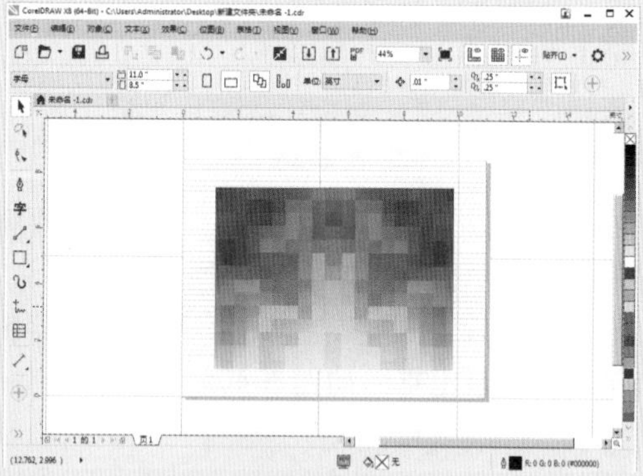

图 1-43

> **技巧 提示**
>
> 与“标尺”一样，选择“编辑”→“选项”菜单命令，弹出“选项”对话框，在其左侧列表框中选择“文档”→“辅助线”选项，打开右侧“辅助线”选项区域，在这里可以对辅助线的角度、颜色、位置等一些属性进行适当设置。

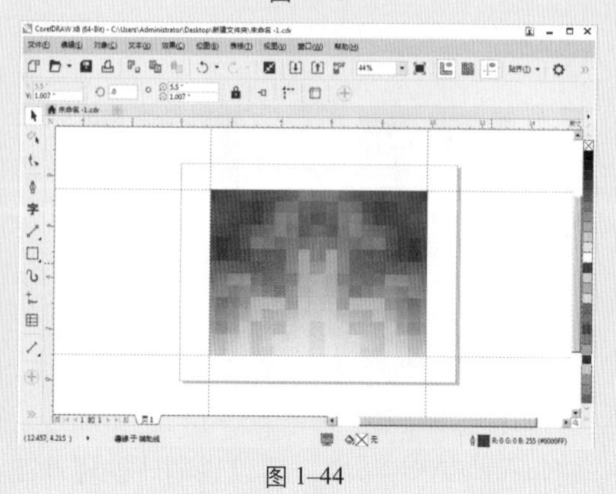

图 1-44

1.3.5 对象的基本操作

在CorelDRAW X8中，最基本的、运用最多的基础操作是对象的编辑和排列，主要包括对象的基本变换、对象的群组与解组、对象的锁定与解锁、对象的顺序与对齐和分布、对象的修整等。

1. 对象的基本变换

对象的基本变换主要是将对象的位置、方向及大小等进行调整，但并不改变对象的基本形状及其特征。在CorelDRAW X8中，可以通过选择“对象”→“变换”菜单命令为对象设置基本的变换。

微课：对象的基本变换&对象的群组与解组

01 选择对象

单击工具箱中的“选择工具”按钮，选中窗口中的对象。此时，对象的中心便会显示一个×标记，周围出现8个小黑方块，称为选定手柄，如图1-45所示。

> **技巧 提示**
>
> 选择“编辑”→“全选”菜单命令中的子命令，可以一次性选择当前绘图窗口上的所有对象、文本、辅助线，也可以选择当前图形中的所有节点。

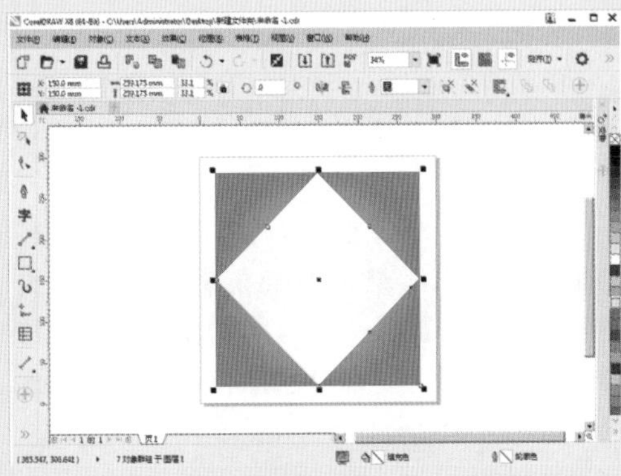

图 1-45

02 偏移对象

选择“对象”→“变换”→“位置”菜单命令，打开“转换”面板。设置X的值为50mm、Y的值为20mm，单击“应用”按钮，得到的效果如图1-46所示。

03 旋转对象

选择“对象”→“变换”→“旋转”菜单命令，打开“转换”面板。设置“角度”的值为45°，单击“应用”按钮，得到的效果如图1-47所示。

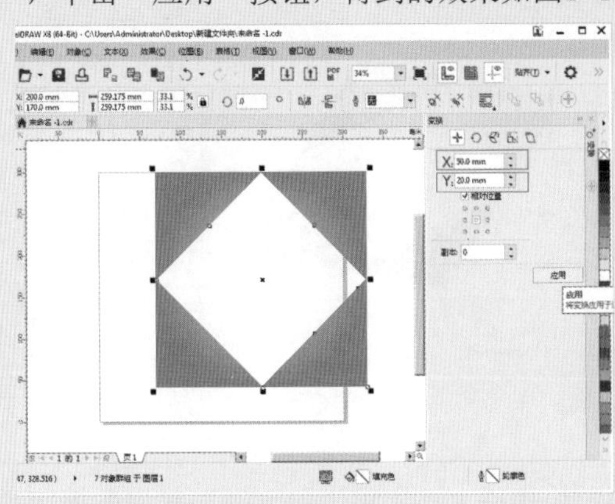

图 1-46

图 1-47

04 按比例缩放对象

选择“对象”→“变换”→“大小”菜单命令，打开“转换”面板。设置X和Y的值为50mm，单击“应用”按钮，得到的效果如图1-48所示。

> **技巧 提示**
>
> 单击“转换”面板上的“位置”按钮、“旋转”按钮、“缩放和镜像”按钮、“大小”按钮和“倾斜”按钮可以切换到各个子面板。

05 利用“比例”缩放并镜像对象

按【Ctrl+Z】组合键返回到步骤03中的操作，选择“对象”→“变换”→“缩放和镜像”菜单命令，打开“转换”面板。设置X和Y的值为50%，设置“副本”的值为1，单击“应用”按钮，得到的效果如图1-49所示。

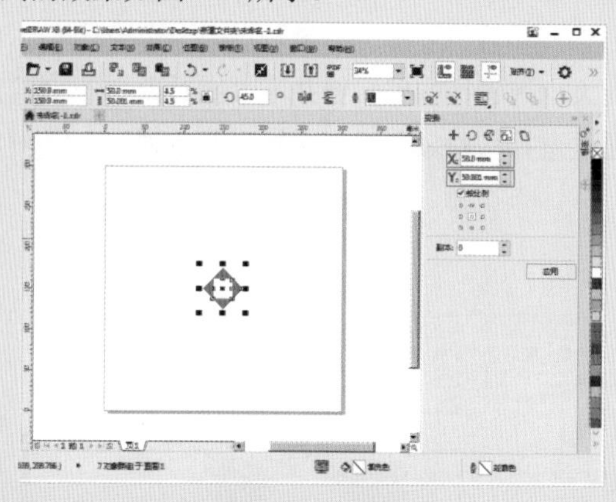

图 1-48

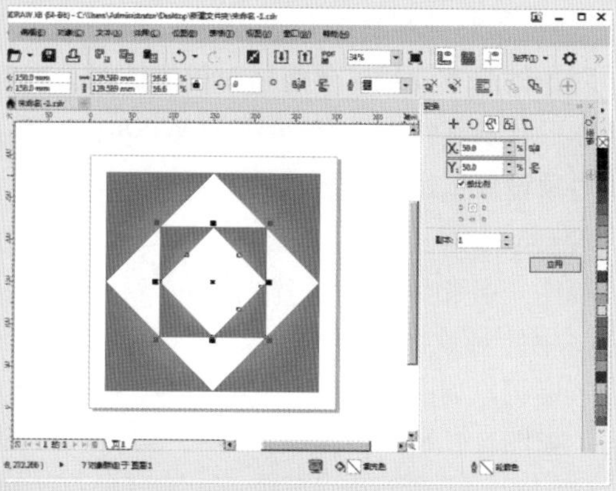

图 1-49

06 利用“大小”缩放并复制对象

按【Ctrl+Z】组合键返回到步骤03中的操作，选择“对象”→“变换”→“大小”菜单命令，打开“转换”面板。设置X和Y的值为70mm，设置“副本”的值为1，单击“应用”按钮，得到的效果如图1-50所示。

07 倾斜对象

按【Ctrl+Z】组合键返回到步骤03中的操作，选择“对象”→“变换”→“倾斜”菜单命令，打开“转换”面板。设置X的值为30mm、Y的值为10mm，单击“应用”按钮，得到的效果如图1-51所示。

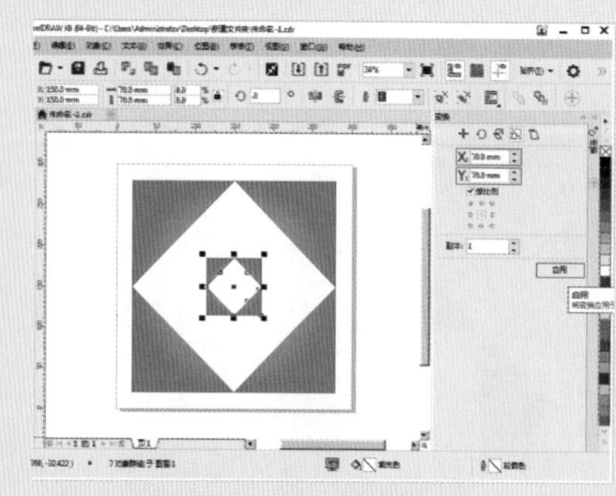

图 1-50

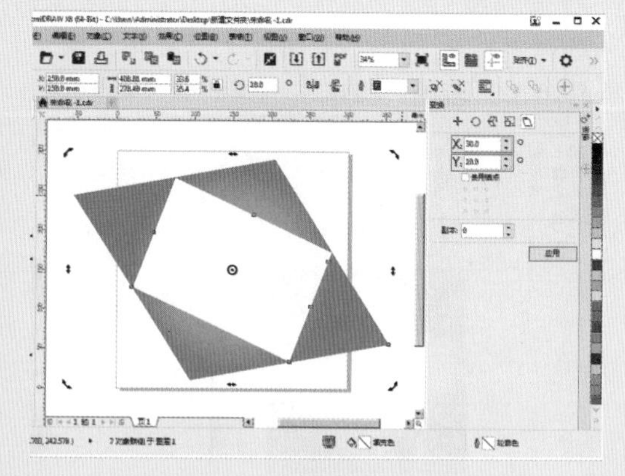

图 1-51

2. 对象的群组与解组

群组和解组是针对图形组合的两种操作。群组可以组合多个图形，以方便后续对图形进行整体编辑；解组针对的则是已经群组的图形，可将其变换为多个可以编辑和更改的图形。

群组多个对象：群组是指把所有选中的对象捆绑在一起，使其成为一个整体（群组的对象必须在两个以上）。群组以后的对象都将保持其原始属性。移动其中的某个对象，其他对象也跟着一起移动，并且不会改变对象之间的位置、排列顺序等设置。如果对群组中的某个对象填充颜色，则群组中的其他对象都将被填充上相同的颜色。

解组对象组：取消群组可以将群组组合的对象或嵌套群组解散，“取消群组”命令只有在群组后才能被激活。实际上，撤销组合是群组的反向操作，如果用户需要解散包含多个群组的嵌套群组，那么可以重复使用“取消群组”命令逐层解散群组关系。

3. 对象的锁定与解锁

微课：对象的锁定与解锁&对象的顺序、对齐和分布

当文件元素较多时，通过锁定对象可以使一些编辑好的对象不被选中和修改，从而方便、快捷地对其他对象进行编辑。对于锁定之后的对象，只有通过解锁才能进行再次编辑。

锁定对象：选中需要锁定的对象，选择“对象”→“锁定”→“锁定对象”菜单命令，即可将对象锁定。锁定后的对象四周显示为小锁图标，如图1-52所示。

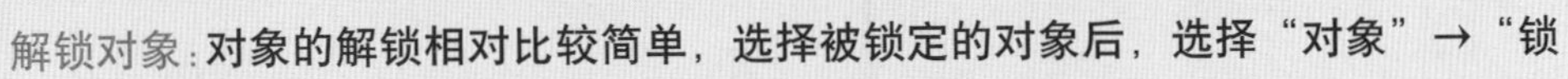

解锁对象：对象的解锁相对比较简单，选择被锁定的对象后，选择“对象”→“锁定”→“解除锁定对象”菜单命令即可，如图1-53所示。

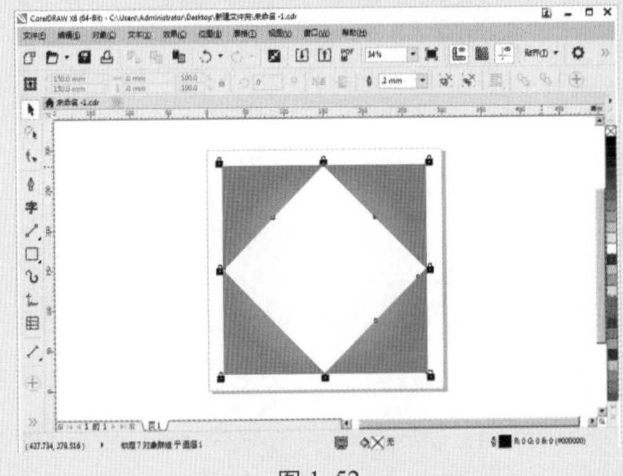

图 1-52

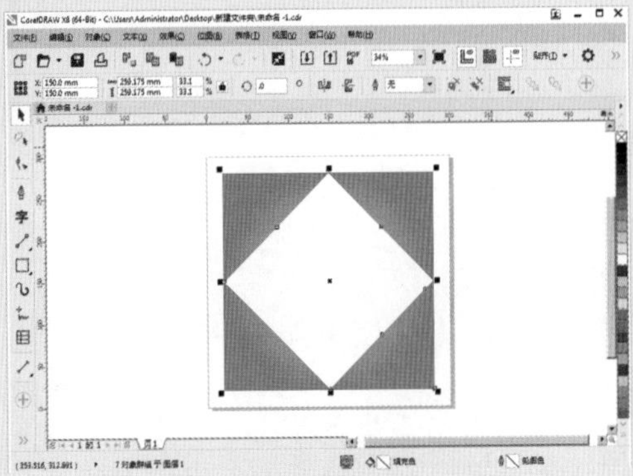

图 1-53

4. 对象的顺序、对齐和分布

在设计时，常涉及多个元素按照一定的规律进行组合与排列；CorelDRAW X8提供了“顺序”与“对齐和分布”两个菜单命令，以设置对象在页面中的位置。

对象的顺序：用于设置页面中对象的前后关系。选择“对象”→“顺序”菜单命令，可在打开的子菜单中选择需要的命令进行调整，如图1-54所示。

图 1-54

对象的对齐与分布：“对齐和分布”命令可以将对象在水平方向和垂直方向上按照不同的方式进行对齐，也可以使对象进行不同方式的分布。

01 打开“对齐与分布”对话框

按住【Shift】键，通过单击选中所有的对象，选择“对象”→“对齐和分布”→“对齐与分布”菜单命令，弹出“对齐与分布”对话框，如图1-55所示。

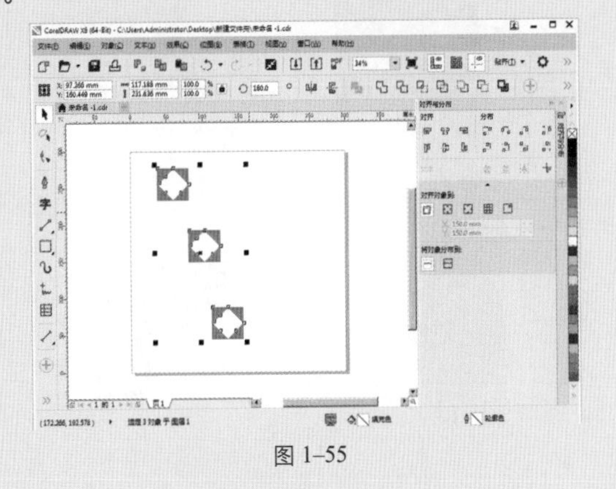

图 1-55

02 设置对象“左”对齐

选中要对齐的图像，在“对齐”区域中单击“左对齐”按钮，此时所有的对象将沿着页面最左侧的对象进行对齐，效果如图1-56所示。

1 2 3 4 5 6 7 8

03 指定对齐位置

在“对齐对象到”列表中单击“指定点”选项，设置X和Y的值为150mm，在页面中指定一个对齐点，在“对齐”区域中单击“上对齐”按钮，此时所有的对象将沿着指定的点进行对齐，效果如图1-57所示。

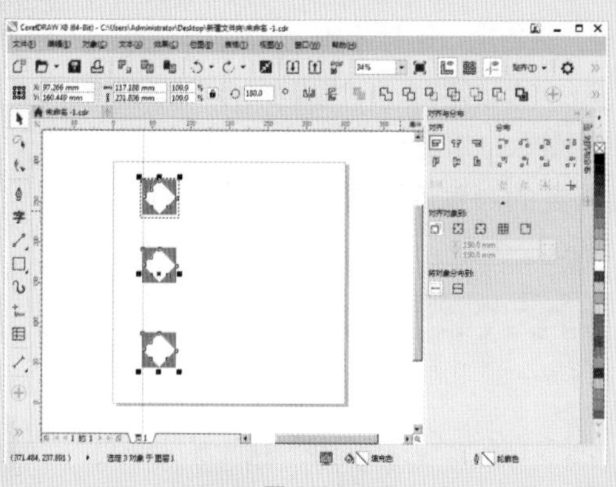

图 1-56

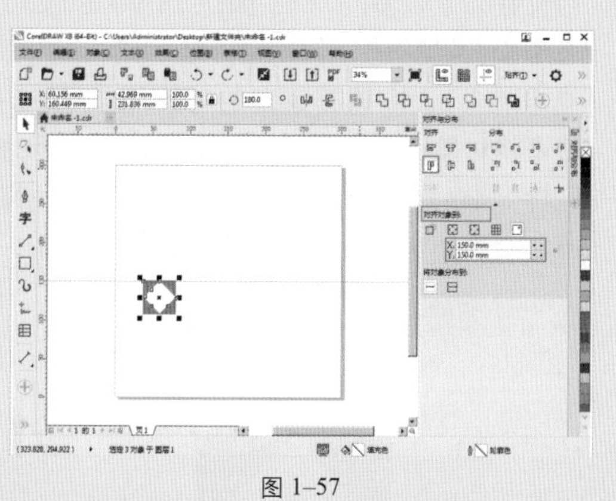

图 1-57

04 分布排列对象

连续按【Ctrl+Z】组合键，返回到步骤01中的操作。选择“对象”→“对齐和分布”→“对齐与分布”菜单命令，弹出“对齐与分布”对话框。单击“分布”区域中的“水平分散排列中心”按钮，得到的效果如图1-58所示。

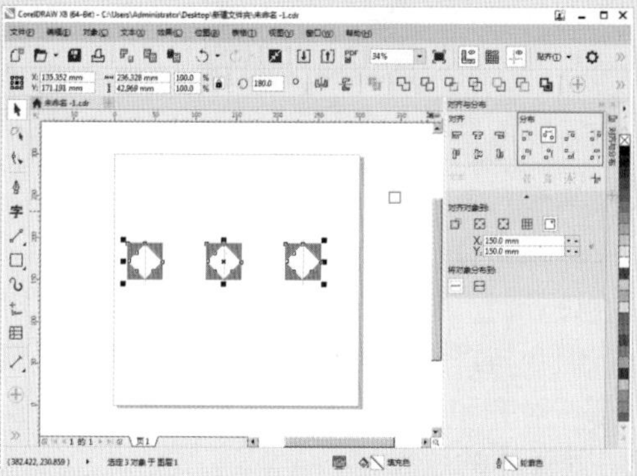

图 1-58

5. 对象的修整

对象的修整主要针对的是两个或两个以上的对象，通过“合并”、“修剪”、“相交”、“简化”、“移除到后面的对象”、“移除到前面的对象”和“创建边界”等修改命令生成新的对象，各种修改命令的效果如图1-59所示。

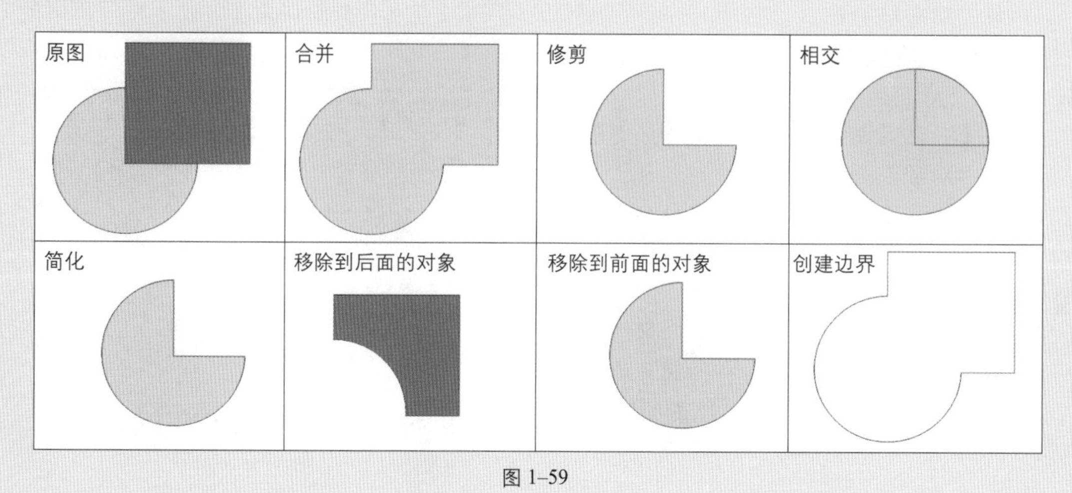

图 1-59

1.4 知识与技能梳理

在学习CorelDRAW X8之前，需要对软件有初步的了解，主要包括CorelDRAW X8的应用领域，图像的分辨率、色彩模式，CorelDRAW X8的工作界面和基本操作等方面的知识，从而为后面的学习奠定基础。

- 重要工具及命令："选择"对象、"偏移"工具、"缩放"工具、"旋转"工具、群组与解组、对齐与排列工具、对象修整工具。
- 核心技术：通过已有的素材，综合利用"选择""偏移""旋转""缩放"和"排列"等工具或命令，对图形进行合理的排列组合，并将其运用到实际项目当中。
- 实际运用：基础图形的修整、页面背景设计、版面设计、图案设计。

1.5 课后练习

一、选择题（共9题），扫描二维码进入即测即评。

1.5课后练习

二、简答题

1．简述矢量图与位图的区别。

2．列举CorelDRAW X8的图像模式以及各自的特点。

Chapter 2

CorelDRAW X8中的图形绘制

在进入CorelDRAW X8的设计领域之前，先要掌握CorelDRAW X8的基本绘图操作，包括基本图形的绘制、复杂图形的绘制、图形颜色的填充及位图颜色的修改等，并在此基础上绘制出简单的矢量图形，为后面的实际应用积累经验。

学习要求	学习内容 \ 学习目标	了解	掌握	应用	重点知识
学习要求	常用基本图形工具		☺		
	常用曲线图形工具		☺		
	图形外观的修改				☺
	对象的填充				☺
	调整位图的颜色和色调		☺		
	绘制数码相机			☺	

2.1 基本图形绘制工具

在CorelDRAW X8中，只有熟练掌握了一些规则形状的绘制，才能变形或组合出复杂的图形形状，从而为实现更加复杂的图形绘制打下良好的基础，最终将设计者头脑中构思的图案变为现实。

2.1.1 常用基本图形工具

在CorelDRAW X8中，常用的基本图形绘制工具包括“矩形”工具、“椭圆形”工具、“多边形”工具、“星形”工具、“复杂星形”工具、“图纸”工具、“螺纹”工具、“箭头形状”工具、“流程图形状”工具、“标题形状”工具、“标注形状”工具和“表格”工具等。使用上述工具绘制的图形如图2-1所示。

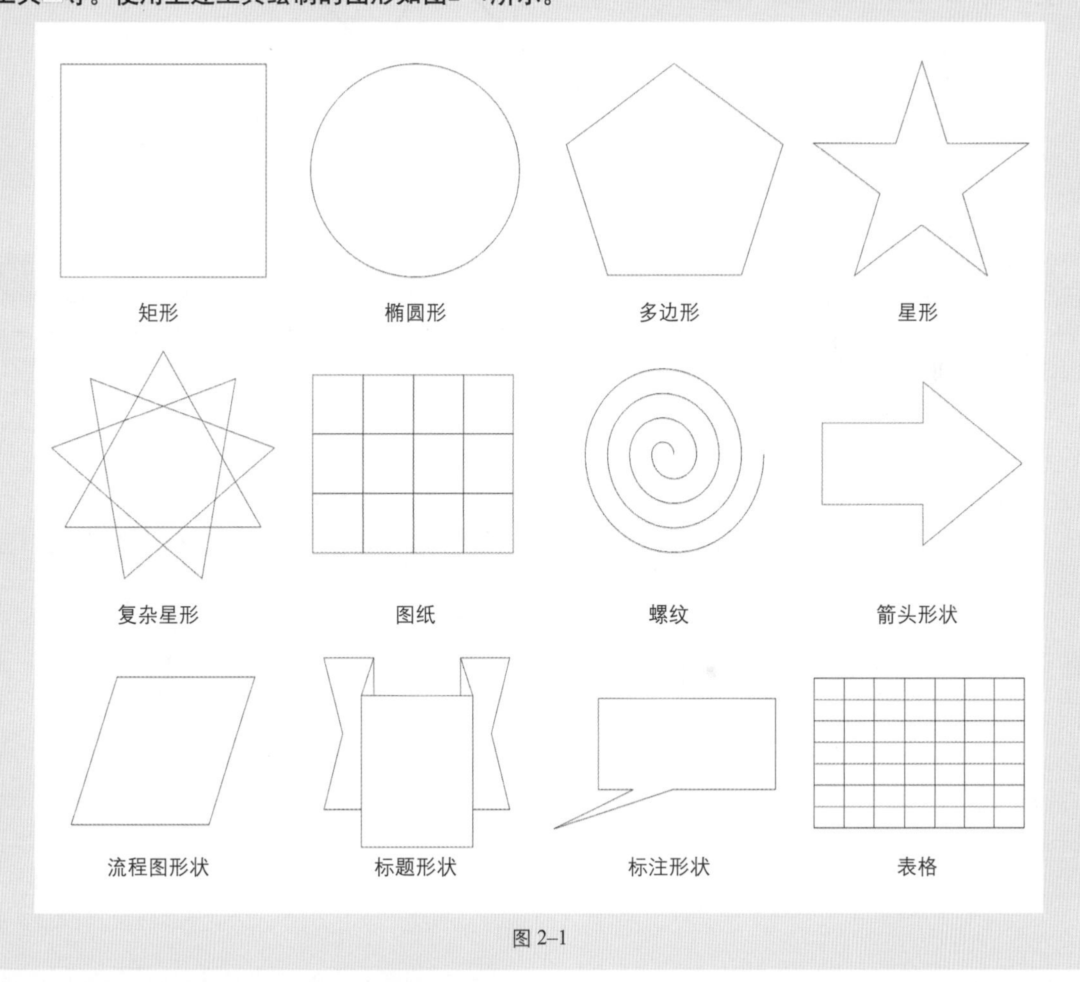

图 2-1

2.1.2 常用曲线图形工具

除了常用的基本绘图工具之外，CorelDRAW X8还提供了“手绘”工具、“贝塞尔”工具、“艺术笔”工具、“钢笔”工具、“B样条”工具、“折线”工具和“3点曲线”工具等复杂图形绘图工具。熟练使用这些工具可以绘制出各种复杂的图形，使用上述复杂图形绘图工具绘制的图形如图2-2所示。

1
2
3
4
5
6
7
8

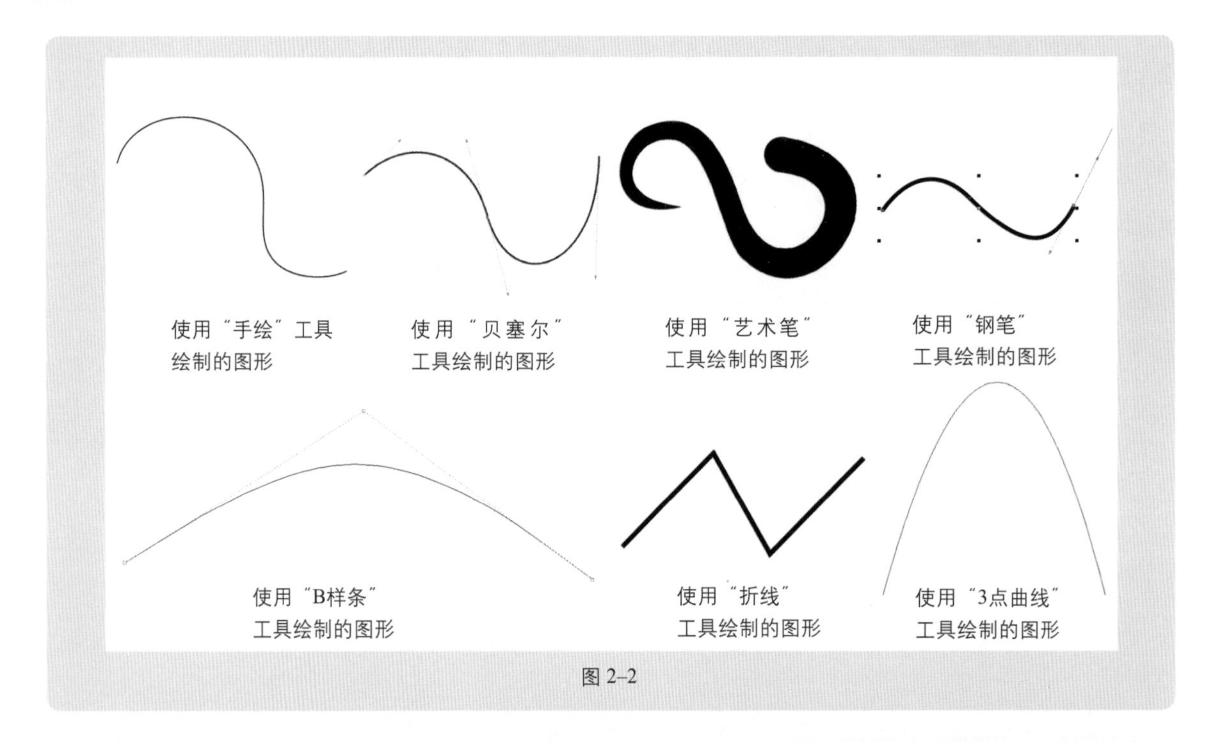

图 2–2

2.2 图形外观的修改

要想绘制精确、美观的图形，除了要能够熟练地使用绘图工具之外，还需要选择“形状”工具，通过编辑曲线上的节点满足绘图要求。

微课：选取节点&拖动节点

1. 选取节点

在修改图形对象的路径之前，必须先选中要操作的节点，具体步骤如下。

01 选择工具箱中的“形状”工具，单击曲线对象，则曲线对象上的所有节点将以空心方块的形式显示出来，如图2–3所示。

02 将鼠标指针移至某个节点上单击，即可选中该节点。如选中曲线节点，节点会呈蓝色实心方块状并显示节点控制柄，且其相邻节点也会显示出靠近该节点的控制柄，如图2–4所示。

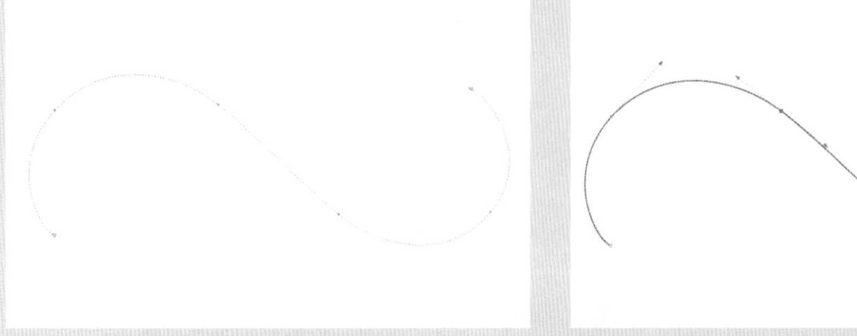

图 2–3　　图 2–4

03 如要选择多个节点，可在按住【Shift】键的同时使用鼠标左键逐个单击要选择的节点，如图2–5所示。也可使用手绘的方法在页面上框选多个节点，如图2–6所示。

04 选中对象后，选择“编辑”→“全选”→“节点”菜单命令，可选择对象上的所有节点，如图2–7所示。

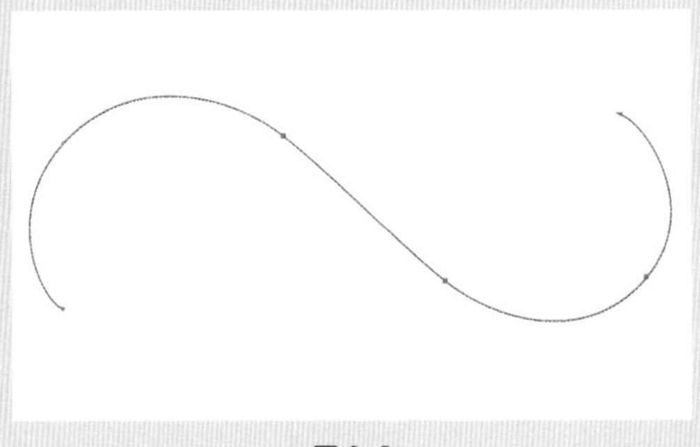

图 2–5

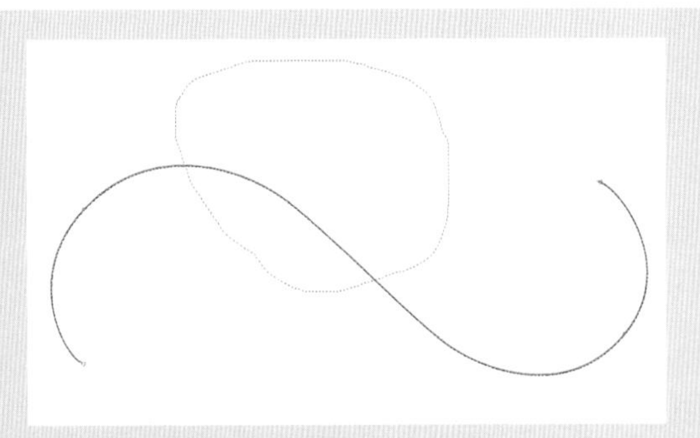

图 2–6

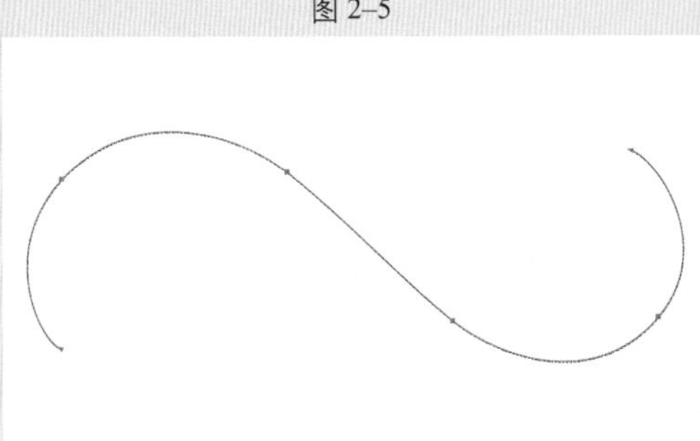

图 2–7

技巧 提示

如果要取消节点的选择，只需在对象外单击即可；如果仅取消多个选定节点中的某个节点，应在按住【Shift】键的同时选择“形状”工具，单击要取消选择的节点即可。

2. 拖动节点

使用“形状”工具单击要编辑的对象，可显示对象上的所有节点，选中要编辑的节点并进行拖动，即可改变图形形状。

拖动曲线对象上的节点，可调整曲线形态，如图2–8所示。

拖动矩形四周的节点，可改变矩形4个角的圆角程度，如图2–9所示。

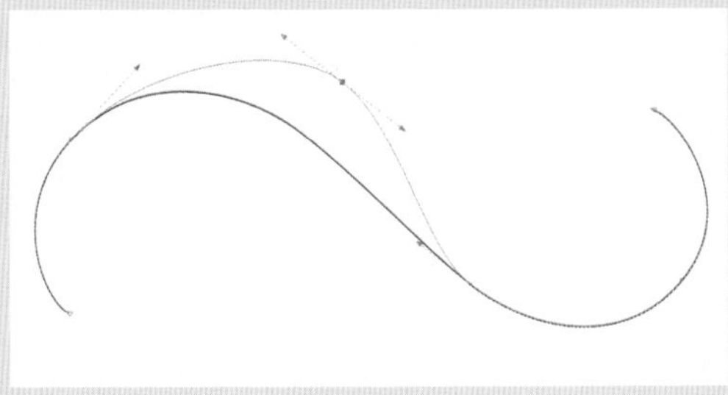

图 2–8

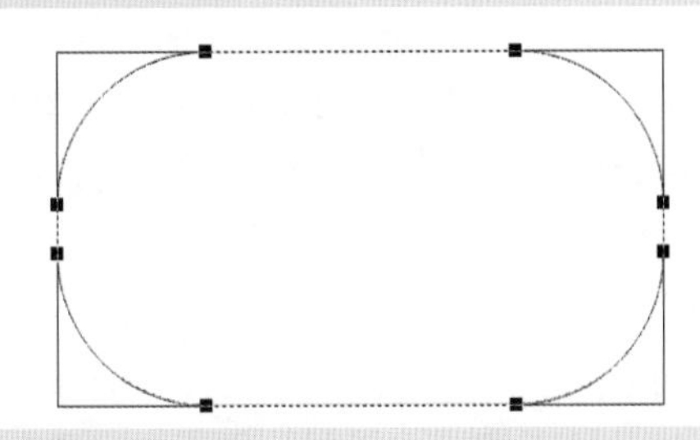

图 2–9

选中圆形时，将显示一个节点，通过向圆形外部或内部移动该节点，可将圆形转变为一个弧形或一个封闭的扇形，如图2–10所示。

如果要选取位图图像，可通过移动四周节点的位置将不需要的图像部分切除，如图2–11所示。

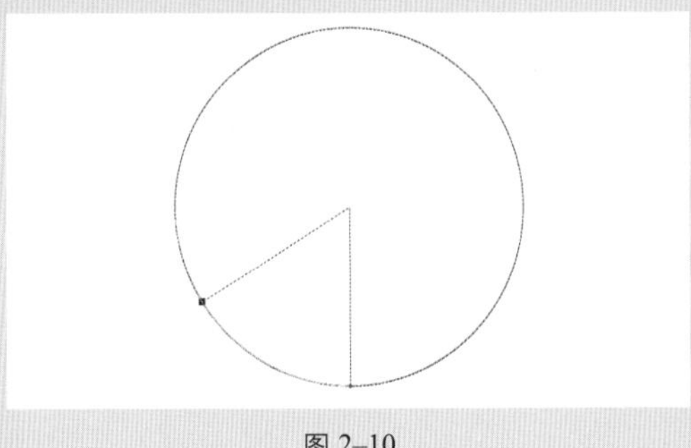

图 2–10

图 2–11

技巧 提示

如果选择了多个节点，只要在任何一个节点上按下鼠标左键并拖动，则其他几个被选节点将同时移动相同的距离。

使用“形状”工具选中节点后，将显示控制柄。通过拖动控制柄两端的控制点，也可以改变曲线的弯曲度及曲线段形状，如图2–12所示。

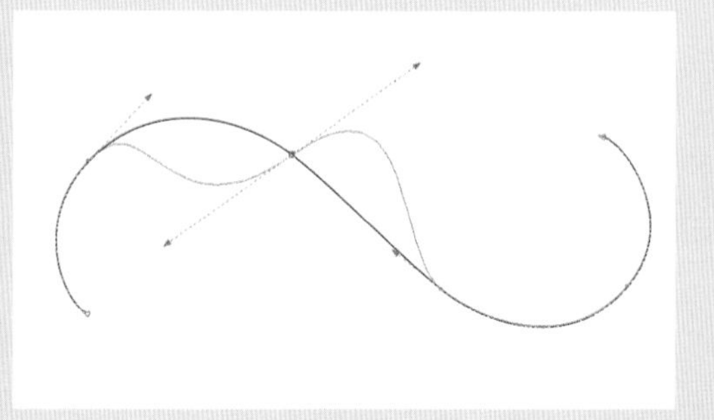

图 2–12

3．调整曲线节点

微课：调整曲线节点&拖动线条&添加和删除节点&转换成曲线对象后修改图形

对于不同类型的曲线节点，在拖动控制点时会产生不同的曲线变形效果。

尖突节点：控制点是独立的，当移动其中一个控制点时，另一个控制点并不移动，从而使尖突节点的曲线能够弯曲，如图2–13所示。

平滑节点：控制柄在一条直线上，当移动其中一个控制点时，另一个控制点也随之变化，且控制点和控制线之间的长度可以不同，如图2–14所示。

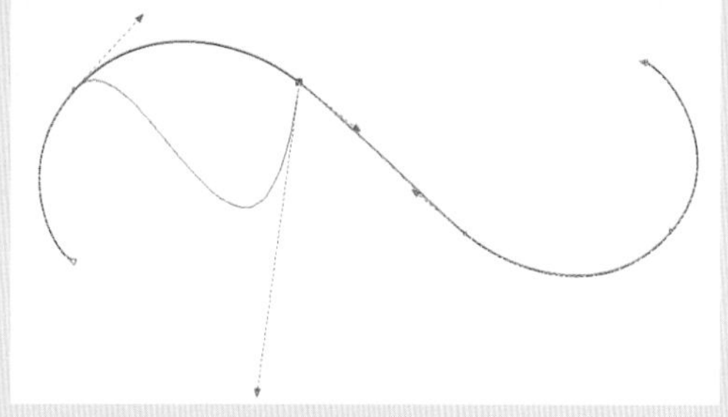

图 2–13

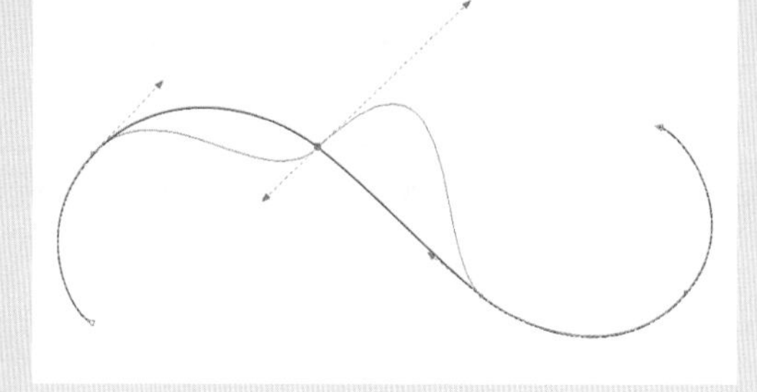

图 2–14

对称节点：无论怎样拖动控制点，控制点和控制线之间的长度都始终相同，且两边的曲线弯曲度也相同，如图2–15所示。

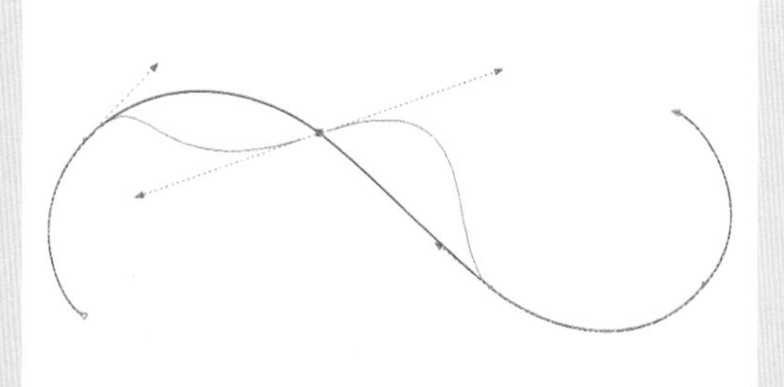

图 2–15

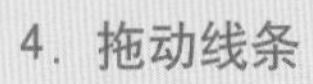

4．拖动线条

拖动节点之间的线条，可以大幅度地改变曲线形状。只需选择“形状”工具，选中要调整的曲线，将鼠标指针移至需要调节的线段上，鼠标指针会变为状，如图2–16所示。此时，按下鼠标左键并拖动，曲线即随着鼠标指针的移动而改变形状，如图2–17所示。

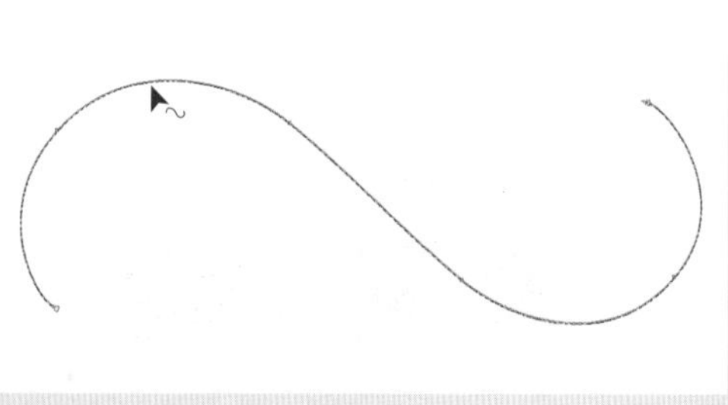

图 2–16

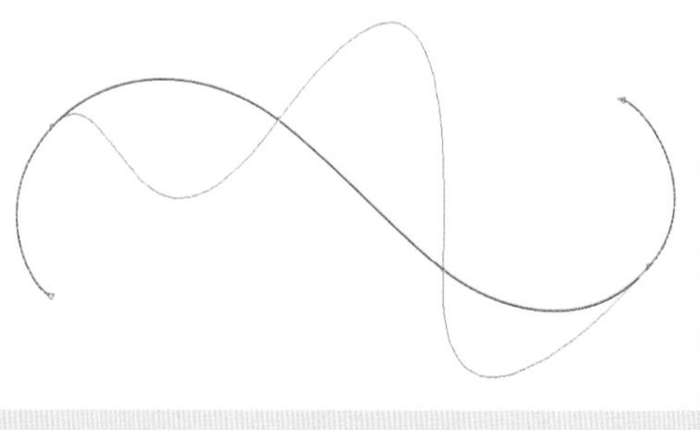

图 2–17

5. 添加和删除节点

使用“形状”工具，用户还可以通过在路径上添加或删除节点来改变曲线形状。

添加节点：选择“形状”工具，在需要添加节点处双击，即可添加一个节点，如图2-18所示。

删除节点：使用“形状”工具双击节点，或选择节点后按【Delete】键，即可删除节点，如图2-19所示。

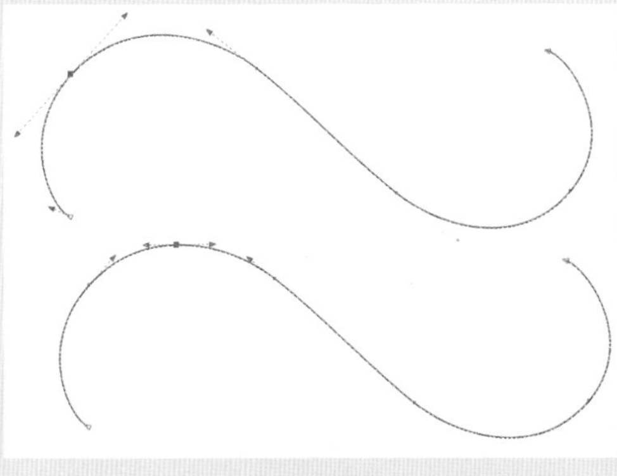

图 2-18

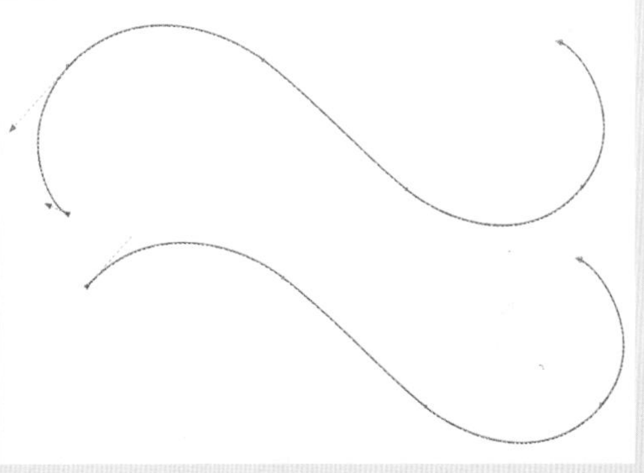

图 2-19

6. 转换成曲线对象后修改图形

对于矩形、椭圆等几何图形，如果要进行添加、删除节点等更全面的编辑操作，需要选中图形后，按【Ctrl+Q】组合键将其转换为曲线对象。

7. 编辑曲线

使用“形状”工具只能对节点进行基本的编辑，要想对路径和节点进行全面的编辑，可以使用该工具的属性栏，如图2-20所示。该工具属性栏提供了几乎所有的节点编辑工具，这些按钮并不都是同时可用的，可以根据具体情况设置。

微课：编辑曲线

图 2-20

使用属性栏编辑节点，改变曲线形状的方法如下。

选择“形状”工具，显示其属性栏，并单击对象，显示节点。

如果需要在曲线上添加节点，可先在要添加节点处单击，然后单击属性栏中的“添加节点”按钮，即可在该处增加一个节点，如图2-21所示。

如果需要删除曲线上的一个或多个节点，可在选择要删除的节点后，单击属性栏中的“删除节点”按钮，即可删除该节点，如图2-22所示。

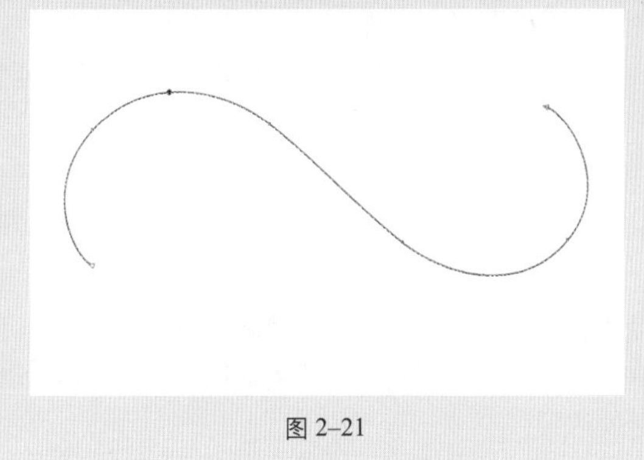

图 2-21

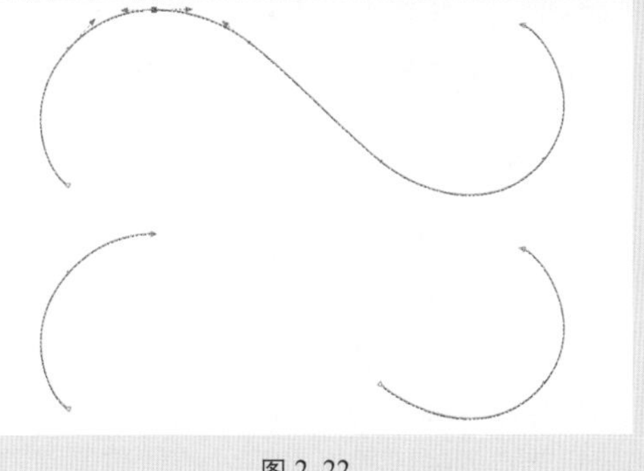

图 2-22

单击属性栏中的“连接两个节点”按钮，可以将一个开放路径的两个端点连接起来，形成闭合路径，如图2–23所示。

单击属性栏中的“断开曲线”按钮，可以在任一点处断开曲线对象的路径，从而将封闭对象转换为开放对象，将开放路径断开为几个子路径。要分割路径，只需选择节点后单击“断开曲线”按钮即可。此时，所选节点处出现了两个节点，使用鼠标拖动后可看到，此处形成了开放路径的两个端点，如图2–24所示。

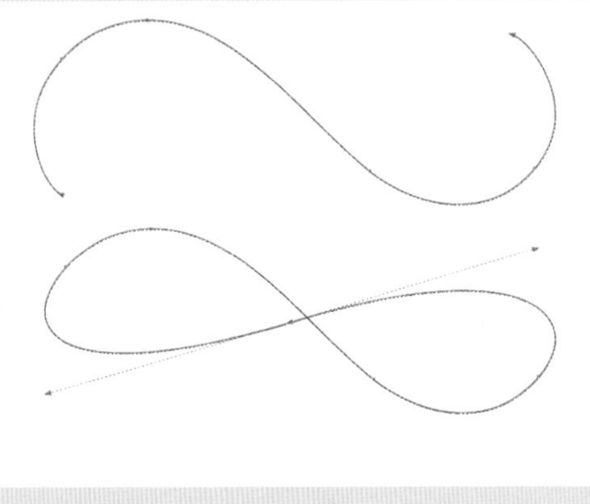

图 2–23

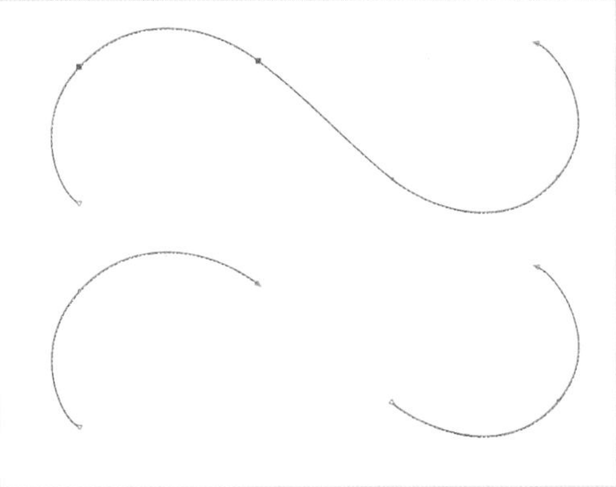

图 2–24

当选中曲线段上的一个或多个节点后，单击“转换为线条”按钮，即可将所选节点和其前面节点间的曲线段转换为直线段，如图2–25所示。

选择直线段两端的端点，单击“转换为曲线”按钮，则直线段中间将显示两个带控制柄的节点，调整两侧的控制柄即可得到曲线，如图2–26所示。

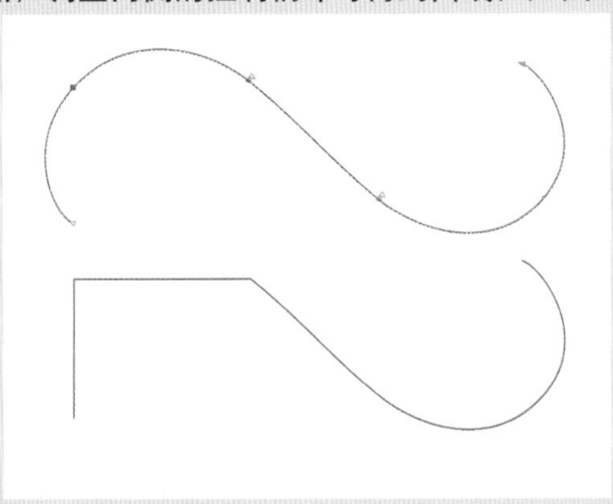

图 2–25

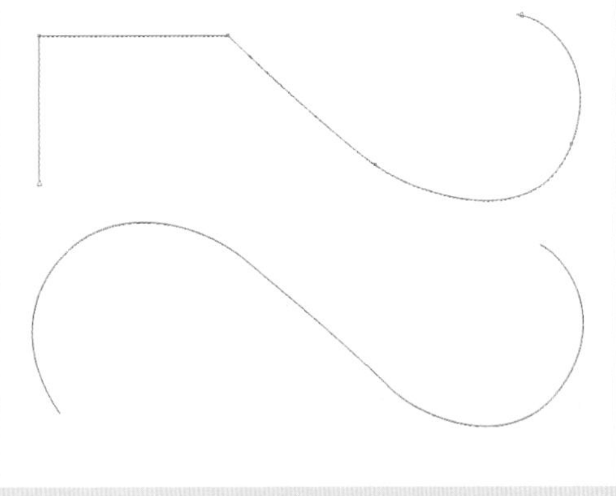

图 2–26

选中曲线节点后，用户可以通过单击属性栏中的“尖突节点”按钮、“平滑节点”按钮和“对称节点”按钮来重新设置所选节点的类型，从而改变曲线形状。

单击属性栏中的“反转方向”按钮，可将曲线的首尾节点进行交换，从而改变曲线路径的方向。

选中带有子路径对象上的任一节点后，“提取子路径”按钮被激活。单击该按钮，然后使用“选择”工具选择两个路径中的一个，可以将二者分开，说明提取子路径成功，如图2–27所示。提取子路径实际上就是将复合对象拆分。

选中节点后，单击属性栏中的“伸长和缩放节点”按钮或“旋转与倾斜节点”按钮，此时所选节点周围将出现8个用于缩放或旋转/倾斜的黑色控制点。通过使用鼠标拖动控制点可以伸长和缩短节点间的线段，也可以旋转和倾斜节点间的线段。

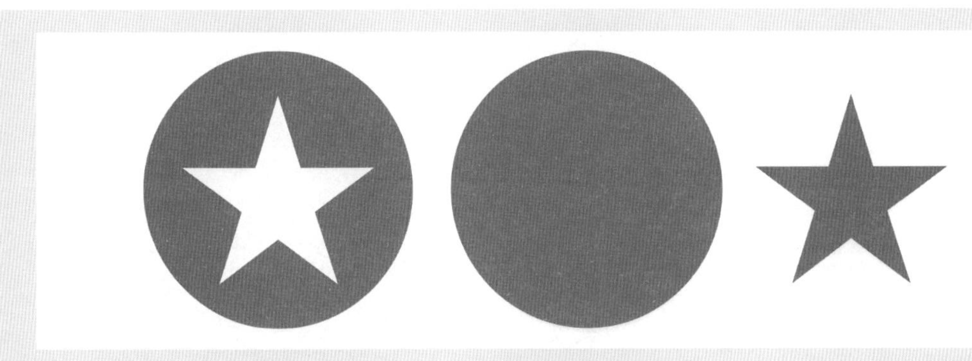

图 2–27

2.3 对象的填充

CorelDRAW X8还提供了“均匀填充”工具、“渐变填充”工具、“图样填充”工具、“底纹填充”工具、“PostScript填充”工具、“交互式填充”工具和“网格填充”工具等。这些工具可为对象赋予丰富多彩的外表，因为不同的色彩可使对象给人以不同的感觉。使用颜色来增强作品视觉效果，是完成一幅成功作品的前提。

1. 均匀填充

“均匀填充”工具可对图形对象内部进行颜色填充。均匀填充是很普通的一种填充方式。

单击工具箱中的“交互式填充”工具按钮，在该工具属性栏中选择“均匀填充”工具■，单击“编辑填充”按钮，此时将弹出“编辑填充”对话框，如图2–28所示，设置颜色或者直接输入色值，然后单击“确定”按钮，即可为对象填充颜色，效果如图2–29所示。

微课：均匀填充&渐变填充&向量图样填充

图 2–28

图 2–29

2. 渐变填充

渐变填充包括线性、辐射、圆锥和正方形4种色彩渐变类型。这些类型可以绘制出多种渐变效果，在设计和制作的过程中经常被使用。

单击工具箱中的“交互式填充”工具按钮，在该工具属性栏中选择“渐变填充”工具，单击“编辑填充”按钮，此时将弹出“编辑填充”对话框。设置“类型”为“线性渐变填充”类型，参数设置如图2–30所示，单击“确定”按钮即可为对象填渐变颜色，效果如图2–31所示。

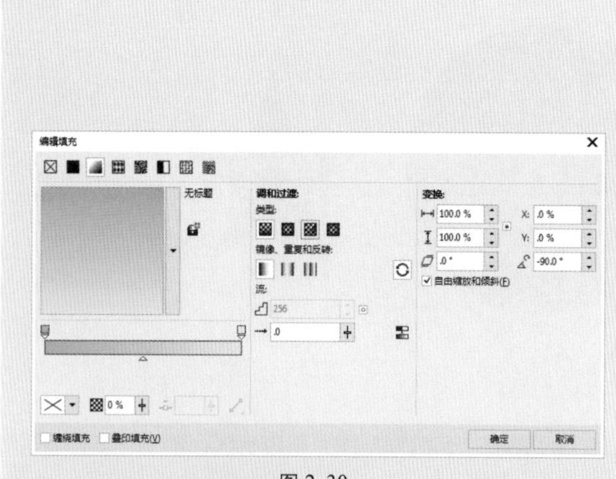

图 2–30

图 2–31

椭圆形、圆锥形和矩形这3种色彩渐变类型的效果如图2–32所示。

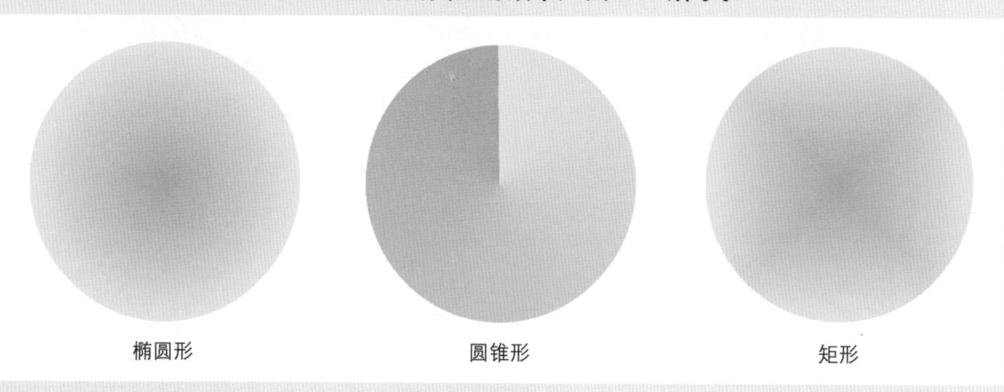

图 2–32

3．向量图样填充

向量图样填充可以为设计和制作提供多种漂亮的填充效果。图样填充可将预设图案以平铺的方式填充到图形中。

单击工具箱中的“交互式填充”工具按钮，在该工具属性栏中单击“编辑填充”按钮，此时将弹出“编辑填充”对话框。在该对话框中选择“向量图样填充”图标，在图案库下拉框中选择所需的样本，参数设置如图2–33所示。单击“确定”按钮，即可为对象填充图案，效果如图2–34所示。

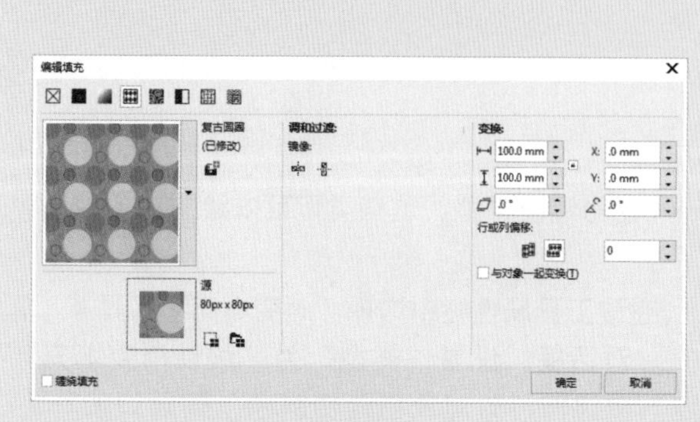

图 2–33

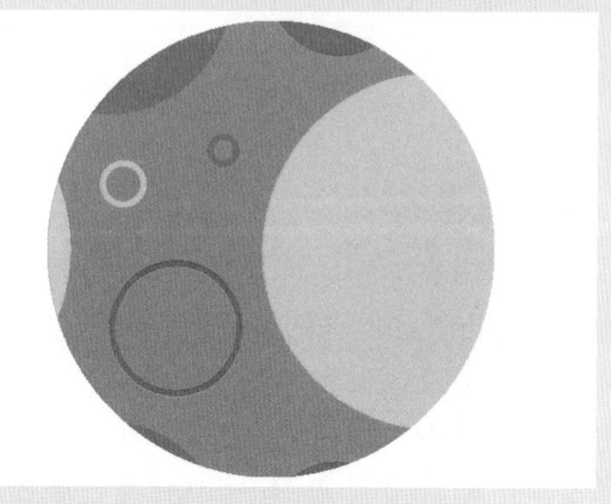

图 2–34

4. 位图图样填充

微课：位图图样填充&双色图样填充&底纹填充&PostScript填充

使用“位图图样填充”工具，不仅可以对绘制的图形进行任意纹理填充，还可以对其进行任意调整。

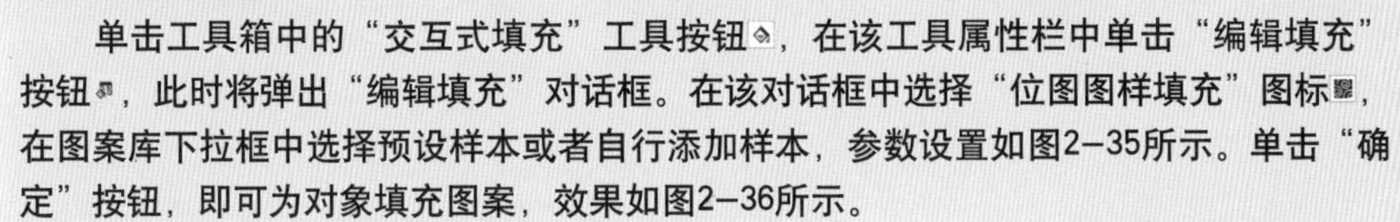

单击工具箱中的“交互式填充”工具按钮，在该工具属性栏中单击“编辑填充”按钮，此时将弹出“编辑填充”对话框。在该对话框中选择“位图图样填充”图标，在图案库下拉框中选择预设样本或者自行添加样本，参数设置如图2-35所示。单击“确定”按钮，即可为对象填充图案，效果如图2-36所示。

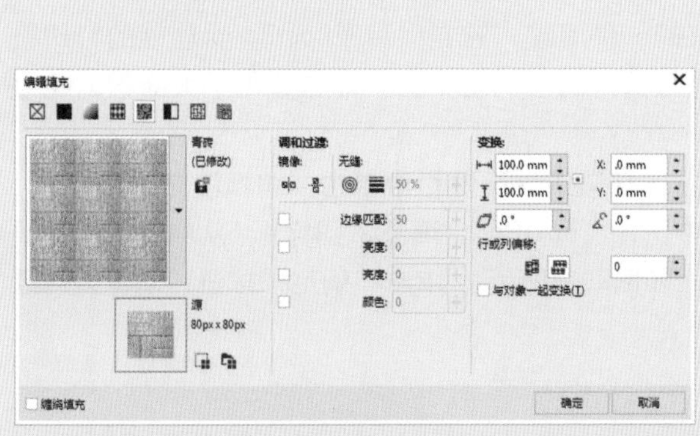

图 2-35

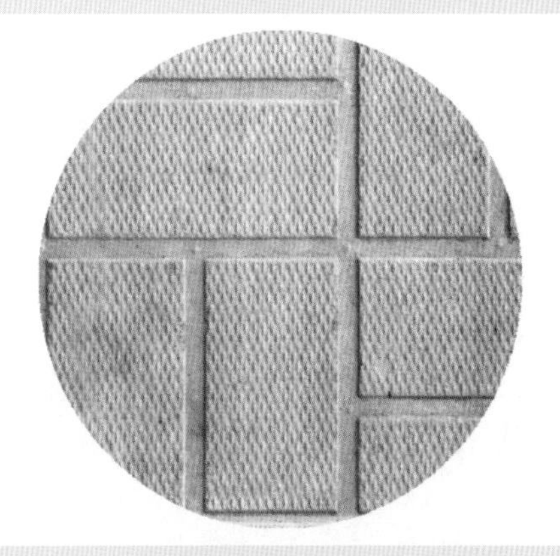

图 2-36

5. 双色图样填充

使用“双色图样填充”工具，不仅可以对绘制的图形进行多种多样的纹理填充，还可以对其颜色进行双色调整。

单击工具箱中的“交互式填充”工具按钮，在该工具属性栏中单击“编辑填充”按钮，此时将弹出“编辑填充”对话框。在该对话框中选择“双色图样填充”图标，在图案库下拉框中选择软件自带的样本，参数设置如图2-37所示。单击“确定”按钮，即可为对象填充图案，效果如图2-38所示。

图 2-37

图 2-38

6. 底纹填充

底纹填充可为图形填充一个自然的外观。底纹填充只能使用RGB颜色，因此在输出时可能会与屏幕显示的颜色有一定出入。

单击工具箱中的“交互式填充”工具按钮，在该工具属性栏中单击“编辑填充”按钮，此时将弹出“编辑填充”对话框。在该对话框中选择“底纹填充”图标，在图案库下拉框中选择所需的样本，参数设置如图2–39所示。

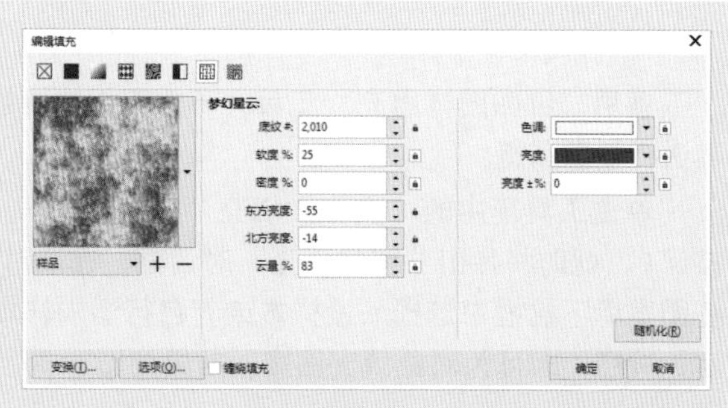

图 2–39

7．PostScript填充

PostScript填充是由PostScript语言编写出来的一种底纹，它专门用于PostScript功能的打印机或输出设备。PostScript填充不但纹理细腻，而且占用的空间也不大，非常适用于大面积的花纹设计。

单击工具箱中的“交互式填充”工具按钮，在该工具属性栏中单击“编辑填充”按钮，此时将弹出“编辑填充”对话框。在该对话框中选择“PostScript填充”图标，从中选择一种纹理效果，便可在对话框中预览各种所选的纹理，如图2–40所示。单击“确定”按钮，即可为对象填充纹理，效果如图2–41所示。

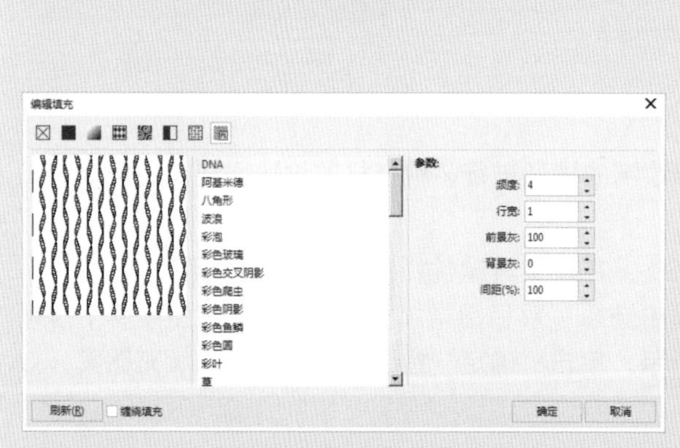

图 2–40

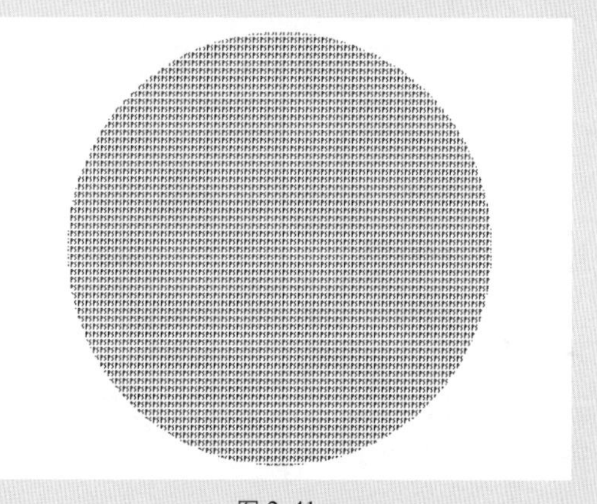

图 2–41

2.4 调整位图的颜色和色调

通过调整颜色和色调，可以恢复阴影或高光中丢失的细节，移除色偏，校正曝光不足或曝光过度，全面改善位图质量。 另外，还可以使用图像调整命令快速校正颜色和色调。

微课：使用“亮度/对比度/强度”命令调整&使用“颜色平衡”命令调整&使用“伽玛值”命令调整&使用“调合曲线”命令调整&使用“色度,饱和度,亮度”命令调整

1．使用“亮度/对比度/强度”命令调整

“亮度/对比度/强度”命令用于调整位图的亮度，以及明亮区域与暗色区域之间的差异。

选择“效果”→“调整”→“亮度/对比度/强度”菜单命令，弹出“亮度/对比度/强度”对话框，如图2–42所示。

在该对话框中，将“亮度”设置为5，将“对比度”设置为10，将“强度”设置为5，单击“预览”按钮可以预览效果，如图2–43所示。

设置完成后，单击“确定”按钮，即可应用效果，调整前后的效果如图2–44所示。

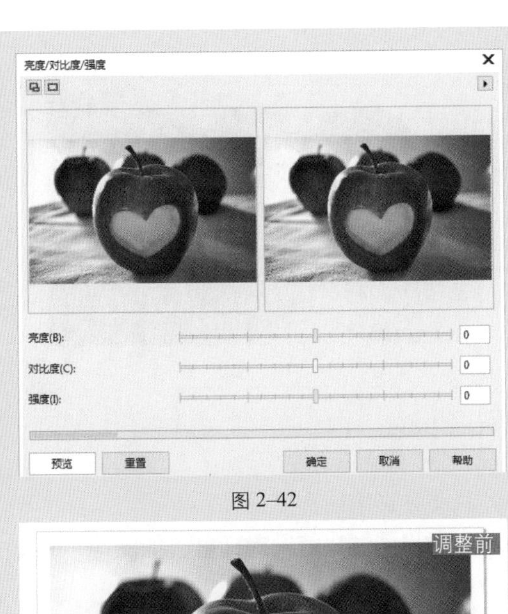

图 2–42

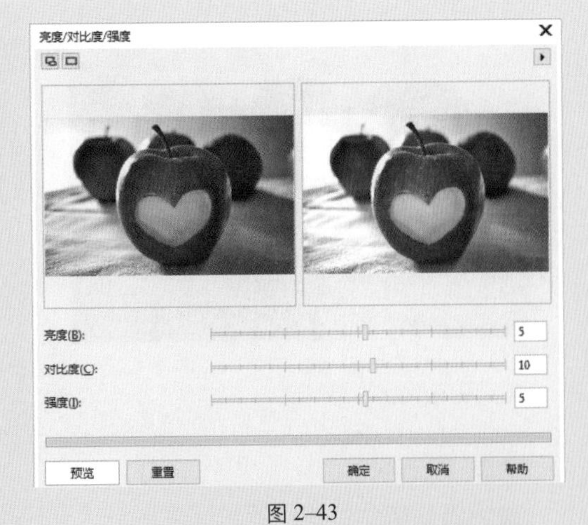

图 2–43

图 2–44

2. 使用“颜色平衡”命令调整

“颜色平衡”命令可将青色或红色、品红或绿色、黄色或蓝色添加到位图中选定的色调中。

选择“效果”→“调整”→“颜色平衡”菜单命令，弹出“颜色平衡”对话框，如图2–45所示。

在该对话框中，将“青－红”设置为50，将“品红－绿”设置为40，将“黄－蓝”设置为0，如图2–46所示。

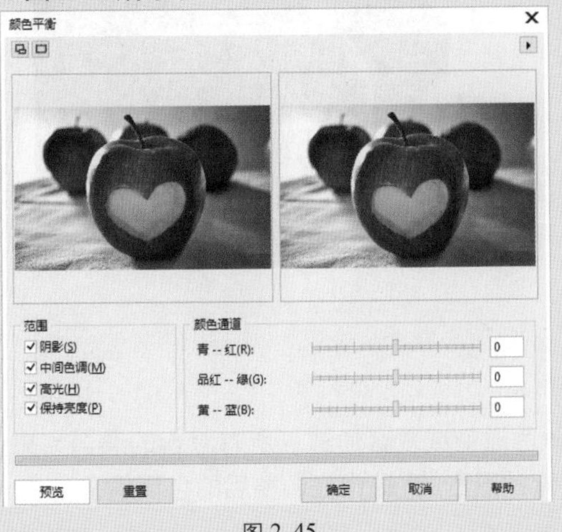

图 2–45

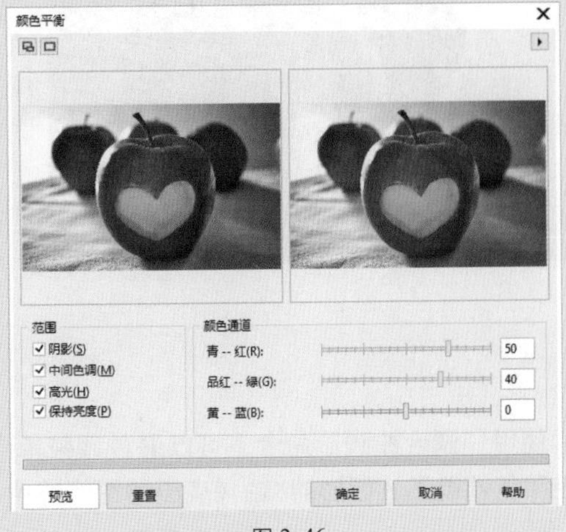

图 2–46

设置完成后，单击“确定”按钮，即可应用效果，调整前后的效果如图2–47所示。

图 2–47

3. 使用“伽玛值”命令调整

“伽玛值”命令可在较低对比度区域强化细节，且不会影响阴影或高光。

选择“效果”→“调整”→“伽玛值”菜单命令，弹出“伽玛值”对话框，如图2–48所示。在该对话框中，将“伽玛值”设置为0.5，如图2–49所示。

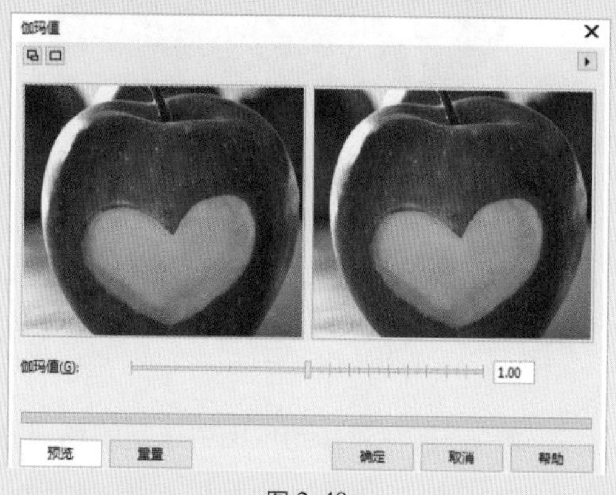

图 2–48

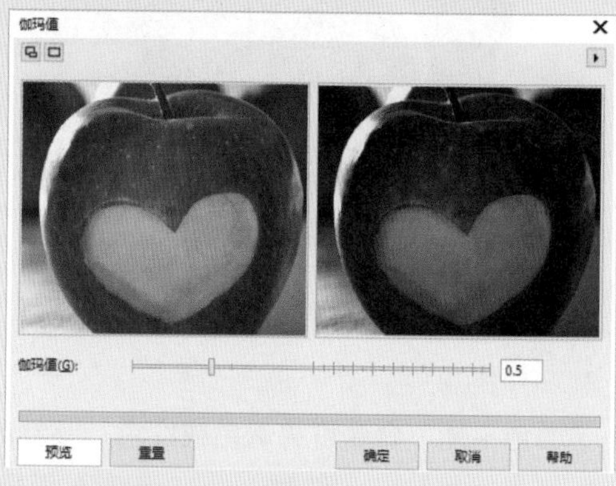

图 2–49

设置完成后，单击“确定”按钮，即可应用效果，调整前后的效果如图2–50所示。

图 2–50

4. 使用“调合曲线”命令调整

使用“调合曲线”命令，可以通过调整单个颜色通道或复合通道（所有复合的通道）来进行颜色和色调校正。图形的X轴代表原始图像的色调值，图形的Y轴代表调整后的色调值。

选择“效果”→“调整”→“调合曲线”菜单命令，弹出“调合曲线”对话框，如图2–51所示。

将节点添加到色调曲线，拖动曲线，得到如图2–52所示的形状，调整前后的效果如图2–53所示。

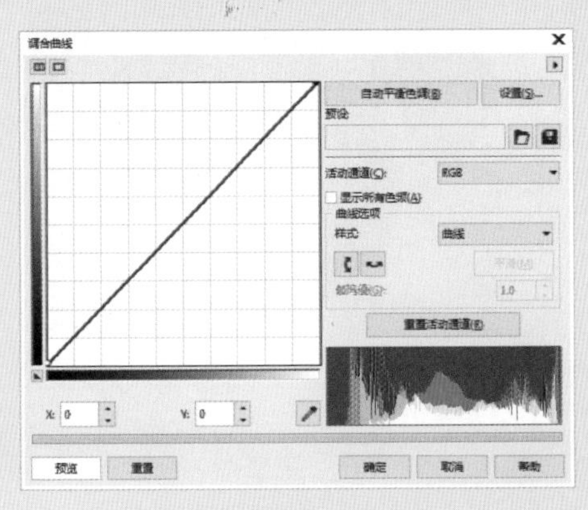

图 2–51

图 2–52

图 2–53

5．使用“色度/饱和度/亮度”命令调整

“色度/饱和度/亮度”命令可调整位图中的颜色通道，并更改色谱中颜色的位置，从而更改图像的颜色及其浓度，以及图像中白色所占的百分比。

选择“效果”→“调整”→“色度/饱和度/亮度”菜单命令，弹出“色度/饱和度/亮度”对话框，如图2–54所示。

在该对话框中选择“红”通道，设置“饱和度”为60、“亮度”为20，如图2–55所示。

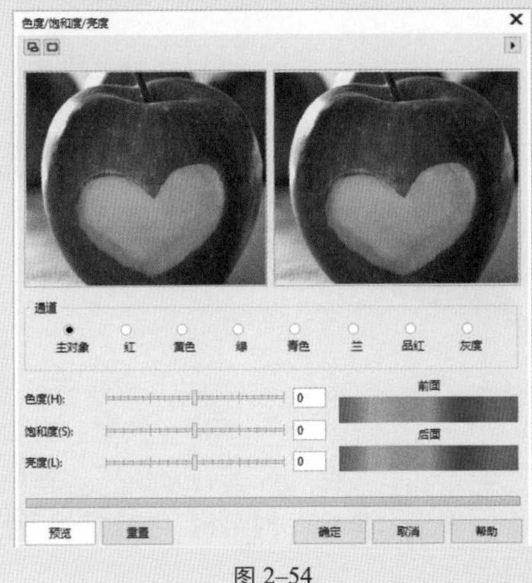

图 2–54

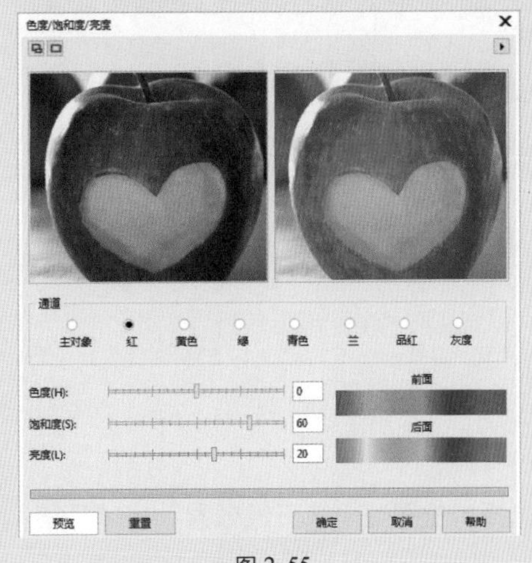

图 2–55

设置完成后，单击“确定”按钮，即可应用效果，调整前后的效果如图2–56所示。

图 2–56

2.5 位图特效处理

CorelDRAW X8可以利用过滤器（也称滤镜）改变位图的外观，得到特殊效果。在“位图”菜单的第6栏中有10个菜单命令，这些菜单命令均包含子菜单。选择子菜单中的任意菜单命令，即可弹出相应的对话框。用户可以对这些对话框中的参数进行调整，以使位图产生特殊的效果。本节仅对部分较有代表性的过滤器进行讲解，以说明各类过滤器的作用及产生的特殊效果。

1. 三维旋转

选择“位图”→“三维效果”→“三维旋转”菜单命令，弹出“三维旋转”对话框。在该对话框中用鼠标拖动立体正方形，或在“垂直”和“水平”数值框中输入数值，从而使位图图像产生三维旋转的效果，参数设置如图2–57所示。

微课：三维旋转&浮雕&卷页&透视

设置完成后，单击“确定”按钮，绘图页面中的位图图像即产生相应的效果，如图2–58所示。

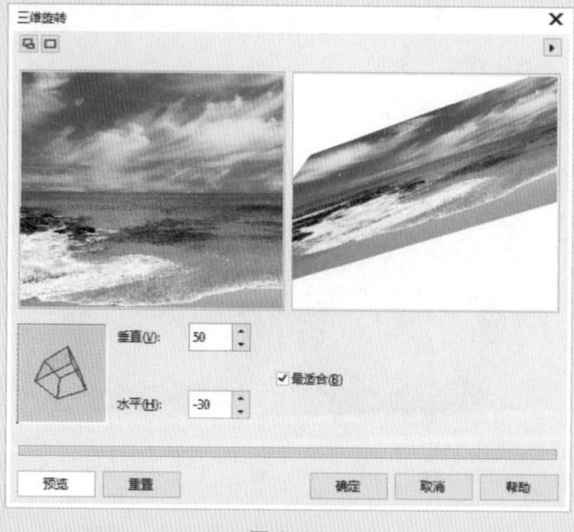

图 2–57

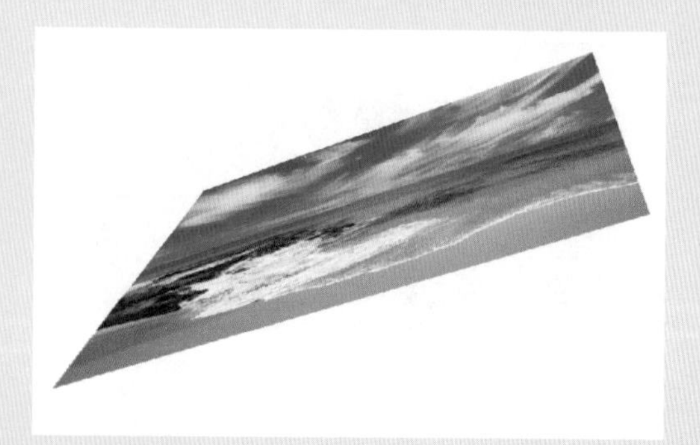

图 2–58

2. 浮雕

选择“位图”→“三维效果”→“浮雕”菜单命令，弹出“浮雕”对话框，如图2–59所示。

在该对话框中进行参数设置，设置完成后，单击“确定”按钮，绘图页面中的位图图像即产生相应的效果，如图2–60所示。

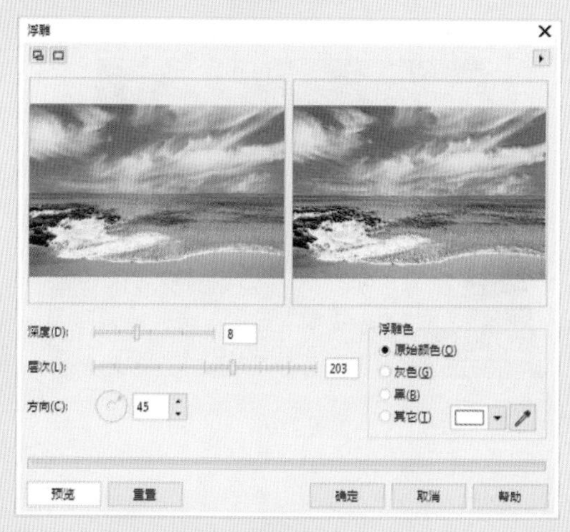

图 2–59

图 2–60

3．卷页

选择“位图”→“三维效果”→“卷页”菜单命令，弹出“卷页”对话框。在该对话框中单击某个卷页方式按钮，然后在“定向”“纸张”及“颜色”选项组中进行设置，接着调整卷页的宽度和高度，从而使位图图像产生卷页的效果，参数设置如图2–61所示。

设置完成后，单击“确定”按钮，绘图页面中的位图图像即产生相应的效果，如图2–62所示。

图 2–61

图 2–62

4．透视

选择“位图”→“三维效果”→“透视”菜单命令，弹出“透视”对话框。在该对话框的“类型”选项组中选中“透视”或“切变”单选按钮，以确定操作所产生的效果是透视还是切变，然后用鼠标拖动矩形的4个顶点，从而使位图图像产生透视或切变效果，参数设置如图2–63所示。

设置完成后，单击“确定”按钮，绘图页面中的位图图像即产生相应的效果，如图2–64所示。

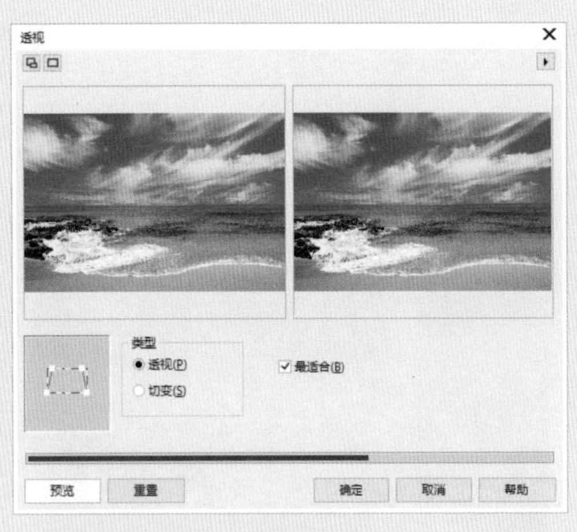

图 2–63

图 2–64

5. 柱面

选择“位图”→“三维效果”→“柱面”菜单命令，弹出“柱面”对话框。在该对话框的“柱面模式”选项组中选中“水平”或“垂直”的单选按钮，以确定产生柱面效果的类型，然后用鼠标拖动“百分比”滑块，或在“百分比”文本框中输入数值，从而使位图图像产生柱面的效果，参数设置如图2–65所示。

微课：柱面&球面

设置完成后，单击“确定”按钮，绘图页面中的位图图像即产生相应的效果，如图2–66所示。

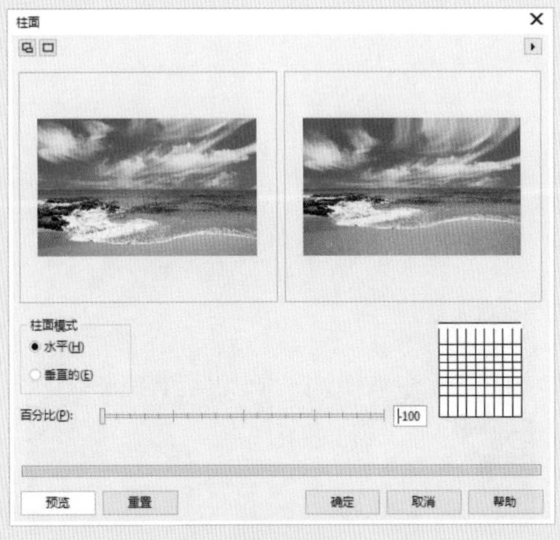

图 2–65

图 2–66

6. 球面

选择“位图”→“三维效果”→“球面”菜单命令，弹出“球面”对话框。在该对话框的“优化”选项组中选中“速度”或“质量”单选按钮，以确定优化的类型，然后用鼠标拖动“百分比”滑块，或在“百分比”文本框中输入数值，从而使位图图像产生球面的效果，参数设置如图2–67所示。

设置完成后，单击“确定”按钮，绘图页面中的位图图像即产生相应的效果，如图2–68所示。

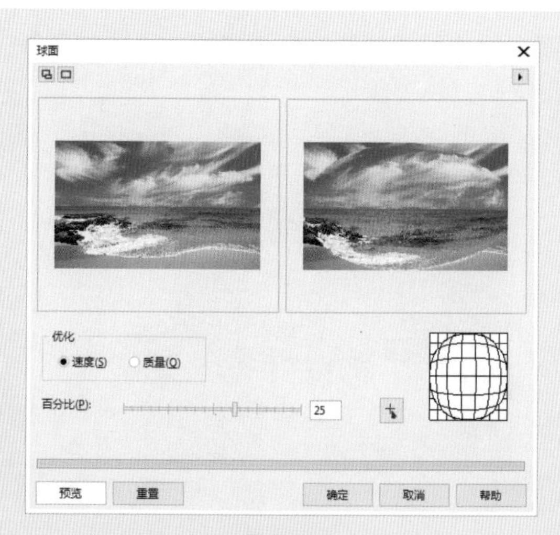

图 2–67

图 2–68

7．炭笔画

选择“位图”→“艺术笔触”→“炭笔画”菜单命令，弹出“炭笔画”对话框。在该对话框中对“大小”和“边缘”进行设置，从而使位图图像产生炭笔画的效果，参数设置如图2–69所示。

设置完成后，单击“确定”按钮，绘图页面中的位图图像即产生相应的效果，如图2–70所示。

微课：立体派&印象派&调色刀&木版画

图 2–69

图 2–70

8．蜡笔画

选择“位图”→“艺术笔触”→“蜡笔画”菜单命令，弹出“蜡笔画”对话框。在该对话框中对“大小”和“轮廓”进行设置，从而使位图图像产生蜡笔画的效果，参数设置如图2–71所示。

设置完成后，单击“确定”按钮，绘图页面中的位图图像即产生相应的效果，如图2–72所示。

9．立体派

选择“位图”→“艺术笔触”→“立体派”菜单命令，弹出“立体派”对话框。在该对话框的“纸张色”下拉列表框中选择相应的选项，可以对纸张的颜色进行设置，然后拖动“大小”和“亮度”滑块或在其右侧文本框中输入数值，从而使位图图像产生立体派画的效果，参数设置如图2–73所示。

设置完成后，单击“确定”按钮，绘图页面中的位图图像即产生相应的效果，如图2-74所示。

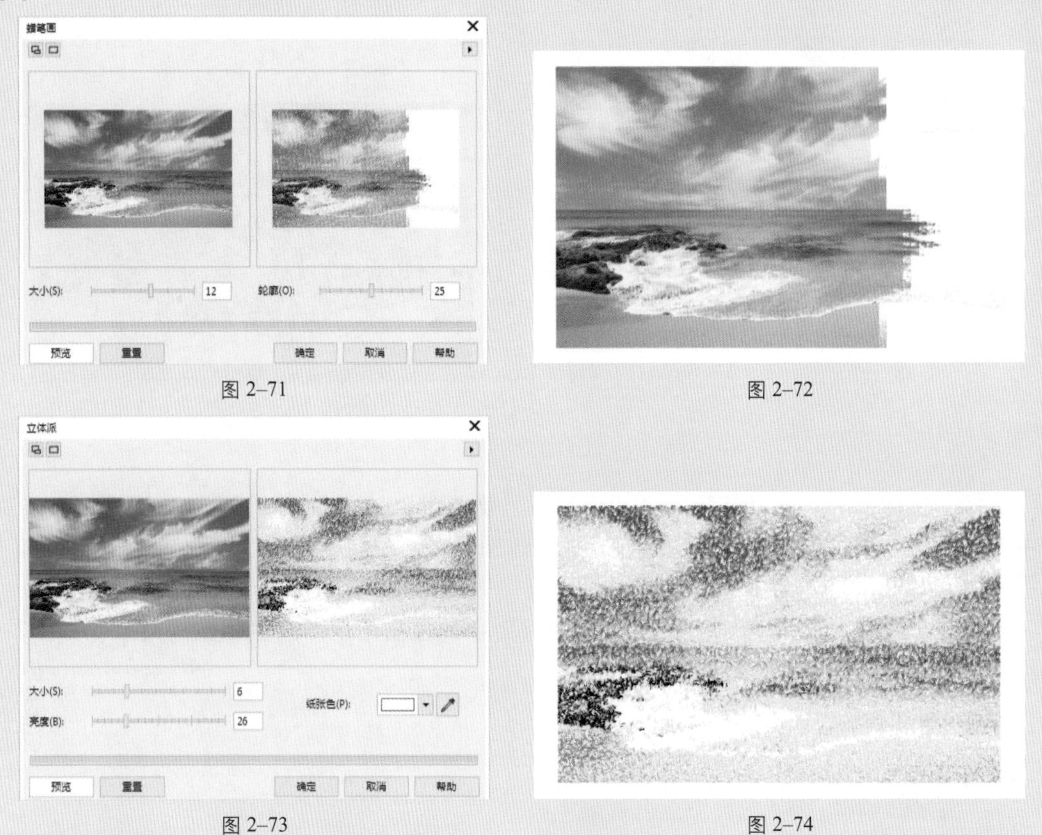

图 2-71　　图 2-72

图 2-73　　图 2-74

10. 印象派

选择“位图”→“艺术笔触”→“印象派”菜单命令，弹出“印象派”对话框。在该对话框的“样式”选项组中选择“笔触”或“色块”单选按钮，可以确定画笔的样式，在“技术”选项组中可对“笔触”“着色”及“亮度”进行调整，从而使位图图像产生印象派画的效果，参数设置如图2-75所示。

设置完成后，单击“确定”按钮，绘图页面中的位图图像即产生相应的效果，如图2-76所示。

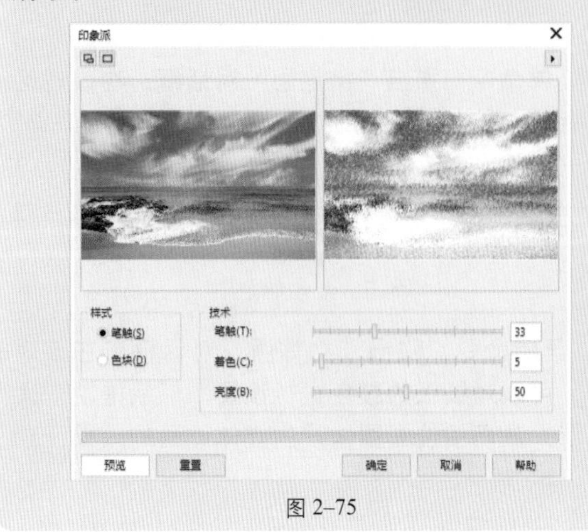

图 2-75

图 2-76

11. 调色刀

选择“位图”→“艺术笔触”→“调色刀”菜单命令，弹出“调色刀”对话框。在该对话框中可对“刀片尺寸”“柔软边缘”及“角度”进行设置，从而使位图图像产生油画的效果，参数设置如图2–77所示。

设置完成后，单击“确定”按钮，绘图页面中的位图图像即产生相应的效果，如图2–78所示。

图 2–77

图 2–78

12. 木版画

选择“位图”→“艺术笔触”→“木版画”菜单命令，弹出“木版画”对话框。在该对话框的“刮痕至”选项组中选中“颜色”或“白色”单选按钮，然后对“密度”和“大小”进行设置，从而使位图图像产生木版画的效果，参数设置如图2–79所示。

设置完成后，单击“确定”按钮，绘图页面中的位图图像即产生相应的效果，如图2–80所示。

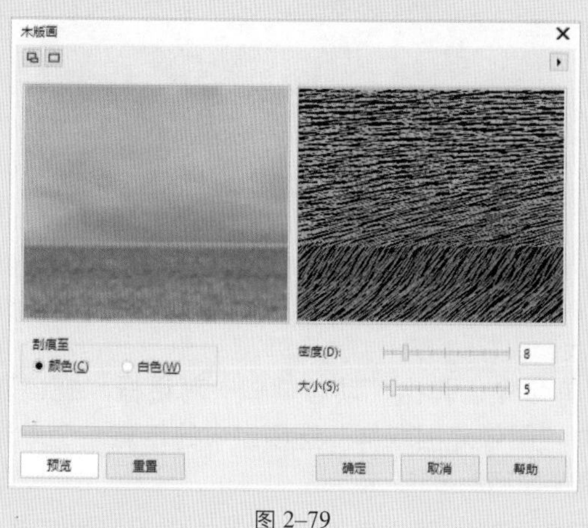

图 2–79

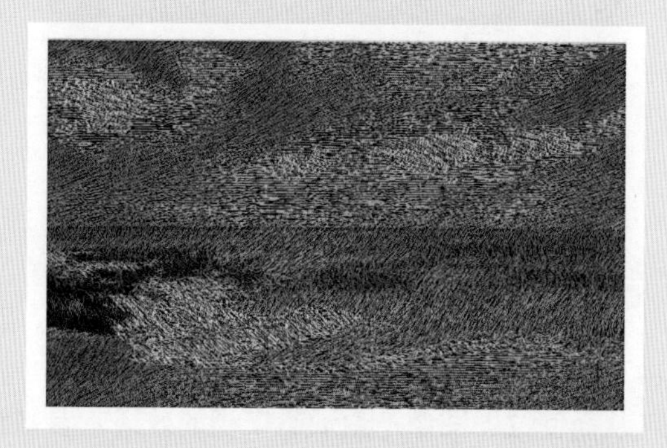

图 2–80

13. 素描

选择“位图”→“艺术笔触”→“素描”菜单命令，弹出“素描”对话框。在该对话框的“铅笔类型”选项组中选中“碳色”或“颜色”单选按钮，然后对“样式”“压力”及“轮廓”进行设置，从而使位图图像产生素描画的效果，参数设置如图2–81所示。

微课：素描&高斯式模糊&动态模糊&放射式模糊

设置完成后，单击“确定”按钮，绘图页面中的位图图像即产生相应的效果，如图2-82所示。

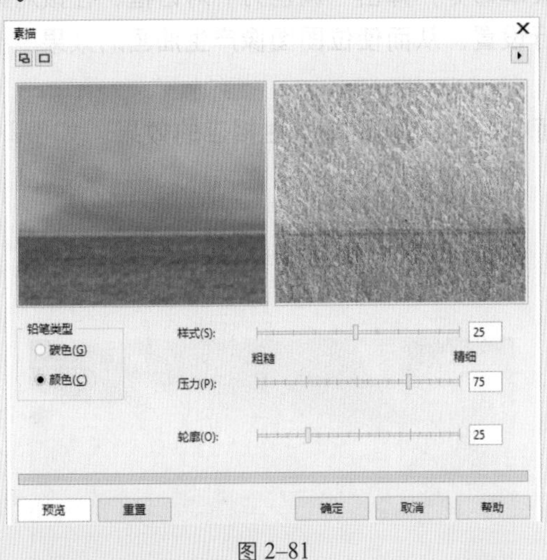

图 2-81

图 2-82

14. 高斯式模糊

选择“位图”→“模糊”→“高斯式模糊”菜单命令，弹出“高斯式模糊”对话框。在该对话框中可对模糊“半径”进行设置，从而使位图图像产生高斯模糊的效果，参数设置如图2-83所示。

设置完成后，单击“确定”按钮，绘图页面中的位图图像即产生相应的效果，如图2-84所示。

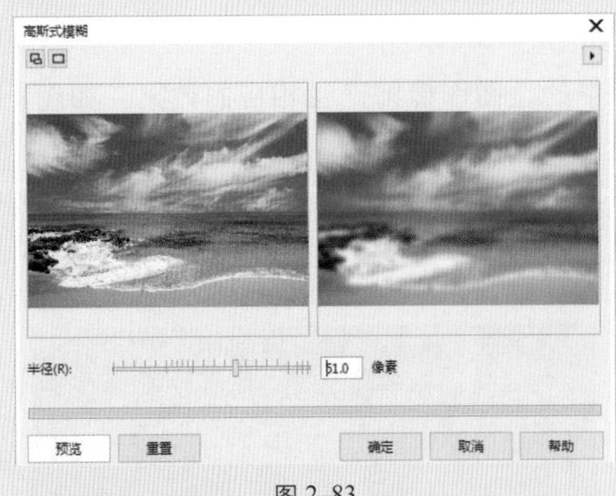

图 2-83

图 2-84

15. 动态模糊

选择“位图”→“模糊”→“动态模糊”菜单命令，弹出“动态模糊”对话框。在该对话框中可对模糊“间距”及“方向”进行设置，选中“图像外围取样”选项组中的任意一个单选按钮，从而使位图图像产生动态模糊的效果，参数设置如图2-85所示。

设置完成后，单击“确定”按钮，绘图页面中的位图图像即产生相应的效果，如图2-86所示。

16. 放射式模糊

选择“位图”→“模糊”→“放射式模糊”菜单命令，弹出“放射状模糊”对话框。在该对话框中可对模糊“数量”进行设置，从而使位图图像产生放射状模糊的效果，参数设置如图2-87所示。

设置完成后，单击“确定”按钮，绘图页面中的位图图像即产生相应的效果，如图2–88所示。

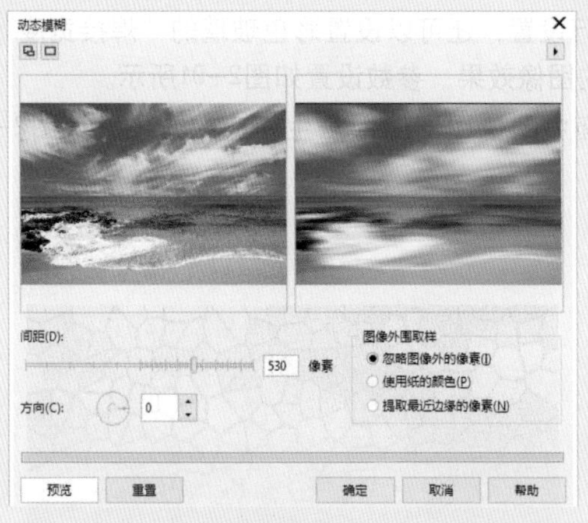

图 2–85

图 2–86

图 2–87

图 2–88

17. 马赛克

微课：马赛克&彩色玻璃&龟纹&添加杂点

选择“位图”→“创造性”→“马赛克”菜单命令，弹出“马赛克”对话框。在该对话框中可设置马赛克的“大小”和“背景色”，从而使位图图像产生马赛克的图像效果，参数设置如图2–89所示。

设置完成后，单击“确定”按钮，绘图页面中的位图图像即产生相应的效果，如图2–90所示。

图 2–89

图 2–90

18．彩色玻璃

选择“位图”→“创造性”→“彩色玻璃”菜单命令，弹出“彩色玻璃”对话框。在该对话框中可对彩色玻璃的“大小”及“光源强度”进行设置，还可以设置彩色玻璃的“焊接宽度”和“焊接颜色”，从而使位图图像产生彩色玻璃块的图像效果，参数设置如图2–91所示。

设置完成后，单击“确定”按钮，绘图页面中的位图图像即产生相应的效果，如图2–92所示。

图 2–91

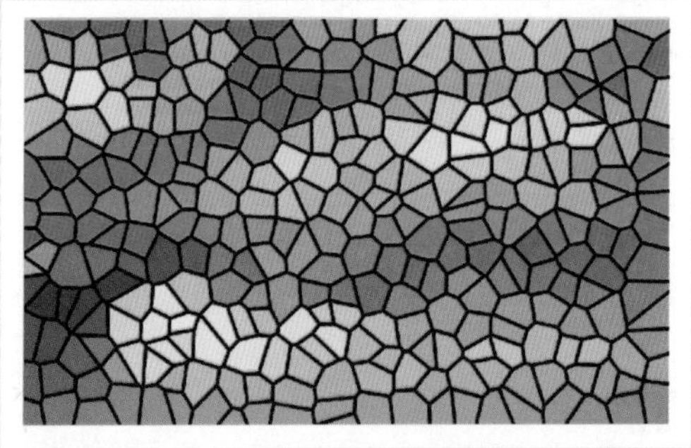

图 2–92

19．龟纹

选择“位图”→“扭曲”→“龟纹”菜单命令，弹出“龟纹”对话框。在该对话框中可对“主波纹”选项组中的“周期”和“振幅”进行设置，还可以对“优化”方式及“角度”等进行设置。如果选中了“垂直波纹”复选框，则还需设置垂直波纹的“振幅”；如果需要对波纹进行扭曲变形，则可选中“扭曲龟纹”复选框。设置后可以使位图图像产生波纹的效果，参数设置如图2–93所示。

设置完成后，单击“确定”按钮，绘图页面中的位图图像即产生相应的效果，如图2–94所示。

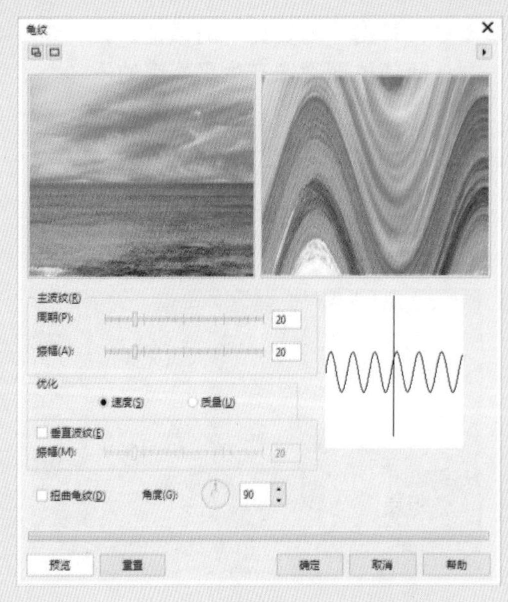

图 2–93

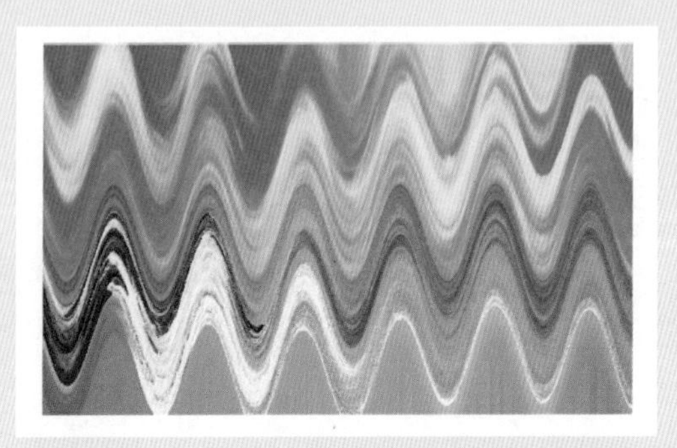

图 2–94

20．添加杂点

选择“位图”→“杂点”→“添加杂点”菜单命令，弹出“添加杂点”对话框。在该对话框的“杂点类型”选项组中可设置杂点的类型，在“颜色模式”选项组中可设置颜色及颜色的模式，然后对“层次”及“密度”进行设置，从而给位图图像添加杂点的效果，参数设置如图2–95所示。

设置完成后，单击“确定”按钮，绘图页面中的位图图像即产生相应的效果，如图2–96所示。

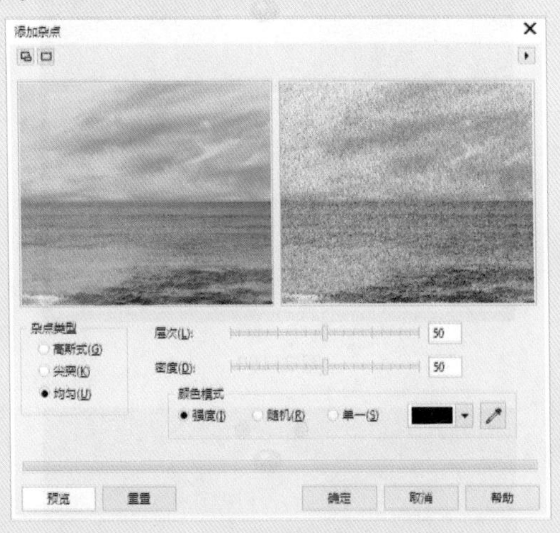

图 2–95

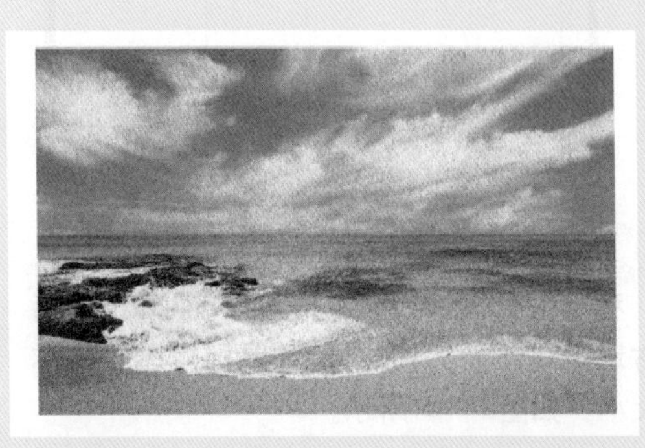

图 2–96

2.6 编辑文本

在绘图过程中，往往离不开对文本的处理。CorelDRAW X8具备专业字处理软件和专业彩色排版软件的强大功能，文本是CorelDRAW X8中具有特殊属性的图形对象。

2.6.1 输入与导入文本

在CorelDRAW X8中有两种文本模式：美术字和段落文本。它们有着不同的输入法。

微课：输入美术字&输入段落文字&隐藏文本框&首字下沉

1．输入美术字

美术字实际上是指单个的文字对象。由于它是作为一个单独的图形对象来使用的，因此可以使用处理图形的方法对其进行编辑处理。

单击工具箱中的“文本”工具按钮字，在绘图页面上按住鼠标左键不放，沿着对角线进行拖动，将绘制出一个矩形文本框，如图2–97所示。在绘图页面中的适当位置单击，就会出现闪动的插入光标，此时，即可通过键盘直接输入美术字，效果如图2–98所示。

图 2–97

图 2–98

2．输入段落文本

段落文本是建立在美术字模式基础上的大

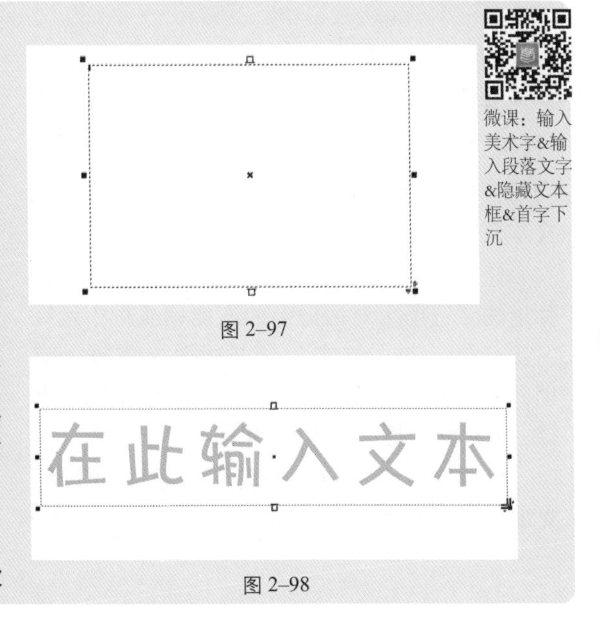

块区域的文本。对于段落文本，可以使用CorelDRAW X8所具备的编辑排版功能进行处理。

单击“文本”工具按钮字，在绘图页面中的适当位置按住鼠标左键后进行拖动，就会显示一个文本框和闪动的插入光标，如图2–99所示。在该文本框中可直接输入段落文本，如果文字过多，超出了文本框的范围，文本框下方会显示一个下三角图标，表示还有文字没有显示出来，如图2–100所示。

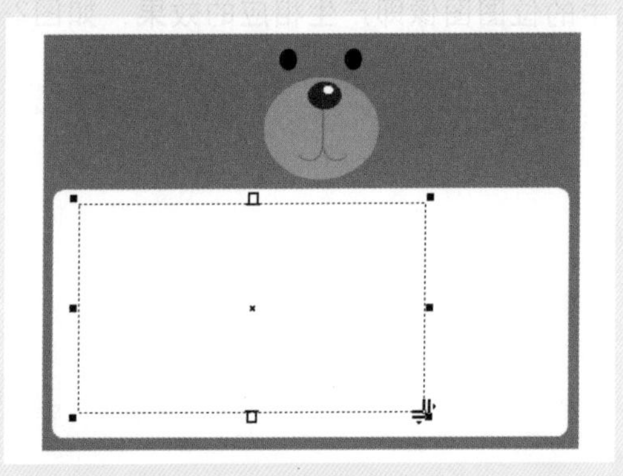

图 2–99

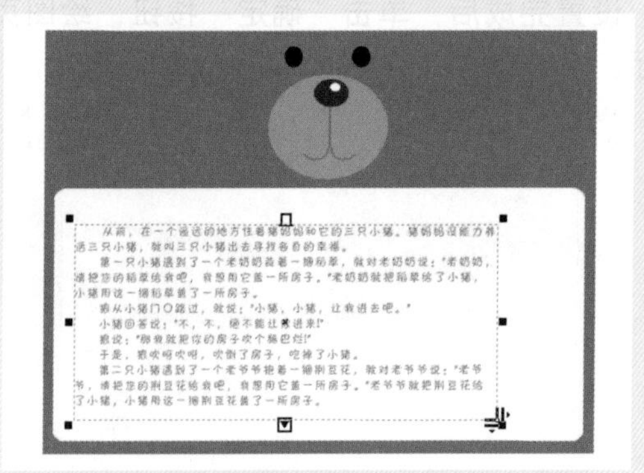

图 2–100

移动鼠标指针到文本框边沿的小方块，当小方块呈双向箭头状时，拖动鼠标可调整文本框大小，如图2–101所示。

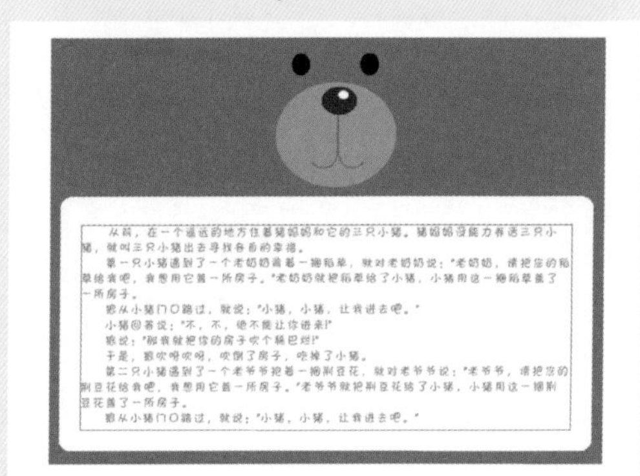

图 2–101

2.6.2 文本编辑

在排版时，有时需要文本框，有时则不需要，此时就需要了解文本框的显示和隐藏。

1．隐藏文本框

使用“选择”工具双击文本框，即可选取文本框中的所有文字，如图2–102所示。

选择“编辑”→“选项”菜单命令，在弹出的“选项”对话框中的左侧列表框中选择“工作区”→“文本”→“段落文本框”选项，在右侧“段落文本框”选项区域中取消选择“显示文本框”复选框，如图2–103所示。

设置完成后，单击“确定”按钮，即可隐藏文本框，效果如图2–104所示。

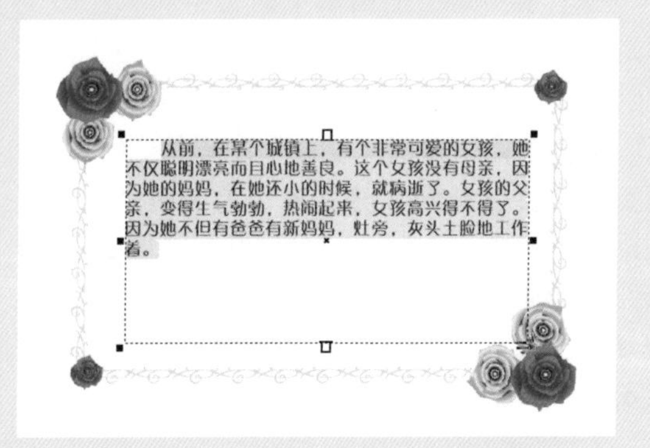

图 2–102

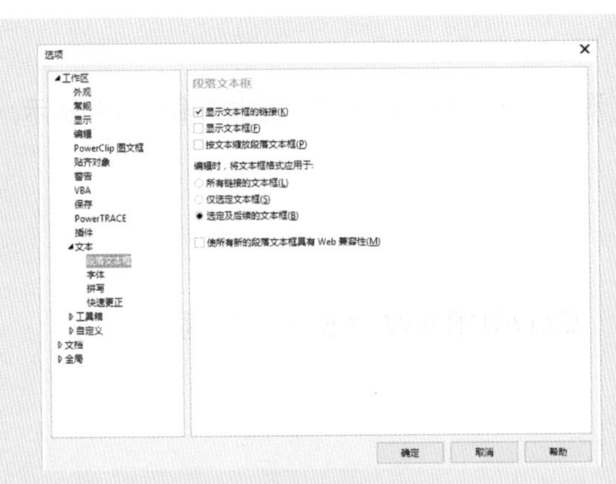

图 2–103

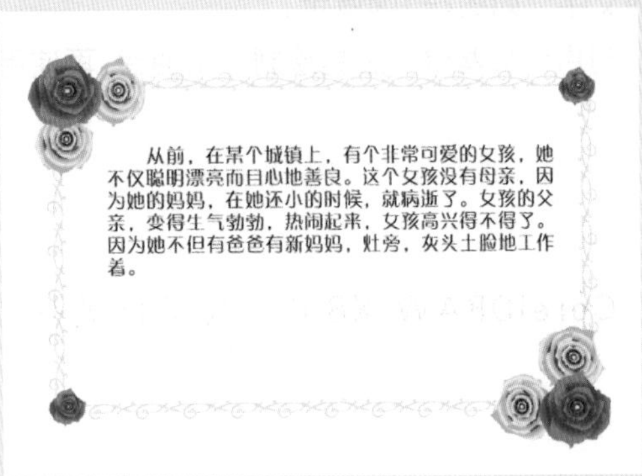

图 2–104

2. 首字下沉

单击工具箱中的“文本”工具按钮字，在文本框中选择第一个字“要”，如图2–105所示。

选择“文本”→“首字下沉”菜单命令，在弹出的“首字下沉”对话框中进行参数设置，如图2–106所示。

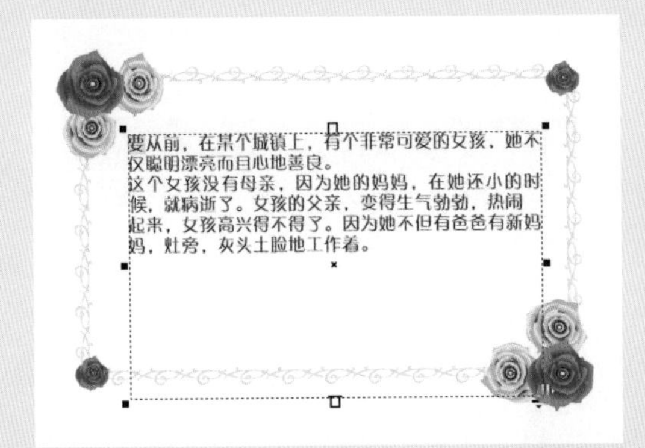

图 2–105

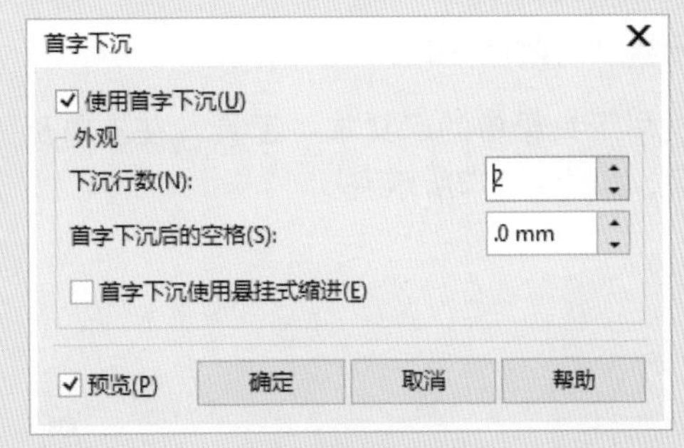

图 2–106

设置完成后，单击“确定”按钮，即可得到首字下沉的效果，如图2–107所示。

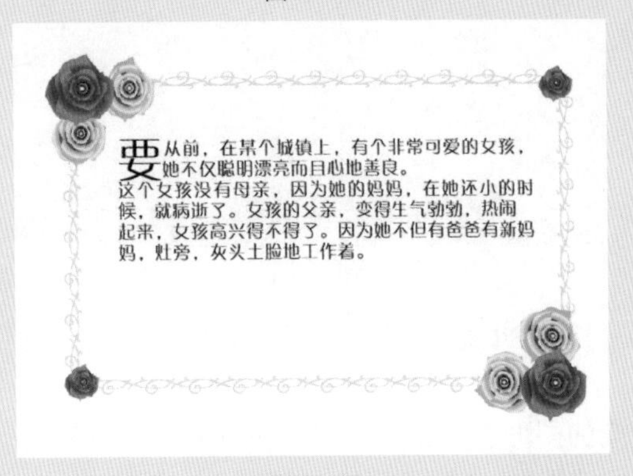

图 2–107

2.6.3 文本特殊编辑

1. 使文本适合路径

使用工具箱中的“文本”工具，在当前页面中按住鼠标左键可拖出一个文本框，然后输入所需的文字，如图2–108所示。

利用“贝塞尔”工具绘制一条曲线，再使用“形状”工具调整其节点，效果如图2–109所示。

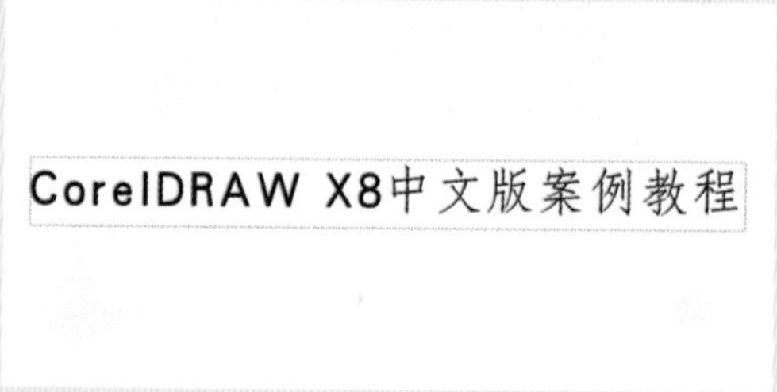

CorelDRAW X8中文版案例教程

图 2–108

CorelDRAW X8中文版案例教程

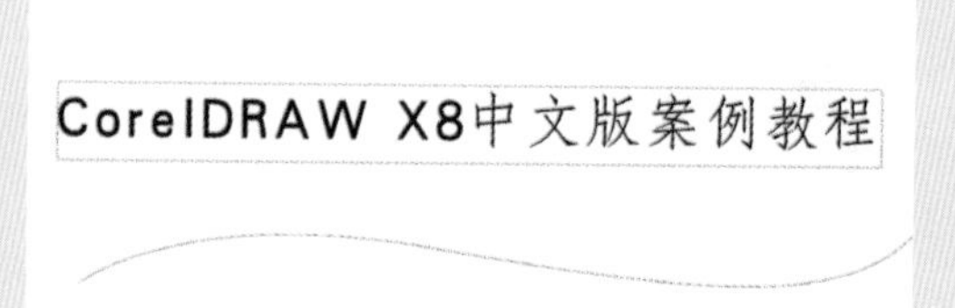

图 2–109

使用“选择”工具选取页面中的文本，选择“文本”→“使文本适合路径”菜单命令，当鼠标指针呈箭头状时，指向绘制的曲线并单击。此时，页面中的文字会全部移到曲线上，并随着曲线的路径排列，如图2–110所示。

CorelDRAW X8中文版案例教程

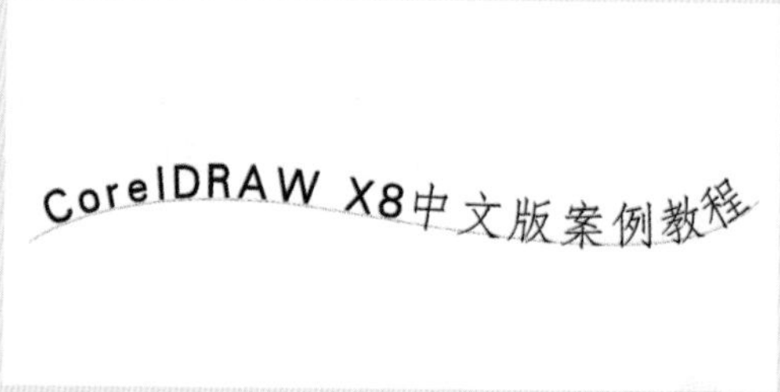

图 2–110

2. 使段落文本环绕图形

选择工具箱中的“标注形状”工具，并添加自己喜欢的颜色，如图2–111所示。

使用工具箱中的“文本”工具，在当前页面中按住鼠标左键拖出一个文本框，然后输入所需的文字，如图2–112所示。

图 2–111

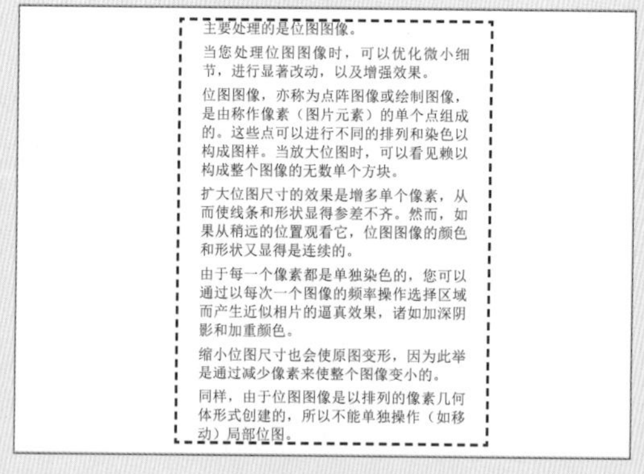

主要处理的是位图图像。
当您处理位图图像时，可以优化微小细节，进行显著改动，以及增强效果。
位图图像，亦称为点阵图像或绘制图像，是由称作像素（图片元素）的单个点组成的。这些点可以进行不同的排列和染色以构成图样。当放大位图时，可以看见赖以构成整个图像的无数单个方块。
扩大位图尺寸的效果是增多单个像素，从而使线条和形状显得参差不齐。然而，如果从稍远的位置观看它，位图图像的颜色和形状又显得是连续的。
由于每一个像素都是单独染色的，您可以通过以每次一个图像的频率操作选择区域而产生近似相片的逼真效果，诸如加深阴影和加重颜色。
缩小位图尺寸也会使原图变形，因为此举是通过减少像素来使整个图像变小的。
同样，由于位图图像是以排列的像素几何体形式创建的，所以不能单独操作（如移动）局部位图。

图 2–112

选取页面中的文字和图形，选择“文本”→“使文本适合路径”菜单命令，在绘制完成的图形上单击，此时，页面中的文字将环绕曲线图形，效果如图2–113所示。

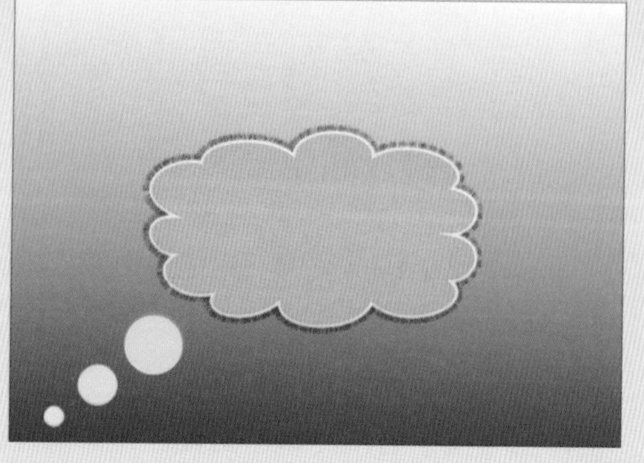

图 2–113

2.7 合并打印

合并打印为用户提供了更自由、更方便的操作空间。用户可以通过添加域来整合打印的数据，并能方便地保存数据设置，从而为用户节省了大量的输出时间。在CorelDRAW X8中，内置了“合并打印向导”，它会引导用户一步步地完成合并打印过程。

微课：合并打印

① 导入一个图形文件，并将导入的图形文件放到页面的适当位置，如图2–114所示。

② 选择“文件”→“合并打印”→“创建/装入合并域”菜单命令，弹出“合并打印向导”对话框，如图2–115所示。

图 2–114

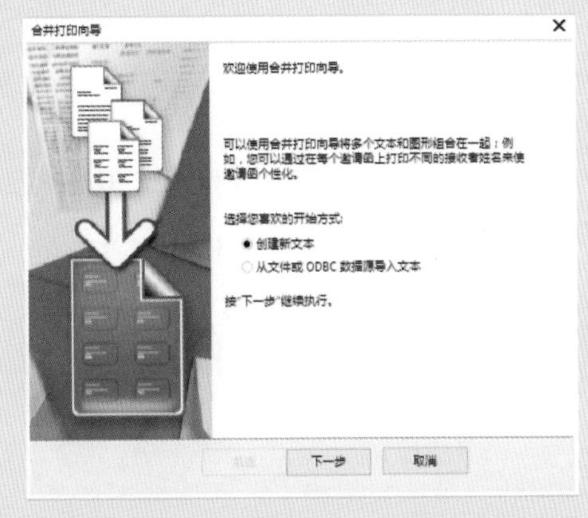

图 2–115

③ 选择“创建新文本”单选按钮，单击“下一步”按钮，得到的界面如图2–116所示。在“文本域”文本框中输入要打印的第一个区域的名称，如图2–117所示，再单击“文本域”文本框右侧的“添加”按钮，则区域名就直接添加到合并中使用的域列表框中了。

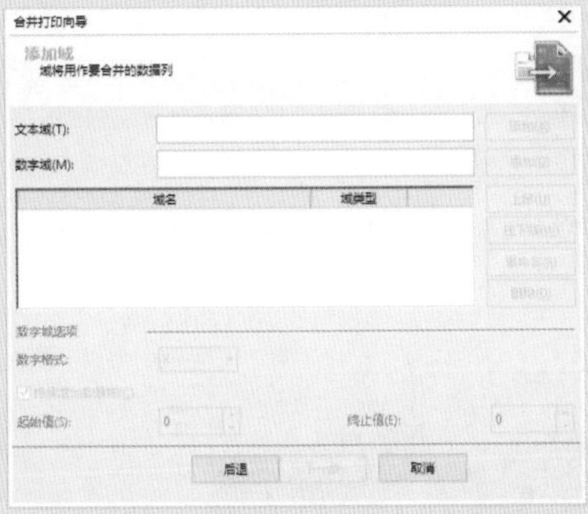

图 2–116

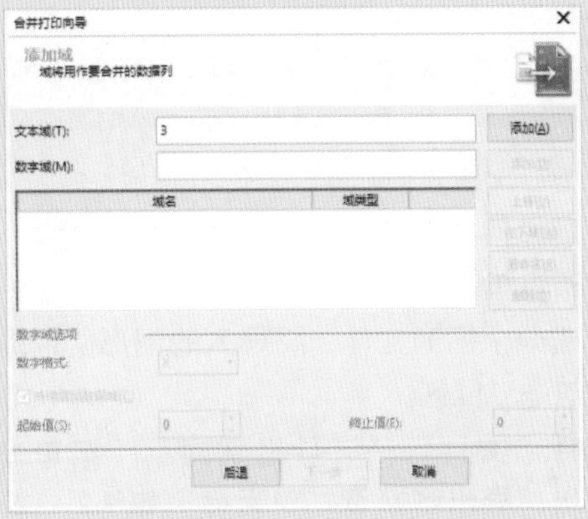

图 2–117

④ 同上一步的方法，再添加一个要合并打印的区域，如图2–118所示。单击“下一步”按钮，得到的界面如图2–119所示。输入合并打印所需的数据值，如图2–120所示。

⑤ 单击“下一步”按钮，在如图2–121所示的对话框中单击“完成”按钮，合并打印设置就基本完成了。

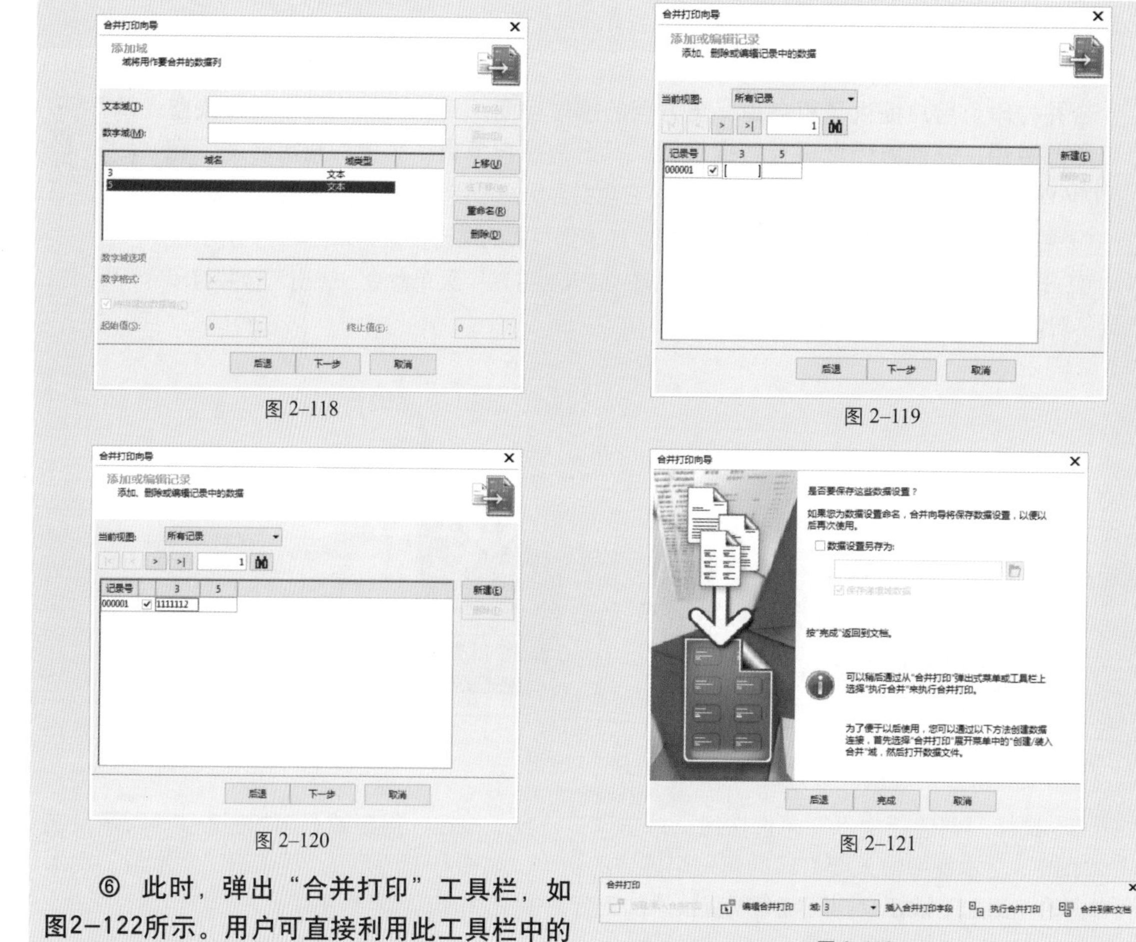

图 2-118

图 2-119

图 2-120

图 2-121

⑥ 此时，弹出“合并打印”工具栏，如图2-122所示。用户可直接利用此工具栏中的工具对要合并打印的图形进行编辑。

图 2-122

2.8 发布到网络

了解如何在HTML文本中插入因特网对象，如何将文件转换为因特网文件格式，以及PDF文件如何发布等知识是极为必要的。

新建一个图形文件，将导入的图形文件放到页面的适当位置。

选择“文件”→“导出到网页”菜单命令，弹出“导出到网页”对话框，如图2-123所示。

分别单击对话框左上角的前4个按钮，可改变对话框显示视图的方式，如图2-124所示。

用户还可以选择不同的比例查看图像，如图2-125所示。

图 2-123

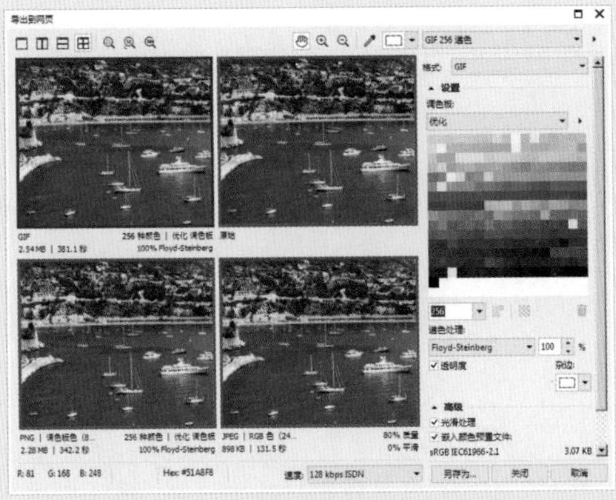

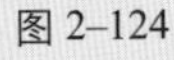

图 2–124

图 2–125

2.9 案例——绘制数码相机

学习了CorelDRAW X8的图形绘制和修改、颜色的填充及位图颜色的修整等方法，本节将通过一个矢量数码相机的绘制，将上述知识运用到实践当中，具体操作步骤如下。

01 绘制相机外轮廓

在工具箱中选择“钢笔”工具，绘制相机的外轮廓，然后运用“形状”工具对曲线进行调整，效果如图2-126所示。

02 填充底色

选择工具箱中“填充”工具组中的“均匀填充”工具，然后在“均匀填充”对话框中设置填充颜色，即可为在步骤01中绘制的图形填充颜色，效果如图2-127所示。

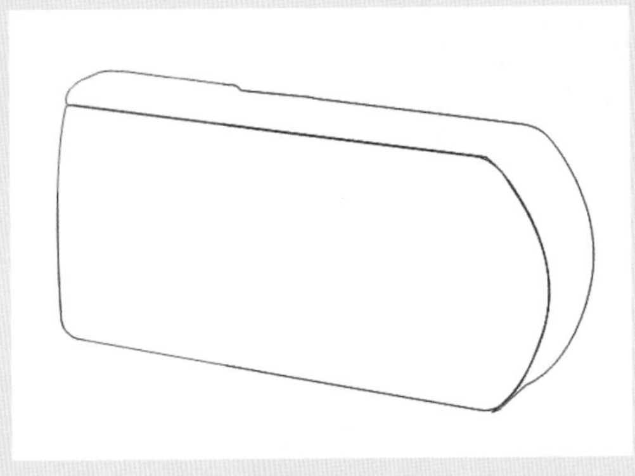

图 2–126

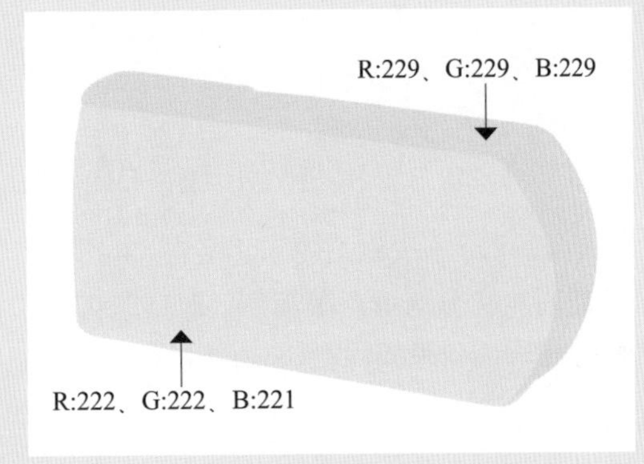

图 2–127

03 绘制高光并进行调整

使用工具箱中的“钢笔”工具绘制高光，为其填充白色（R:255、G:255、B:255），然后删除轮廓，效果如图2-128所示。

04 绘制椭圆形并填充颜色

首先选择工具箱中的“椭圆形”工具，在页面中绘制椭圆形，用以确定镜头的位置。然后将椭圆形填充为黑色（R:0、G:0、B:0），得到的效果如图2-129所示。

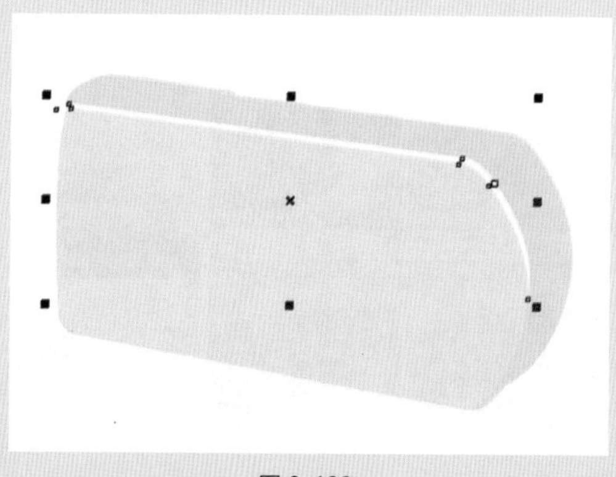
图 2–128

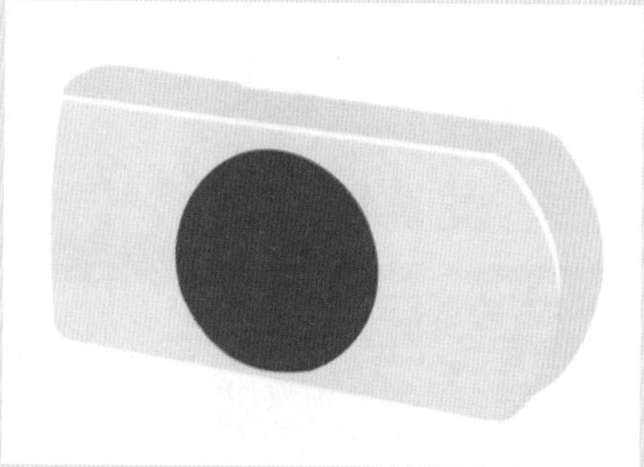

图 2–129

05 复制椭圆形并填充颜色

选中上一步骤中绘制的椭圆形，选择“编辑”→“再制”菜单命令，复制一个椭圆形。并将其填充为灰色（R:188、G:188、B:188），移动到如图2-130所示的位置。

06 再次复制椭圆形并填充颜色

按照上一步骤中的方法再次复制一个椭圆形，并将其填充为浅灰色（R:218、G:218、B:218），移动到如图2-131所示的位置。

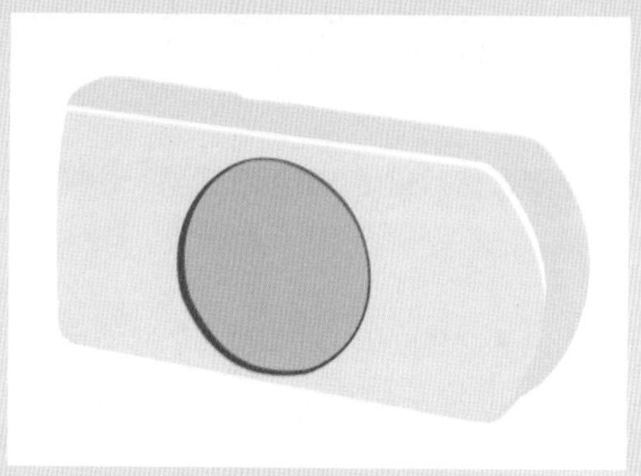
图 2–130

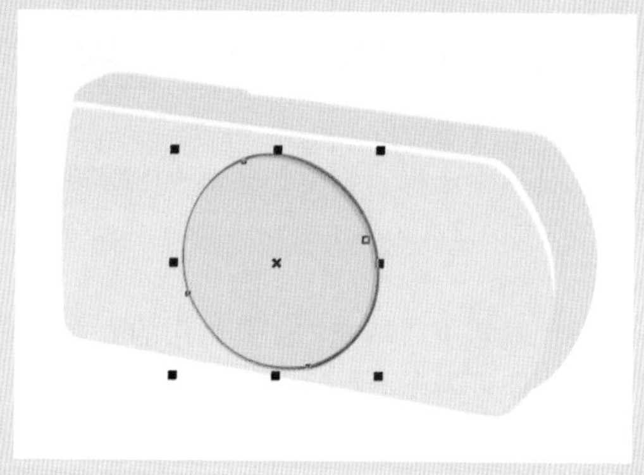
图 2–131

07 绘制镜头的暗面轮廓

使用“贝塞尔”工具和“形状”工具绘制镜头的暗面轮廓，效果如图2-132所示。

08 为暗面轮廓填充颜色

为暗面轮廓分别填充深灰色（R:152、G:152、B:153）和浅灰色（R:185、G:185、B:185），并且删除轮廓，效果如图2-133所示。

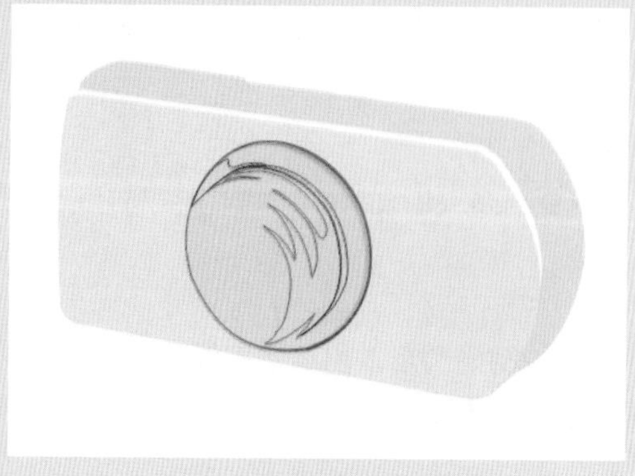
图 2–132

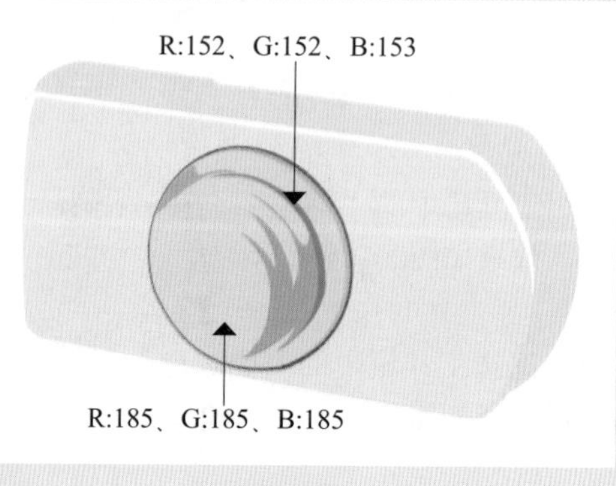

图 2–133

09 绘制不规则圆形并进行调整

在工具箱中选择“贝塞尔”工具，绘制一个不规则的圆形，然后运用“形状”工具对其进行调整，并填充为深灰色（R:185、G:185、B:185），删除轮廓，移动到如图2-134所示的位置。

10 添加镜头层次并进行调整

继续为镜头添加层次，将绘制好的图形在前面再添加一层，并将其填充为灰色（R:157、G:157、B:157），然后移动到如图2-135所示的位置。

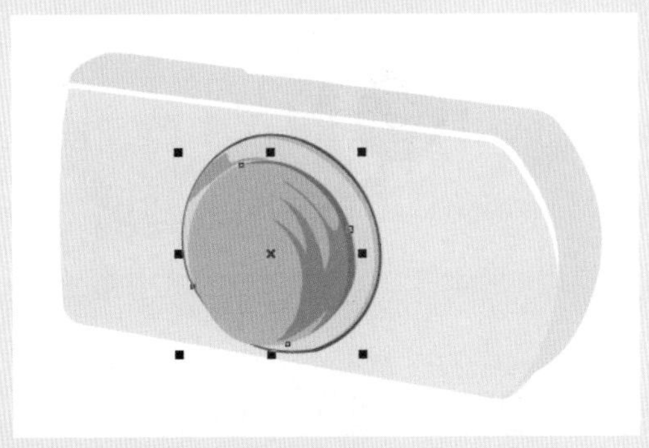

图 2-134

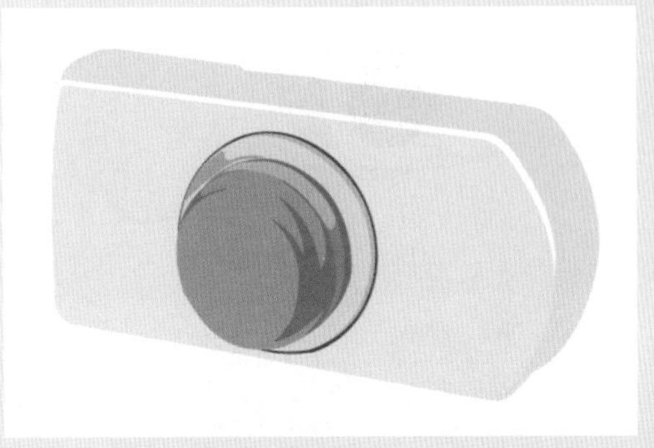

图 2-135

11 继续丰富镜头层次并填充颜色

再添加一层图形，为图形填充颜色（R:79、G:79、B:79），效果如图2-136所示。

12 绘制椭圆形并进行调整

选择工具箱中的“椭圆形”工具，在页面中绘制椭圆形，并填充为灰色（R:217、G:217、B:218），将其放置在镜头的最前面，效果如图2-137所示。

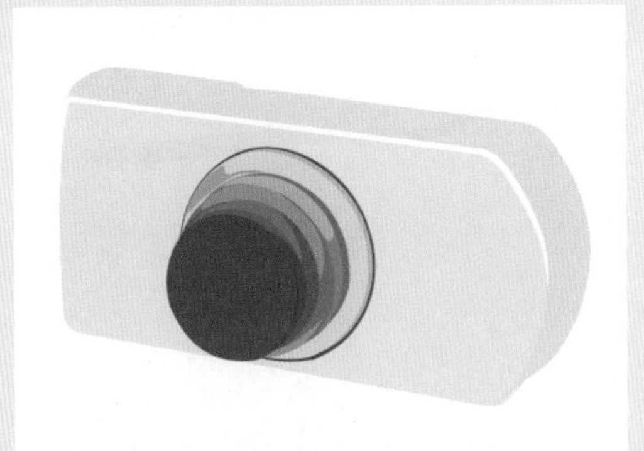

图 2-136

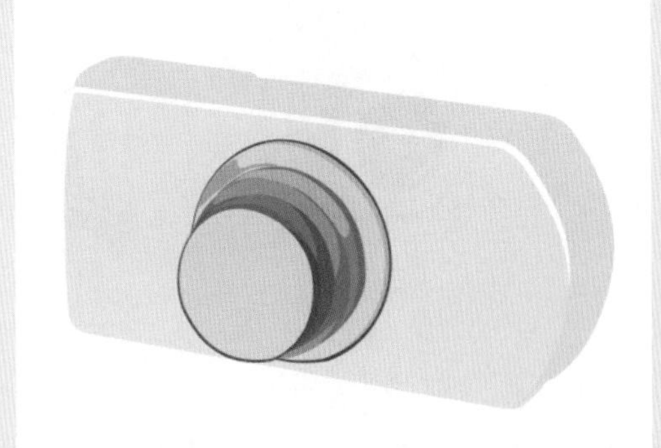

图 2-137

13 复制椭圆形并进行调整

选中上一步骤绘制的椭圆形，选择“编辑”→“再制”菜单命令，复制出一个椭圆形，将其填充为黑色，并使用工具箱中的“选择”工具调整其大小，完成后的效果如图2-138所示。

14 为镜头添加高光

使用“钢笔”工具和“交互式填充”工具为相机的镜头上添加一些高光，填充后的效果如图2-139所示。

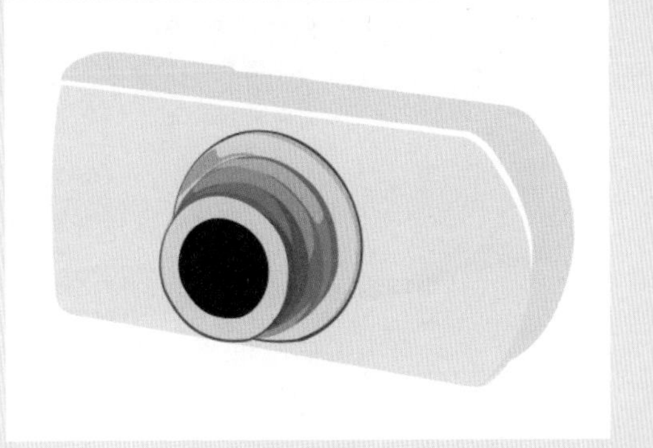

图 2-138

15 绘制相机阴影区域并调整位置

使用“钢笔”工具和“形状”工具绘制相机的阴影区域，将其调整至如图2-140所示的效果。

图 2–139

图 2–140

16 为相机阴影区域填充颜色

将绘制好的阴影填充为深灰色（R:152、G:152、B:153），效果如图2-141所示。

17 绘制相机的顶部区域并进行调整

接下来绘制相机的顶部区域，使用“贝塞尔”工具和“形状”工具绘制图形，并分别将其填充为灰色（R:231、G:231、B:231）和黑色（R:98、G:98、B:98），删除轮廓，效果如图2-142所示。

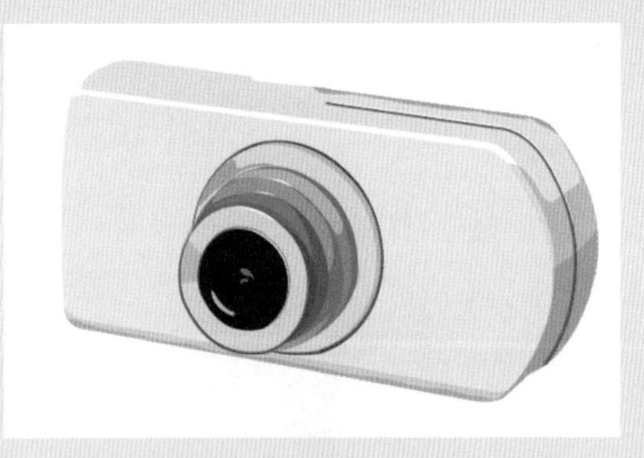

图 2–141

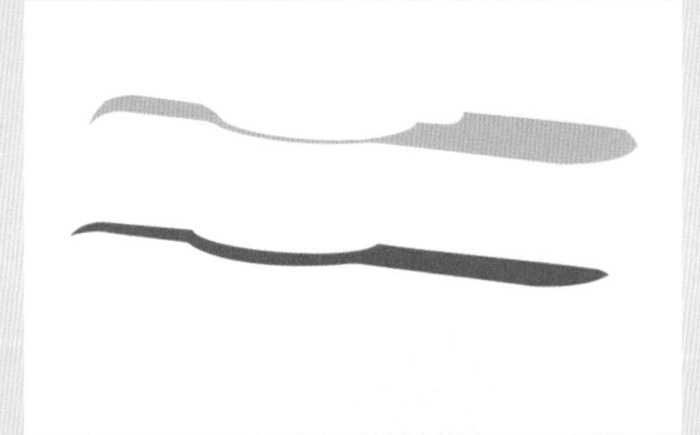

图 2–142

18 叠加图形

将两个图形叠加在一起，效果如图2-143所示。

19 完善相机顶部造型并进行调整

使用“钢笔”工具和“形状”工具绘制顶部剩余的细节部分，为其填充40%黑色和白色，将轮廓线删除，效果如图2-144所示。

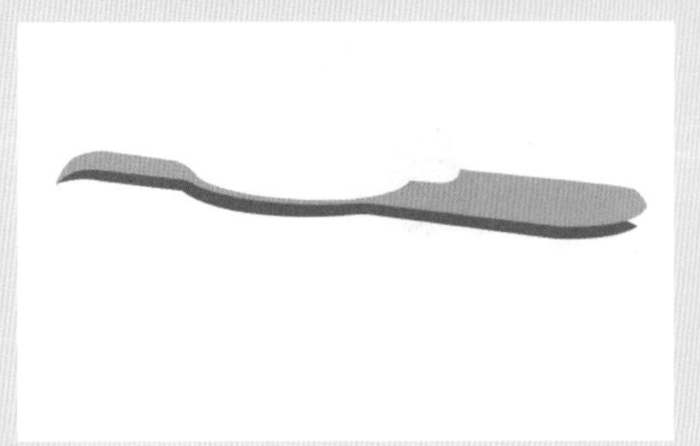

图 2–143

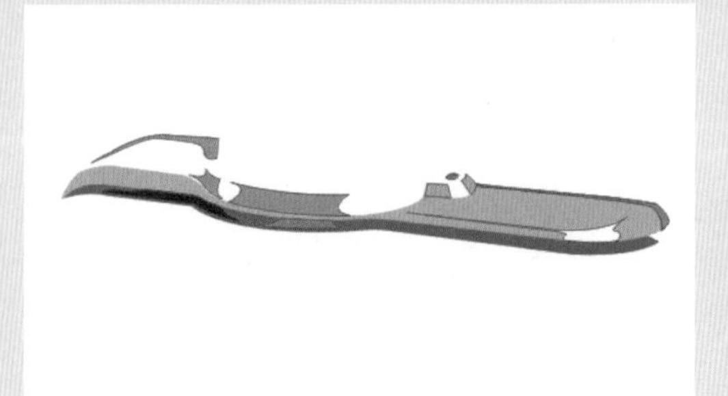

图 2–144

20 绘制快门按钮

使用“贝塞尔”工具和“形状”工具绘制相机的快门按钮，效果如图2-145所示。

21 为快门按钮暗面填充颜色

将快门按钮暗面填充为20%黑色，得到的效果如图2-146所示。

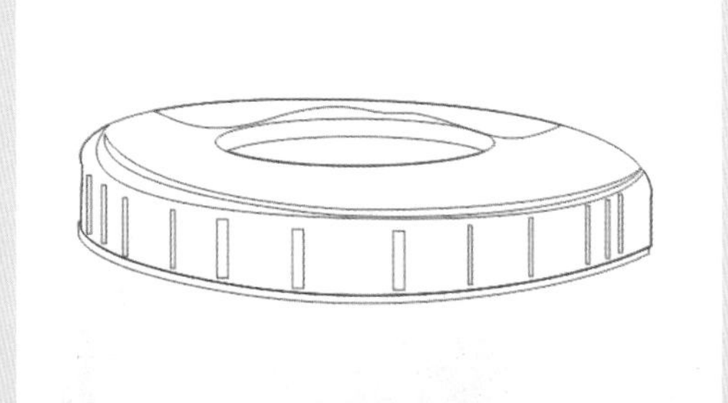

图 2-145

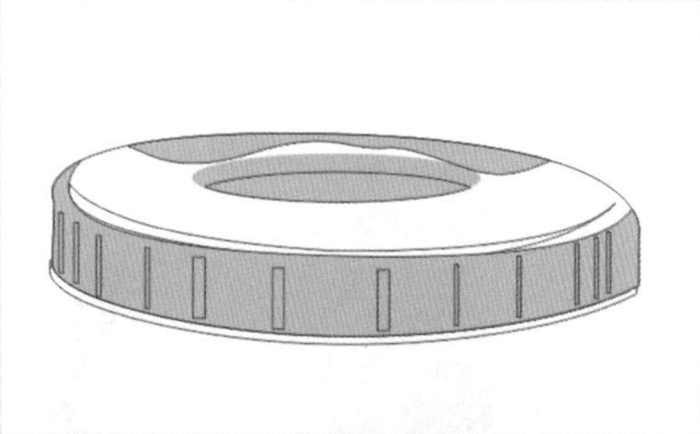

图 2-146

22 为快门按钮灰面填充颜色

将调色板中的颜色调整为深灰色（R:82、G:82、B:83），填充灰面区域，得到的效果如图2-147所示。

23 为快门按钮亮面填充颜色

将调色板中的颜色调整为浅灰色（R:228、G:228、B:228），填充亮面区域，效果如图2-148所示。

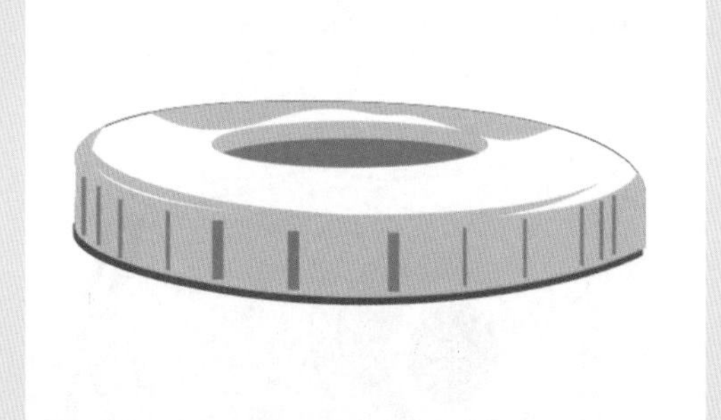

图 2-147

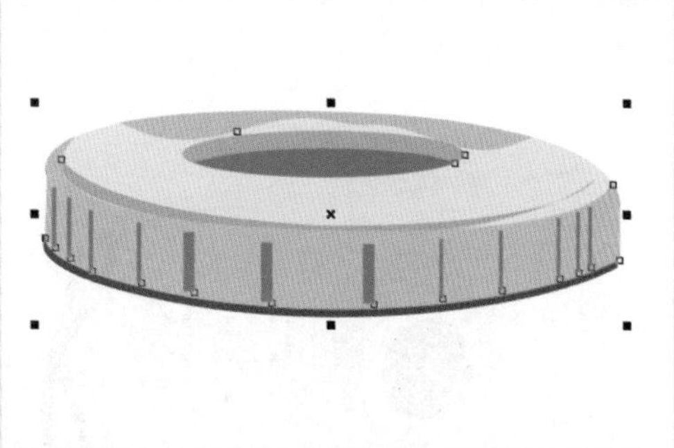

图 2-148

24 调整快门按钮的位置

将绘制好的快门按钮移动到如图2-149所示的位置。

25 绘制挂绳造型

使用“贝塞尔”工具和“椭圆形”工具在页面中绘制挂绳，效果如图2-150所示。

图 2-149

图 2-150

26 为挂绳及相机上的圆孔部分填充颜色

为挂绳及相机上的圆孔部分分别填充深灰色（R:152、G:152、B:153）、浅灰色（R:185、G:185、B:185）和黑色，效果如图2-151所示。

27 添加相机型号文本并进行调整

使用“文本”工具添加相机型号文本，并为其填充深灰色（R:119、G:119、B:119），使用工具箱中的“选择”工具调整其大小，完成后的效果如图2-152所示。

图 2-151

图 2-152

28 复制文本并为其填充颜色

选中文本，选择“编辑”→“再制”菜单命令，将文本复制一份，将复制得到的文本填充为浅灰色（R:196、G:196、B:196），得到的效果如图2-153所示。

29 绘制闪光灯

选择工具箱中的“矩形”工具□，绘制两个如图2-154所示的矩形。

图 2-153

图 2-154

30 为闪光灯填充颜色

分别为两个矩形填充70%黑色和30%黑色，效果如图2-155所示。

图 2-155

31 绘制滑盖区域

使用工具箱中的“钢笔”工具绘制相机的滑盖区域，然后使用“形状”工具对其进行调整，并为图形填充70%黑色，效果如图2-156所示。

32 复制滑盖区域并填充颜色

选中图形，选择“编辑”→“再制”菜单命令，将图形复制一份，为复制得到的图形填充灰色（R:142、G:142、B:142），得到的效果如图2-157所示。

图 2–156

图 2–157

33 绘制滑盖外层区域

使用工具箱中的“贝塞尔”工具绘制滑盖外层区域，然后运用“形状”工具对其进行调整，并填充为灰色（R:185、G:185、B:185），效果如图2-158所示。

34 最终效果

至此，数码相机基本绘制完毕，用户可以根据自己的需要添加背景，最终效果如图2-159所示。

图 2–158

图 2–159

2.10 知识与技能梳理

通过本章的学习，用户能够掌握CorelDRAW X8的基本绘图方法，从而绘制出常见的矢量图形。在此基础上，通过大量的练习，可使操作更加熟练。

- 重要工具：“钢笔”工具、“手绘”工具、“贝塞尔”工具、“形状”工具、“均匀填充”工具、“渐变填充”工具、“网格填充”工具。
- 核心技术：利用CorelDRAW X8提供的常用绘图工具、“形状”工具和“填充”工具绘制出形态各异的图形对象。
- 实际运用：标志设计、产品造型设计、插画设计、图案设计。

2.11 课后练习

一、选择题（共7题），扫描二维码进入即测即评。

2.11课后练习

1
2
3
4
5
6
7
8

二、简答题

1. 简述图形外观的常用修改方法。

2. 列举CorelDRAW X8中各种填充工具的特点和常用领域。

Chapter 3

DM广告设计

DM广告在平面广告市场中经常以多种形式存在，并且能够针对不同领域的消费者。因此，DM是较能广泛地传播商业价值的手段。

本章将通过不同的DM广告设计实例来对该行业目前的发展趋势进行全面的阐述，并在制作实例之前，对DM广告基础知识的相关重点进行介绍。

	学习目标 学习内容	了解	掌握	应用	重点知识
学习要求	DM广告设计的基础知识	☺			
	优惠券设计			☺	
	文字特效的制作				☺
	路径的创建			☺	
	底纹的制作		☺		
	折页设计			☺	
	图形的裁剪			☺	

3.1 DM广告设计的基础知识

DM（Direct Mail，直接邮寄）广告指的是借助于发送传真和电子邮件、邮寄或赠送杂志，以及直销网络、柜台散发、专人送达、来函索取、随商品包装发出等形式将宣传品送到消费者手中、家里或者工作单位的一种广告形式。DM广告的优势在于，可以直接将广告信息传送给真正的受众，而不管受众是否是广告信息的真正受众。

3.1.1 DM广告的分类

DM广告的设计自由度高，运用广泛，种类也呈现出多元化，可根据其内容形式与功能用途这两方面来进行分类。

从内容形式上可以分为印刷品、电子目录和实物三大类。

1．印刷品

印刷品是使用量较大的一类DM广告，主要包括宣传卡片(如传单、折页、明信片、贺年卡、企业介绍卡、推销信函等)、样本(如产品目录、企业刊物、画册等)和说明书等。按照其不同的外形又可分为传单型、卡片型、册子型和立体卡片型4种，如图3-1所示。

传单型：可将一张纸设计为单张、2折、4折等。除了折数不同外，也可利用不同的折法来表现，常见的折法有闭门折、W形折、S形折等。

卡片型：将DM广告制成卡片的形状，有单张的，也有由数张组成的。配合节目、活动发送，在表达祝福之余也可提高公司形象，实用性很强。

册子型：即装订成册的DM广告。

立体卡片型：在打开这种折叠的DM广告时往往会给人惊喜，这种类型新颖且创意十足，容易抓住消费者的目光，从而达到宣传的良好效果。

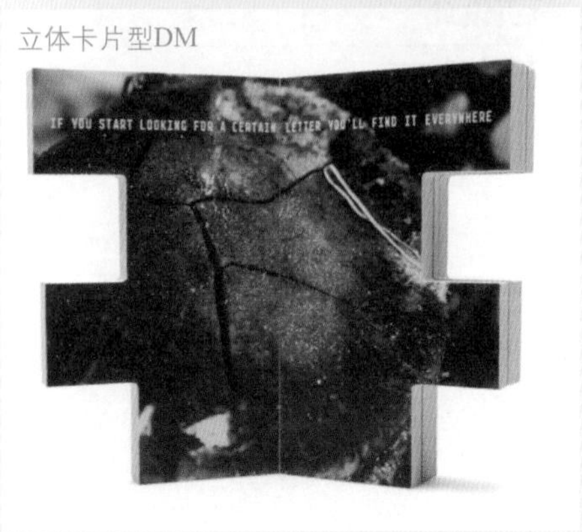

图 3–1

2. 电子目录

这种DM广告形式是随着现代科技发展而逐渐形成的，主要形式为光盘、磁带，还有用电子邮件发送到特定客户或会员的电子DM广告。

3. 实物

实物形式一般是用金属、塑料、纸、布等材料做成小工艺品后，贴在印刷品上，同印刷品一起封好寄出。这些小工艺品都尽量与销售重点产品相配合，当然也包括一些产品的试用装等。

DM广告还能够通过其功能用途进行分类，主要可分为如下几种。

1. 针对预期客户发送

针对预期客户发送的这种DM广告，其主要作用是向预期客户发送展销会、新产品发布会的邀请，赠送样品，以及发送总结产品相关特点的宣传册和传单等。其目的在于，利用DM广告传达与其自身有关的各种资讯，以获得更大的商业利益，针对预期客户发送的DM如图3–2所示。

2. 劝说消费者购买商品

此类DM广告的主要内容是对产品的特征和价值进行详细的介绍，包括产品的功能特性、类别目录、产品报价与订购的相关信息。商家常常采用这种形式的广告来推销各种类型的产品，此类DM如图3–3所示。

图 3–2

图 3–3

3. 使预期客户成为固定客户

一般是向客户递送一些有关活动介绍或新闻信息性质的DM广告，从而促使这些预期客户成为固定客户。

4. 维护固定客户关系

固定客户不会永远都是稳定的，因此有必要制造一种可以经常与客户进行信息沟通的纽带，例如，定期发送刊物就是常见的维护客户关系的形式之一。

3.1.2 DM广告设计的制作要求

DM广告是采用排版印刷技术制作的，是一种以图文作为传播载体的视觉媒体广告。这类广告一般以宣传单页、杂志、报纸、手册等形式出现。对于DM广告的设计制作，主要有以下几点要求。

1. 熟悉商品

熟悉商品是指设计者需要透彻地了解商品，熟知消费者的心理习惯，只有知己知彼，才能够百战不殆。

2．出奇制胜

DM的设计形式没有固定的法则，设计者可以根据具体的情况灵活调整、自由发挥，出奇制胜。

3．精美的制作

爱美之心人皆有之，DM广告也如此，因此DM广告设计要新颖、有创意，印刷要精致、美观，以便能吸引更多的眼球。

4．便于运用

设计并制作DM广告时要充分考虑其折叠方式、尺寸大小、实际重量，以便于邮寄等运用方式。

5．元素的借鉴

设计者可以在DM广告的折叠方式上设计一些小花样，例如，可以借鉴中国传统的折纸艺术，从而让人耳目一新，但要使接收者方便拆阅。

6．图案的选择

在为DM广告配图时，应多选择与所传递信息有强烈关联的图案，以刺激记忆。

7．合理运用色彩

设计并制作DM广告时，设计者需要充分考虑色彩的魅力，合理地运用色彩可以达到更好的宣传作用，从而给受众留下深刻的印象。

此外，好的DM广告还需要纵深拓展，形成系列，以积累广告资源。在普通消费者眼里，DM广告与街头散发的小广告没有多大区别，印刷粗糙，内容低俗，是一种避之不及的广告垃圾。其实，要想打动消费者，在设计DM广告时不下一番功夫是不行的。如果想设计DM广告精品，就必须借助一些有效的广告技巧。这些技巧能使设计的DM看起来更美，更具吸引力，从而成为企业与消费者建立良好互动关系的桥梁。

3.2 DM广告设计经典案例欣赏

EARLS
COURT 2
LONDON
STAND
B116
CATWALK
SHOW
8 JUNE
THEATRE A

EXHI
BIT
A

innovative Photo
graphy

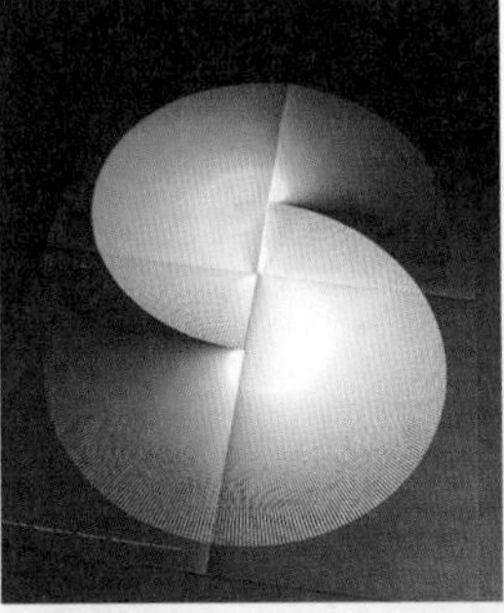

20
DESIGNERS
YOU SHOULD
KNOW
APRIL 24 >
JUNE 22, 2008
MOVERS
AND
SHAPERS

MORNING FINGERS

MK&C

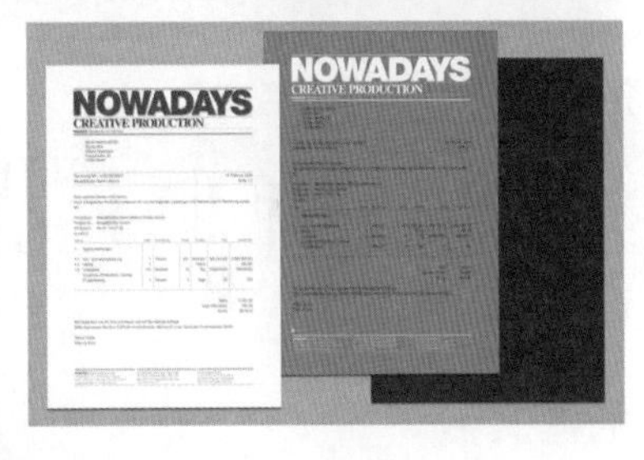
NOWADAYS
CREATIVE PRODUCTION
NOWADAYS
CREATIVE PRODUCTION

"ALL ANIMALS
ARE EQUAL, BUT
SOME ANIMALS ARE
MORE EQUAL
THAN OTHERS."
ANIMAL
FARM

Paula &
Mark &
Janno &
Jörg &
Asiya &
Michiel &
Lyzette &
Louie

08

THE RETURN OF THE BRAIN CELL

WWW.THETUMMIEFRIENDS.COM
BUBU

房地产广告设计

项目创设

本案例将设计并制作房地产广告。制作的广告页面色调醒目、视觉传达效果突出，便于记忆，最终效果如图3-4所示。

制作思路

首先利用不同的工具和命令制作出房地产广告的背景效果，然后导入相应的素材文件，最后利用“文字”工具绘制出宣传语及地产信息。

图 3–4

素材：素材与源文件\Chapter 3\3.3\素材
视频：教学视频\3.3 房地产广告设计.f4v

案例制作步骤

01 创建文档

选择“文件”→“新建”菜单命令，在弹出的“创建新文档”对话框中设置“名称”为“房地产广告设计”、“宽度”为100cm、“高度”为50cm、“原色模式”为CMYK，如图3-5所示。设置完成后单击“确定”按钮，即可创建文档。

微课：房地产广告设计1

02 绘制矩形

单击“矩形”工具按钮□，在页面中绘制一个矩形框，设置宽度为23cm、高度为36cm，效果如图3-6所示。

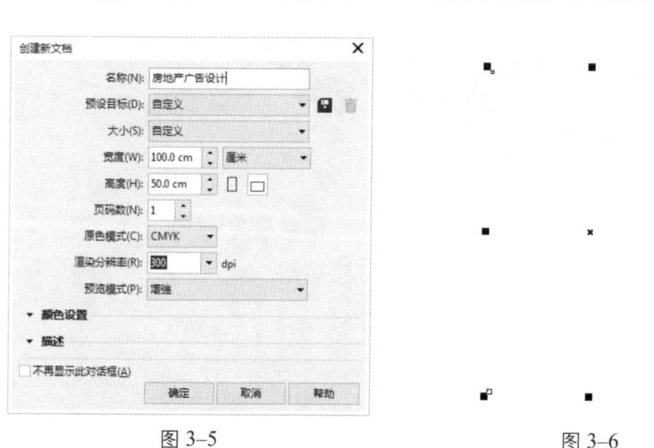

图 3–5

图 3–6

行业知识

优惠券的类别

优惠券已经成为市场营销中常见的促销手段，其类别甚多，包括公用券、限量券、活动送券、免费试用券、打折券、购物积分券、店庆活动券、新品上市券、节日券等。下面对几种常见的优惠券形式进行讲解。

1.公用券

顾名思义，公用券就是在公共场所或者大型商场中为消费者派发的一种商品券。公用券的最大优势就是无限制性，能够抵价所有的商品。公用券的形式多样，可直接领取，也可派遣专门的工作人员对其进行传递，还有的可以通过网站免费领取电子版公用券。

2.限量券

限量券能够激发消费者的购买

03 填充底色

选择工具箱中的“交互式填充”工具，然后为其填充底色，得到的效果如图3-7所示。

图3-7

图3-8

04 绘制不规则图形

使用“钢笔”工具绘制不规则形状并填充颜色，然后放置在步骤03中绘制矩形上方的相应位置，效果如图3-8所示。

05 再绘制一个不规则图形

使用“钢笔”工具绘制一个填充色为白色的不规则图形，然后使用“形状”工具进行修饰，得到的效果如图3-9所示，并放置在上一步完成形状上方的相应位置。

06 绘制多个树冠形状的不规则图形

利用步骤05同样的方法，使用“钢笔”工具绘制多个树冠形状的不规则图形，然后使用“形状”工具进行修饰，得到的效果如图3-10所示，并分别填充颜色。

图 3-9

图 3-10

欲，一般数量少，但是优惠力度大，一旦派发到消费者手中，便会立刻起到事半功倍的效果。因此，限量券在一定程度上能够将新产品或新研发快速推广出去，从而占领市场。

某商场公用券

3.免费试用券

免费试用券在化妆品行业比较盛行，因为免费试用装能够将产品的优势体现出来，既不用花钱，又了解了产品的效果。这样，消费者得知产品功效后，就可能会认准其品牌并进行购买。

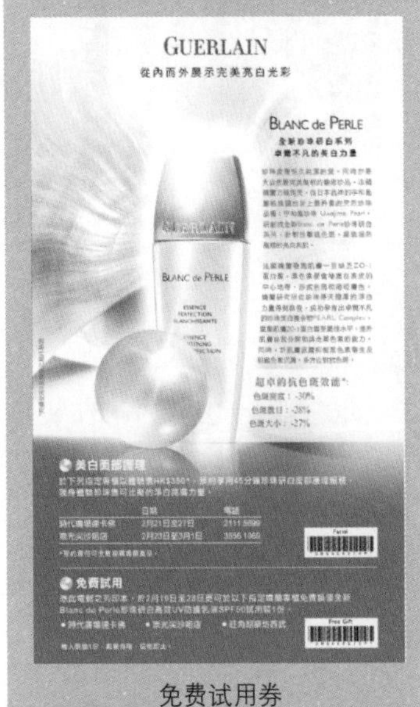

免费试用券

4.打折券

打折券能够直接反映出一些商品的降价幅度，从某种意义上来说，是一种用于促销过季商品的

07 导入素材

选择“文件”→“导入”菜单命令，将智慧职教本课程“Chapter 3\3.3\素材\树干.png”导入到页面的空白处，如图3-11所示。

图 3–11

08 调整位置及图层顺序

选择上一步导入的树干素材，调整到相应位置，并右击，在弹出的快捷菜单中选择“顺序”→“向后一层”命令，使树干放置在树冠图形的下方，如果没有实现，则多次执行该命令，最终得到的效果如图3-12所示。

09 绘制装饰花型

使用“两点线”工具，在树冠位置绘制4条交叉的不规则白色线条，选中4条线条并右击，在弹出的快捷菜单中选择“组合对象”命令，效果如图3-13所示。

图 3–12

图 3–13

10 调整不透明度

选中上一步绘制的装饰花型，选择工具栏中的“透明度”工具，在其属性栏中选择“均匀透明度”，并设置透明度数值为76，得到的效果如图3-14所示。

微课：房地产广告设计2

图 3–14

方法。

打折券

5. 节日券

各大品牌经销商一到逢年过节都会搞一个适合节日的促销活动，正因为有些消费者看重这一点，他们在买一些电器或一些价格相对较高的商品时就会选择在节日期间购买。借着节日的喜庆，商家将商品的价格进行适当调整，从而在销售数量上得到提升，赚取更多的利润。

节日券

工具详解

对象管理器

在“对象管理器”面板中可以针对图层进行一系列的操作，这些操作包括图层的创建、图层的编辑等。下面详细介绍其功能。

11 绘制其他装饰花型

使用步骤09同样的方法，在树冠位置绘制更多不规则交叉线条，不透明度设置与步骤10设置相同，得到的效果如图3-15所示。

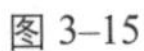

图 3-15

图 3-16

12 绘制其他树干图层

使用“钢笔”工具，在相应位置绘制其他树干图层并填充颜色，得到的效果如图3-16所示。

13 导入素材

选择“文件”→“导入”菜单命令，将“Chapter 3\3.3\素材\人物1.png”导入到页面的空白处，如图3-17所示。将导入的人物素材放置在相应位置，效果如图3-18所示。

至此，房地产广告第一页的背景图形效果已经绘制完成，将以上绘制的全部图形选中并编组，接下来绘制LOGO图形并添加文字信息。

图 3-17

图 3-18

1.创建图层

创建图层的方法非常简单，可以通过“对象管理器”面板中的快捷按钮来直接创建。

选择“窗口”→“泊坞窗”→“对象管理器”菜单命令，打开“对象管理器”面板。在该面板中可以看到，该页面中的图形都放置在“图层1”中。

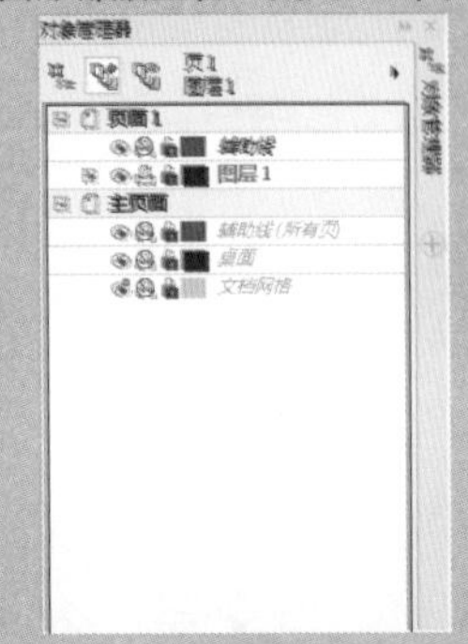

“对象管理器”面板

展开“图层1”，可以看到“图层1”中的对象，单击面板底部的“新建图层”按钮，便可在“图层1”上方创建一个“图层2”。

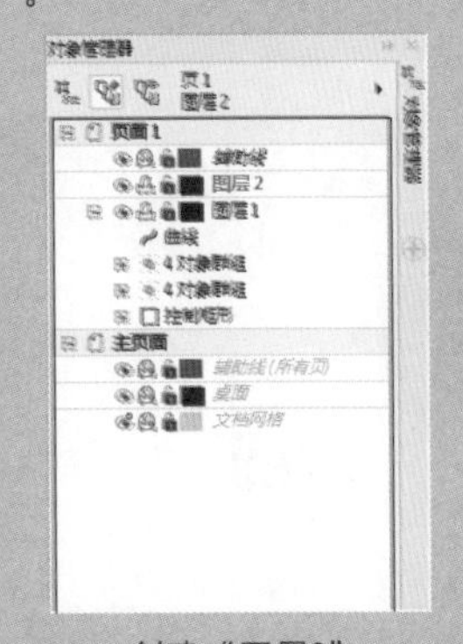

创建“图层2”

2.编辑图层

对图层的编辑主要是针对图层中的图形进行编辑，如复制和移动图层等。

在“对象管理器”面板的“图层1”中选择“曲线”选项，此时，页面中相对应的曲线对象将会是被选中状态。

在面板中拖动“曲线”选项到“图层2”处，当鼠标指针变成黑色箭头后释放鼠标，即可将“曲线”选项调整到“图层2”中，此时，页面中的排列效果也会发生

14 绘制LOGO图形

选择工具箱中的“椭圆形”工具○，按住键盘上的【Ctrl】键和鼠标左键不放，然后拖动鼠标，在空白区域绘制一个正圆形，效果如图3-19所示。

15 绘制饼图

选中上一步绘制的正圆形，在“椭圆形”工具属性栏中选择“绘制饼图”◔，并设置“旋转角度”为21.136°、“起始和结束角度”为180°，效果及参数设置如图3-20所示。

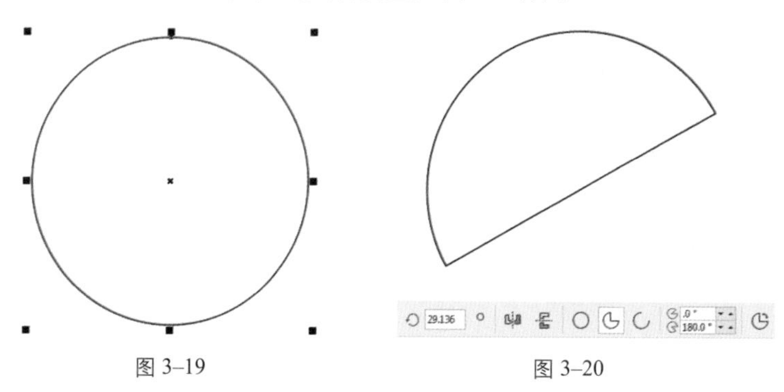

图 3–19　　图 3–20

16 填充颜色

选择工具箱中的“交互式填充”工具◈，为绘制的饼图填充颜色，效果及参数设置如图3-21所示。

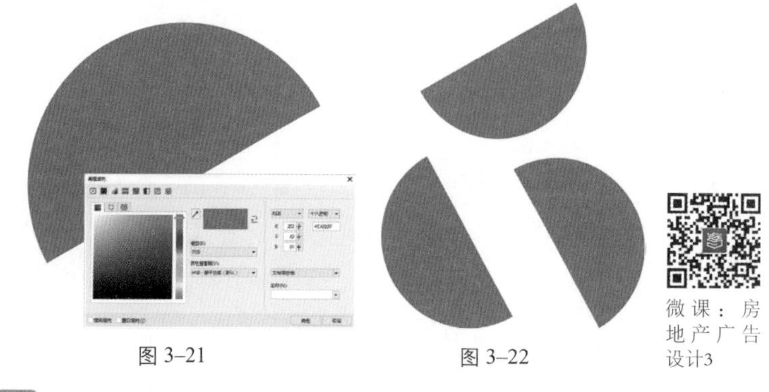

图 3–21　　图 3–22

微课：房地产广告设计3

17 绘制其他图形

按照步骤15和步骤16的制作方法，绘制另外3个旋转角度不同的饼图，并将绘制完成的4个饼图放置在一起组合，效果及参数设置如图3-22所示。

18 调整位置并组合

将绘制完成的4个饼图放置在相应位置，并对4个图形进行编组，效果如图3-23所示。

图 3–23

选择对象

移动对象位置

变化。

如果需要对该“曲线”对象进行复制，可以通过面板菜单来实现。在“图层2”中选择“曲线”选项，单击面板右上角的“对象管理器选项”按钮▸，在打开的面板菜单中选择“复制到图层”命令，将鼠标指针移动到“图层1”上，当指针变成黑色箭头时单击，此时，便将“曲线”进行了复制。

复制图层

在“图层1”中调整“曲线”选项的位置，即可恢复“图层1”的初始状态。

19 再次绘制饼图

按照步骤14和步骤15同样的制作方法及参数设置绘制一个饼图，效果如图3-24所示。

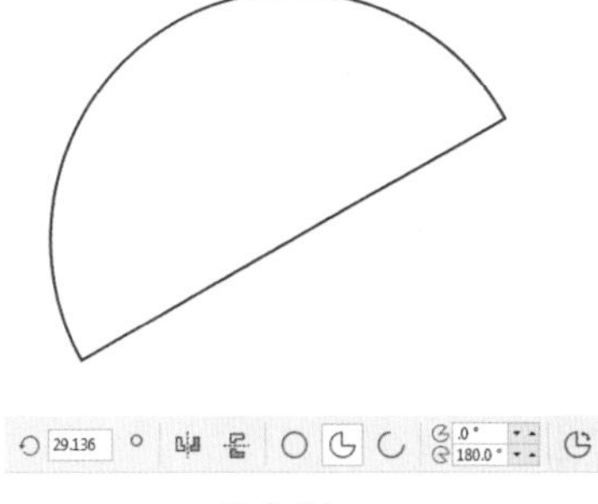

图 3-24

20 填充渐变色

选中上一步绘制的饼图，选择工具箱中的“交互式填充”工具，打开“编辑填充”对话框，选择“渐变填充”工具，设置“旋转”为16.5°，效果及参数设置如图3-25所示。单击“确定”按钮，得到如图3-26所示的效果。

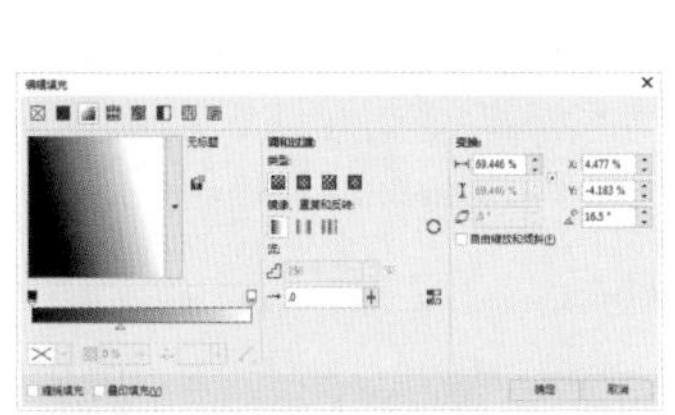

图 3-25

图 3-26

21 绘制第2个渐变饼图

复制一个上一步绘制的饼图，使用“选择”工具选中复制后的图像，在其属性栏中设置“旋转”角度为299.474°，效果如图3-27所示。

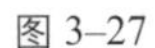

图 3-27

图 3-28

22 绘制第3个渐变饼图

与上一步同样的方法复制一个渐变饼图，在其属性栏中设置“旋转”角度为119.438°，效果如图3-28所示。

23 绘制第4个渐变饼图

用同样的方法再复制一个渐变饼图，在其属性栏中设置“旋转”角度为209.1°，效果如图3-29所示。

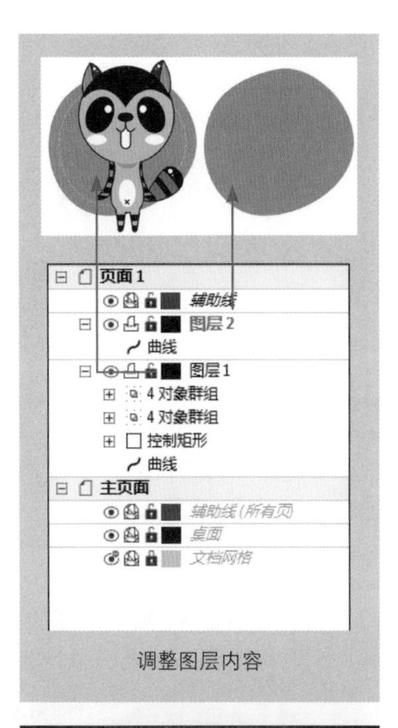

调整图层内容

工具详解

编辑文本

在CorelDRAW X8中，使用“文本”工具输入段落文字后，可以对文本进行编辑，具体步骤如下。

① 选择“文本”工具，在绘图区域中任意单击，按住鼠标左键不放，沿对角线拖动鼠标，便可创建一个矩形文本框，释放鼠标左键即可。

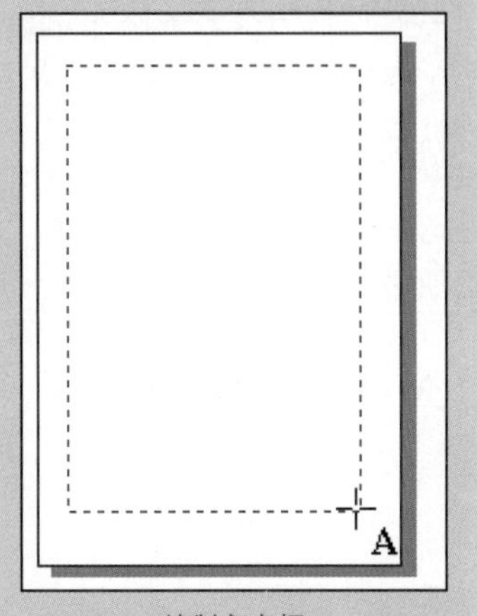

绘制文本框

② 在文本属性栏中可设置字体、字号等属性。

图 3–29

微课：房地产广告设计4

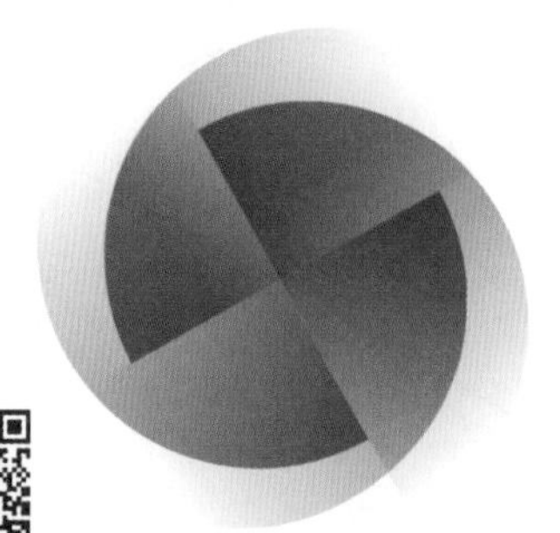

图 3–30

24 调整位置并组合

将绘制完成的4个渐变饼图放置在相应位置，并对4个图形进行编组，效果如图3-30所示。

25 调整位置和大小

将合并后的4个渐变饼图放置在与步骤18图形对应的位置，并对大小进行微调，效果如图3-31所示。

图 3–31

MrROSEGARDEN

图 3–32

26 添加文本并进行设置

单击“文本”工具按钮字，在页面中输入“MrROSEGARDEN”，在其属性栏中设置字体为AngsanaUPC、字号为36pt、文本方向为水平方向、颜色为黑色，效果如图3-32所示。

27 添加文本并进行设置

选中上一步添加的文本，执行“对象”→“拆分美术字”菜单命令，效果如图3-33所示。

图 3–33

图 3–34

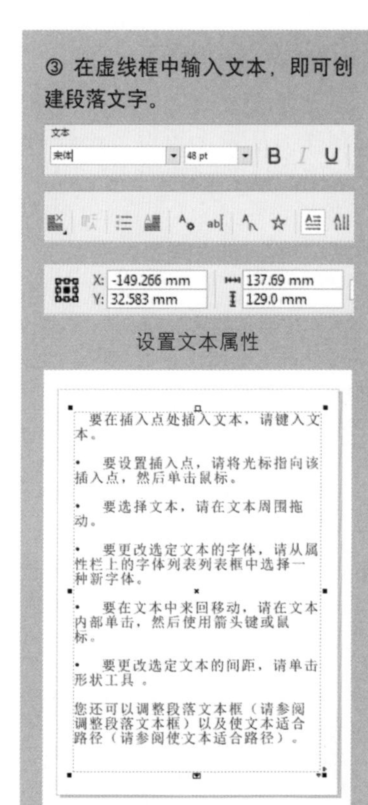

③ 在虚线框中输入文本，即可创建段落文字。

设置文本属性

输入文字

④ 在绘图区域任意单击，出现文本光标后，按住鼠标左键不放进行拖动，即可选中需要的文本。

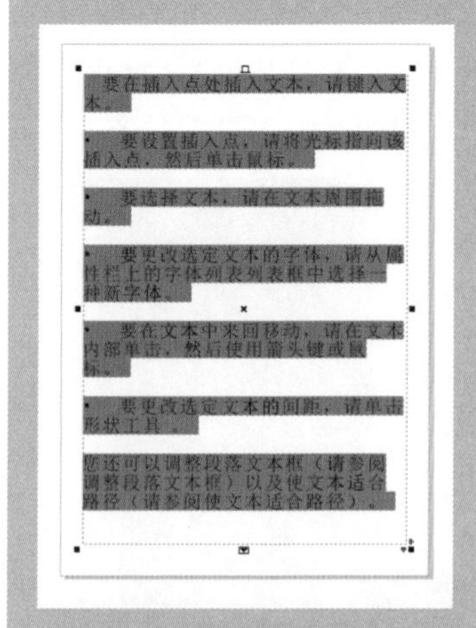

选中文本

⑤ 在文本属性栏中重新选择字体，此时被选中的文本将会发生变化。

⑥ 选中需要改变颜色的文字，在右侧的调色板上选择合适的颜色后单击，此时将会发现被选中的文字颜色发生了变化。

28 转换为曲线

选中拆分后的文本并右击，在弹出的快捷菜单中选择“转换为曲线”命令，效果如图3-34所示。

29 调整字体大小和形状

利用工具箱中的“选择”工具和“形状”工具，分别对上一步转换为曲线的文本进行大小、位置和形状的调整，得到的效果如图3-35所示。

图 3-35

图 3-36

30 编组LOGO图形

将上一步绘制完成的字体形状与步骤25绘制完成的图像放置在一起并编组，得到的效果如图3-36所示，LOGO图形至此绘制完成。

31 调整LOGO图形位置

将LOGO图形放置于房地产广告第一页的背景图形相应位置，得到的效果如图3-37所示。

32 复制LOGO字体图形

复制LOGO图形中的字体图形，并调整字体组合效果，放置于相应位置，效果如图3-38所示。

图 3-37

图 3-38

33 添加文本并进行设置

单击“文本”工具按钮，在页面中输入“200～321m²精装别墅”，在其属性栏中设置字体为方正中黑简体、字号为15pt、文

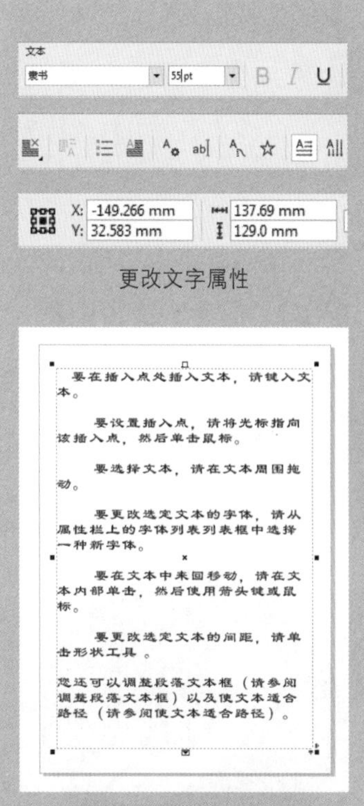

更改文字属性

更改文字属性后的效果

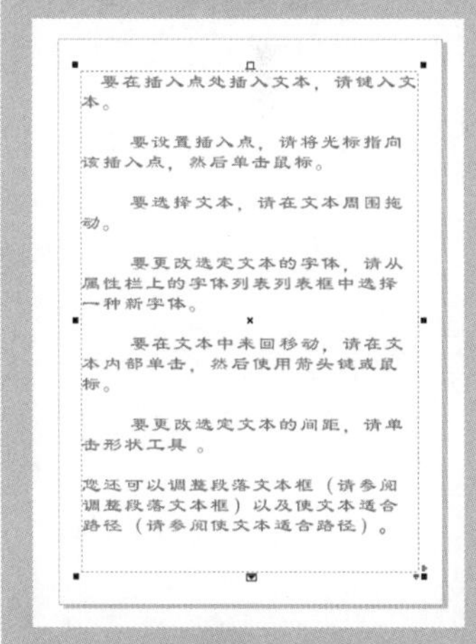

更改文字颜色后的效果

⑦ 按住【Alt】键拖动文本，可以按文本框的大小改变段落文本的大小。

⑧ 选择需要复制的文本，在键盘上按【Ctrl+C】组合键，然后在文本中的其他位置单击，以插入光标，在键盘上按【Ctrl+V】组合键，即可将选中的文本复制并粘贴到文本的其他位置。

本方向为水平方向，并填充相应颜色，效果如图3-39所示。

34 添加文本并进行设置

单击“文本”工具按钮字，在页面中输入“拉开的是距离·笑纳的是美景”，在其属性栏中设置字体为方正中黑简体、字号为12pt、文本方向为水平方向，并填充相应颜色，效果如图3-40所示。

200-321m²精装别墅

图 3-39

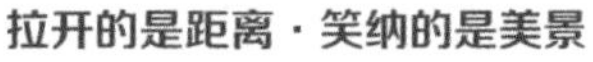

拉开的是距离·笑纳的是美景

图 3-40

35 绘制圆形小图标

利用工具箱中的“椭圆形”工具○、“钢笔”工具和“形状”工具，绘制一个小图标并填充颜色，效果如图3-41所示。

图 3-41

微课：房地产广告设计5

图 3-42

36 绘制长边形小图标

利用工具箱中的“矩形”工具□和“形状”工具，绘制一个长边形小图标并填充颜色，效果如图3-42所示。

37 添加竖排文本

单击“文本”工具按钮字，在页面中输入“VIPLINE”，在其属性栏中设置字体为AngsanaUPC、字号为4pt、文本方向为垂直方向，并放置于长边形小图标内，效果如图3-43所示。

图 3-43

营销中心：自然市公园区美景路与向阳路交汇处东北角

图 3-44

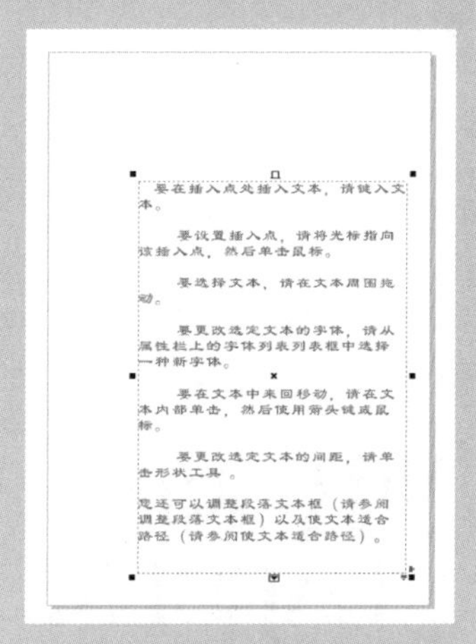

同时更改文本框和文字大小

⑨ 在文本中的任意位置插入光标，在键盘上按【Ctrl+A】组合键，可以将整个文本选中；选中需要编辑的文本，单击其属性栏中的“编辑文本”按钮，即可弹出“编辑文本”对话框。

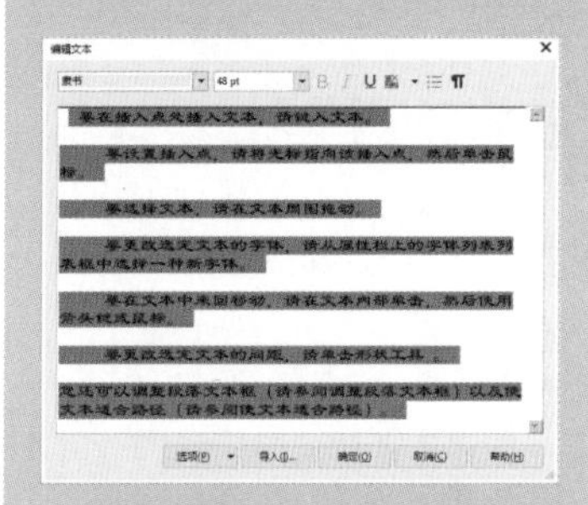

“编辑文本”对话框

⑩ 在“编辑文本”对话框中单击下方的“选项”按钮，在打开的列表中选择需要的选项，即可完成编辑文本的操作。

“选项”列表

⑪ 单击“导入”按钮，在弹出的“导入”对话框中选择文件，单击“导入”按钮，将弹出“导入文

38 添加文本并进行设置

单击"文本"工具按钮字,在页面中输入"营销中心：自然市公园区美景路与向阳路交汇处东北角"，在其属性栏中设置字体为方正兰亭黑简体、字号为8pt、文本方向为水平方向，并填充相应颜色，效果如图3-44所示。

39 添加数字文本

单击"文本"工具按钮字，在页面中输入"0001 1234567/5555555"，在其属性栏中设置字体为汉仪大宋简、字号为8pt、文本方向为水平方向，并填充相应颜色，效果如图3-45所示。

0001
1234567/
5555555

图 3-45

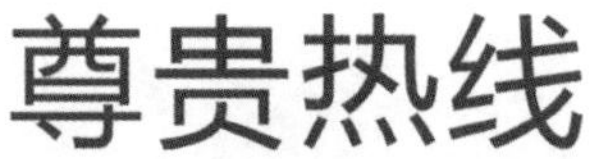

尊贵热线

图 3-46

40 添加其他文本

单击"文本"工具按钮字,用同样的方法添加其他文本，设置字体为微软雅黑、字号为4pt，并填充相应颜色，效果如图3-46所示。

41 排列组合文字及小图标

将步骤33—步骤41制作的文本及小图标排列调整至底图相应位置，效果如图3-47所示。

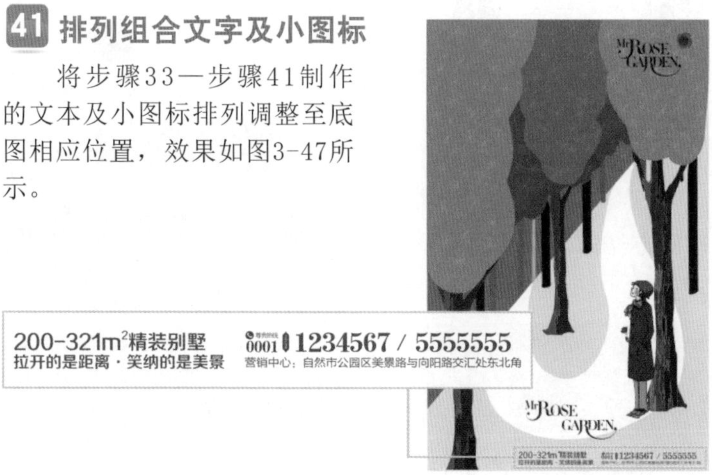

200-321m²精装别墅
拉开的是距离 · 笑纳的是美景
0001 1234567 / 5555555
营销中心：自然市公园区美景路与向阳路交汇处东北角

图 3-47

42 添加文本并进行设置

单击"文本"工具按钮字,在页面中输入文字，在其属性栏中设置字体为方正正中黑简体、字号为58pt、文本方向为水平方向，并填充黑色，效果如图3-48所示。

微课：房地产广告设计6

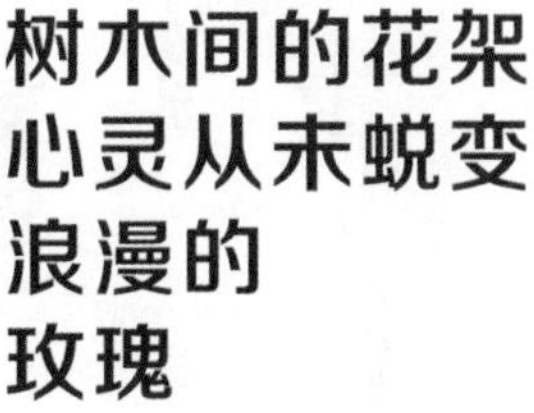

树木间的花架
心灵从未蜕变
浪漫的
玫瑰

图 3-48

本"对话框，按需求选择图片，单击"确定"按钮,可以将需要的背景图片导入到"编辑文本"对话框的文本中。

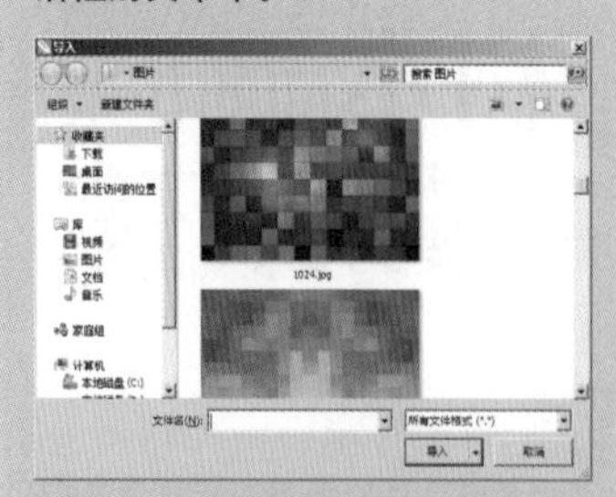

"导入/粘贴文本"对话框

⑫ 在"编辑文本"对话框中编辑完文本后，单击"确定"按钮，文本内容就会根据编辑发生变化。

工具详解

立体化旋转效果

立体化旋转效果能够将创建完成的立体图形进行自由的旋转，下面通过具体的操作步骤来进行讲解。

① 选择创建完成的立体图形，然后选择"立体化"工具，然后单击属性栏中的"立体化类型"下拉按钮，在弹出的下拉列表框中选择第一种类型，得到如下的效果。

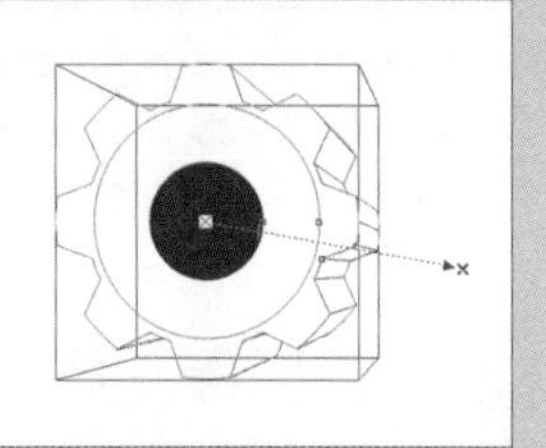

设置立体化类型

② 单击属性栏中的"立体化旋转"按钮,会打开一个面板。

③ 当鼠标指针在页面中变为形状时，拖动面板中的图形，就可以调整页面中交互式立体化对象

43 拆分文本并调整大小及位置

选中上一步添加的文本，执行“对象”→“拆分美术字”菜单命令，然后调整文本的大小及位置，效果如图3-49所示。

树木间的花架
心灵从未蜕变
浪漫的玫瑰

图 3-49

图 3-50

44 添加阴影

将上一步制作文本中的“玫瑰”两个字选中，然后选择工具箱中的“阴影”工具，为文本添加阴影，参数设置及效果如图3-50所示。

45 填充颜色并调整位置

选择步骤43和步骤44制作完成的文本图形，选择工具箱中的“交互式填充”工具，为绘制的文本填充颜色，效果及参数设置如图3-51所示，然后调整文本到底图的相应位置，效果如图3-52所示。

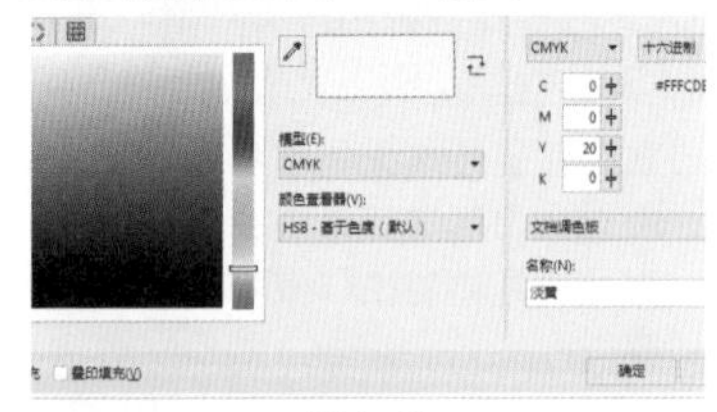

图 3-51

图 3-52

46 添加其他文本

单击“文本”工具按钮，用同样的方法添加其他文本，设置字体为方正兰亭黑简体、字号为12pt，效果如图3-53所示。

幸福是一个链条，任何一环都不能缺少
60%超高绿地率，90米超大楼间距
自然而言，我与你，谁也离不开谁
六重园林景观，进退自然

图 3-53

47 填充颜色并调整位置

使用步骤45相同的方法为上一步制作的文本添加颜色并调整位置，效果如图3-54所示。至此，房地产广告的第一页内容已经全部绘制完成，将以上绘制的全部图形及文本选中并编组。

图 3-54

的旋转方向。

“立体的方向”面板

旋转立体效果

④ 在页面中拖动鼠标调整立体化对象到合适位置，释放鼠标左键，得到如下的图形效果。

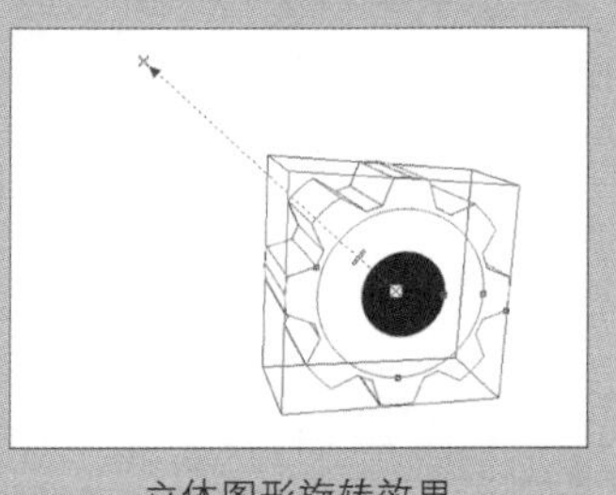

立体图形旋转效果

设计师经验

制作网格渐变背景

一般情况下，设计者在设计优惠券背景的时候，都愿意使用渐变颜色来填充，然后叠加漂亮的花纹。然而随着时代的发展，人们对优惠券的要求也越来越高，传统的制作方法已经不能满足设计者的需求。在这种情况下，渐变网格效果逐渐映入了设计者的视线。

渐变网格的好处就是能够按照用户自己的意愿来控制颜色，使其满足视觉上的享受。

不难看出，设置网格渐变颜色后，颜色效果立刻丰富起来，从而使得整体的背景效果有一个新

48 绘制矩形

单击“矩形”工具按钮□，在页面中绘制一个矩形框，设置宽度为23cm、高度为36cm，效果如图3-55所示。

49 填充底色

选择工具箱中的“交互式填充”工具◈，为其填充底色，得到的效果如图3-56所示。

图 3-55

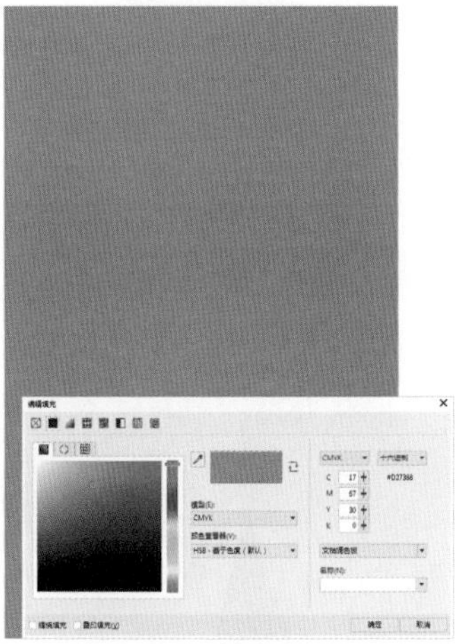

图 3-56

50 绘制不规则图形

使用“钢笔”工具✎绘制不规则形状并填充颜色，参数设置C:17 M:67 Y:30 K:0及效果如图3-57所示，然后放置在上一步绘制矩形上方的相应位置，效果如图3-58所示。

微课：房地产广告设计7

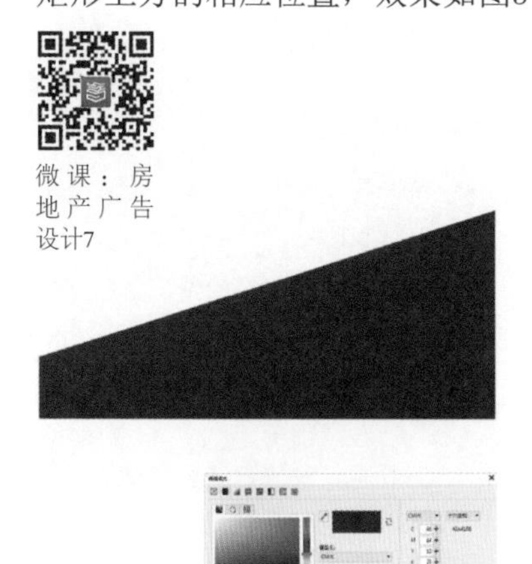

图 3-57

图 3-58

51 绘制树冠形状

使用“椭圆形”工具○绘制一个椭圆形并填充颜色，参数设置及效果如图3-59所示，然后使用“形状”工具进行修饰，得到的效果如图3-60所示。

的突破。

线性渐变效果

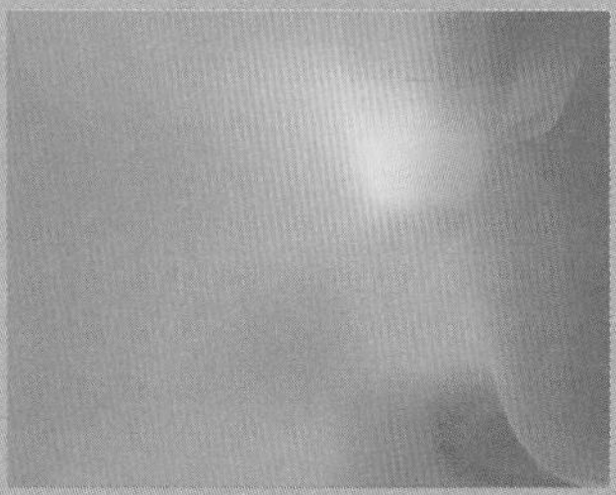

网格渐变效果

行业知识

优惠券打印

很多品牌的网站都会有某产品活动的优惠券，这些优惠券需要打印出来才能使用。如果打印方法不对，就会使优惠券只有一部分被打印而不能正常使用，因此，需要正确打印优惠券。

一般情况下，优惠券使用A4纸都可以打印出来，如果打印设置没有设置好，会出现只能打印出一部分的情况，例如，页边距过大或横向的优惠券纵向打印都会导致只打印出一部分。下面介绍两种正确打印优惠券的方法。

方法一：在正式打印前先打印预览，适当调整页面的页边距（在IE浏览器中选择“文件”→“页面设置”菜单命令）及打印方向，确保整张优惠券都能打印在一张纸上。

方法二：将电子优惠券另存到计算机上，然后在Word中先插入一个文本框（可在Word中选择“插入”→“文本框”→“竖排”菜单命令插入），接着在这个文本框内插入优惠券（可在Word中选择“插入”→“图片”→“来自文件”菜单命令插入），最后将

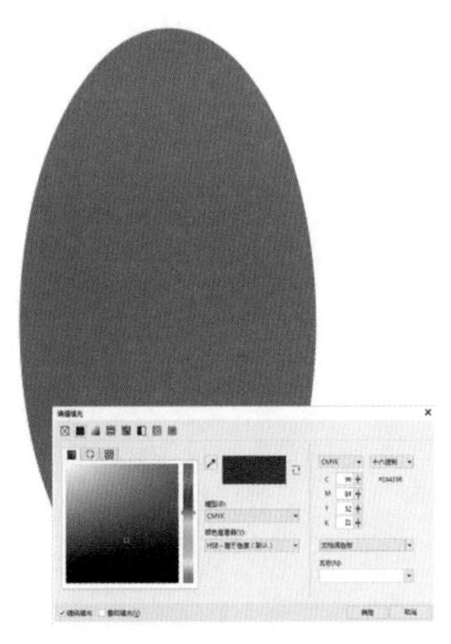

图 3–59

图 3–60

52 复制并更改填充色

复制两个上一步绘制完成的树冠形状并填充颜色，参数设置及效果如图3-61所示。

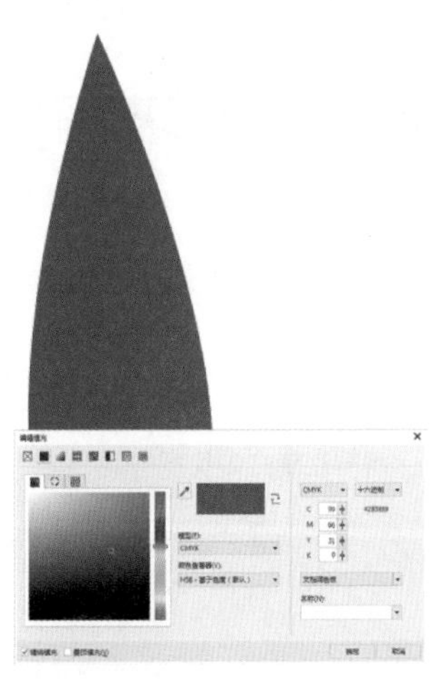

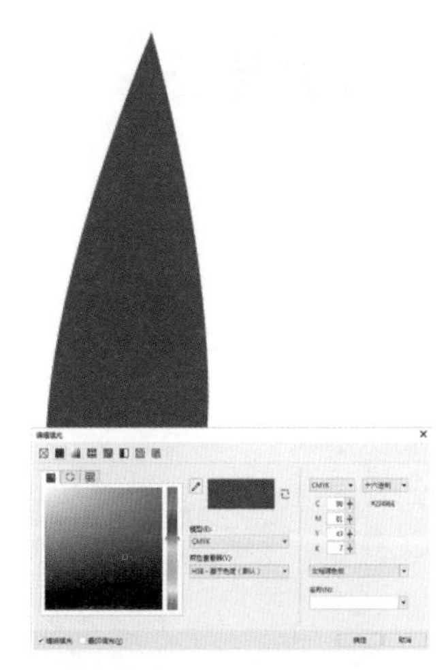

图 3–61

53 分散排列

分别对步骤52和步骤53制作完成的3个树冠形状复制多个，并分散排列于底图内，得到的效果如图3-62所示。

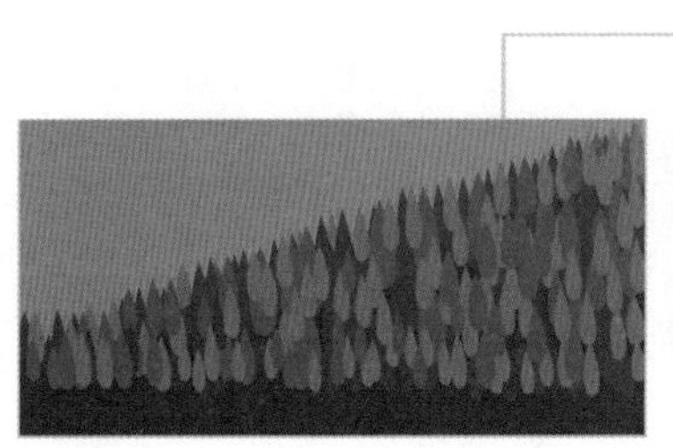

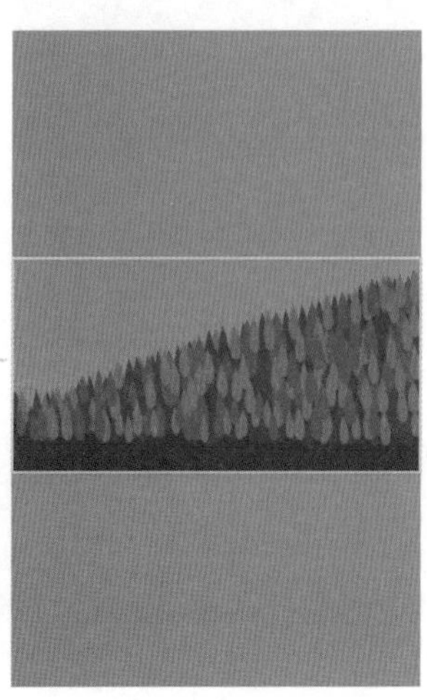

图 3–62

文本框和优惠券调整到合适的大小即可打印。

说明：一定要在文本框内插入图片的目的是，让图片能随意移动到需要的位置。因为如果在Word里直接插入图片，默认是靠左的，不便于移动到所需的位置，这也是Word图片排版的一个小技巧。

行业知识

优惠券的设计原则

优惠券是促销的一个重要手段，在设计上也要遵循一定的原则，这样才可投入市场。

1. 一张只能使用一次

在优惠券投放市场后，每一张优惠券只能使用一次，这样就不会引发不必要的麻烦。

2. 面额由商家定

不同面额的优惠券存在着本质上的差异。面额越高，局限性越大；面额越低，局限性就会越小。面额的大小及局限性是商家根据商品的优劣而定的。

3. 不能付全款

商家会将优惠券上的金额定格在某个数量上，且消费者不能使用优惠券付全款。

4. 只能本人使用

只要将优惠券发放到消费者手中，就会对消费者的情况进行一个备案，此时，如果其他人使用该优惠券，商家将不会履行优惠券的优惠政策。

综上所述，设计者了解了优惠券的这些原则后，就会从不同方面构想设计元素，从而符合优惠券的设计原则。

工具详解

编辑轮廓线

轮廓线的属性是通过“轮廓笔”对话框来进行设置的。利用“轮廓笔”对话框，可以编辑和创建轮廓线的样式。

54 绘制树干

使用“两点线”工具，在树冠下方绘制一条“轮廓宽度”为0.75mm的黑色线条，得到的效果如图3-63所示。

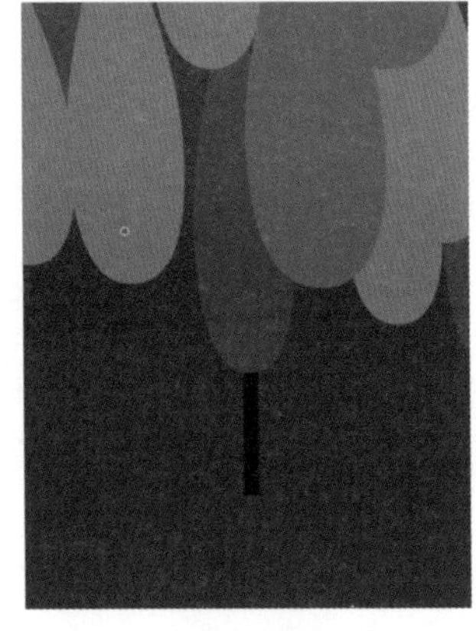

图 3–63

55 绘制其他树干图层

使用上一步同样的方法，在相应位置绘制其他树干图层，得到的效果如图3-64所示。

56 调整图层顺序

将绘制完成的所有树干图层选中并编组，然后右击，在弹出的快捷菜单中选择“顺序”→“向后一层”命令，使树干放置在树冠图形的下方，如果没有实现，则多次执行该命令，最终得到的效果如图3-65所示。

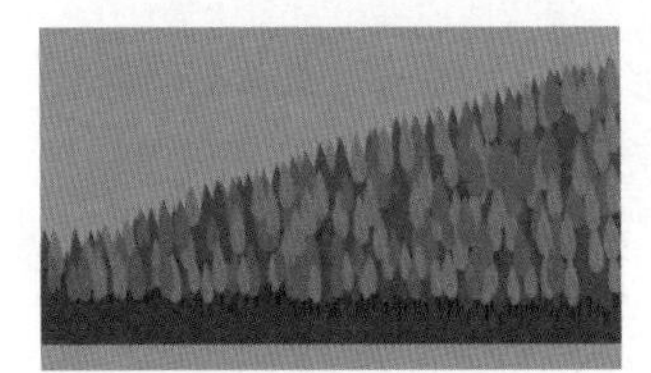

图 3–64

微课：房地产广告设计8

图 3–65

57 制作镜像

复制一个步骤51绘制的不规则图形，选择工具箱中的“选择”工具，在其属性栏上选择“垂直镜像”选项，获得一个垂直翻转的不规则图形，然后放置在相应位置，得到的效果如图3-66所示。

图 3–66

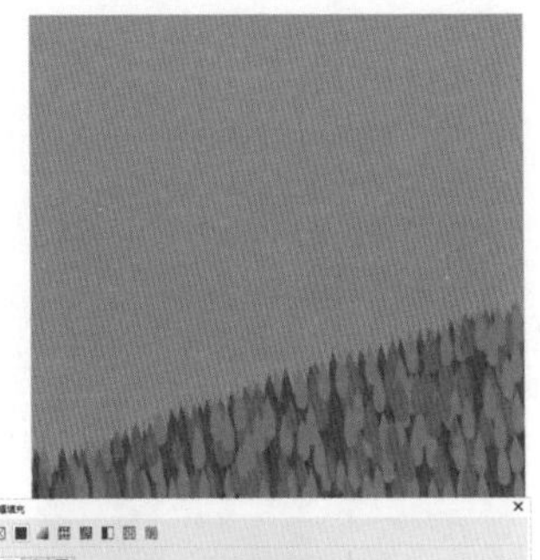

图 3–67

① 在工具箱中单击“轮廓笔”工具按钮，在弹出的工具组中选择“轮廓笔”工具，弹出“轮廓笔”对话框。

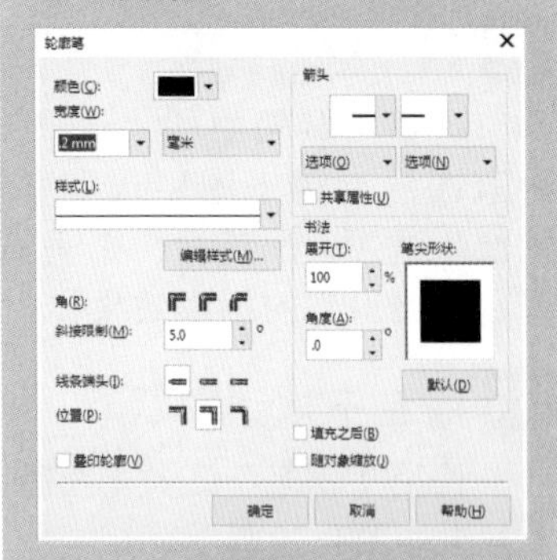

“轮廓笔”对话框

② 在“轮廓笔”对话框中的“样式”下拉列表中可以选择轮廓线的样式。

选择轮廓笔样式

③ 在“轮廓笔”对话框中单击“编辑样式”按钮，弹出“编辑线条样式”对话框，在编辑条上拖动滑块，可以绘制出新的线形。

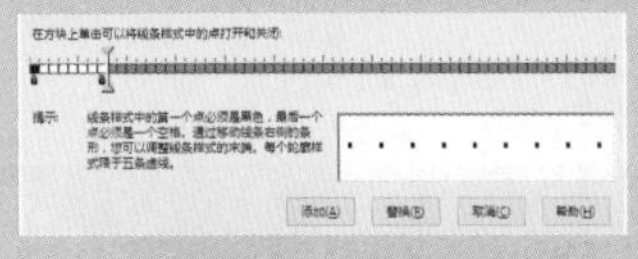

“编辑线条样式”对话框

④ 编辑好需要的线条样式后单击“添加”按钮，即可将新编辑的线条添加到“样式”下拉列表中。

58 填充颜色

选择工具箱中的“交互式填充”工具，为其填充颜色，参数设置（C:92 M:67 Y:34 K:1）及效果如图3-67所示。

59 制作树木倒影

选择工具箱中的“选择”工具，将绘制编组完成的所有树冠图层、树干图层选中并编组，在其属性栏上选择“垂直镜像”选项，获得一个垂直翻转的图形，然后放置在相应位置，最终得到的倒影效果如图3-68所示。

60 绘制不规则形状

使用“钢笔”工具绘制不规则形状并填充颜色，参数设置及效果如图3-69所示。

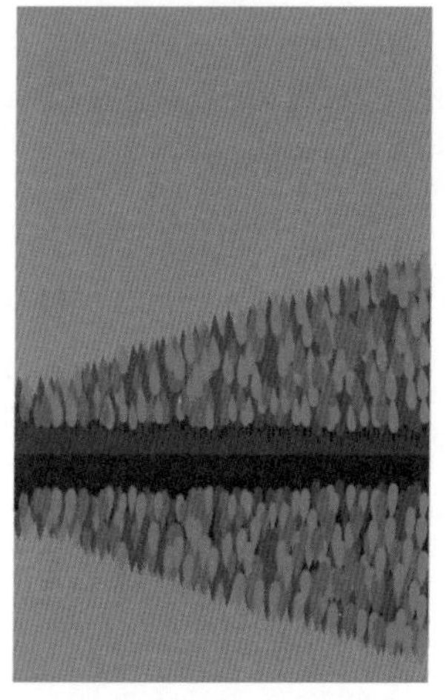

图 3-68

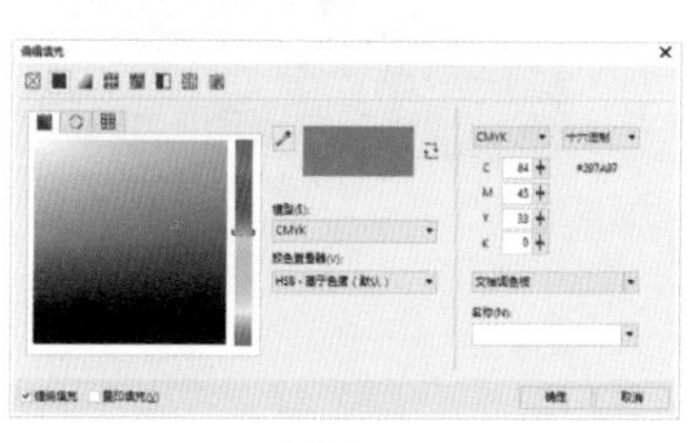

图 3-69

61 制作镜像并填充颜色

复制上一步绘制完成的不规则形状制作垂直镜像，并填充颜色，参数设置（C:92 M:67 Y:34 K:1）及效果如图3-70所示。

图 3-70

图 3-71

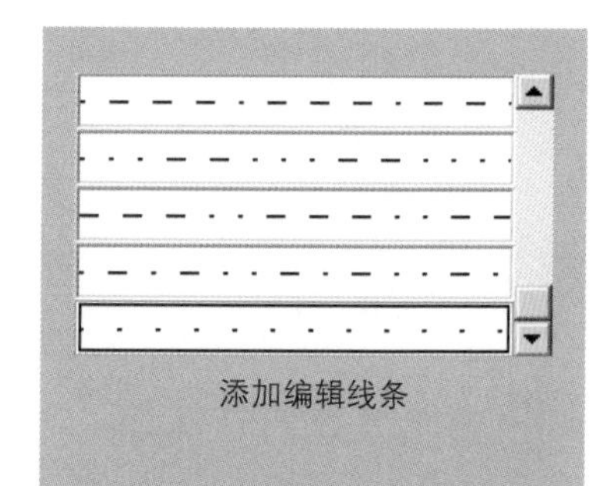

添加编辑线条

工具详解

导出HTML

“导出HTML”命令可将CorelDRAW X8中的文件发布到网页中，以供其他人浏览。

选择“文件”→“导出为”→“HTML”菜单命令，将弹出“导出HTML”对话框。在该对话框中可设置相关选项，如在“常规”选项卡中可以设置HTML排版方式、目标文件存储路径、导出范围和FTP等。

“常规”选项卡

切换到“细节”选项卡，该选项卡中会显示生成HTML文件时的各个页面名称及文件名。

“细节”选项卡

切换到“图像”选项卡，在该选项卡中可以预览图像、设置图像的新名称，也可以查看图像的类型。

62 调整图层位置

将步骤60和步骤61绘制的两个不规则形状放置在底图的相应位置，最终得到的效果如图3-71所示。

63 绘制不规则形状

使用“钢笔”工具和“形状”工具绘制不规则形状并填充颜色，效果如图3-72所示，填充颜色参数如图3-73所示。

图 3-72

图 3-73

64 制作镜像

复制上一步绘制完成的不规则形状制作垂直镜像，并填充颜色放置在底图相应位置，效果如图3-74所示。

至此，房地产广告第二页背景图形效果已经绘制完成，将全部图形选中并编组，接下来添加LOGO图形并编辑文字信息。

图 3-74

微课：房地产广告设计9

65 复制LOGO图像并调整位置

复制第一页广告中的LOGO图像，并放置在第二页背景图形的相应位置，效果如图3-75所示。

66 复制LOGO字体图形并调整位置

复制第一页广告中的字体图形（步骤32制作），并放置在第二页背景图形的相应位置，效果如图3-76所示。

67 复制文字信息并调整颜色和位置

复制步骤41制作的文本及小图标，并放置在第二页背景图形的相应位置，并调整颜色，效果及参数设置如图3-77所示。

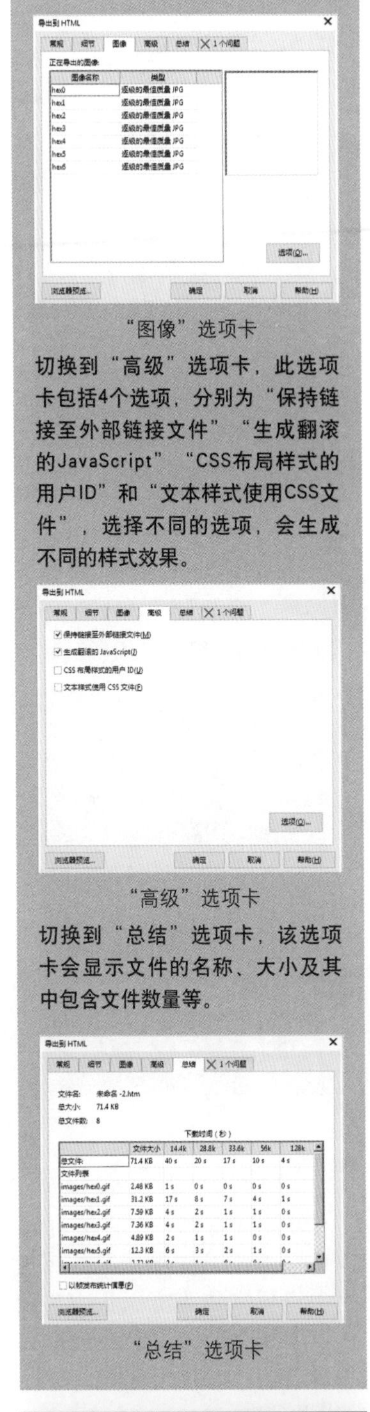

“图像”选项卡

切换到“高级”选项卡，此选项卡包括4个选项，分别为“保持链接至外部链接文件”“生成翻滚的JavaScript”“CSS布局样式的用户ID”和“文本样式使用CSS文件”，选择不同的选项，会生成不同的样式效果。

“高级”选项卡

切换到“总结”选项卡，该选项卡会显示文件的名称、大小及其中包含文件数量等。

“总结”选项卡

行业知识

常见平面媒介尺寸

DM广告单的应用比较广泛，不同的应用领域具有不同的设计尺寸，接下来对相关的尺寸进行介绍。

① 宣传画册尺寸、画册规格：210mm×285mm（A4）。

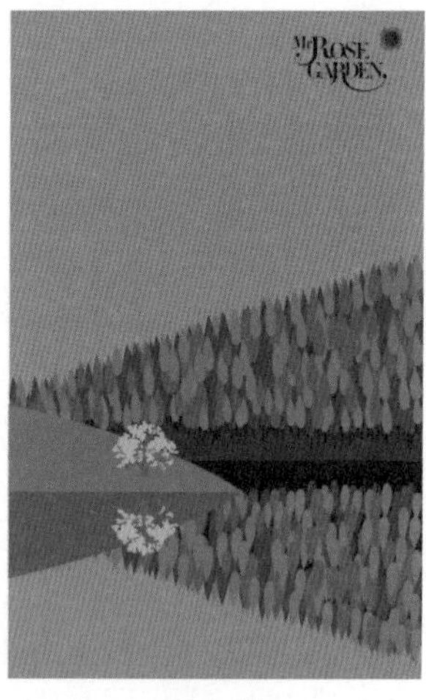

图 3-75

图 3-76

68 复制其他文本

复制步骤46添加的其他文本，并放置在第二页背景图形的相应位置，效果如图3-78所示。

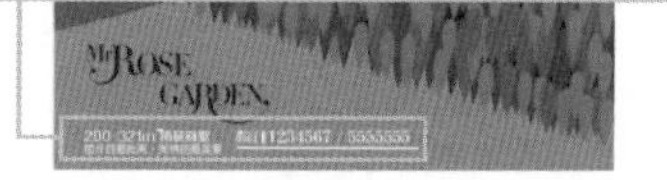

图 3-77

图 3-78

69 添加文本并进行设置

单击“文本”工具按钮字，在页面中输入文字，在其属性栏中设置字体为方正正中黑简体、字号为58pt、文本方向为水平方向，并填充黑色，效果如图3-79所示。

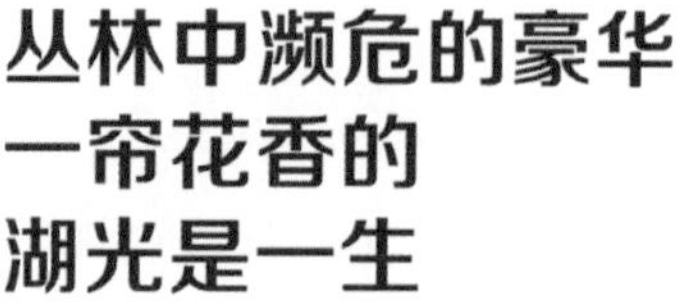

从林中濒危的豪华
一帘花香的
湖光是一生

图 3-79

70 拆分文本并调整大小及位置

选中上一步添加的文本，执行“对象”→“拆分美术字”菜单命令，然后调整文本的大小及位置，效果如图3-80所示。

从林中濒危的豪华
一帘花香的
湖光是一生

图 3-80

② 封套：220mm×305mm。

③ 海报：540mm×380mm。

④ 吊旗、挂旗的尺寸如下。

- 376mm×265mm（8开）。
- 540mm×380mm（4开）。

⑤ 手提袋：400mm×285mm×80mm。

⑥ 信纸、便条的尺寸如下。

- 85mm×260mm。
- 210mm×285mm。

⑦ 名片(横版)的尺寸如下。

- 90mm×55mm（方角）。
- 85mm×54mm（圆角）。

⑧ 名片(竖版)的尺寸如下。

- 50mm×90mm（方角）
- 54mm×85mm（圆角）

⑨ 名片(方版)的尺寸如下。

- 90mm×90mm。
- 90mm×95mm。

⑩ IC卡：85mm×54mm。

⑪ 三折页广告：210mm×285mm（A4）。

⑫ 普通宣传册：210mm×285mm（A4）。

⑬ 文件封套：220mm×305mm。

⑭ 招贴画：220mm×305mm。

⑮ 信封的尺寸如下。

- 220mm×110mm（小号）。
- 230mm×158mm（中号）。
- 320mm×228mm（大号）。
- 220mm×110mm（D1）。
- 114mm×162mm（C6）。

⑯ 桌旗：210mm×140mm（与桌面成75°夹角）。

⑰ 竖旗：750mm×1500mm。

⑱ 大企业司旗的尺寸如下。

- 1440mm×960mm（大型）。
- 960mm×640mm（中小型）。

71 添加阴影

将上一步制作文本中的“一生”两个字选中，选择工具箱中的“阴影”工具，为文本添加阴影，参数设置及效果如图3-81所示。

一生

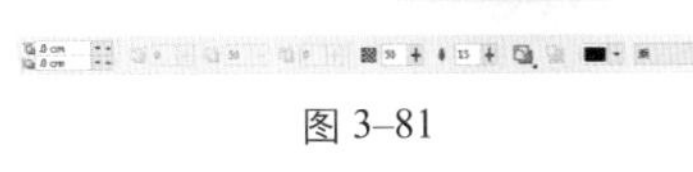

图 3-81

72 填充颜色并调整位置

选择步骤43和步骤44制作完成的文本图形，选择工具箱中的“交互式填充”工具，为绘制的文本填充颜色，效果及参数设置如图3-82所示，然后调整文本到底图的相应位置，效果如图3-83所示。

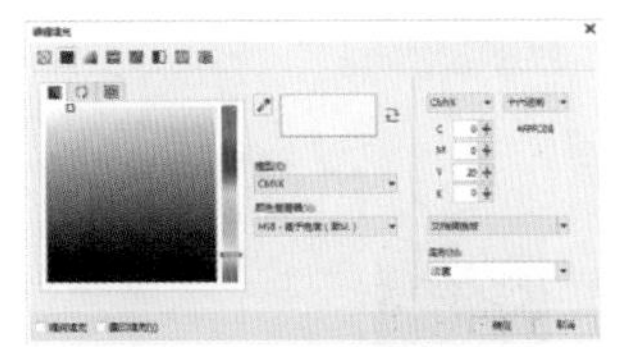

图 3-82

图 3-83

至此，房地产广告的第二页内容已经全部绘制完成，将以上绘制的全部图形及文本选中并编组，接下来绘制房地产广告第三页内容。

微课：房地产广告设计10

73 绘制矩形

单击“矩形”工具按钮，在页面中绘制一个矩形框，设置宽度为23cm、高度为36cm，效果如图3-84所示。

74 填充底色

选择工具箱中的“交互式填充”工具，然后为其填充底色，得到的效果如图3-85所示。

图 3-84

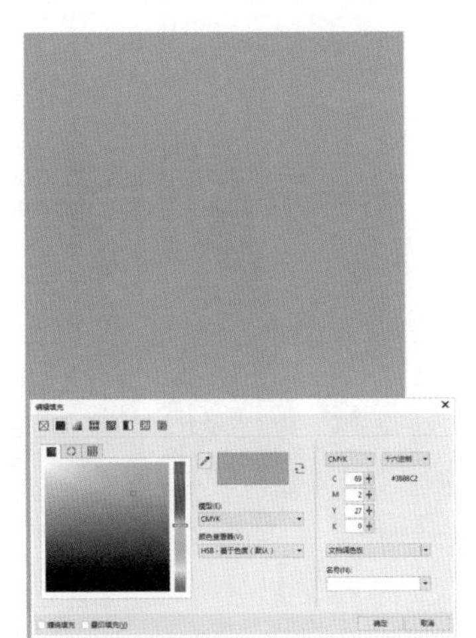

图 3-85

⑲胸牌的尺寸如下。

- 110mm×80mm（大号）。
- 20mm×20mm（小号）。

工具详解

对象的对齐与分布

对象的对齐与分布可通过“对齐与分布”对话框来完成。下面通过具体的操作对对齐与分布进行讲解。

1. 多个对象的对齐

选择多个图形后，单击属性栏中的“对齐与分布”按钮或选择“对象”→“对齐和分布”→“对齐与分布”菜单命令，弹出“对齐与分布”对话框。

“对齐与分布”对话框

在该对话框的“对齐”选项卡中，选择一种或多种对齐方式，再单击“应用”按钮，便可以看到被选择的多个图形对齐后的效果，垂直居中对齐后的效果如下。

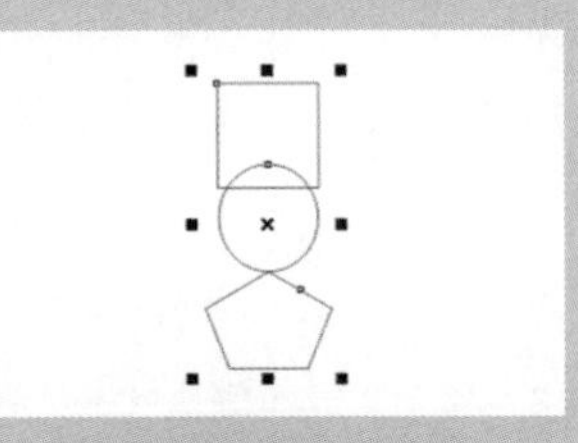

垂直居中对齐后的效果

2. 多重对象的分布

选择多个图形后，单击属性栏中的“对齐与分布”按钮，弹出“对齐与分布”对话框。

在该对话框的“分布”选项卡中，选择一种或多种分布的方式，再单击“应用”按钮，便可以看到被选择的多个图形分布后

75 绘制三角形

使用“钢笔”工具绘制一个三角形并填充颜色，参数设置（C:71 M:8 Y:49 K:0）及效果如图3-86所示。

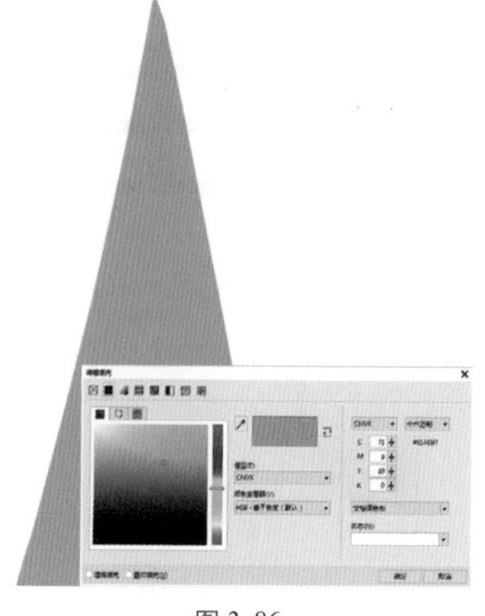

图 3-86

76 复制并更改填充色

复制两个上一步绘制完成的树冠形状并填充颜色，参数设置（C:88 M:52 Y:54 K:4和C:80 M:27 Y:56 K:0）及效果如图3-87所示。

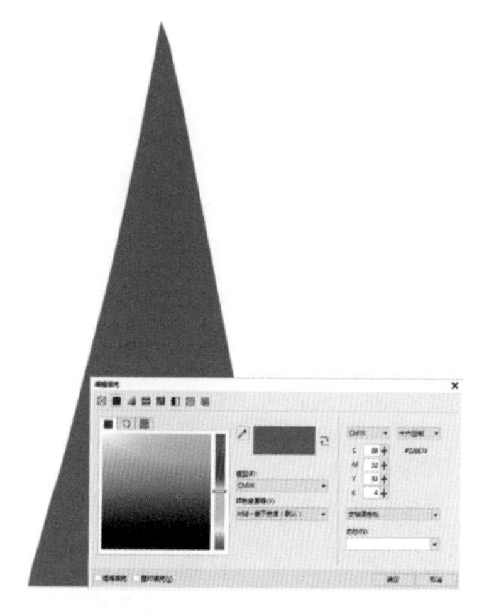

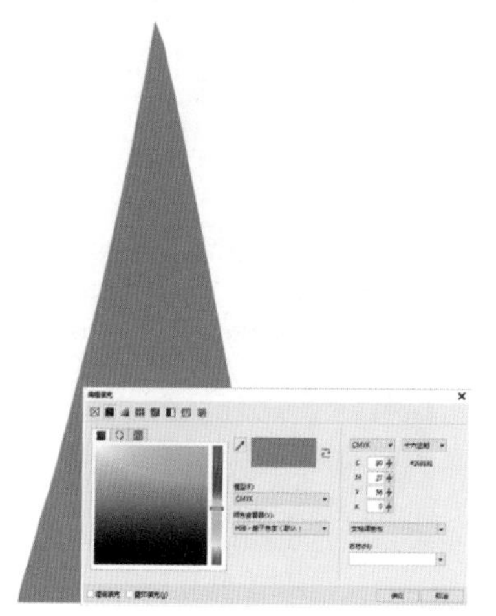

图 3-87

77 复制排列

分别对步骤75和步骤76制作完成的3个树冠形状复制多个，调整不同大小，并分散排列于底图内，边缘如果有突出部分，可以使用“形状”工具进行调整，得到的效果如图3-88所示。

图 3-88

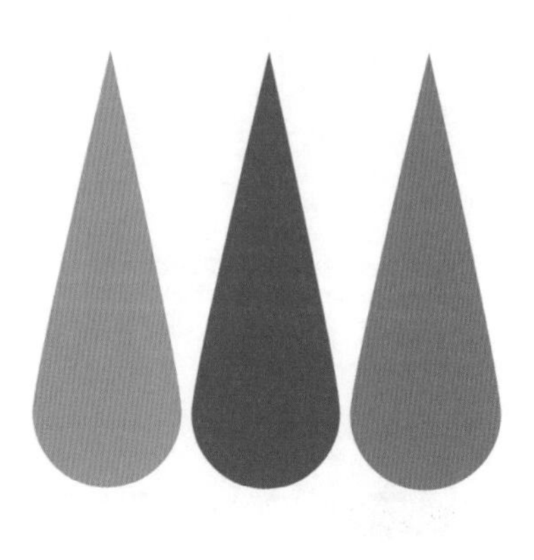

图 3-89

的效果，按“页面的范围”左对齐方式分布后的图形效果如下。

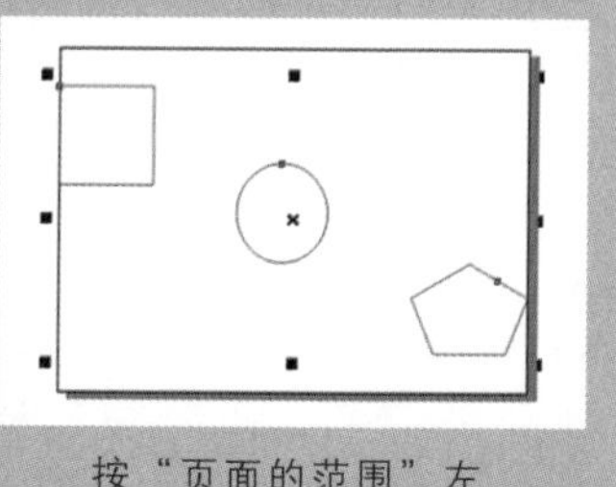

按“页面的范围”左对齐方式分布效果

设计师经验

段落文本的排版

如果文字比较少，就可以使用“文本”工具直接在页面中输入。如果文字较多，可使用段落文本。另外，要注意全角和半角标点的处理。CorelDRAW X8在这方面是有小缺陷的，遇到单引号这类符号时，可以先不输入，留到最后统一处理，单独加进去。如果文字很多，可以利用专业的排版软件InDesign进行排版，或者把文本内容输入到Word之类的文字办公软件中，然后复制并粘贴到CorelDRAW X8的段落文本框中。

在Word中，段落末尾不要使用空格。在CorelDRAW X8中，使文本两端对齐，段前与行距保持一致，段后为0，其他默认即可。

行业知识

活动DM广告细节策划

好的主题、好的促销单品是成功的一步，在细节策划上是关键。

① 企业的LOGO设计应一致化，且永远是最醒目的。企业LOGO包括文字、图片，还有字体色调及占有版面的大小。注意无论纸张大小有什么变化，LOGO所占比例不能变。

② 版面主色调不要轻易变化，不要去随意变化主色。当然，各档期可根据不同的主题来突出渲染。人们可以在主色调上增加

78 绘制树冠

使用“椭圆形”工具和“形状”工具，分别绘制3个树冠形状，填充颜色值与步骤75和步骤76相同，得到的效果如图3-89所示。

79 排列成树丛

分别对上一步制作完成的3个树冠形状复制多个，调整不同大小，并分散排列成树丛效果，如图3-90所示。

图 3–90

图 3–91

80 置入底图内

将上一步绘制完成的树丛图形选中编组，然后选择“效果”→“PowerClip”→“置于图文框内部”菜单命令，将树丛图形置入底图框内，得到的效果如图3-91所示。

81 编辑PowerClip

完成上一步的菜单命令后，单击底图下方的“编辑PowerClip”图标，调整树丛图形在底图框内的位置和大小，编辑界面如图3-92所示，最终得到的画面效果如图3-93所示。

图 3–92

图 3–93

色板层次。注意，各层次应该和谐过渡，特别是在亮度上，不要过多地集中跳跃。在首页的企业LOGO下，往往是醒目标注本次促销主题的地方，可以通过块状来显示本次主题及次要主色调的不同。但整幅及各面的所有边框色调仍是企业主色调，因为边框是最先进入客户视线的地方。

③ 排版格式相对固定化。版面格式是次于主色调的重要的特色之一。所谓排版格式，是指版面中对各单品的图片及信息单元隔离或融入处理的方式。对单品图片及文字的处理是最复杂的一面，只有将两者很好地结合起来，才能让整幅广告有灵气。

形式新颖的DM广告

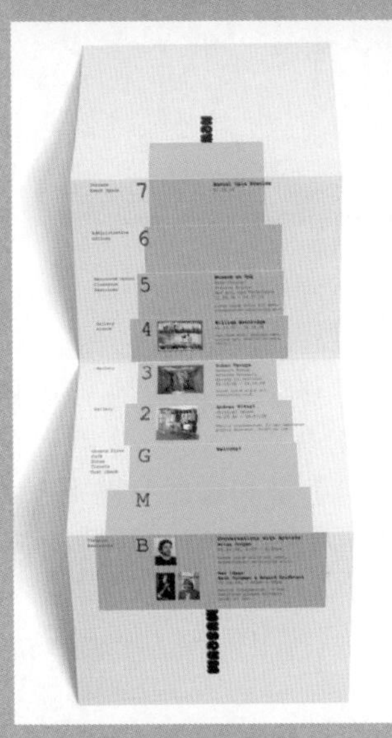

DM折页设计

82 绘制树干

使用“矩形”工具□，在树冠下方绘制一条黑色线条，得到的效果如图3-94所示。

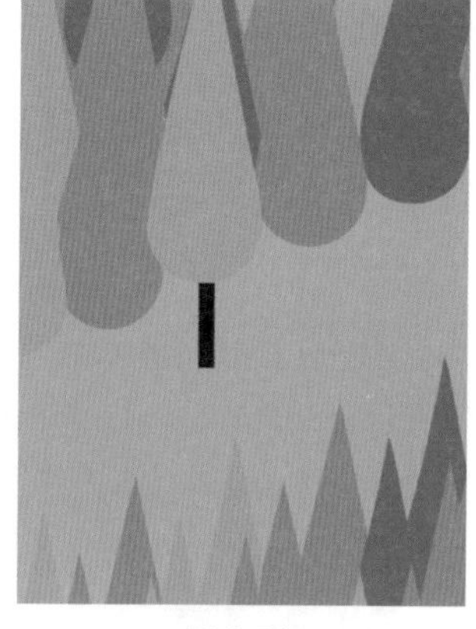
图 3-94

83 绘制其他树干图层

使用上一步同样的方法，在相应位置绘制其他树干图层，得到的效果如图3-95所示。

84 调整图层顺序

将绘制完成的所有树干图层选中并编组，然后选择“效果”→“PowerClip”→“置于图文框内部”菜单命令，将树干置入底图框内，单击“编辑PowerClip”图标，如图3-96所示。右击，在弹出的快捷菜单中选择“顺序”→“向后一层”命令，使树干放置在树冠图形的下方，如果没有实现，则多次执行该命令，最终得到的效果如图3-97所示。

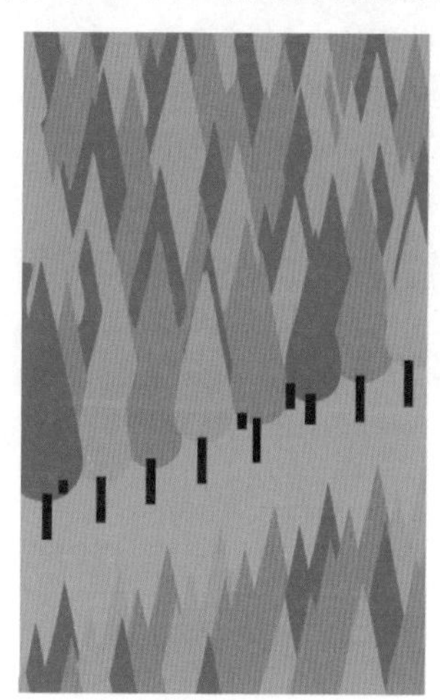
图 3-95

图 3-96

85 绘制月牙

选择工具箱中的“椭圆形”工具○，按住键盘上的【Ctrl】键和鼠标左键不放，然后拖动鼠标，在空白区域绘制两个正圆形，最终得到的效果如图3-98所示。

微课：房地产广告设计11

图 3-97

在版面的设计上，花边和图饰是少不了的，但也不要太复杂，选几种合适的即可。在展示效果上，应突出表现新颖的画面和形式，例如折叠式的，可以让其个性更明显。

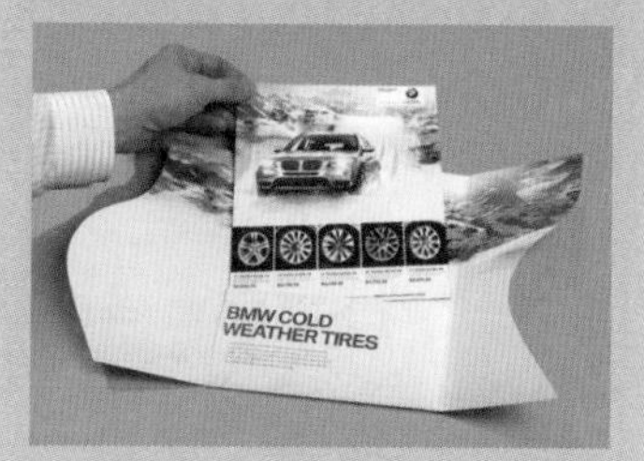

别出心裁的折叠方式

行业知识

活动DM广告制作要点

在具体的制作活动DM广告的过程中，需要遵循以下几点。

① 主题鲜明：活动及宣传主题要突出，使人一目了然，从而增强吸引力。

开门见山、突出主题

② DM广告设计应避免众多信息的罗列，要突出主要信息，尽量压缩字数，活动细则不宜太过详细，看懂即可（可有“具体活动细则请参见店内”等提示）。

③ 设计要有互动性、参与性、独特性，并要突出竞争优势。

④ 确定活动目标人群及投放重点人群，在色彩搭配、图案设计上尽量贴近重点目标人群的品位及欣赏习惯。

86 移除前面对象

使用“选择”工具同时选中两个正圆形，在其属性栏中选择“移除前面对象”选项，得到的效果如图3-99所示。

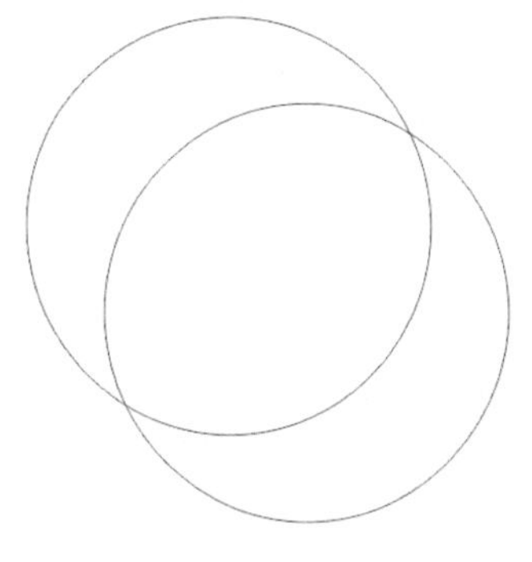

图 3-98

图 3-99

87 填充渐变色

选择工具箱中的“交互式填充”工具，为其填充渐变色，效果及参数设置如图3-100所示。

88 调整位置及大小

将上一步制作完成的月牙图形放置到底图相应位置，并适当调整大小，效果如图3-101所示。

图 3-100

图 3-101

89 调整位置及大小

选择“文件”→“导入”菜单命令，将“Chapter 3\3.3\素材\人物2.png-人物6.png”导入到页面的空白处，如图3-102所示。将导入的人物素材放置于相应位置，效果如图3-103所示。

至此，房地产广告第三页背景图形效果已经绘制完成，将全部图形选中并编组，接下来添加LOGO图形并编辑文字信息。

突出主要信息

互动性强的DM广告

⑤ 图案及配色的选择还应符合季节与活动主题（例如，冬季图案中的人物应穿着冬季服装，欢庆类活动应配合火热的颜色，民俗节日可配合有民俗特色的图案）。

⑥ 可加上“本活动最终解释权归××广告设计工作室”等这样的申明条款，以避免不必要的麻烦。

结合介绍的6条制作要点，并根据在活动DM广告实际设计中吸取的经验，一定能够制作出令客户满意的活动DM广告来。

工具详解

透镜的使用效果

使用透镜可以使图像产生各种丰富的效果。透镜不能应用于已经应用了立体化、轮廓线或渐变的对象。

图 3–102

图 3–103

90 复制LOGO图像并调整位置

复制第二页广告中的LOGO图像及字体图形，并放置在第三页背景图形的相应位置，效果如图3-104所示。

91 复制文字信息并调整颜色和位置

复制第二页广告中的文字信息及小图标，并放置在第三页背景图形的相应位置，效果如图3-105所示。

图 3–104

图 3–105

92 添加文本并进行设置

单击“文本”工具按钮字，在页面中输入文字，在其属性栏中设置字体为方正正中黑简体、字号为58pt、文本方向为水平方向，并填充黑色，效果如图3-106所示。

与我分享自由的人
真正的
心情自由

图 3–106

与我分享自由的人
真正的
心情自由

图 3–107

① 使用“选择”工具选择将要作为透镜的对象。

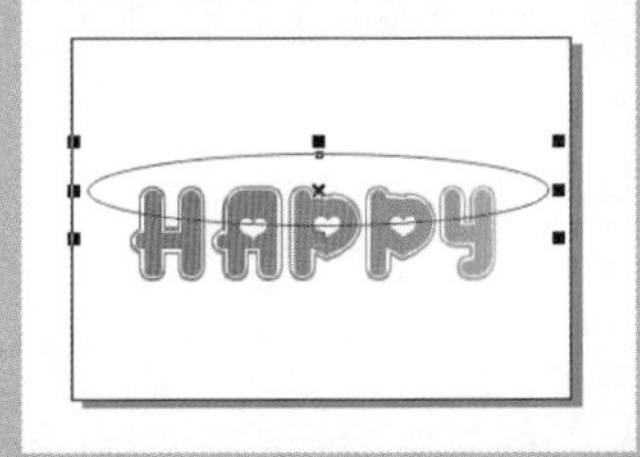

选择将要作为透镜的对象

② 选择“效果”→“透镜”菜单命令，调出“透镜”面板。

“透镜”面板

③ 在“透镜”面板中选择透镜，设置相应的参数，然后单击“应用”按钮，即可为选择的对象设置透镜，从而产生相应的透镜效果。

“颜色添加”透镜效果

④ 选择“透镜”面板中的“冻结”复选框，可以在移动透镜的位置时，使透镜内的图形保持不变。

冻结透镜对象

93 拆分文本并调整大小及位置

选中上一步添加的文本，执行“对象”→“拆分美术字”菜单命令，然后调整文本的大小及位置，效果如图3-107所示。

94 添加阴影

将上一步制作文本中的“自由”两个字选中，选择工具箱中的“阴影”工具，为文本添加阴影，参数设置及效果如图3-108所示。

图 3–108

95 填充颜色并调整位置

选择制作完成的文本图形，然后选择工具箱中的“交互式填充”工具，为绘制的文本填充颜色，效果及参数设置如图3-109所示，然后调整文本到底图的相应位置，效果如图3-110所示。

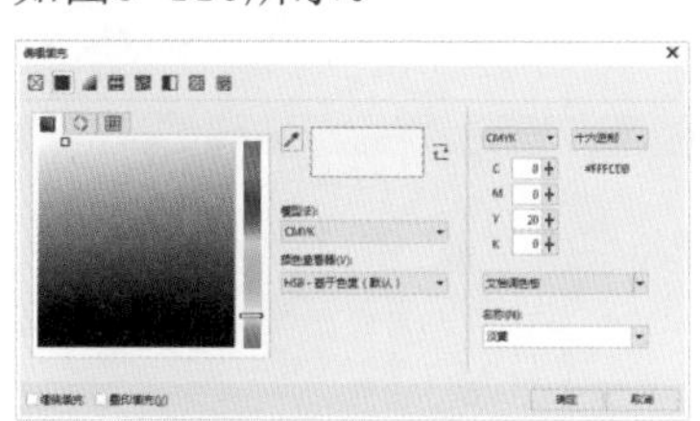

图 3–109

图 3–110

96 完成的制作并编组

至此，房地产广告的系列内容已经全部绘制完成，将以上绘制的全部图形及文本选中并排列编组，最终效果如图3-111所示。

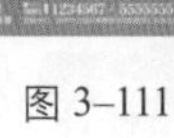

图 3–111

⑤ 选择“透镜”面板中的“视点”复选框，该复选框右侧会出现一个“编辑”按钮，单击该按钮会在复选框上方出现两个数值框，利用它们可以改变视角的位置。用户也可以通过鼠标拖曳绘图页面内出现的表示视点的×标记，从不同角度观察透镜下的对象。

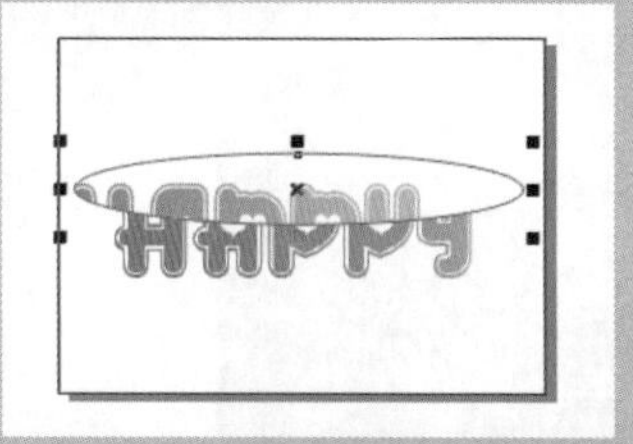

从不同角度观察透镜下的效果

⑥ 选择“透镜”面板中的“移除表面”复选框，透镜下的对象会发生变化，而对象外的空白处不会发生变化。

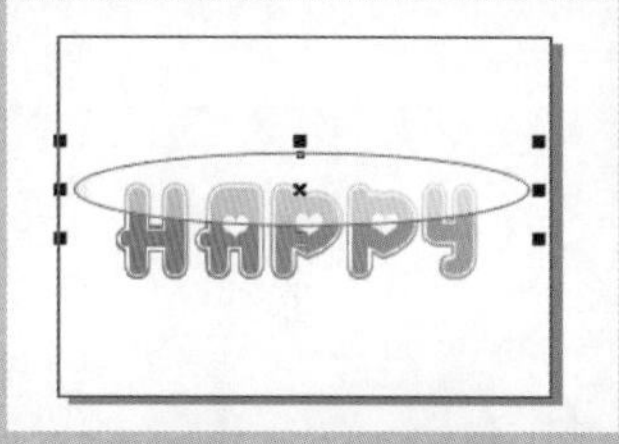

移除表面后的效果

几种常用类型透镜的特点如下。

- 变亮：选择该选项后，调整比率，可使透镜内的图形变亮或变暗。
- 色彩限度：选择该选项后，单击“颜色”下三角按钮，弹出调色板，从中选择颜色，再调整比率，即可得到类似于使用照相机所加的滤光镜的效果。
- 自定义彩色图：可将透镜的颜色设置为两种颜色的混合颜色。
- 鱼眼：选择该选项后，再调整比率，可使透镜下的图形呈放大的鱼眼效果。
- 热图：选择该选项后，可使透镜下的图形按调色板旋转的比率产生热图的效果。
- 反显：选择该选项后，可使透镜下的图形呈反显状态。

拓展训练——火锅优惠券设计

利用本章所介绍的相关知识，按照智慧职教网站本课程提供的素材文件制作出“火锅优惠券”，最终的效果如图3–112所示。

图 3–112

- 技术盘点：“贝塞尔”工具、“矩形”工具、“文本”工具、图框精确剪裁。
- 素材文件：“Chapter 3\3.3\拓展训练\火锅优惠券设计.cdr”。
- 制作分析：

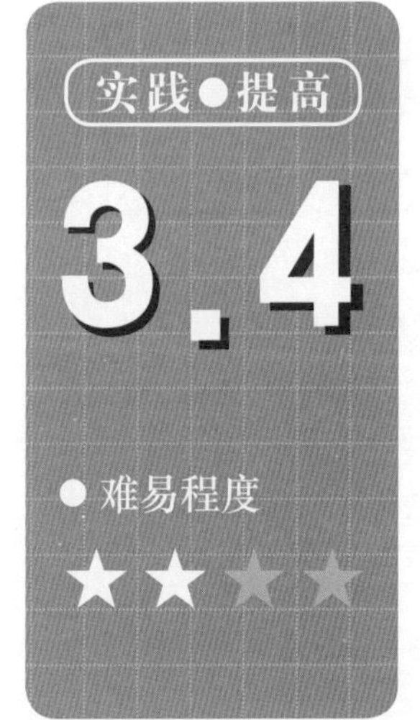

汽车4S店折页设计

项目创设

本案例将设计并制作汽车4S店折页。折页造型别致、视觉大气、时尚，最终效果如图3–113所示。

制作思路

首先绘制出折页的平面展开图，然后分别制作出折页的内面和外面，最后制作出不同视角的展示效果图。

图 3–113

素材：素材与源文件\Chapter 3\3.4\素材

案例制作步骤

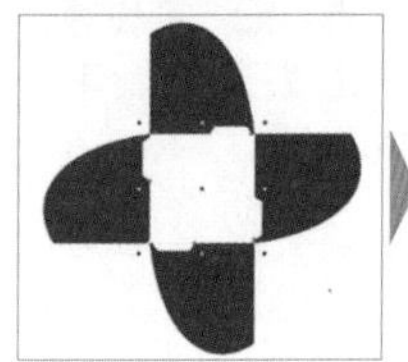

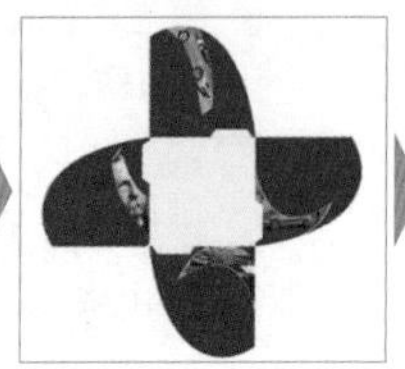

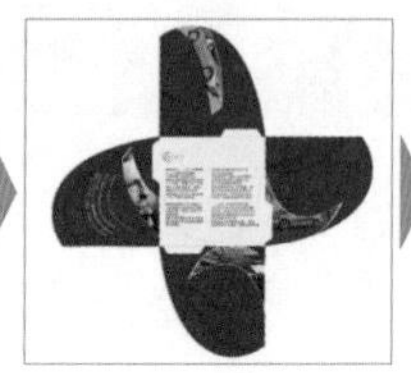

01 创建文档

选择“文件”→“新建”菜单命令，在弹出的“创建新文档”对话框中设置“名称”为“三折页”、“大小”为A4、“原色模式”为CMYK，如图3-114所示。设置完成后单击“确定”按钮，即可创建文档。

02 绘制正方形

单击“矩形”工具按钮□，按住【Ctrl】键在页面中绘制一个正方形，效果如图3-115所示。

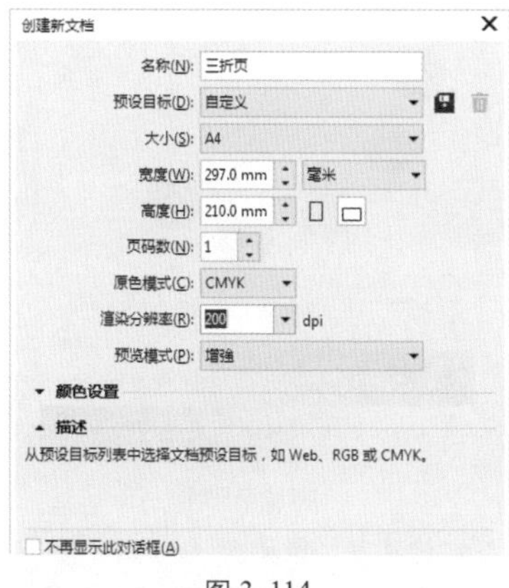

图 3-114

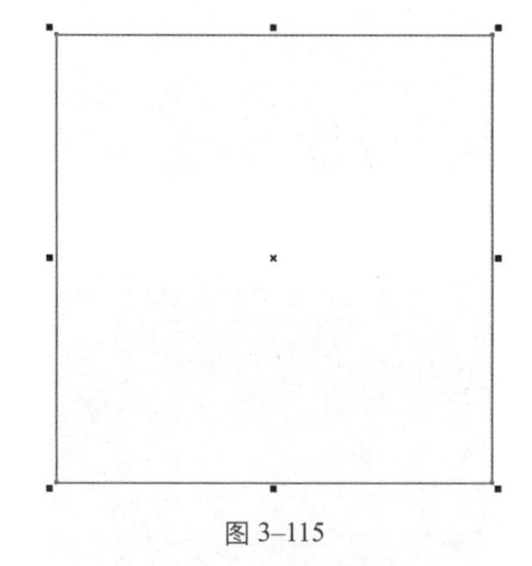

图 3-115

03 绘制梯形

选择“视图”→“标尺”菜单命令，打开标尺，通过鼠标拖动标尺调出辅助线，然后选择工具箱中的“贝塞尔”工具绘制一个梯形，效果如图3-116所示。

04 复制并旋转梯形

选择绘制完的梯形，复制3个等大的图形，通过旋转放置在如图3-117所示的位置。

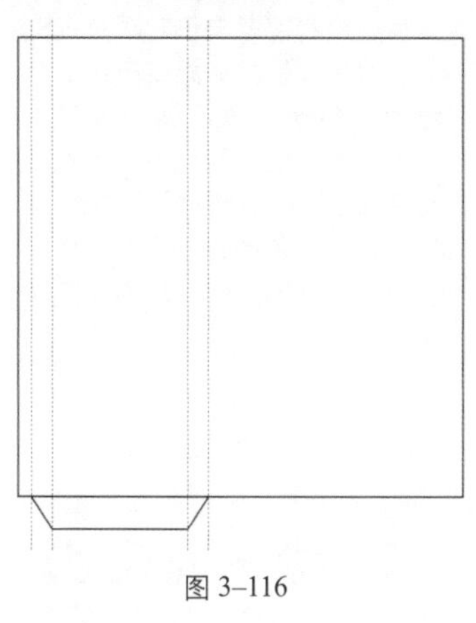

图 3-116

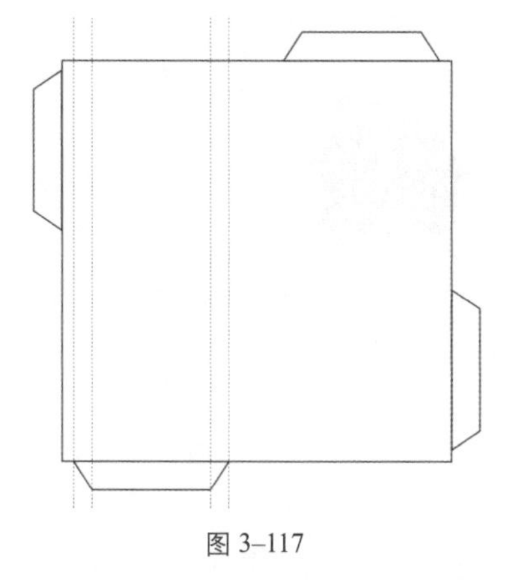

图 3-117

05 绘制图形并进行调整

使用“贝塞尔”工具绘制出侧页的大致形状，然后利用“形状”工具对其变形，效果如图3-118所示。

工具详解

色彩的属性

颜色可以分为非彩色和彩色两大类。

1.非彩色

非彩色指白色、黑色以及由浅到深的灰色（包括浅灰、中灰和深灰）。它们对光谱内各波长的光没有选择，各个波长的光等量反射。例如，反射率等于100%时为纯白色，反射率等于0%时为纯黑色。人的视觉能感受明亮程度变化，越接近白色则明度越高，反之，越接近黑色则明度越低。

非彩色

当印刷品的表面对可见光谱中所有波的反射率均为80%以上时，视觉上的感受便是白色，反射率均在4%以下时则为黑色。

2.彩色

彩色指黑、白、灰系列以外的各种颜色，具有色相、亮度、饱和度3种属性。

- 色相：色相（也称色调）是颜色最基本的特征，人们可根据色相来辨别颜色。色相是由物体表面反射（或透过物体）到人眼内的色光波长所决定的。单色光可以直接用它的波长来确定。若是由各种彩色光组成的色彩，则由物体反射各种波长的光的强度来确定。色相以色彩在标准色轮上的位置来度量，每一种色彩都有特定的角度。物体的色相除与光源光谱成分有关以外，还与物体对光的反射和吸收特征有关。例如，在白光照射下，某物体只反射480～550nm的光波，此时给人的感觉是绿色的。同一物体在不同光源的照射下也会呈现不同的色相。
- 亮度：亮度（也称明度）指色彩的明暗程度，即颜色的亮与暗。图像的最亮区域和最暗区域

06 绘制并填充矩形

使用"矩形"工具绘制一个矩形，选择工具箱中的"交互式填充"工具，然后为其填充底色，得到的效果如图3-119所示。

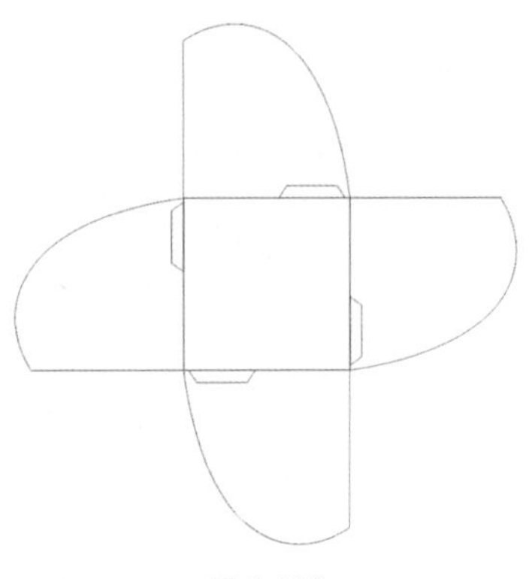

图 3-118

图 3-119

07 制作底纹

绘制线条，并进行轮廓描边，然后复制若干个，排列成如图3-120所示的效果。

图 3-120

08 精确裁剪图形

选择"效果"→"PowerClip"→"置于图文框内部"菜单命令，效果如图3-121所示。选择"效果"→"PowerClip"→"结束编辑"菜单命令，得到如图3-122所示的效果。

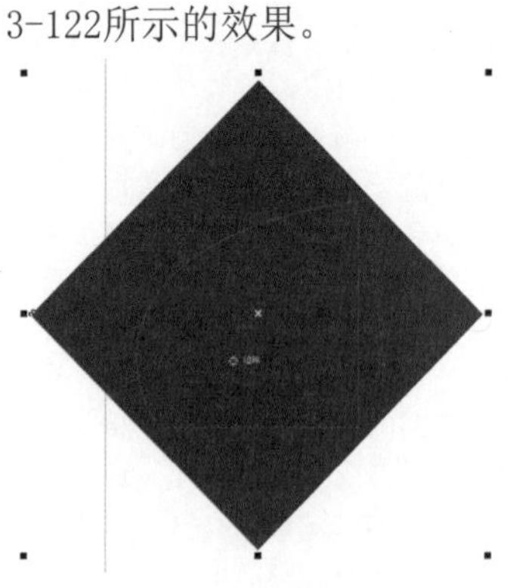

图 3-121

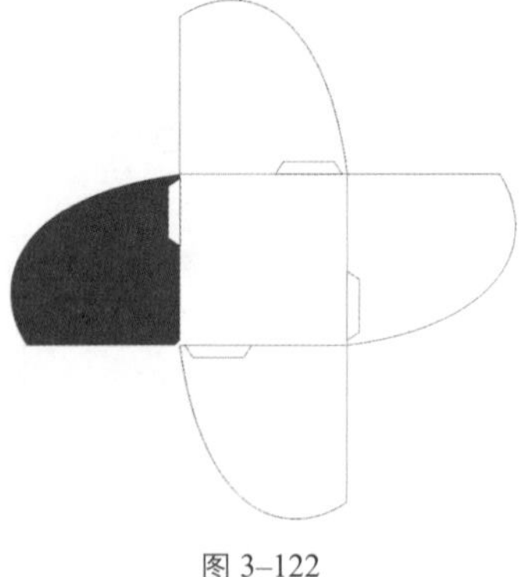

图 3-122

09 将底纹置入侧页

参照上一步骤所述的方法，将底纹置入所有的侧页，得到的效果如图3-123所示。

10 删除轮廓效果

单击工具箱中的"轮廓笔"按钮，选择"无轮廓"工具，得到的效果如图3-124所示。

的差别在于层次范围的不同。对于给定的色彩，只限于256个层次对应的8位色彩，每一个层次都具有度量像素明度的数值。0或无明度为黑色，255为全亮或白色。数值越小，像素的层次越暗。

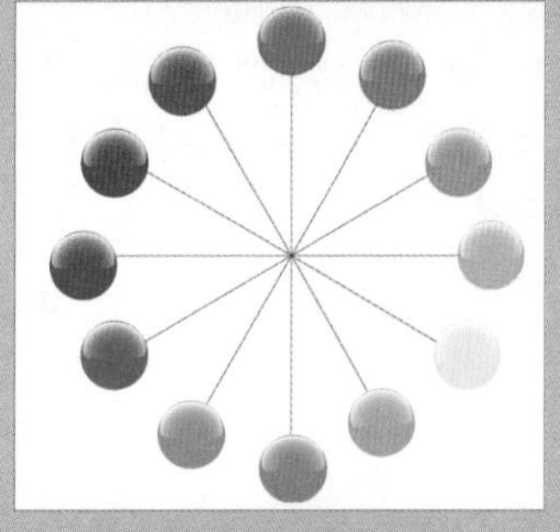

色相环

亮度色阶

- 饱和度：饱和度（也称彩度）指颜色的纯度，即掺有多少白色或颜色中含有多少灰色成分，以0%（灰色）~100%（全饱和度）的百分比度量。掺入的白色越多，越不饱和。在可见光中，各单色光是最饱和的颜色。

饱和度阶段图

颜色的饱和度取决于它对反射光谱色的选择性，如果某一种颜色对光谱中某一段窄波的反射率高，而对其他波的反射率很低或没有反射，那么该颜色的饱和度就越高。饱和度的差异如下图所示，越靠近中间颜色的饱和度越低。

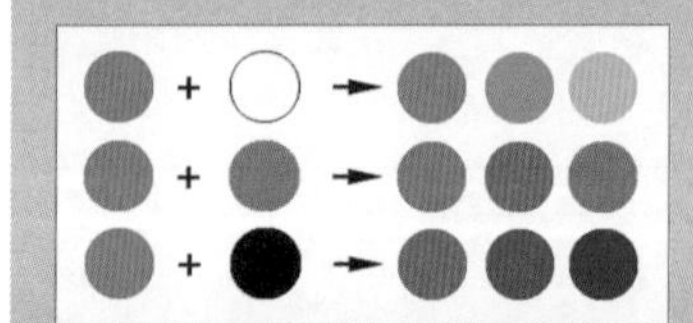

饱和度变化图

为了便于理解颜色三属性之间的关系，可以用颜色立体关系图来表示。

图 3-123

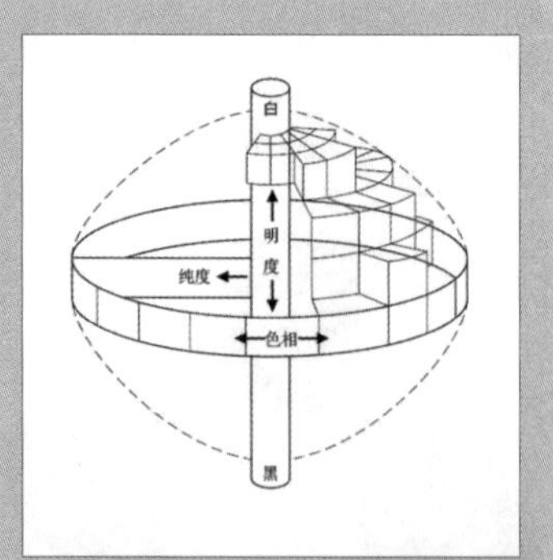

图 3-124

11 为内页填充底色

单击工具箱中的“交互式填充”工具按钮，选择“均匀填充”工具■，打开“均匀填充”对话框，如图3-125所示。单击“确定”按钮，得到如图3-126所示的效果。

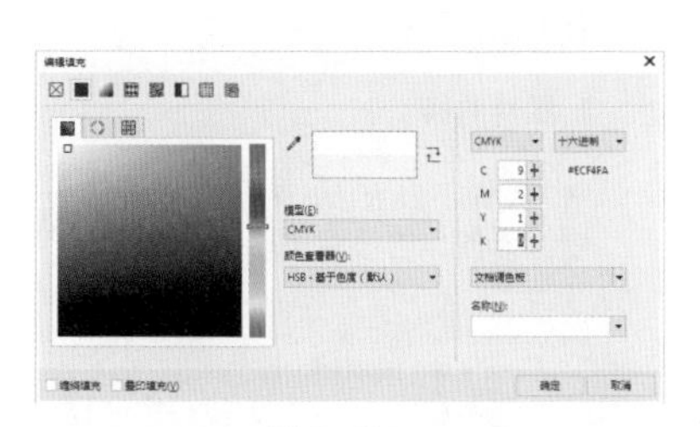

图 3-125

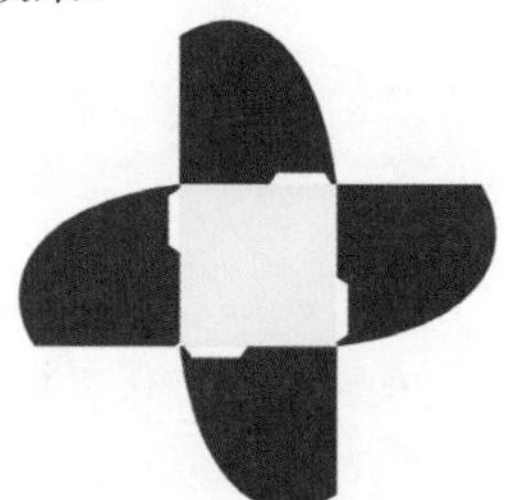

图 3-126

12 为内页的4个角填充颜色

使用同样的方法为内页的4个角填充颜色，效果如图3-127所示。

图 3-127

13 绘制形状

使用“钢笔”工具绘制如图3-128所示的形状。

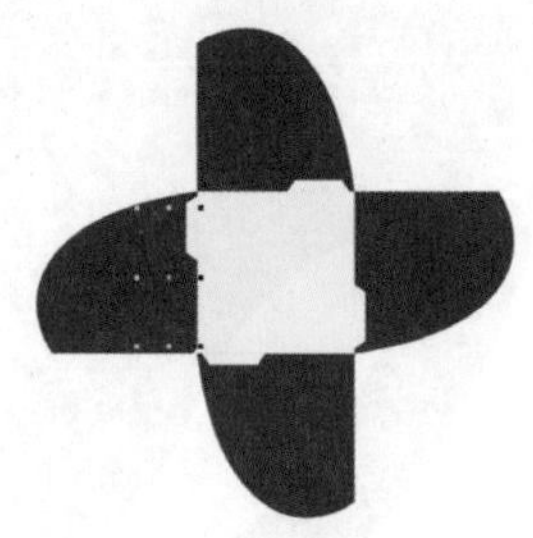

图 3-128

14 导入图像素材

选择“文件”→“导入”菜单命令，将素材导入，然后参照步骤09的方法将素材置入到图形中，得到的效果如图3-129所示。

颜色立体关系图

在颜色立体模型中，垂直轴表示黑白亮度的变化，上端是白色，下端是黑色。色相用水平的圆来表示，圆心是灰色，周围上的各点代表不同色相（红、橙、黄、绿、青、蓝、紫）。从圆心沿着半径向外移动，饱和度逐渐增加，圆周的各种颜色的饱和度最大，沿着黑白轴向下或向上移动，颜色的饱和度相应降低。

彩色立体效果展示

颜色三属性的几何模型是比较常用的。圆心处的颜色饱和度为0，因此位于黑白轴上的颜色为非彩色，饱和度为0。位于水平圆周上的颜色，饱和度最大，亮度居中。对于颜色立体关系图上其他位置的颜色，可以在纵轴上读出亮度值，在横轴上读出色相值，在圆面上读出饱和度值。

行业知识

图形图像的定位

在计算机设计中，把各种需要通过输入设备来输入的位图模式的图片称为图像。

图像包括的内容非常广泛，可以

15 复制侧页并填充颜色

将侧页复制一份，填充为白色，等比例放大并置于原图的下方，效果如图3-130所示。

图 3–129

图 3–130

16 绘制图形

将单个侧页复制一份，然后使用“贝塞尔”工具绘制出如图3-131所示的图形。

17 修剪图形

选择“对象”→“造形”→“造型”菜单命令，在“造型”面板中单击“修剪”按钮，得到的效果如图3-132所示。

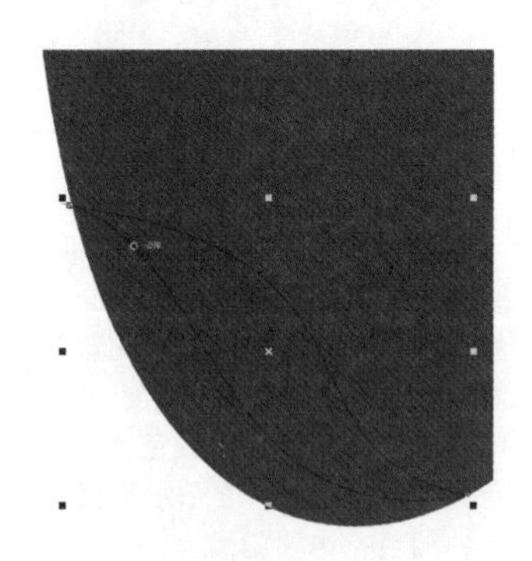

图 3–131

图 3–132

18 填充颜色

将修剪得到的图形填充为黑色，如图3-133所示。

19 添加“高斯式模糊”效果

选择“位图”→“转换为位图”菜单命令，然后选择“位图”→“模糊”→“高斯式模糊”菜单命令，在弹出的对话框中设置“半径”值为20像素，然后单击“确定”按钮，得到如图3-134所示的效果。

图 3–133

是照片、插图、绘画等。在具体的制作中，主要根据不同的需要，针对对象进行加工。

在现代印刷广告中，不论是报纸、杂志、样本还是招贴广告，图片都占据了整个画面的大部分，甚至占据了整个画面，由此可以看出，图片在画面中的位置十分重要。在视觉顺序上，图片仅次于引人注目的标题，处于第二位。一些出色的图片会立即引起人们的注意。看图片的人绝大多数会阅读图片的文字说明，一幅图片加上说明文字就是一张小的广告。

图片的重要作用在于，它以艺术的形式使广告主题形象化、真实化。

1.图片的特点

● 直观：几乎所有的人都能看懂，能使广告吸引更多的读者。

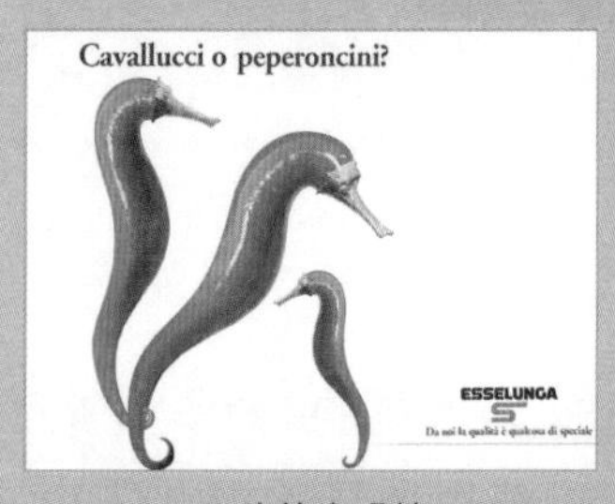

图片的直观性

● 真实：使人产生如睹实物的真切感，有助于增进对实物的了解、认识。

图片的真实感

● 生活感：富有生活气息的广告图片特别富有情绪的感染力，给人以身临其境的感觉，容易让人

20 缩小图形并调整位置

将添加了高斯模糊之后的图形缩小并置于修剪的侧页下方，效果如图3-135所示。

图 3-134

图 3-135

21 调整位置

将制作好的效果放置在侧页的上方，效果如图3-136所示。

22 完成侧页的制作

参照上述方法制作其他侧页效果，如图3-137所示。

图 3-136

图 3-137

23 绘制商标外形

使用工具箱中的“贝塞尔”工具绘制出商标的外形，如图3-138所示。

24 设置并填充颜色

单击工具箱中的“交互式填充”工具按钮，选择“渐变填充”工具，打开“渐变填充”对话框，参数设置如图3-139所示。单击“确定”按钮，填充后的效果如图3-140所示。

图 3-138

25 修改图形

使用工具箱中的“形状”工具对图形进行修改，得到的效果如图3-141所示。

们产生对美好生活的向往。

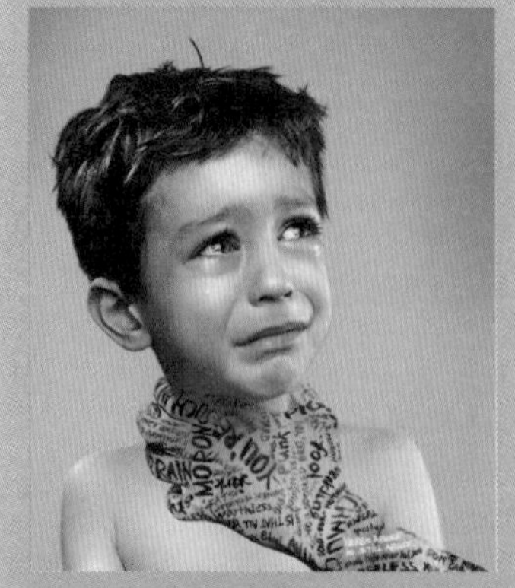

图片的生活感

● 美感：一幅好的广告图片，不论是插图还是照片，往往都是一件很美的艺术品，给人以美的享受。有些精美的广告图片被人们放在办公台面上，还有的放入镜框里，从而长久地保存下来。

图片的美感

正因为如此，单纯的文字广告越来越少，图片广告越来越多，从而培养出大批的广告插图画家和广告摄影家，可见图片在整个广告画面中的重要性。

2.图片的属性

● 图片的面积：关于图片面积的设定，要强调视觉流程的问题。对于主从关系的图片，要从大小、位置上进行区分，这样图片才能主次分明，主题传达更准确。

● 图片的形式：图片的不同外在

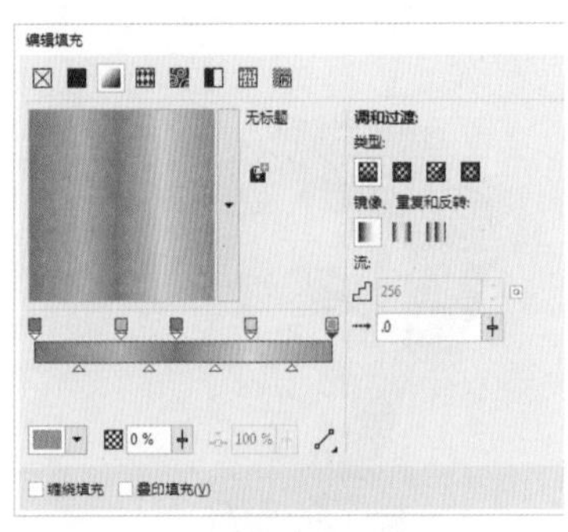
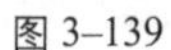

图 3-139

图 3-140

图 3-141

26 输入中文并填充颜色

单击工具箱中的“文本”工具按钮字，输入“行车道”，设置字体为“经典繁行书”、“道”的大小为55pt、“行”与“车”的大小为84pt，然后选择“渐变填充”工具，为其填充渐变色，参数设置及得到的效果如图3-142所示。

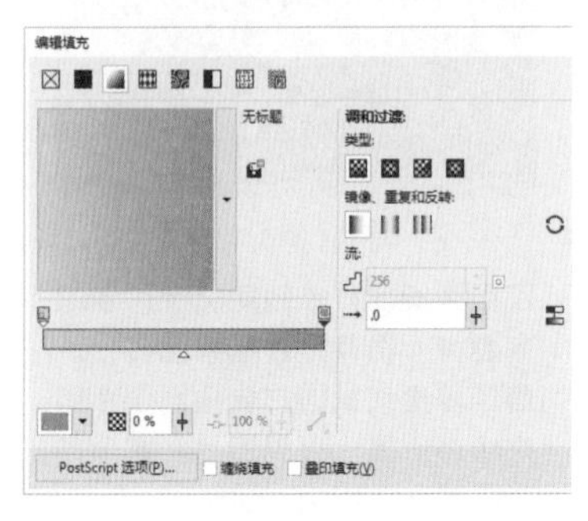

图 3-142

27 输入英文并填充渐变色

参照上一步骤输入英文，填充同样的渐变色，得到如图3-143所示的效果。

28 排列与组合

将文字和图形按照适当的比例结合在一起，得到的效果如图3-144所示。

形式会给人不同的感受。在常见的版式中，图片的形式有以下几种：方形图、加边图、出血图、褪底图、特殊性图片等。这里介绍一下出血。

对于超出版心的照片及插图，其处理方式主要有出血和跨版两种方式，这里只介绍出血方式。出血即图的边缘超出成品尺寸，在裁切成品时被裁掉的一部分，图的四周不留白边。出血图多被用于以图为主的出版物，如画册、画报、期刊、杂志等。

行业知识

印前设计术语

对于从事出版工作及设计工作的人士来说，掌握印前设计术语尤为重要，下面对一些印前设计术语进行讲解。

1.衬底

将图片或文字填充整个版面，使其为底纹。

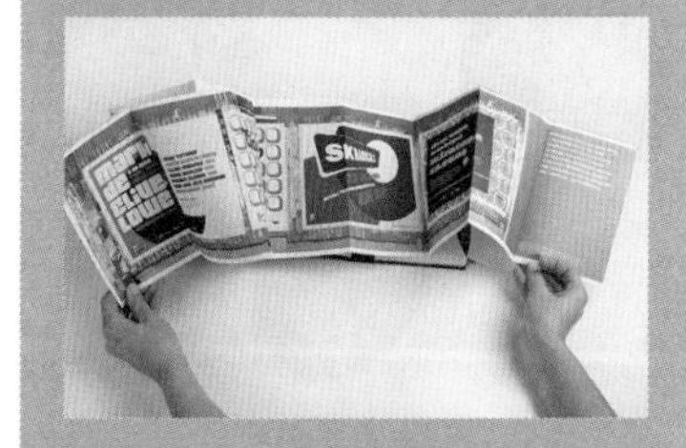

衬底效果

2.跨页

将图文放大并横跨两个版面以上，以水平排列的方式使整个版面看起来更加宽阔，也称为“通版”。

跨页效果

3.反白

在较深的色块上，为使图像或文字更加清晰地显现出来，通常选

图 3-143　　图 3-144

29 调整位置和透明度

将绘制好的商标移动到内页的中间，然后选择工具箱中的“透明度”工具，在其属性栏中将透明度设置为50，效果如图3-145所示。

30 输入内页文字

输入相关文字，并放置在如图3-146所示的位置。

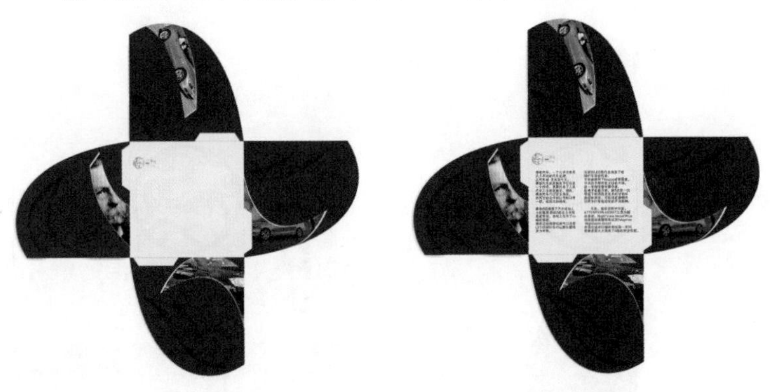

图 3-145　　图 3-146

31 输入单个侧页文字

输入侧页文字，然后在侧页绘制曲线路径，选择“文本”→“使文本适合路径”菜单命令，效果如图3-147所示。

32 输入其他侧页文字

参照上面的方法输入其他侧页上的文本，效果如图3-148所示。

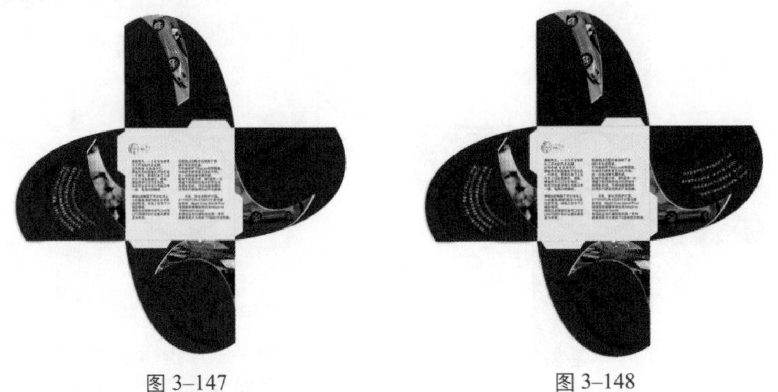

图 3-147　　图 3-148

33 制作正面效果

将内页复制一份，按【Delete】键删除多余的部分，得到正面底图，效果如图3-149所示。

择“反白”（即填入纸色）这个功能，以对比的方式来表现。

4.阴阳字

为使文字在深浅不同的色块中显示出来，运用此效果，可使文字在浅色区域中呈现较深的颜色，在深色区域中呈现较浅的颜色。

5.图压字

图压字是版面设计中经常运用的效果之一，图在上层，字在下层。如果图文相叠，则重叠处的文字会被图片所遮住。

图压字封面设计

6.字压图

字压图与上一个说明效果正好相反，字在上层，图在下层。如果图文相叠，则重叠处的图片会被文字所遮住。

字压图版式设计

7.出血

为了避免印刷后期因裁切造成的误差，保持成品的完整性，图形或底色向外多做出的1～5mm部分称为“出血”。出血可以避免漏出白边。

8.淡化

淡化可降低整体图片的明亮度。

9.反差

原稿和复制品中最亮和最暗部位的密度差。

10.反转拷贝法

从阳图直接复制阳图，或从阴图

34 添加底纹

将侧页的底纹置入到中间图形中，效果如图3-150所示。

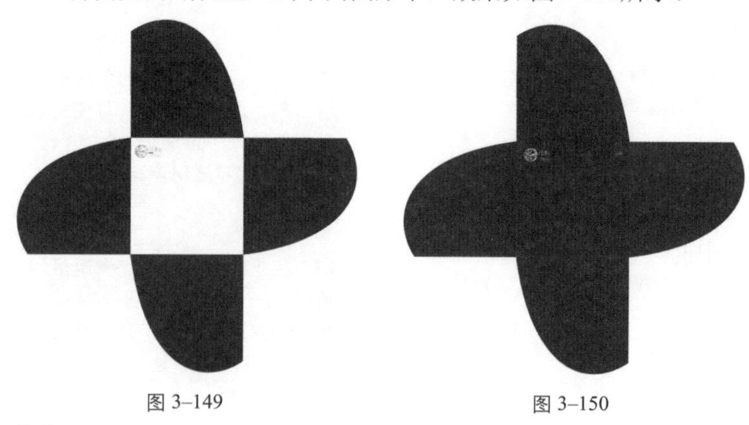

图 3–149　　图 3–150

35 调整商标并输入文字

把商标放大并调整其位置，然后在下方输入文本，效果如图3-151所示。

36 制作渐变效果

在侧页上覆盖一层由黑到白的渐变图形，然后设置透明度为80，得到的效果如图3-152所示。

图 3–151

图 3–152

37 绘制图形

使用“贝塞尔”工具绘制如图3-153所示的图形。

38 填充底纹与渐变色

参照侧页的底纹与渐变的填充方法，为绘制的图形填充底纹和渐变色，效果如图3-154所示。

图 3–153

39 制作展示效果

至此，折页的设计与制作已经全部完成，最后为其制作展示效果，如图3-155所示。

直接复制阴图的复制方法。

11.阶层式变化

使某一色块或区域的颜色呈现由深到浅或由浅到深的变化。

12.渐淡

图片的色调由深到浅渐渐淡化。渐淡的效果可根据设计的需要而改变。

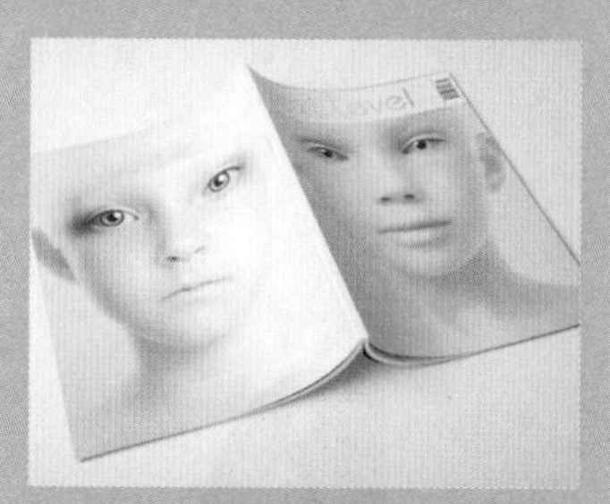

渐淡效果

13.褪底

将图片中不用的对象及背景删除，使版面看起来更加简洁，起到直接引起读者注意的目的。

工具详解

辅助线的使用

辅助线是可以放置在绘图窗口任意位置的线条，可用来帮助调整对象位置。在某些应用程序中，辅助线被称为参考线。

辅助线分为3种类型：水平、垂直和倾斜。在默认情况下，应用程序显示辅助线，但是随时都可以将辅助线隐藏起来，还可以为整个文档设置辅助线。

使用辅助线定位对象

在页面中还可添加预设辅助线。预设辅助线分为两种：软件预设和用户定义的预设。软件预设包括一英寸页边距上显示的辅助线及时事通讯栏边界上显示的辅

图 3–154

助线。用户定义的预设是指由用户指定位置的辅助线。例如，在指定的距离处添加显示页边距的预设辅助线，或者定义列布局或网格的预设辅助线。添加辅助线后，可对辅助线进行选择、移动、旋转、锁定或删除操作。还可以使对象贴齐辅助线，这样，当对象移近辅助线时，对象就只能位于辅助线的中间，或者与辅助线的任意一端贴齐。辅助线使用为标尺指定的测量单位。

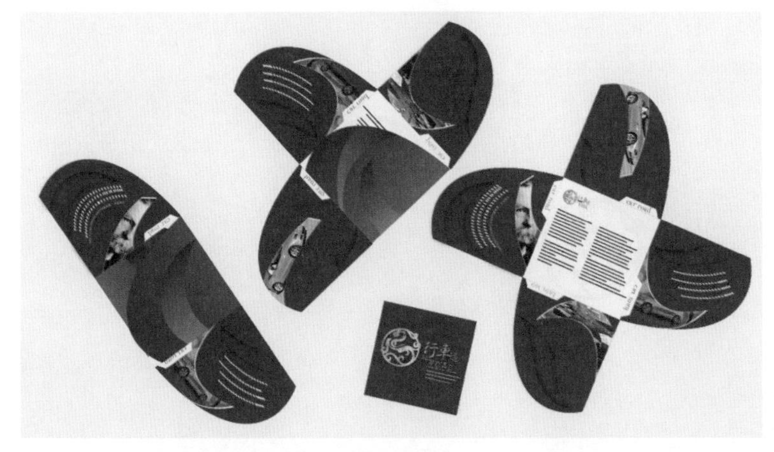

图 3–155

拓展训练——酒店宣传三折页设计

利用本节中制作的请柬广告折页的相关知识，按照智慧职教网站本课程中的素材文件制作出"酒店宣传三折页"，最终的效果如图3–156所示。

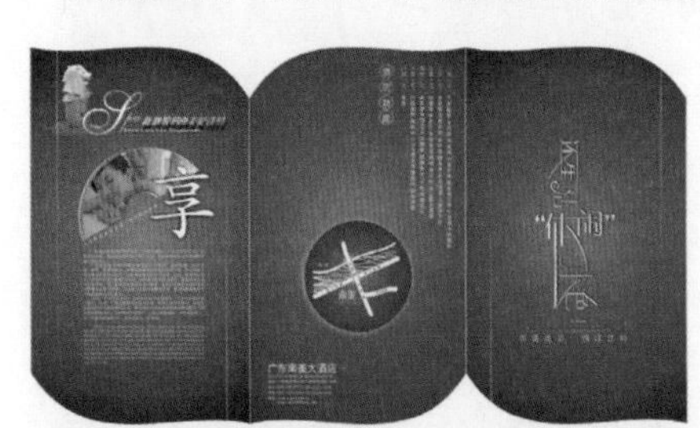

封面

内页

图 3–156

- 技术盘点："贝塞尔"工具、"椭圆形"工具、"矩形"工具、"文本"工具、"2点线"工具、图框精确剪裁。
- 素材文件："Chapter 3\3.4\拓展训练\酒店宣传三折页设计.cdr"。
- 制作分析：

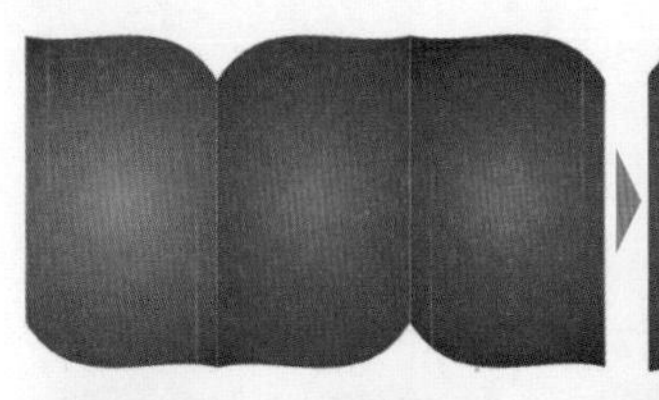

3.5 知识与技能梳理

DM广告的制作能够传达一种特殊的商业价值，因此，制作一个好的DM广告能够促进一定的商业发展。本章通过两个不同性质的实例来讲解工具、命令，同时帮助读者学习了相应的行业知识。

- 重要工具：“贝塞尔”工具、“文本”工具、图层顺序、透视工具、图框精确剪裁。
- 核心技术：利用图形绘制工具、“文本”工具、透视工具和图框精确剪裁的调整制作出多种形式的DM广告。
- 实际运用：优惠券、请柬折页广告的制作以及相关行业的DM广告设计。

Chapter 4

海报设计

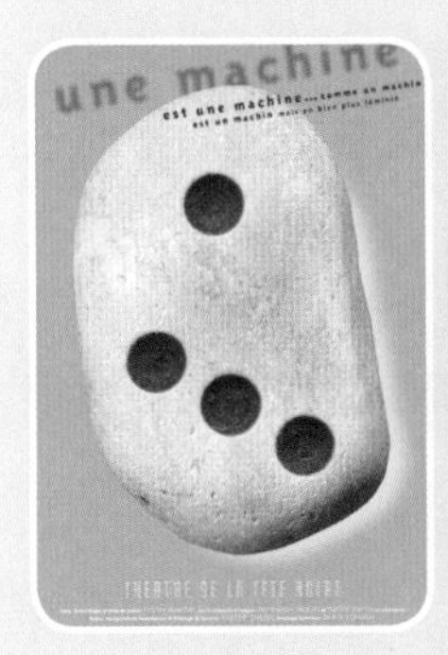

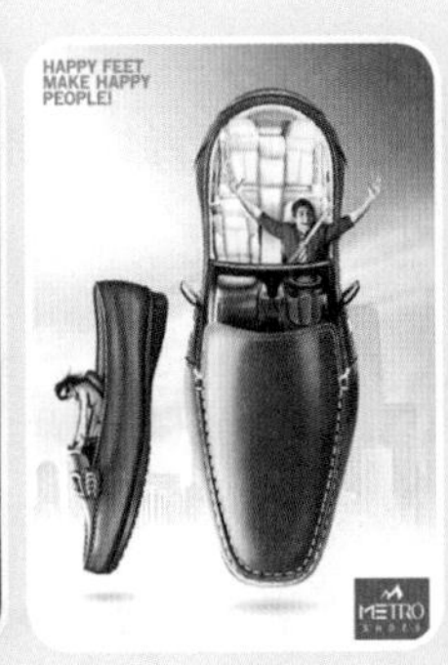

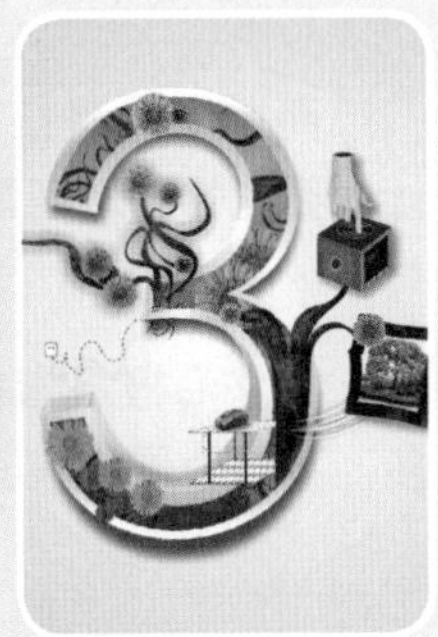

在平面广告行业快速发展的今天，多样的广告形式带动了产业经济的发展，其中，海报就是一项尤为重要的项目。海报以其强大的号召力刺激着消费者的眼球，以达到宣传的目的。

近年来，由于国内电影事业的发展，电影海报占据了约80%的海报市场，收益也相当可观。而其他形式的海报，如招商海报、宣传海报也在逐步占据市场。本章将详细讲解CorelDRAW X8在海报设计中的应用。

	学习内容 \ 学习目标	了解	掌握	应用	重点知识
学习要求	海报设计的基础知识	☺			
	海报的特点	☺			
	印刷相关知识	☺			
	立体效果的制作				☺
	组合图形的绘制			☺	
	渐变效果的绘制				☺
	素材的合理利用		☺		
	画面布局的控制				☺

4.1 海报设计的基础知识

海报是一种十分常见的广告形式，具有很强的吸引力，海报本身就是高级艺术品。海报是一种信息传递艺术，是一种大众化的宣传工具。海报设计总的要求是能使人一目了然，必须有号召力与艺术感染力，通过调动形象、色彩、构图、形式等因素形成强烈的视觉效果，画面应有较强的视觉中心，应力求新颖，还必须具有独特的艺术风格和设计特点。

4.1.1 海报的分类

按应用不同，海报大致可以分为商业海报、文化海报、电影海报和公益海报。

1. 商业海报

商业海报是指宣传商品或商业服务的商业广告性海报，如图4-1所示。对于商业海报的设计，要能恰当地匹配产品的格调和受众对象。

2. 文化海报

文化海报是指各种社会文娱活动及各类展览的宣传海报招贴，如图4-2所示。展览的种类很多，不同的展览有其各自的特点。

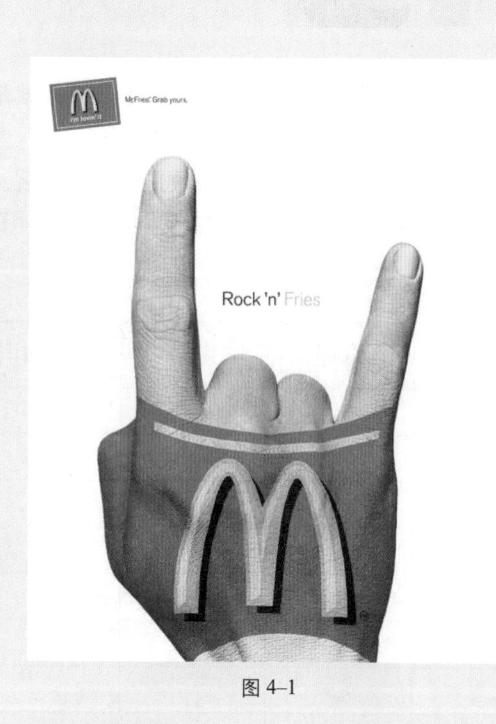

图 4-1

图 4-2

3. 电影海报

电影海报是海报的分支，主要起到吸引观众注意、刺激电影票房收入的作用，与戏剧海报、文化海报有几分类似，如图4-3所示。

4．公益海报

公益海报具有一定的思想性。这类海报对公众具有特定的教育意义，其海报主题可以是对各种社会公益、道德的宣传，也可以是对政治思想的宣传，以弘扬爱心、奉献、共同进步的精神，如图4–4所示。

图 4–3

图 4–4

4.1.2 海报设计的基本要求

海报是以图形和文字为内容，以宣传观念、报道消息或推销产品等为目的的。设计海报时，首先要确定主题，然后进行构图，最后制作出海报并充实完善。下面介绍海报设计的基本要求。

1．要有明确的主题

整幅海报应具有鲜明的主题、新颖的构思、生动的表现，才能以快速、有效、美观的方式达到传送信息的目的。任何广告对象都有多种特点，只要抓住一点并将其表现出来，就会形成一种感召力，从而促使人们对广告对象产生兴趣，最终达到广告的目的。在设计海报时，要对广告对象的特点加以分析、仔细研究，选择出最具代表性的特点。

2．要有视觉吸引力

第一，要针对对象、广告目的采取正确的视觉形式；第二，要正确运用对比的手法；第三，要善于捕捉新事物，通过重新组合获得新效果；第四，海报的形式与内容应该具有一致性，这样才能加深吸引力。

3．要有科学性和艺术性

随着科学技术的进步，海报的表现手段越来越丰富，海报设计也越来越具有科学性。由于海报的对象是人，海报是通过艺术手段按照美的规律去进行创作的，所以它又不是一门纯粹的科学。海报设计是在广告策划的指导下，用视觉语言来传达各类信息的。

4. 要有灵巧的构思

海报设计要有灵巧的构思，只有作品能够传神达意，才具有生命力。海报设计应通过必要的艺术构思，运用恰当的夸张和幽默的手法，揭示产品的优点，明显地表现出为消费者利益着想的意图，才可以拉近与消费者之间的距离，获得信任。

5. 用语要精炼

海报的用词造句应精炼，在语气上应感情化，使文字在广告中真正起到画龙点睛的作用。

6. 构图要赏心悦目

海报的构图应该能让人感到赏心悦目，给人美好的第一印象。

7. 内容要突出

设计海报，除了考虑纸张大小之外，通常还需要掌握文字、图画、色彩及编排等的设计原则。标题文字和海报主题是有直接关系的，因此，除了使用醒目的字体、设置合适的字号外，文字字数不宜太多，尤其需考虑文字的速读性与可读性，以及远看和边走边看的效果。

8. 自由的表现方式

海报的表现方式可以非常自由，但要有创意，这样才能令观赏者产生共鸣。除了使用插画或摄影的方式之外，画面也可以使用抽象的图形来表现。海报的色彩应鲜明，并能衬托出主题，以引人注目为目的。编排虽然没有一定格式，但是必须使画面具有美感，并能合乎视觉顺序的动线，因此在版面的编排上应该注意形式，如均衡、比例、韵律、对比、调和等，还要注意版面的留白。

4.2 海报设计经典案例欣赏

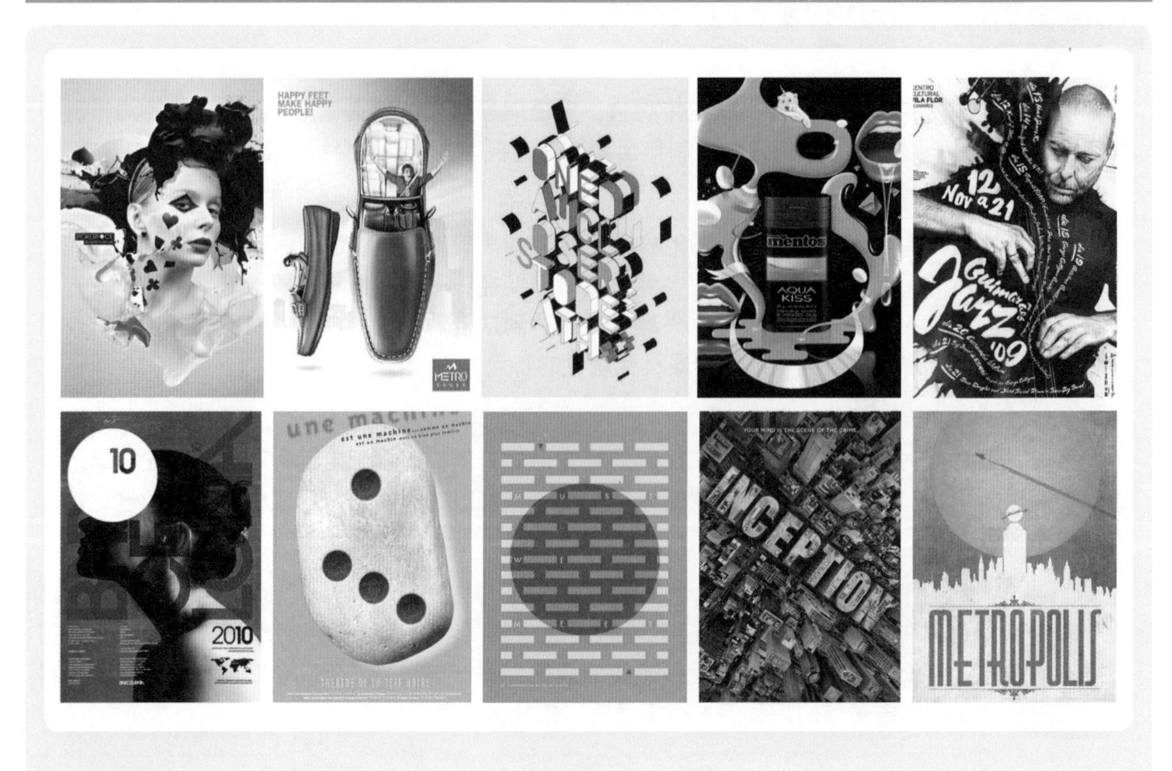

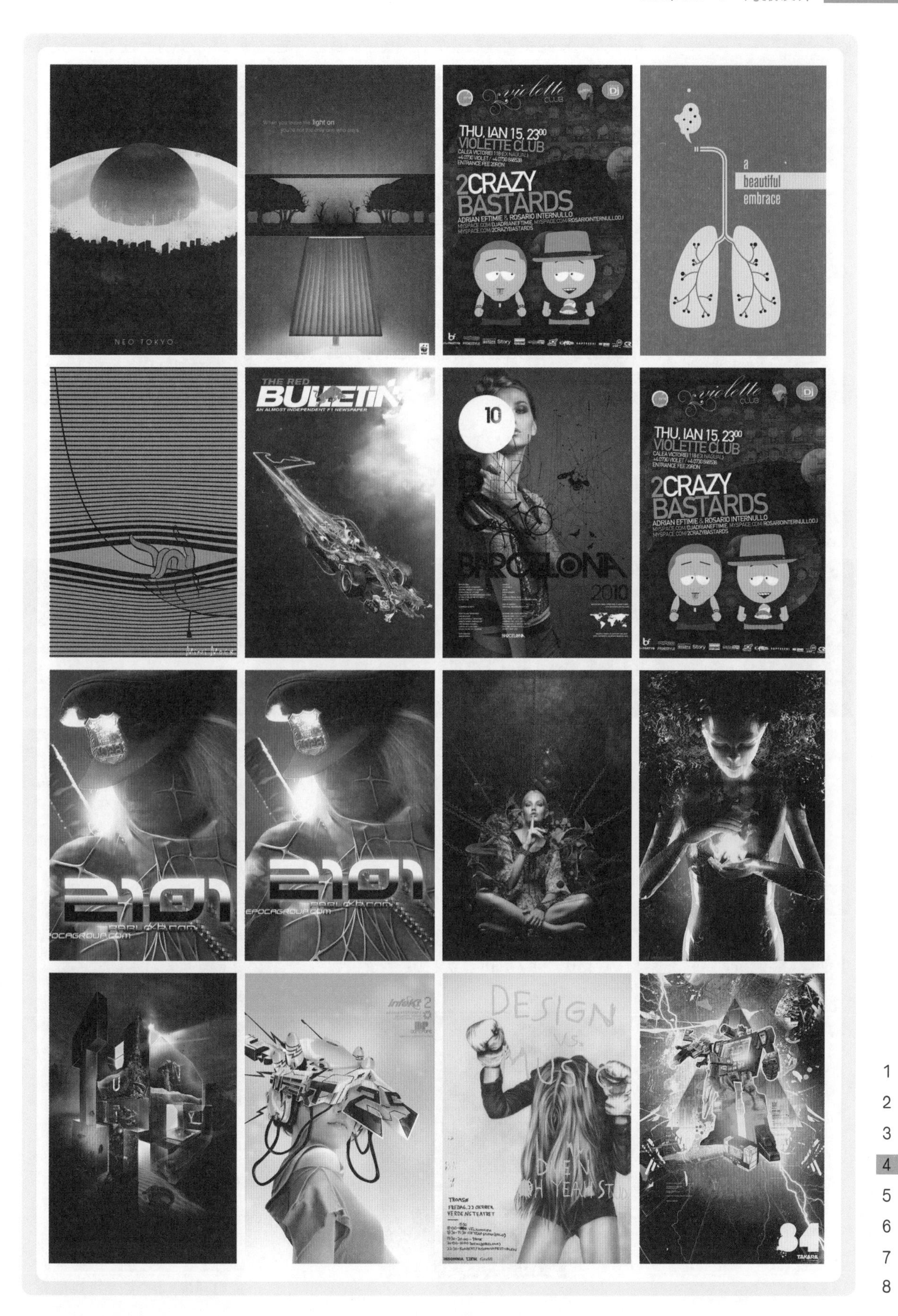
NEO TOKYO
light on
violette
CLUB
THU, JAN 15, 23:00
VIOLETTE CLUB
ENTRANCE FEE 20RON
2CRAZY
BASTARDS
ADRIAN EFTIMIE & ROSARIO INTERNULLO
MYSPACE.COM/2CRAZYBASTARDS
a
beautiful
embrace
THE RED
BULLETIN
AN ALMOST INDEPENDENT F1 NEWSPAPER
10
BARCELONA
2010
violette
CLUB
THU, JAN 15, 23:00
VIOLETTE CLUB
ENTRANCE FEE 20RON
2CRAZY
BASTARDS
ADRIAN EFTIMIE & ROSARIO INTERNULLO
MYSPACE.COM/2CRAZYBASTARDS
2101
EPOCAGROUP.COM
2101
EPOCAGROUP.COM
DESIGN
vs.
MUSIC
OH YEAH STU
84
TAKARA

音乐会海报设计

项目创设

本实例将制作一个音乐会海报。设计时，通过拼贴的形式将音乐元素合理地融合在一起，最终效果如图4–5所示。

制作思路

首先利用位图素材制作出海报背景，然后绘制出矢量元素，并将其组合拼贴，从而得到海报的最终效果。

图 4–5

素材：素材与源文件\Chapter 4\4.3\素材
视频：教学视频\4.3 音乐会海报设计.f4v

案例制作步骤

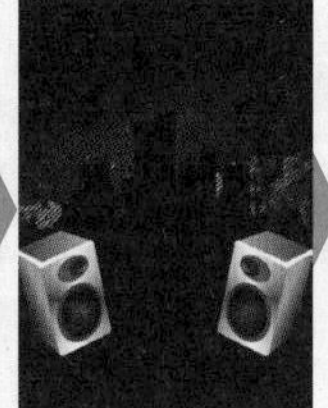

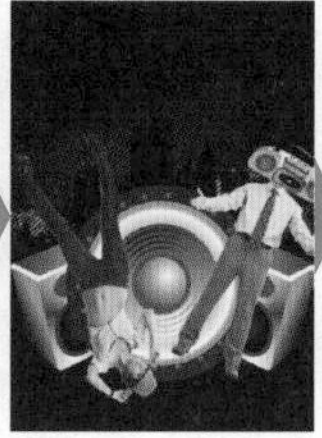

01 创建文档

选择“文件”→“新建”菜单命令，弹出“创建新文档”对话框，设置“名称”为“音乐海报设计”、“宽度”为180mm、“高度”为250mm、“原色模式”为RGB，其他保持默认设置，参数设置如图4-6所示。

02 导入素材

选择“文件”→“导入”菜单命令，将智慧职教网站本课程中的“Chapter 4\4.3\素材\素材01.png”和“素材02.png”导入到页面中的相应位置，效果如图4-7所示。

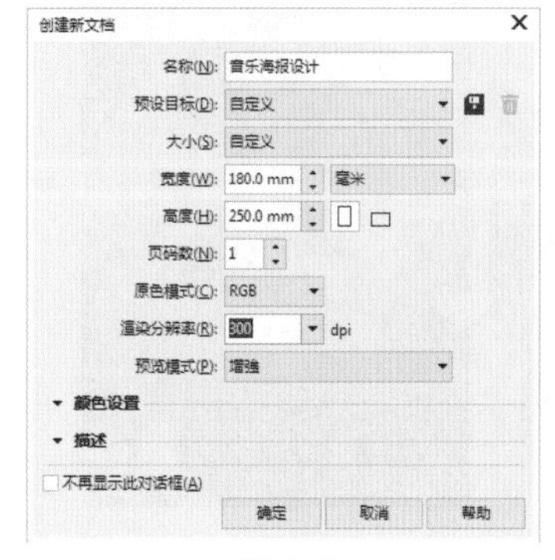

图 4–6

图 4–7

微课：音乐会海报设计1

行业知识

印刷安排色序的方法

1.根据画面的色调安排印色顺序

由于油墨具有遮盖性，如果画面以暖调为主，则先印黑、青，后印品红、黄；如果画面以冷色为主，则先印品红，后印青色。对于画面气氛需要加强的颜色，可以放在最后印。

2.按油墨的透明度来安排色序

两色相叠后，如果透明度好的油墨在上面，则下面墨层的色光能透过上面的墨层，达到较好的间色混合，显示出正确的新色彩。一般来讲，透明度差的油墨先印，透明度好的油墨后印。

3.从利于套印来安排色序

由于纸张具有变形收缩的缺陷，因此，要把套印要求比较高的印刷品的主要色彩安排在相邻的两个色组印刷。黏度大的油墨先

03 绘制直线段

选择“2点线”工具，在其属性栏中设置“轮廓宽度”为10pt，在页面中绘制一条直线段，如图4-8所示。

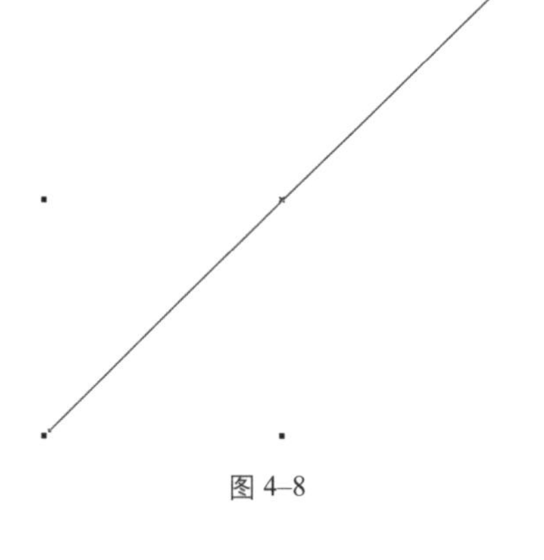
图 4-8

04 复制直线段

选择已绘制的直线段，然后选择“对象”→“变换”→“位置”菜单命令，打开“变换”面板，设置Y为3mm，选择“相对位置”复选框，在“副本”数值框中输入“150”，单击“应用”按钮，对直线段进行复制，参数设置及效果如图4-9所示。

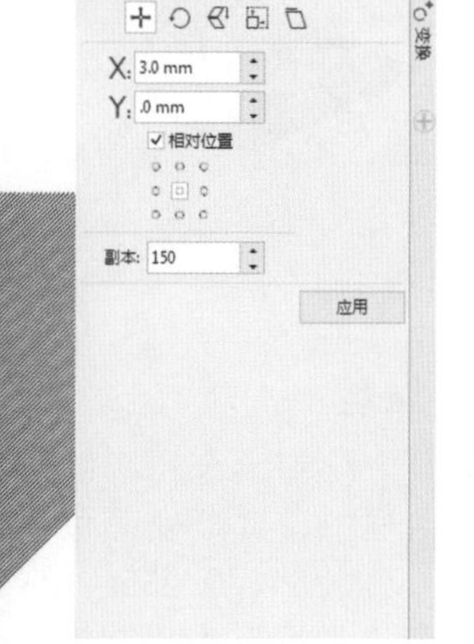

图 4-9

05 绘制并调整矩形

选中页面中的所有直线段，按【Ctrl+G】组合键进行群组，选择“矩形”工具，在页面中绘制一个矩形，如图4-10所示。选择“形状”工具，选择相应的节点，调整矩形的形状，效果如图4-11所示。

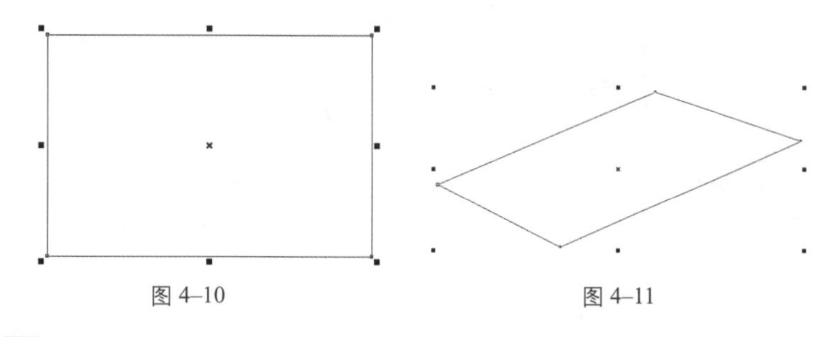
图 4-10　　图 4-11

06 设置并填充渐变效果

单击工具箱中的“交互式填充”工具按钮，在其属性栏中选择“均匀填充”工具■，单击“编辑填充”按钮，此时将弹出“编辑填充”对话框，设置渐变颜色值由左到右依次为（R:71、G:68、B:67）、（R:182、G:182、B:183），其他保持默认设置，参数设置如图4-12所示。单击“确定”按钮，设置轮廓线颜色为无，得到的渐变效果如图4-13所示。

印，黏度小的油墨后印。

4.考虑纸张性质安排色序

对于质量差的纸张，其白度和平滑度低、纤维松散、吸墨性差、易掉粉掉毛，可以先印黄墨，以弥补其缺陷。夜间印刷时，对于明度低的弱色墨，不宜安排在第一色印刷。

5.根据制版等工序因素排序

在印刷时，相邻两组的网线角度相差至少30°，这样有利于防止色偏和龟纹等弊病。

6.根据成本考虑色序排列

便宜的黑、青墨先印，价格高的品红、黄墨后印。

在了解了上述色序安排后，需要注意的是，以冷色调为主的画面，以“黑—品红—青—黄”为色序。黑色先印，用来勾勒轮廓，便于各色套印；透明黄最后印，可以调整整个画面的明亮度，形成光泽鲜亮的效果。

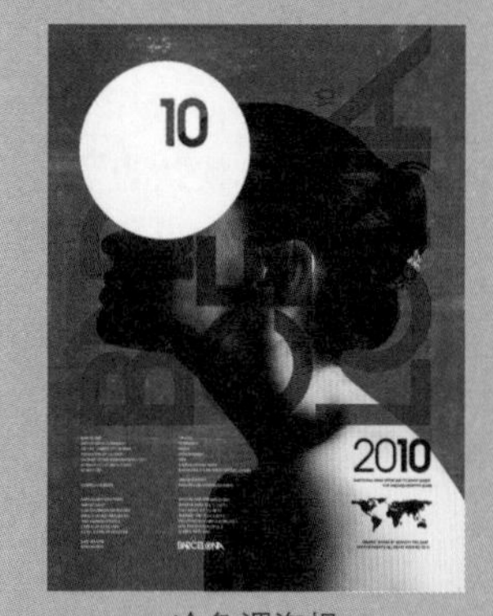

冷色调海报

以暖色调为主的画面，采用“黑—青—品红—黄”色序，透明度差的油墨先印，这样不会遮盖其他颜色。品红、黄后印，可以使画面色彩丰富，效果逼真。安排印刷色序，既要考虑技术因素，又要兼顾艺术效果。

暖色调海报

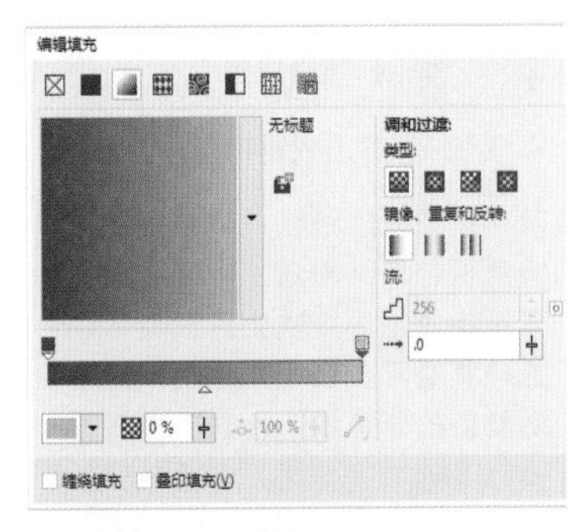

图 4–12

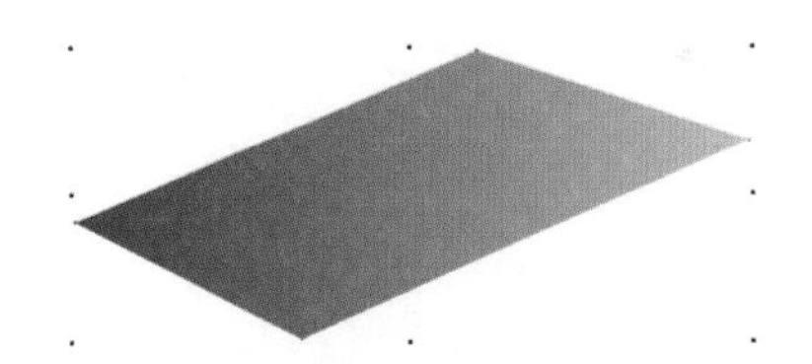

图 4–13

07 绘制并调整图形

单击工具箱中的“贝塞尔”工具按钮，设置填充颜色值为（R:247、G:247、B:248）、轮廓线颜色为无，在页面中绘制一个图形，并按【Ctrl+PgDn】组合键调整排列顺序，效果如图4-14所示。

图 4–14

08 绘制音箱正面图形并进行设置

选择“贝塞尔”工具，在页面中绘制一个轮廓线颜色为无的图形，然后在“渐变填充”对话框中设置渐变颜色值由左至右依次为（R:71、G:68、B:67）、（R:255、G:255、B:255）、（R:71、G:68、B:67），设置渐变“类型”为“圆锥形渐变填充”，其他保持默认设置，参数设置如图4-15所示。单击“确定”按钮完成设置，得到的渐变效果如图4-16所示。

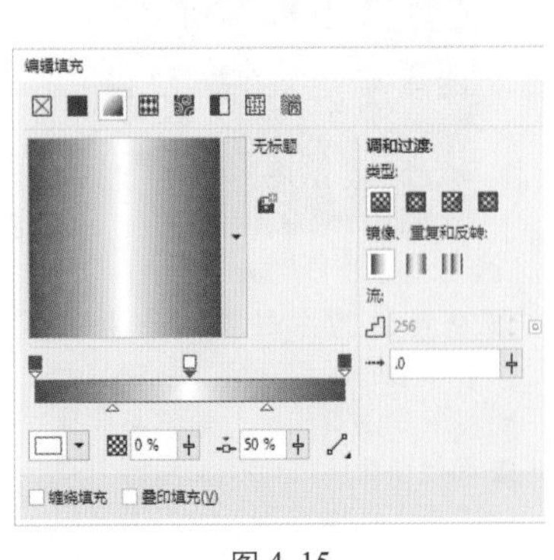

图 4–15

微课：音乐会海报设计2

图 4–16

09 绘制音箱侧面图形并填充

同理，选择“贝塞尔”工具，绘制图形，并填充相应的渐变，效果如图4-17所示。

10 绘制椭圆

单击工具箱中的“椭圆形”工具按钮，设置填充颜色值为（R:64、G:65、B:65）、轮廓线颜色为无，在页面中绘制一个椭圆，如图4-18所示。

工具详解

“封套”工具

“封套”工具可以将对象用带节点的虚线框包围起来，然后通过调整节点的位置改变对象的形状。

下面通过具体的操作来讲解该工具的使用方法。

① 选择“文本”工具，在页面中输入字母“CAD”，在其属性栏中的“字体列表”下拉列表中设置字体为Arial，单击“粗体”按钮，设置字号为256pt。

创建文字

② 选中文字，为其添加从黑色到白色的渐变色，按【Ctrl+Shift+O】组合键将文本转换为曲线，然后在工具箱中单击“封套”工具按钮，此时对象周围会出现封套网线。

创建封套

③ 用鼠标拖曳封套网线的节点，可以产生变形效果。

调整封套节点

④ 对封套外框形状的编辑与对曲线的编辑类似。配合属性栏中的“添加节点”按钮、“删除

图 4–17

图 4–18

11 旋转椭圆

在椭圆被选中的情况下单击椭圆，使其成为旋转状态，通过拖动角点对椭圆进行角度调整，如图4-19所示。

12 复制椭圆并设置渐变

选择椭圆，将其原位复制一个，按住【Ctrl】键对复制后的椭圆大小进行调整，在“渐变填充”对话框中设置渐变颜色值由左至右依次为（R:0、G:0、B:0）、（R:70、G:70、B:70），设置渐变“类型”为“椭圆形渐变填充”、“边界”为16%，其他保持默认设置，单击“确定”按钮完成渐变设置，效果如图4-20所示。

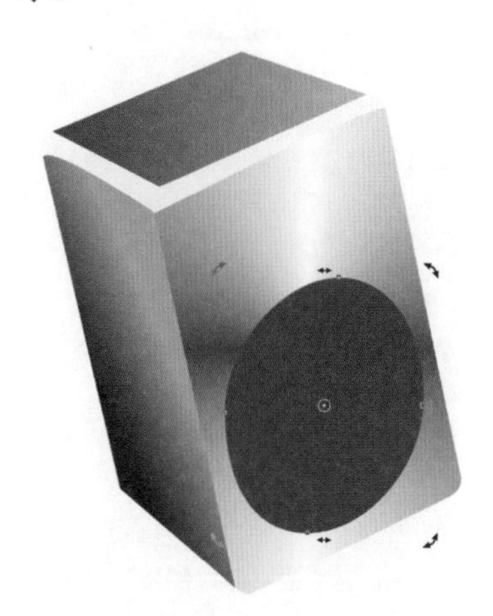

图 4–19

图 4–20

13 绘制椭圆

同理，选择“椭圆形”工具，绘制一个填充颜色值为（R:67、G:67、B:67）、轮廓线颜色为无的椭圆，如图4-21所示。

14 绘制网格椭圆

选择“椭圆形”工具，绘制一个椭圆并进行旋转。单击工具箱中的“网状填充”工具按钮，在椭圆的边缘上双击，添加相应的边，效果如图4-22所示。

节点”按钮、“转换为曲线”按钮，可便捷地完成图形的编辑。

属性栏

封套形状的编辑都是在非限制性模式下完成的。除此之外，还有3种可用的封套模式，它们分别是封套的直线模式、封套的单弧线模式、封套的双弧线模式。在这3种模式下，对象会产生不同的封套效果。

① 继续使用前面得到的封套效果的文字。

封套文字

② 选择文字后，单击其属性栏中的“直线模式”按钮，拖动节点，即可将其转换为直角点。

“直线模式”效果

③ 在页面中选择文字，单击其属性栏中的“单弧模式”按钮，用鼠标拖曳封套网线的节点，可以产生弧线封套变形的效果。

“单弧模式”效果

图 4–21

图 4–22

15 设置并填充网格节点颜色

选择网格中的相应节点，设置填充颜色值为（R:139、G:140、B:140），填充后的效果如图4-23所示。选择该节点左侧的节点，设置填充颜色值为（R:51、G:44、B:43），填充后的效果如图4-24所示。同理，为其他节点设置相应的填充颜色并填充，效果如图4-25所示。

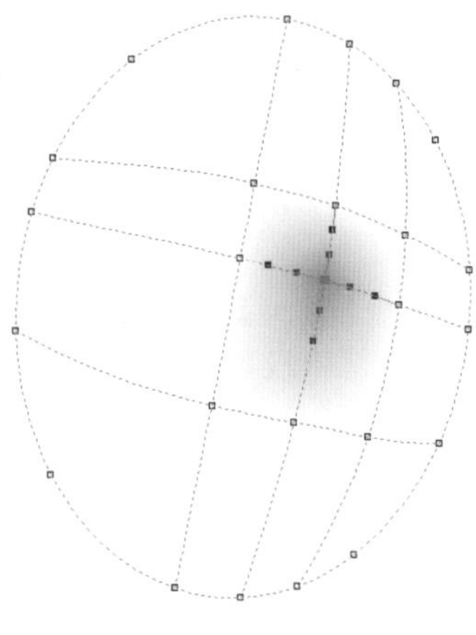

图 4–23

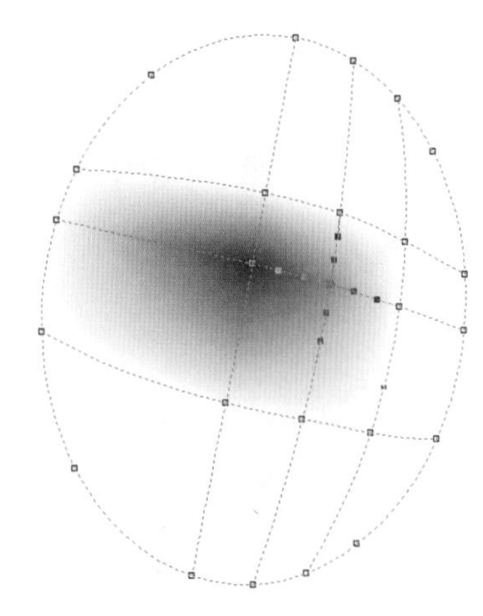

图 4–24

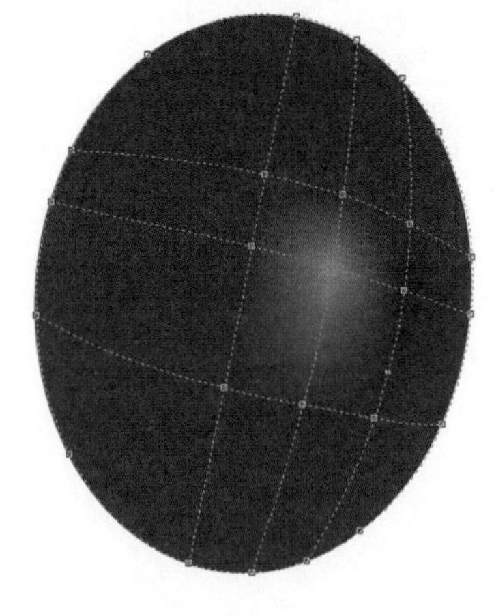

图 4–25

16 完成音箱的绘制

将绘制完成的网格图形移动到合适位置，利用填充及网格的相关功能绘制出其他图形，音箱的效果如图4-26所示。

17 复制并水平镜像音箱图形

框选音箱的所有组成元素，按【Ctrl+G】组合键进行群组，然后移动到合适位置，选择“对象”→“变换”→“缩放和镜

④ 选择文字后，单击其属性栏中的“双弧模式”按钮，用鼠标拖曳封套网线的节点，可以产生双弧线封套变形的效果。

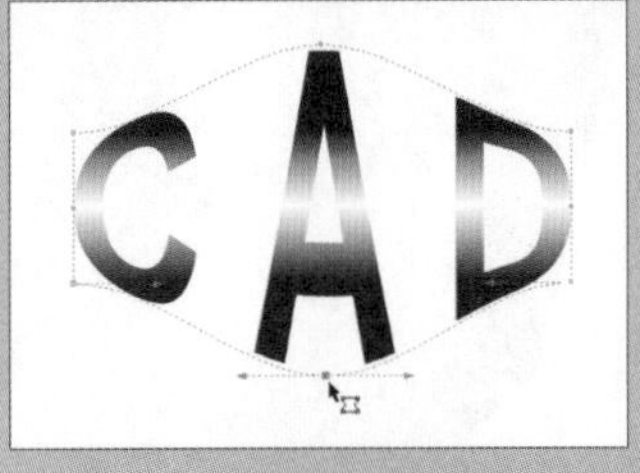

“双弧模式”效果

⑤ 选择页面中的文字，单击其属性栏中的“清除封套” 按钮，文字将会回到原始位置。

“清除封套”效果

设计师经验

绘制基本图形的技巧

① 绘制正方形、正圆：选择“矩形”工具或“椭圆形”工具，按住【Ctrl】键拖动鼠标即可。绘制完毕后，注意先释放【Ctrl】键，再释放鼠标。

② 以起点绘制正方形、正圆：选择“矩形”工具或“椭圆形”工具，同时按住【Ctrl】键和【Shift】键拖动鼠标即可。绘制完毕，注意先释放【Ctrl】键和【Shift】键，再释放鼠标。

③ 绘制正多边形和绘制矩形圆相似，不过要先选择“多边形”工具，在其属性栏中设置多边形边数、形状等。

④ 双击“矩形”工具，可创建和工作区相同大小的矩形，以后可作为图形背景。

⑤ 从中心绘制基本形状：选择要使用的绘图工具，按住【Shift】键，并将指针移到要绘制形状的中心位置，沿对角线拖动鼠标绘制

像”菜单命令，打开“转换”面板，在“副本”数值框中输入“1”，单击“应用”按钮，将音箱图形镜像复制，并调整到合适位置，参数设置及效果如图4-27所示。

微课：音乐会海报设计3

图 4-26

图 4-27

18 绘制正圆

选择“椭圆形”工具，按住【Ctrl】键绘制一个填充颜色值为（R:51、G:49、B:49）、轮廓线颜色为无的正圆，如图4-28所示。

图 4-28

19 设置并填充渐变

选择绘制的正圆，原位复制一个，按住【Shift】键拖动角点，调整正圆大小，在“渐变填充”对话框中设置渐变颜色值，由左至右依次为（R:161、G:161、B:161）、（R:255、G:255、B:255）、（R:204、G:204、B:204）、（R:255、G:255、B:255）、（R:204、G:204、B:204）、（R:255、G:255、B:255）、（R:161、G:161、B:161），设置渐变“类型”为“椭圆形渐变填充”，参数设置如图4-29所示。单击“确定”按钮，得到的渐变效果如图4-30所示。

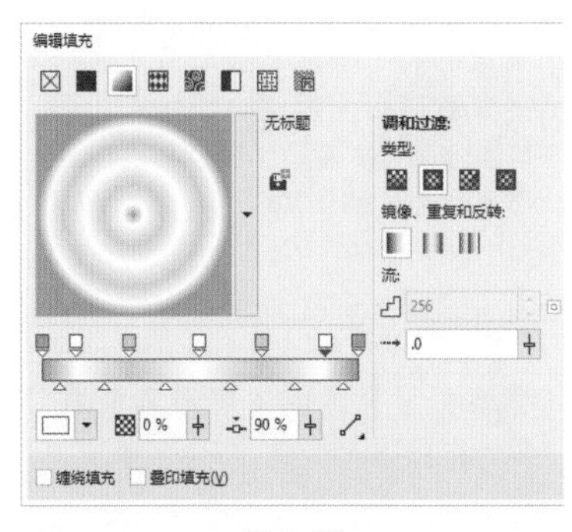

图 4-29

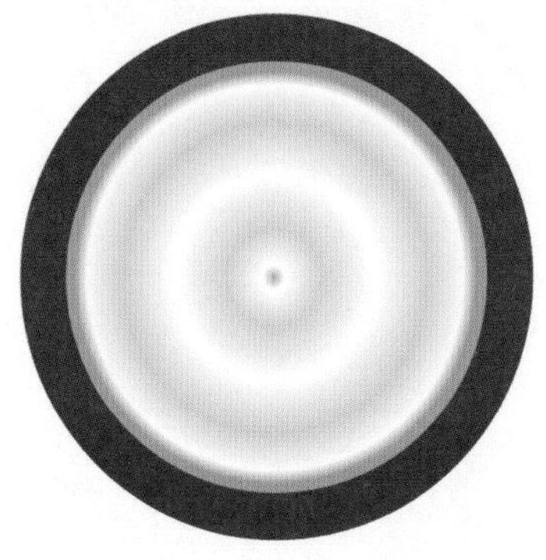

图 4-30

形状。

⑥ 从中心绘制边长相等的形状：选择要使用的绘图工具，按住【Shift+Ctrl】组合键，将鼠标指针定位到要绘制形状的中心位置，沿对角线拖动鼠标即可绘制形状。

行业知识

漏白与补漏白

1.漏白现象

在多色印刷中，当后一道印墨叠加在前一道印墨上时，如果在分色前，图像没有经过“叠印”设置，则在分色的过程中，前一道印墨上就会出现镂空现象。如果后一道印墨叠加上去，纸张出现变形或稍有不准，就会出现漏白现象。

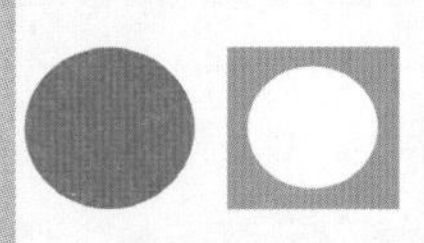

漏白现象

说明：如果分色时没有对图像设置叠印，则下面的品红色即被镂空，稍有套印不准，就可能出现漏白现象。

2.补漏白现象

补漏白的原理是将某种颜色的边缘略进行扩展，使其延伸到另一个颜色的内部并重叠。常用的方法是，给文字或图形加上合适粗细的边框。补漏白适用于颜色对比强烈的图像，对于普通连续的图像，则没必要进行补漏白。

说明：在印刷的过程中设置补漏白，下面的品红色会在分色过程中被镂空，但因为上面的蓝色对象边缘略有扩展，所以叠加后不会出现漏白现象。

行业知识

喷绘写真的基本要求

在喷绘和写真中，有关制作和输出图像的一些简单要求如下。

20 复制正圆并填充渐变

将渐变正圆原位复制一个，调整大小，在“渐变填充”对话框中设置渐变颜色值由左至右依次为（R:51、G:49、B:49）、（R:255、G:255、B:255），设置渐变“类型”为“线性渐变填充”、“角度”为273°，参数设置如图4-31所示。设置完成后单击“确定”按钮，得到的渐变效果如图4-32所示。

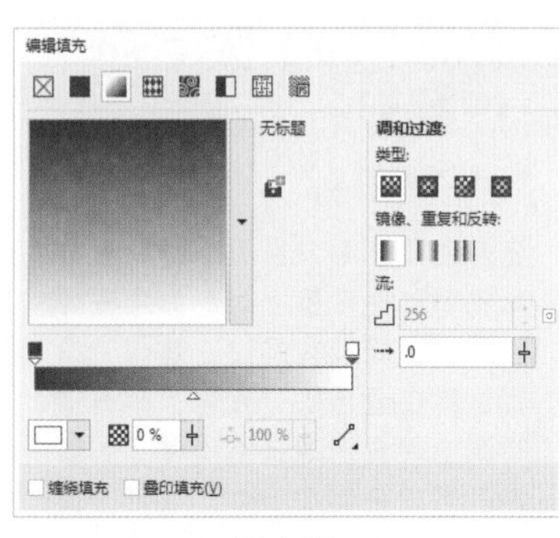

图 4–31

图 4–32

21 复制正圆并更改渐变效果

将渐变正圆复制一个，更改其渐变效果，再将其复制一个，填充黑色，并调整正圆的大小和角度，效果如图4-33所示。

图 4–33

22 修剪图形

将黑色椭圆移动到渐变圆的正上方，然后同时选择两个图形，在其属性栏中单击“移除前面对象”按钮，将上方黑色椭圆移除，得到新的图形，效果如图4-34所示。

图 4–34

23 按比例复制图形

选择上一步骤中修剪完成的图形，选择“对象”→“变换”→“缩放和镜像”菜单命令，打开“转换”面板，设置X

1. 尺寸大小

喷绘图像和印刷不同，不需要留出“出血”的部分。

喷绘公司一般会在输出画面时留“白边”，用来打“扣眼”（一般为10cm）。客户可以和喷绘输出公司商定好，价格按每平方米（m^2）计算，所以画面尺寸以厘米（cm）为单位就可以了。

写真输出图像不需要“出血”，按照实际大小做图即可。

2. 图像的分辨率要求

喷绘的图像往往是很大的，一般不用印刷的分辨率衡量。不同尺寸的图像，喷绘时使用的分辨率也不同，下面的参数仅供参考(图像面积用平方米表示)。

- 180m^2 以上（分辨率：11.25dpi）
- 30～180m^2（分辨率：22.5dpi）
- 1～30m^2(分辨率：45dpi)

说明：由于现在的喷绘机多以11.25dpi、22.5dpi和45dpi为输出分辨率，所以合理使用图像的分辨率可以加快做图的速度。

写真分辨率一般为72dpi，如果图像过大，例如，在Photoshop中新建图像时，显示的文件实际尺寸大小超过400MB，可以适当地降低分辨率，把文件控制在400MB以内。

3. 图像模式要求

喷绘统一使用CMKY模式，禁止使用RGB模式。现在的喷绘机都是四色喷绘的，在做图的时候要按照印刷标准。喷绘公司会调整画面颜色，使其尽可能和小样颜色接近。

写真既可以使用CMKY模式，也可以使用RGB模式。注意，在RGB模式中大红的值用C、M、K、Y定义，即M=100、Y=100。

4. 图像黑色部分的要求

喷绘和写真图像中都严禁使用单一黑色值，必须添加C、M、Y色，组成混合黑。假如是纯黑，

和Y的值为88，选择“按比例”复选框，选择中心点，在“副本”数值框中输入“3”，单击“应用”按钮，将对象按照比例复制3个，并进行群组，效果及参数设置如图4-35所示。

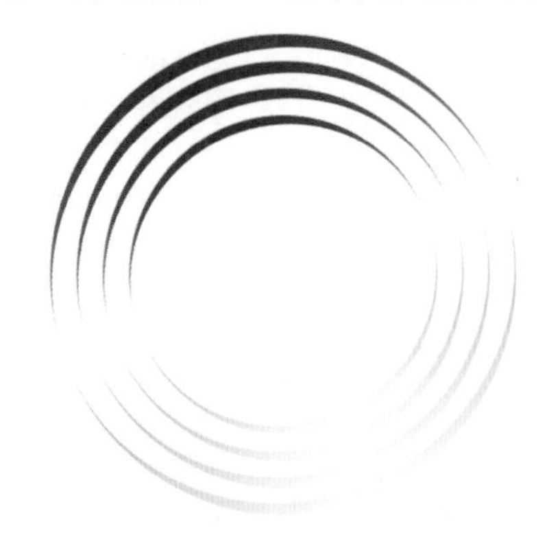

微课：音乐会海报设计4

图 4-35

24 完成喇叭的绘制并调整位置

将上述对象调整到合适位置，然后利用“椭圆形”工具和填充功能完成图形的绘制，得到的喇叭效果如图4-36所示。将所有图形群组，并调整到合适位置，效果如图4-37所示。

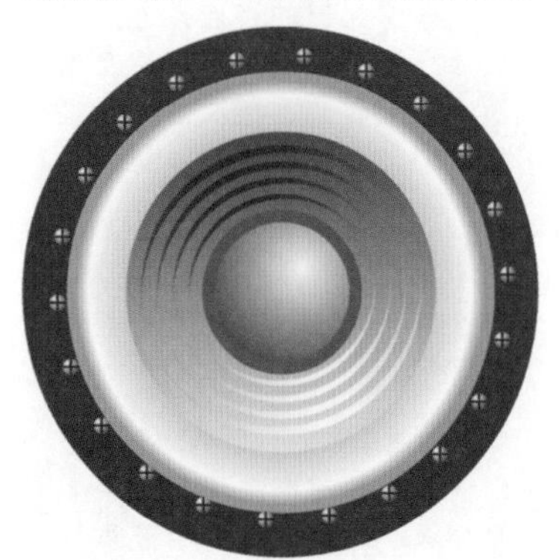

图 4-36

图 4-37

25 导入素材

选择“文件”→“导入”菜单命令，将“Chapter 4\4.3\素材\素材03.png”“素材04.png”和“素材05.png”导入到页面中的合适位置，如图4-38所示。

26 调整排列顺序

分别选择不同的素材图像，按【Ctrl+PgDn】组合键调整图像在图层中的排列顺序，效果如图4-39所示。

图 4-38

可以设置:C=50、M=50、Y=50、K=100。特别是在Photoshop中，要把黑色部分改为四色黑，否则画面上的黑色部分有横道，从而影响整体效果。

5.图像存储要求

最好将喷绘和写真的图像存储为TIF格式，注意不可用压缩的格式。

所有在Photoshop中制作的黑色，如果是CMYK模式，都不能压印。由于在排版软件中置入的Photoshop中CMYK图像中的黑色部分不会产生压印，黑色或灰色的相应位置会挖空。如果是灰度图像，需存储为TIF格式，在排版或图形软件中才能够被压印。

行业知识

印刷的类型

按颜色类型分单色印刷、多色印刷。

按工艺分凸版印刷、平版印刷、凹版印刷及孔板印刷四大类。

① 凸版印刷又可分为活版印刷和橡胶版印刷两种。

- 活版印刷是由胶泥活字、木刻活字及铅铸活字演变而来的，蘸墨后直接在纸上印刷。活版不仅可以印刷普通图文，还可以印刷门票上的撕纸针孔线及数字序号编码等。
- 橡胶版印刷的印版是一块软橡胶，使用挥发性高且稀薄的油墨，一般用于塑料袋类的印刷。

凸版印刷突出的特点是印版图文部分凸起，印刷压力大，印刷轮廓清晰，笔触有力，墨色鲜艳。现在的凸版印刷主要是指柔性版印刷，可以印刷连续的彩色原稿，广泛用于纸包装、塑料包装等方面，比较适宜表现精美的线条、图案及文字，在印刷不易造假的有效证券或票据方面具有相当的优势。

② 平版印刷是一种最为常见的印

27 绘制彩条

选择“贝塞尔”工具，在页面中绘制一个填充颜色值为（R:244、G:65、B:143）、轮廓线颜色为无的图形，效果如图4-40所示。

图 4-39

图 4-40

28 将彩条转换为位图

选择“位图”→“转换为位图”菜单命令，在弹出的“转换为位图”对话框中保持默认设置，然后单击“确定“按钮，将图形转换成位图，效果及参数设置如图4-41所示。

图 4-41

29 为彩条添加模糊效果

选择“位图”→“模糊”→“高斯式模糊”菜单命令，弹出“高斯式模糊”对话框，设置“半径”为10像素，单击“确定”按钮完成设置，参数设置及得到的模糊效果如图4-42所示。

30 设置阴影效果

选择“阴影”工具，在其属性栏中单击“预设”按钮，在其下拉列表中选择“小型辉光”选项，设置阴影颜色值为（R:194、G:0、B:204），其他保持默认设置，效果如图4-43所示。

刷形式，常用于海报、简介、说明书、报纸、书籍、杂志、月历等印刷物。

平版印刷通常以金属锌板或铝板为版材，印纹和非印纹部分同在一个平面上，利用油水相斥的原理，印纹部分亲油排水，非印纹部分亲水排油，从而实现印刷的功能，又称为“柯式印刷法”。

平版印刷的优点：制作相对简单，价格低廉，易于复制，套印准确，适宜承印大量印刷品。缺点：由于水胶的影响，色彩力度不够，色彩难以饱和。

③ 凹版印刷与凸版印刷相反，其印纹部分下凹，非印纹部分平整、光滑，油墨容纳与凹陷部位正是需要印刷的图文，靠外界机械的压力把油墨压印到纸面上。

凹版印刷突出的特点是印版图文部分下凹。凹版印刷图文清晰，墨层厚实，层次感强，适宜印刷高质量的画刊、塑料包装、纸包装等。

④ 孔版印刷实质上就是现在所说的丝网印刷，只是印纹部分呈孔状而已。

优点：油墨浓厚，色调饱和，适合任何物面印刷。因其墨色浓厚，除了印刷纸张外，还可用于印刷特殊物件，如盒体、圆柱体、瓶罐、布、塑胶、金属、木材、玻璃、石材等。缺点：印刷慢，产量低，色彩印刷范围表现有限，不易大批量印刷。

图 4–42

图 4–43

31 绘制其他彩条

同理，利用“贝塞尔”工具、“阴影”工具、“透明度”工具和位图的相关功能，绘制出其他彩条，效果如图4-44所示。

图 4–44

32 绘制并设置线条

选择“贝塞尔”工具，设置填充颜色为无、轮廓线颜色值为（R:228、G:80、B:176），在页面中绘制曲线。绘制完成后，设置“轮廓宽度”为8pt，效果如图4-45所示。使用同样方法，绘制一个填充颜色为无、轮廓线颜色值为（R:3、G:179、B:194）的线条，效果如图4-46所示。

图 4–45

图 4–46

工具详解

立体化灯光效果

立体化工具主要通过三维空间的立体旋转和光源照射来完成立体化的操作。

下面对立体化灯光效果进行详细讲解。

① 运用立体化效果绘制一个立体化图形，单击“立体化”工具按钮，在其属性栏中单击“立体化照明”按钮，会弹出一个面板。

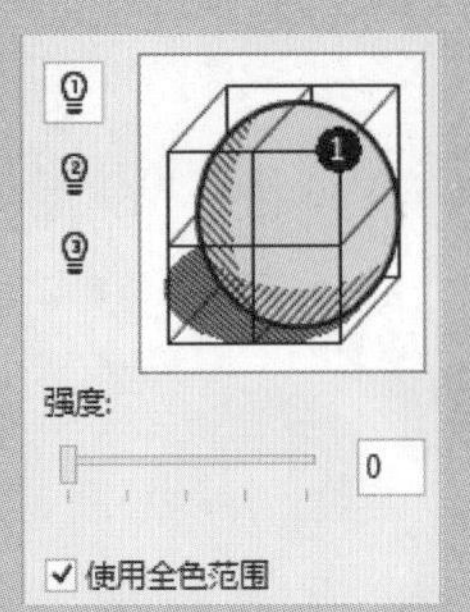

立体化照明面板

② 在该面板中有3个选项，可以依次选取并观察其效果，最后选择一个需要的灯光效果。单击“光源1”按钮，得到如下的图形光源效果。

“光源1”效果

③ 然后在面板中单击“光源2”按钮。

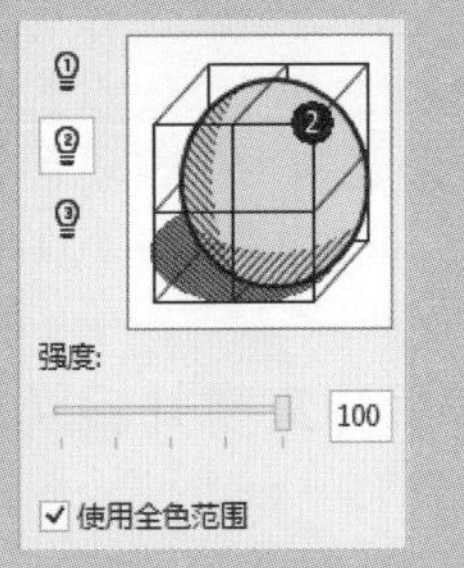

选择“光源2”

④ 光源设置完成后，单击页面空白处取消对象的选择，得到如下的光源效果。

33 绘制三角形

单击工具箱中的“多边形”工具按钮⬡，在其属性栏中设置边数为3，在页面中绘制一个填充颜色值为（R:220、G:224、B:225）、轮廓线颜色为无的三角形，如图4-47所示。

34 设置立体效果

选择“贝塞尔”工具，设置填充颜色值为（R:149、G:150、B:154）、轮廓线颜色为无，在三角形旁边绘制出暗面部分，得到的立体效果如图4-48所示。

图 4-47

图 4-48

微课：音乐会海报设计5

35 复制并调整立体三角形

将绘制完成的立体三角形复制多个，对复制的立体三角形进行大小和位置的调整，效果如图4-49所示。

图 4-49

36 输入标题文字并进行调整

单击工具箱中的“文本”工具按钮字，在页面中输入文本，设置字体颜色为白色，设置第一行文字的字体为黑体、字体大小为24pt，设置第二行文字的字体为汉仪菱形体简、字体大小为40pt，效果如图4-50所示。

37 拆分文字并转换成曲线

选择“对象”→“拆分美术字”菜单命令，将文字拆分，选择“跨年音乐会”文字，将其转换成曲线，如图4-51所示。

38 设置轮廓线

设置转换成曲线的文字图形的轮廓线颜色为白色、轮廓宽度为10pt，效果如图4-52所示。

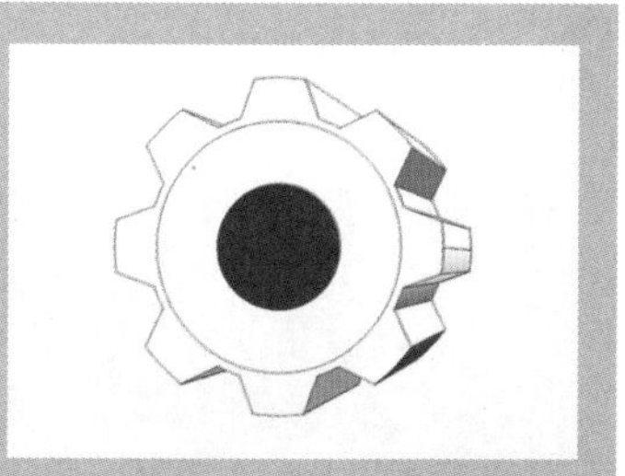

“光源2”效果

⑤ 在面板中单击“光源3”按钮。

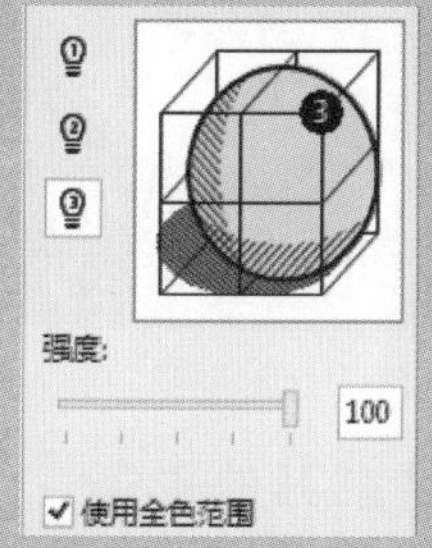

选择“光源3”

⑥ 光源设置完成后，单击页面空白处取消对象的选择，得到如下的光源效果。

“光源3”效果

行业知识

海报用纸

在各种商业活动中，海报是不可或缺的一种宣传手段。在印刷时，海报的用纸有一定的规范性，人们需根据海报的内容及特点选择相应的纸张。下面介绍几种海报印刷中常用的纸张种类。

1. 胶版纸

胶版纸主要用于印刷高级颜色的印刷品，这类印刷品对颜色的要求过于苛刻，因此，只有使用胶版纸才能达到预期的效果。胶版纸分4个型号，即特号、1号、2号和3号，这4种型号都具有较高的强度和试印性能，有单面和双面之分，还有超级压光与普通压光

39 添加详细文字内容

选择“文本”工具，在页面中绘制文本框，将字体分别设置为方正粗圆_GBK、方正准圆简体，设置文字颜色为白色，在文本框中输入文字，效果如图4-53所示。

图 4–50

图 4–51

图 4–52

图 4–53

40 导入素材并调整位置

选择“文件”→“导入”菜单命令，将“Chapter 4\4.3\素材\素材06.png”和“素材07.png”导入到页面中的合适位置，效果如图4-54所示。

41 完成音乐海报设计

调整云纹图像的排列顺序，至此音乐海报制作完成，最终的效果如图4-55所示。

两个等级。

使用胶版纸印刷的海报

2.铜版纸

铜版纸是平面印刷行业中使用最多的一种纸，这种纸的特点是回收率高，非常利于环保，在海报印刷中广泛被使用。铜版纸的灵活性强，不但印刷效果能够达到最佳，而且在打印方面也是很好的选择。

使用铜版纸印刷的海报

3.白板纸

所谓的白板纸，在字义上只描述了其正面，其反面则是以灰色呈现的。白板纸常用于包装盒的单面印刷，而海报印刷很少使用。

4.彩色纸和牛皮纸

这两种纸在海报的印刷上基本不

图 4-54

图 4-55

适用，除非有特殊意义的标注，否则将会被“弃之千里”。

综上所述，海报用纸大多数使用胶版纸和铜版纸，这两种纸的印刷效果是最佳的。目前在以环保为主体的社会中，大部分商家都会选择再利用性强的纸张。在这一点上，铜版纸具有这种特性。

拓展训练——舞会宣传海报设计

利用制作音乐会海报的相关知识，按照智慧职教网站本课程提供的素材文件制作舞会宣传海报，最终的效果如图4-56所示。

图4-56

- 技术盘点：“渐变填充”工具、“贝塞尔”工具、“椭圆形”工具、“矩形”工具、“文本”工具。
- 素材文件：“Chapter 4\4.3\拓展训练\舞会宣传海报设计.cdr”。
- 制作分析：

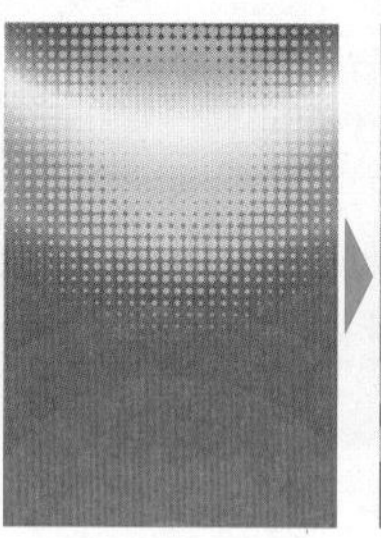

意味创想海报设计

项目创设

本实例将制作一个意味创想海报，海报利用了数字的创意，并添加了元素，从而将活跃的元素与数字合理地融合在一起，最终效果如图4-57所示。

制作思路

先利用“文本”工具输入数字，然后制作出立体效果，最后制作一些活跃的元素，得到海报的最终效果。

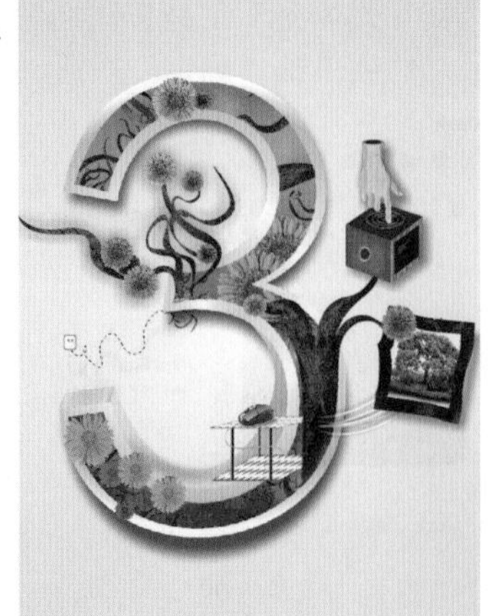

图 4-57

素材：素材与源文件\Chapter 4\4.4\素材

案例制作步骤

01 创建文档

选择“文件”→“新建”菜单命令，在弹出的“创建新文档”对话框中设置“名称”为“意味创想海报”、“大小”为A4，单击“纵向”按钮，设置“原色模式”为CMYK、“渲染分辨率”为300dpi，参数设置如图4-58所示。单击“确定”按钮，即可创建新文档，如图4-59所示。

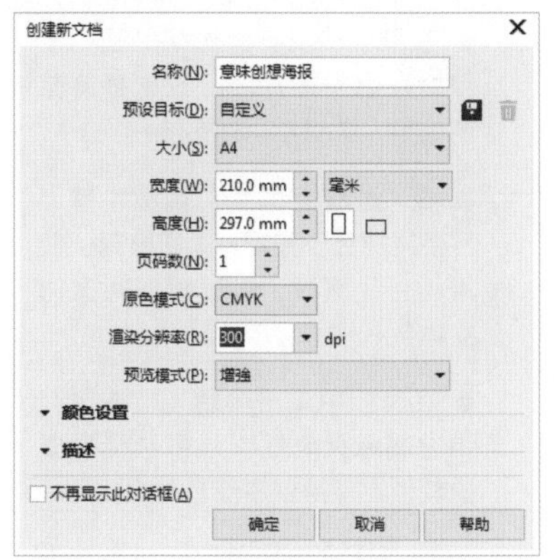

图4-58

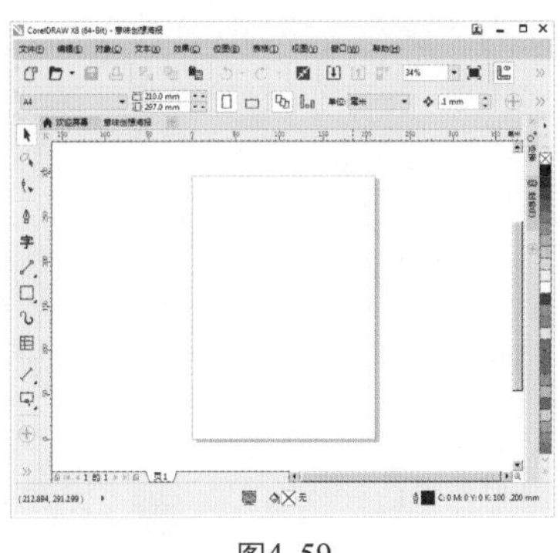

图4-59

02 输入数字并进行调整

单击工具箱中的“文本”工具按钮，输入数字“3”，设

> **行业知识**
>
> **印刷色与专色**
>
> 1. 印刷色
>
> 印刷色是由不同的C、M、Y、K百分比组成的颜色，称为混合色更为合理。
>
> C、M、Y、K通常是印刷所采用的四原色。在印刷原色时，这4种颜色都有自己的色版记录这种颜色的网点，这些网点是由半色调网屏组成的，把4种色版叠加到一起就形成了所定义的颜色。调整色版上网点的大小和间距就能形成其他颜色。
>
> 2. 专色
>
> 专色不是通过印刷C、M、Y、K这4种颜色合成一种颜色，而是专门用一种特定的油墨来印刷颜色。专色印刷有专门的色版对应，使用专色可使颜色更准确。

置字体为Arial、大小为824pt。为了颜色搭调，单击工具箱中的“交互式填充”工具按钮，选择“均匀填充”工具，如图4-60所示，然后单击“确定”按钮，得到如图4-61所示的效果。

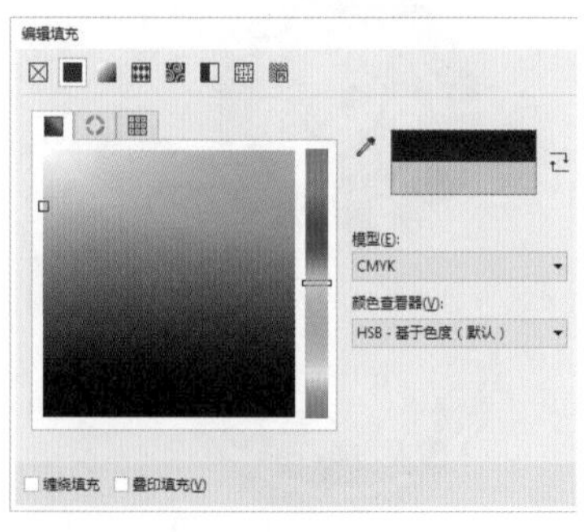

图4-60

图4-61

03 绘制外边框

单击工具箱中的“贝塞尔”工具按钮，绘制出数字3的外边框，效果如图4-62所示。

04 绘制内边框

按照上一步骤的方法绘制出数字3的内边框，效果如图4-63所示。

图4-62

图4-63

05 为外边框填充渐变颜色

单击工具箱中的“交互式填充”工具按钮，选择“渐变填充”工具，设置渐变“类型”为“椭圆形渐变填充”，参数设置如图4-64所示，然后单击“确定”按钮。单击工具箱中的“轮廓笔”工具按钮，设置轮廓宽度为“无”，得到的效果如图4-65所示。

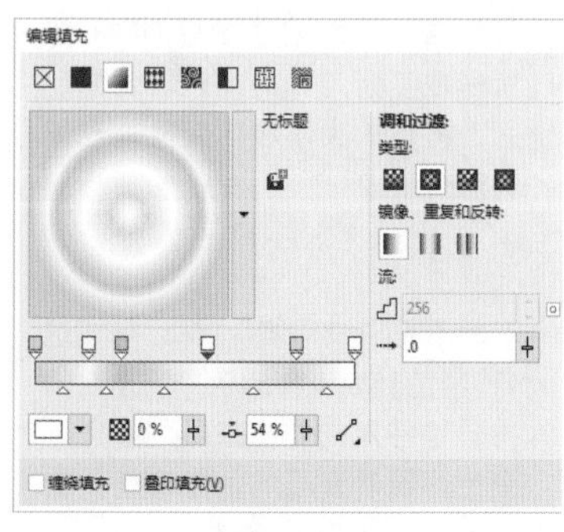

图4-64

图4-65

工具详解

立体化颜色效果

立体化颜色主要是通过“立体化”工具进行控制。下面对立体化颜色效果方面的相关知识进行讲解。

① 选择工具箱中的“基本形状”工具，在当前页面中绘制图形，并运用“立体化”工具为图形设置立体化效果。

② 单击其属性栏中的“立体化颜色”按钮，弹出一个面板。在该面板中有3个选项，即“使用对象填充”“使用纯色”“使用递减的颜色”，下面依次通过实例进行介绍。

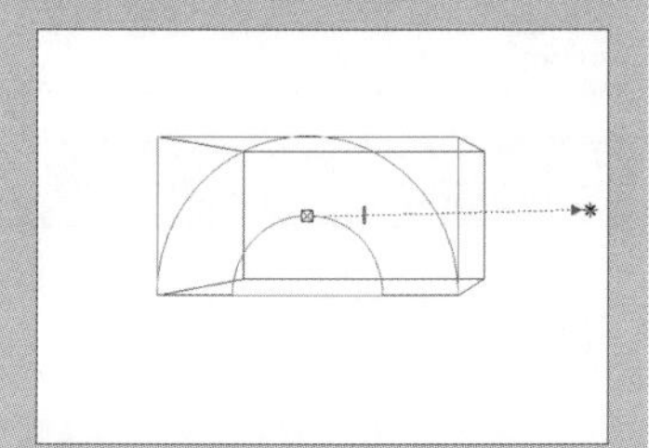

图形立体化效果

“立体化颜色”面板

● 在默认情况下，选择的是“使用对象填充”选项，也就是前面的效果，这里不再过多介绍 。

● 在“立体化颜色”面板中单击“使用纯色”按钮，切换到“使用纯色”面板，可以设置对象的立体色。

● 在面板中单击颜色下拉按钮，弹出颜色列表框，从中选择需要的颜色，可得到该颜色效果。

● 在“立体化颜色”面板中单击“使用递减的颜色”按钮，切换到“使用递减的颜色”面板，可以在该面板中设置对象的渐变色。

06 绘制图形

使用“贝塞尔”工具绘制出如图4-66所示的图形。

图4-66

07 填充渐变颜色

单击工具箱中的“交互式填充”工具按钮，选择“渐变填充”工具，设置渐变“类型”为“矩形渐变填充”，在“颜色调和”选项组中选择“自定义”单选按钮，参数设置如图4-67所示，然后单击“确定”按钮。单击工具箱中的“轮廓笔”工具按钮，设置轮廓宽度为“无”，得到的效果如图4-68所示。

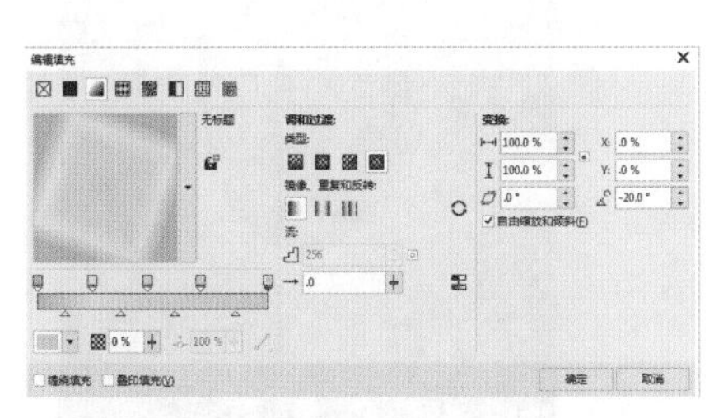

图4-67

图4-68

08 绘制图形

使用“贝塞尔”工具绘制出如图4-69所示的图形。

图4-69

09 设置并填充渐变颜色

单击工具箱中的“交互式填充”工具按钮，选择“渐变填充”工具，设置渐变“类型”为“圆锥形渐变填充”，并调节渐变颜色，参数设置如图4-70所示，然后单击“确定”按钮，效果如图4-71所示。

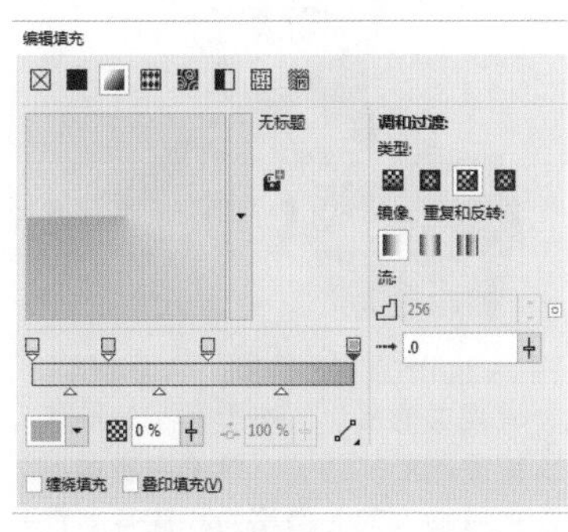

图4-70

图4-71

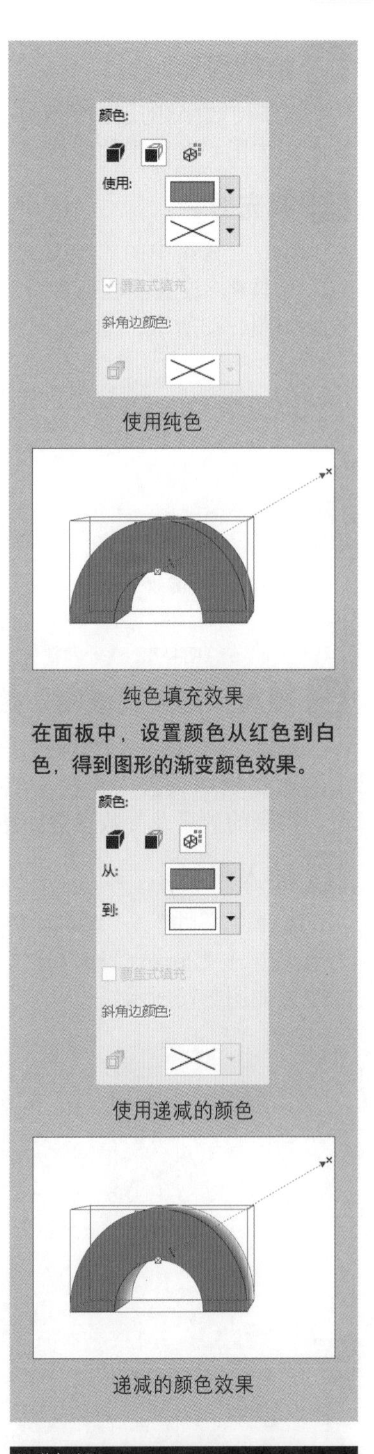

使用纯色

纯色填充效果

在面板中，设置颜色从红色到白色，得到图形的渐变颜色效果。

使用递减的颜色

递减的颜色效果

行业知识

海报的特点

要使海报画面具有较强的视觉中心以及新颖感，那么必须具有独特的艺术风格和设计特点。

1.尺寸大

海报招贴张贴于公共场所，会受

10 绘制图形

为了使数字3的层次更加丰富，下面为其添加一些质感效果，绘制出如图4-72所示的图形。

11 填充颜色

单击工具箱中的“交互式填充”工具按钮，选择“均匀填充”工具，设置颜色值为（C:0、M:0、Y:0、K:60），填充后的效果如图4-73所示。

图4-72

图4-73

12 添加“高斯式模糊”效果

选择“位图”→“模糊”→“高斯式模糊”菜单命令，在弹出的对话框中设置“半径”值为20像素，然后单击“确定”按钮，得到的效果及参数设置如图4-74所示。

13 导入素材

选择“文件”→“导入”菜单命令，导入素材，然后选择“效果”→“PowerClip”→“置于图文框内部”菜单命令，得到的效果如图4-75所示。

图4-74

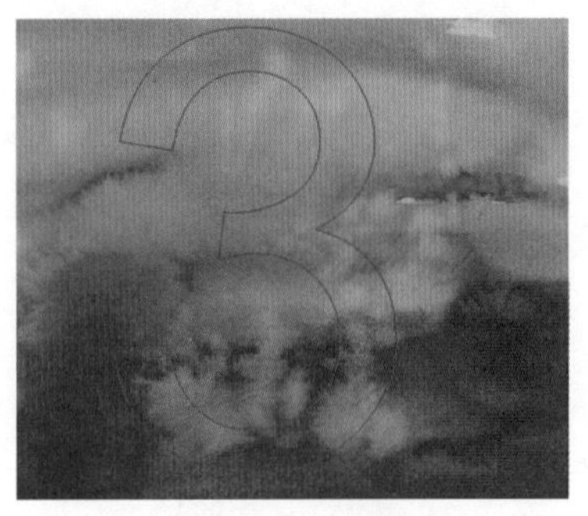

图4-75

14 裁剪图像

选择“效果”→“PowerClip”→“结束编辑”菜单命令，得到的效果如图4-76所示。

15 绘制树的外形

选择工具箱中的“贝塞尔”工具，绘制出树的外形，效果如图4-77所示。

到周围环境和各种因素的干扰，所以必须以大画面及突出的形象和色彩展现在人们面前。其画面尺寸有全开、对开、长三开及特大画面（八张全开）等。

2.远视强

为了给来去匆忙的人们留下视觉印象，除了尺寸大之外，招贴设计还要充分体现定位设计的原理。以突出的商标、标志、标题、图形，或对比强烈的色彩，或大面积的空白使海报招贴成为视觉焦点。可以说，招贴具有广告的典型特征。

远视强

3.艺术性高

就招贴的整体而言，分为商业招贴和非商业招贴两大类。其中，商品招贴的表现形式以具体艺术

远视强

表现力的摄影、造型写实的绘画或漫画形式为主，给消费者留下真实动人的画面感受和富有幽默

图4-76

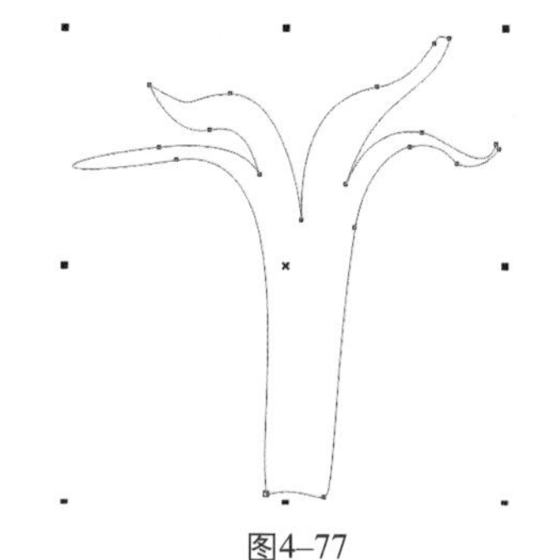

图4-77

16 导入素材并进行裁剪

选择“文件”→“导入”菜单命令，将素材导入，然后选择“效果”→“PowerClip”→“置于图文框内部”菜单命令，然后结束编辑，得到的效果如图4-78所示。

17 调整树的形状并调整位置

利用“形状”工具对树进行修整，然后移动到如图4-79所示的位置。

图4-78

图4-79

18 绘制菱形

单击工具箱中的“矩形”工具按钮，绘制出一个矩形，旋转45°，横向缩小，将其调整为菱形，然后填充颜色为黑色，移动到如图4-80所示的位置。

19 绘制线条并进行调整

使用“贝塞尔”工具绘制曲线，单击工具箱中的“轮廓笔”工具按钮，设置“宽度”为10pt、颜色为白色，然后在工具箱中选择“阴影”工具，拖动后得到的效果如图4-81所示。

图4-80

图4-81

情趣的感受。而非商业招贴内容广泛，形式多样，艺术表现力丰富。

设计师经验

CorelDRAW复制技巧

当对象杂乱无章地排列时，先选择这个对象，按住鼠标左键拖动到适当位置按一下空格键，就对该对象进行了复制。这样不停地拖动鼠标，并保持按住鼠标左键，每移动一次鼠标，就按一下空格键，从而随意地复制对象。当然，移动鼠标时单击鼠标右键也是复制。复制的方法有很多，制作时哪种方法更方便就用哪一种。

行业知识

AI与CDR格式的互换

很多时候，希望将AI格式的插画转换成CDR格式，但很多读者都没有找到很有效的方法，现在推荐一种转化方法。

首先将AI文件打开，选择“文件”→“导出”菜单命令，弹出“导出”对话框，然后在“保存类型”下拉列表中设置保存的文件格式为*.WMF。

打开CorelDRAW X8软件后将刚才保存的WMF文件导入，此时文件格式转换完成。

“导出”对话框

也许有读者会问，那可不可以将CDR文件也转成AI文件呢？答案是可以，方法与上述类似。

20 调整透明度

继续绘制线条，然后将绘制完的线群组，使用工具箱中的“透明度”工具进行拖动，得到的效果如图4-82所示。

21 绘制相框并进行调整

使用“手绘”工具绘制一个矩形，然后按住【Shift】键选择矩形的一个角并缩小，得到的图形如图4-83所示。

图4-82

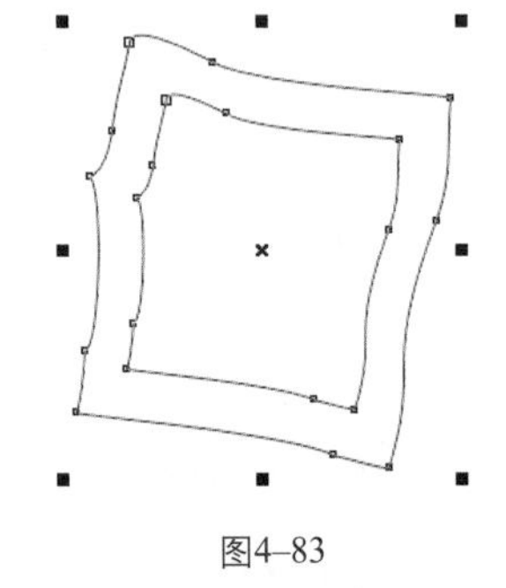

图4-83

22 修剪图形并填充纹理

将图形进行修剪，然后导入素材，填充纹理后的效果如图4-84所示。

23 为图形添加阴影

按照步骤19所示的方法为相框添加投影，得到的效果如图4-85所示。

图4-84

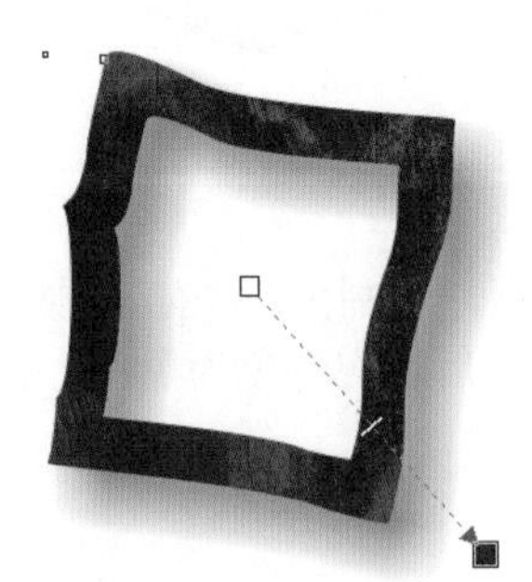

图4-85

24 导入照片

导入照片素材，然后将其放置在相框中，得到的效果如图4-86所示。

25 绘制音箱轮廓

利用“矩形”工具绘制出音箱的外轮廓，效果如图4-87所示。

26 导入素材并调整位置

导入纹理素材，将素材分别放置到矩形内，得到的效果如图4-88所示。

行业知识

CDR导入PSD的方法

CorelDRAW和Photoshop长期以来一直是PC上常用的著名设计软件，是专业设计用户的首选。二者在图形、图像的处理方面各有千秋，CorelDRAW是矢量图形处理的首选，而Photoshop则是平面图像设计的不二之选，综合应用二者可以充分发挥想象力，绘制出美丽而神奇的图案。

这就涉及怎样将CorelDRAW中的图形、图像正确地输出到Photoshop，以及哪种方法更有效的问题，下面介绍3种方法。

① 在CorelDRAW中选取相应的对象并进行复制，然后在Photoshop中创建新文档，最后粘贴，这是最简便的方法。这种方法的特点是简便易用，不用生成中间文件；缺点是图像质量差，由于是由剪贴板进行转换的，所以图像较粗糙，没有消锯齿效果，是一种不值得提倡的方法。

② 在CorelDRAW中使用导出功能，将矢量图形输出为位图。使用这种方法生成的图像，较剪贴板方法生成的质量有所提高，所以很多用户都使用这种方法，但比起EPS法，还是有缺点。

③ 还有一种更好的方法，就是使用CorelDRAW的输出命令将图形输出为EPS格式，再在Photoshop中使用置入命令，使矢量图向位图转换。这种方法的主要优点是输出为EPS文件后，图形仍是矢量图形，栅格化是最后在Photoshop中进行的，所以输出过程和最终图像的分辨率无关，最终图像的质量取决于在Photoshop中置入的图像分辨率。使用EPS法，不管将图像放到多大，质量一样好。

下面具体说明EPS法的操作。

首先，在CorelDRAW X8中完成图形的绘制，选择要输出的相应部分。

然后选择“文件”→“导出”菜单命令，在弹出的“导出”对话框中选择“只是选定的”复选框，设置格式为EPS，并输入文件

27 绘制并设置音箱侧面的旋纹

使用“椭圆形”工具绘制椭圆并填充白色，然后等比例缩小并复制，将复制的椭圆填充为浅绿色。使用同样方法，依次复制出其他椭圆。然后使用“贝塞尔”工具绘制直线，设置轮廓色为咖啡色，将直线旋转复制，得到的效果如图4-89所示。

图4-86

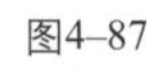

图4-87

图4-88

图4-89

28 绘制并设置音箱顶部旋纹

使用“椭圆形”工具绘制椭圆，填充轮廓色为咖啡色，参照上一步骤，缩小并复制，得到如图4-90所示的效果。

29 导入素材并绘制椭圆

导入手素材，使用“椭圆形”工具在手腕处绘制两个椭圆，然后分别填充颜色，得到的效果如图4-91所示。

图4-90

图4-91

30 群组并调整位置

把音箱和手群组，移动到如图4-92所示的位置。

31 绘制树枝并填充

参照绘制树的方法绘制若干树枝，填充纹理，得到的效果如图4-93所示。

名，单击“导出”按钮。

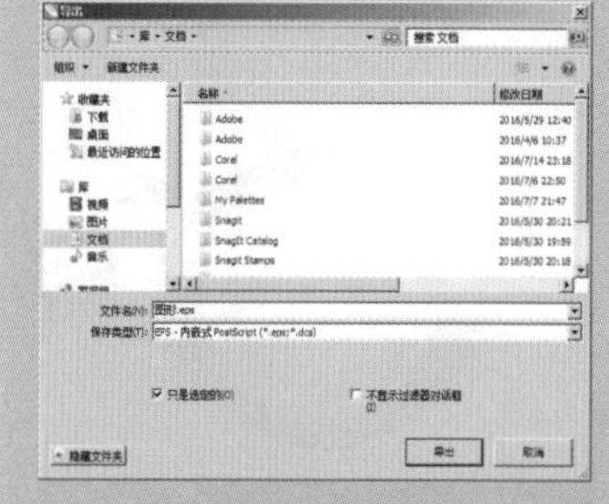

“导出”对话框

启动Photoshop，创建一个大小适当的新文档，选择“文件”→“置入”菜单命令，选择刚才在CorelDRAW X8中输出的EPS图形即可。

设计师经验

CorelDRAW X8常用技巧

1.快速复制色彩和属性

给图像添色的一般方法就是选择对象，单击右边调色板中的颜色图标。若给轮廓添色，就是右击颜色图标，或者是选择工具箱中的颜色工具和轮廓颜色工具。在CorelDRAW X8软件中，给群组中单个对象着色的最快捷的方法是把调色板中的颜色直接拖到对象上。同样的道理，复制属性到群组中单个对象的捷径是在用户拖动对象时按住鼠标右键，当用户释放鼠标时，程序会弹出一个右键快捷菜单，在该菜单中选择自己想要复制的属性命令即可。

2.让渐变效果更平滑

渐变效果是图像制作过程中常用的一种效果，如何把这种效果的渐变层次处理得更平滑、更自然，是非常重要的。在CorelDRAW X8中，获得平滑的中间形状的最好方法是，以渐变控制对象作为开始，此渐变控制对象使用相同的节点数量，并且是在相同的绘图顺序（顺时针或者逆时针方向）下建立的。这样做，需要通过修改第一个对象的复制对象来建立第二个对象。在第一个对象被选择后，在数字键盘上按【+】键

图4–92

图4–93

32 导入花朵素材并调整位置

导入花朵素材，复制两份，将其移动到如图4-94所示的位置。

33 裁剪花朵

选择花朵，然后选择“效果”→“PowerClip”→“置于图文框内部”菜单命令，再选择“效果”→“PowerClip”→“结束编辑”菜单命令，得到如图4-95所示的效果。

图4–94

图4–95

34 绘制桌底

使用“矩形”工具绘制出桌底的外轮廓，然后绘制出内部的菱形图案，得到的效果如图4-96所示。

图4–96

35 绘制桌腿

使用“矩形”工具绘制出一个细长的矩形，选择“交互式填充”工具选项组中的“渐变填充”工具，设置渐变“类型”为“线性渐变填充”，参数设置如图4-97所示。单击“确定”按钮，得到的效果如图4-98所示。

36 完成桌子绘制后调整其位置

将绘制好的桌底复制一个，向上移动并变形即可得到桌面。将绘制好的桌子群组，置于树的下方，如图4-99所示。

来复制。把复制对象放在一边，选择“形状”工具，并且开始重新安排节点。如果需要添加额外的节点来创建第二个对象（在CorelDRAW X8中，可通过在曲线上双击添加节点），可同时在第一对象中添加相对应的节点。如果形状有许多节点，可以在第一个对象邻近节点的地方放置一个临时性的标识器，也可在第二个对象邻近对应节点的地方放置另一个标识器。特别提醒：为保证渐变效果更好、更平滑、更自然，最好多添加一些节点。

3.去除轮廓笔飞边

一般情况下，习惯将轮廓尖突称为飞边或飞线。

飞边的多少及严重程度与在CorelDRAW X8使用“轮廓笔”默认选项后的字体、字体的多少、导出位图的大小有一定关系。较粗的字体容易导致飞边。当使用较大画幅输出时，这些飞边实在不雅。文字少的，导出位图后，可用Photoshop修除，但较麻烦，要求的技巧也较高。读者也可尝试一下以下方法。

- 使用“轮廓笔”时尽量用以下选项组合，例如，“转角圆头”配“线条任意端头”，“转角尖头”配“线条外圆凸端头或平端头”。
- 对没有使用以上搭配的“轮廓笔”描边字，可采用“转换为位图”的方法来解决。

4.颜色选择

当在标准颜色框中找不到想要的颜色时，可用以下两种方法寻找最接近的颜色。

- 选取对象，选择最接近的颜色后，按住鼠标左键不放，3s左右就会弹出一个7×7方格的临近色域，从中选取想要的色彩便可。
- 添加法。要想选择一种橙色色彩，先选取对象，然后填充黄色，再按住【Ctrl】键不放，单击红色，每次单击都会在原先的黄色中加入10%的红色成分，这样操作直

37 导入鼠标素材

导入鼠标素材，按照制作相框投影的方法给鼠标添加一个投影，效果如图4-100所示。

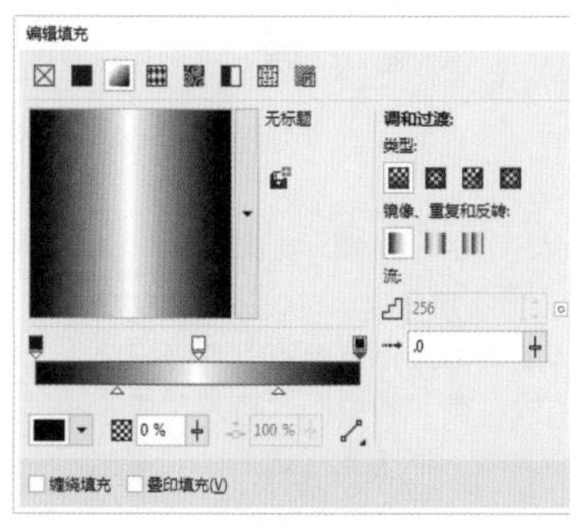

图4–97

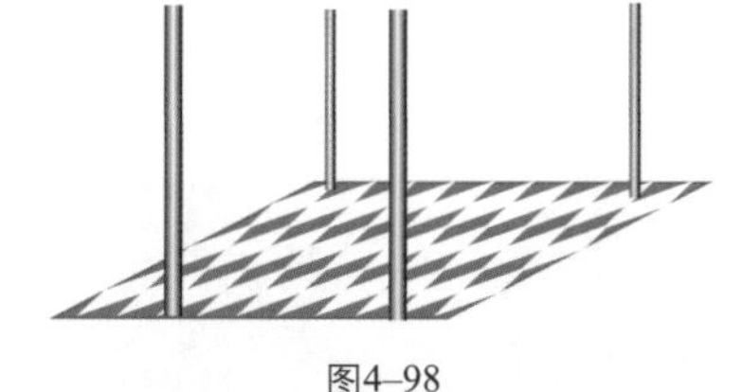

图4–98

图4–99

图4–100

38 添加植物素材

将植物素材添加到图形里，得到的效果如图4-101所示。

39 复制树枝和植物元素

根据整体效果的需求，再复制一些树枝和植物，得到的效果如图4-102所示。

图4–101

图4–102

到接近想要的色彩。同样的方法，可加入其他色彩成分。

5.着色策略

很多时候需要在一个文件中建立多个页面，并且各个页面要使用相同的色彩，但很多时候选中的色彩不是标准色彩，选择同样的色彩就要在多个页面切换或者利用右键的复制属性，这样做对于简单图形还算方便，然而对于复杂的组合图形，就不是那么方便了。这个时候可以运用CorelDRAW X8强大的色彩管理功能。

先在一个页面中建立好所有要用的色彩，然后选择“窗口”→“调色板”→“调色板管理器”菜单命令，打开“颜色样式”面板，在其中单击“使用选定的对象创建一个新调色板”按钮。以后要用到该颜色只需先选择对象，再在该色彩上双击即可，非常方便。

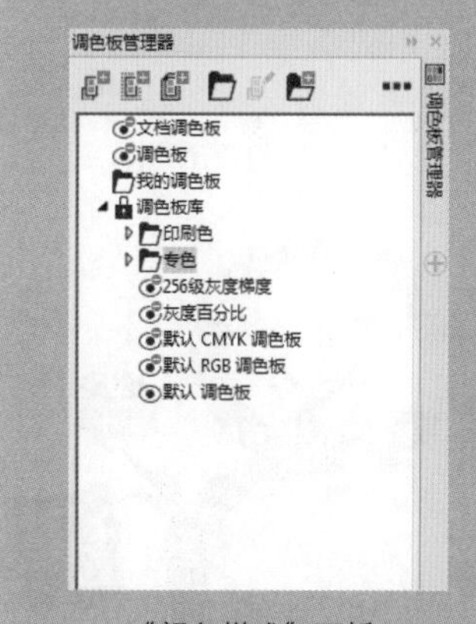

“颜色样式”面板

工具详解

喷涂艺术笔

在使用“艺术笔”工具绘制图形时，喷涂的方法最具层次感。喷涂在海报中也是经常使用的一种图形绘制方式，下面对喷涂艺术笔的设置方法进行讲解。

① 在工具箱中选择“艺术笔”工具，单击其属性栏中的“喷涂”按钮，即可在喷笔绘制过的地方喷上所选择的图案。

40 导入紫色花朵素材并进行调整

导入紫色花朵素材，选择“效果”→“调整”→“色度/饱和度/亮度”菜单命令，在弹出的对话框中设置参数，参数设置及得到的效果如图4-103所示。

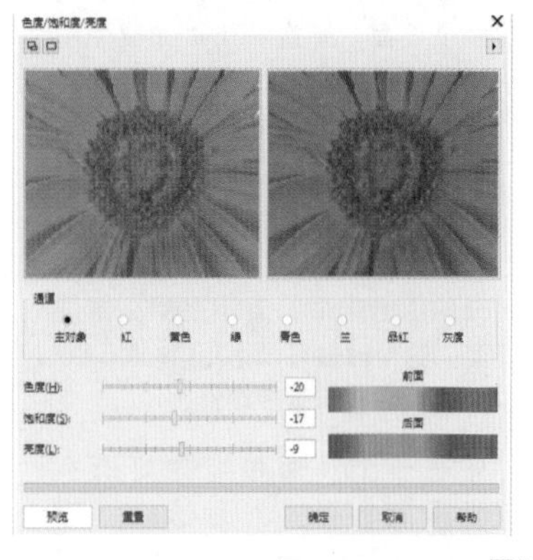

图4-103

41 复制紫色花朵并进行调整

复制花朵并调整色调，按照层次感和光感进行放置，效果如图4-104所示。

42 绘制电线

使用“手绘”工具绘制一条光滑的曲线，然后在其属性栏中将实线设置为虚线，按照前面添加投影的方法给虚线添加一个投影，效果如图4-105所示。

图4-104

图4-105

43 绘制插座并添加模糊效果

使用“矩形”工具和“椭圆形”工具绘制出插座的外形，然后填充颜色，接着选择“效果”→“模糊”→“高斯式模糊”菜单命令，添加模糊效果，效果如图4-106所示。

44 添加投影

将海报中的所有元素群组，参照前面的操作方法，为其添加投影，得到的效果如图4-107所示。

45 制作背景

使用工具箱中的“矩形”工具绘制矩形，然后选择“交互式

喷涂效果

② 在属性栏中可以设置喷笔图案的尺寸大小，也可以选择喷绘方式，有“随机”“顺序”或“按方向”3种方式可选。

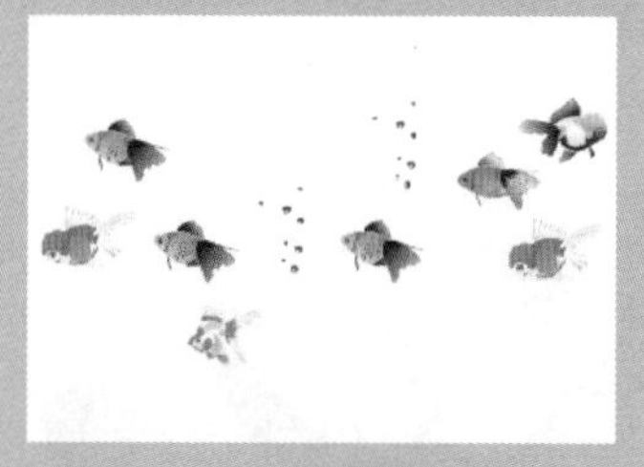

按方向排列效果

③ 如果对艺术笔触不满意，还可以自定义图形，将图形添加到喷笔图案列表中。

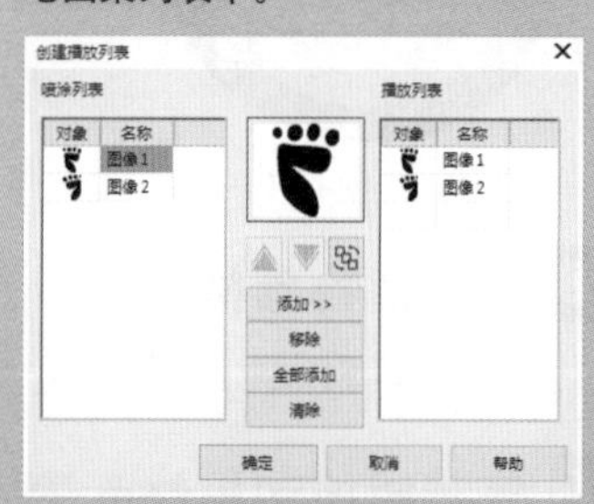

可添加自定义图形

④ 单击属性栏中的“旋转”按钮，在弹出的面板中可设置喷绘对象的旋转角度。

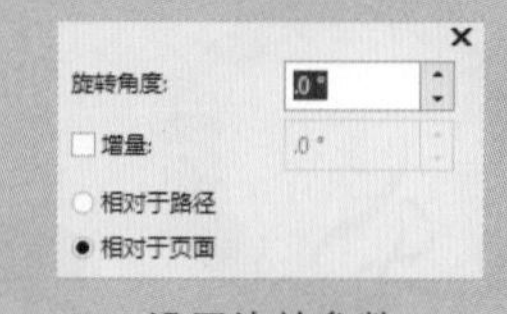

设置旋转参数

⑤ 单击属性栏中的“偏移”按钮，在弹出的面板中可设置被喷绘对象的偏移量及偏移方向。

设置偏移参数

填充”工具选项组中的“渐变填充”工具，设置渐变“类型”为“椭圆形渐变填充”，参数设置如图4-108所示，单击“确定”按钮，得到的海报最终效果如图4-109所示。

图4–106

图4–107

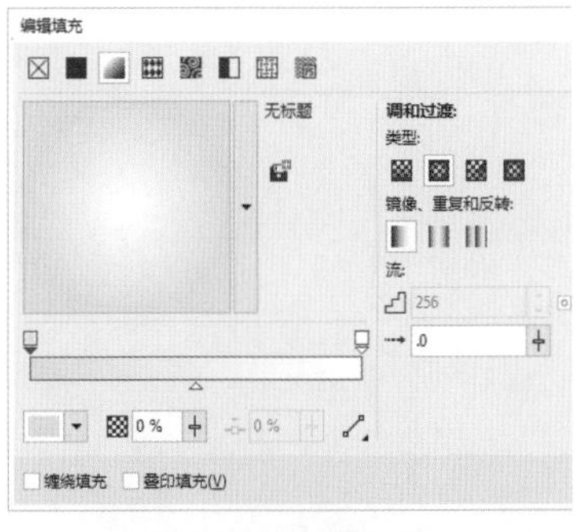

图4–108

图4–109

⑥ 最后根据设置的数值，得到最终的喷涂效果。

喷涂效果

⑦ 要删除艺术画笔，只需在播放列表中选择该喷涂，单击“移除”按钮即可。

拓展训练——网络宣传海报设计

利用本节所介绍的宣传海报制作软件相关知识，按照智慧职教网站本课程提供的素材文件制作网络宣传海报，最终的效果如图4-110所示。

图4–110

- 技术盘点：“贝塞尔”工具、“矩形”工具、“渐变填充”工具、“文本”工具。
- 素材文件：“Chapter 4\4.4\素材\网络宣传海报设计.cdr”。
- 制作分析：

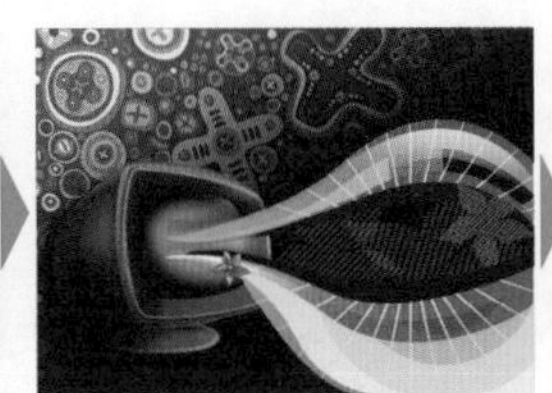

1
2
3
4
5
6
7
8

4.5 知识与技能梳理

结束了本章实例的制作，读者应该收获甚丰，在海报方面具有了一定的设计能力。通过不同风格海报的制作，不但了解了海报的相关设计知识，而且对软件的掌控能力也得到了进一步的增强。

- 重要工具：“贝塞尔”工具、“文本”工具、“网状填充”工具、“渐变填充”工具、“椭圆形”工具。
- 核心技术：利用图形绘制工具、“文本”工具、“网状填充”工具、“渐变填充”工具和“椭圆形”工具制作出多种形式的海报。
- 实际运用：音乐类海报、产品类海报，以及相关行业的广告设计。

Chapter 

图书封面设计

由于图书可以记录人们的生活，所以在人类社会的历史长河中起着重要的作用。最原始的图书是以竹简为载体的，随着社会的发展，人们已不满足于仅供阅读的图书，而需要在图书的装帧设计上具有一定的美感，从而形成了图书装帧设计这门独特的艺术。本章将详细讲解CorelDRAW X8在图书封面设计中的应用。

学习要求	学习内容＼学习目标	了解	掌握	应用	重点知识
	图书封面设计的基础知识	☺			
	图书封面设计的要素		☺		
	图形的绘制				☺
	文字路径的创建				☺
	图文结合变形			☺	
	书籍的起源和发展	☺			
	位图的导出			☺	

5.1 图书封面设计的基础知识

图书封面对于图书的销售起着至关重要的作用，因此，一本好的图书不仅要在内容上蕴含着丰富的知识，在封面上也要能吸引消费者的眼球。本节就对图书封面的相关知识进行讲解。

5.1.1 图书封面设计的要素

封面设计在一本书的整体设计中具有举足轻重的地位。封面是一本书的脸面，是一位不说话的推销员。好的封面设计不仅能吸引读者，使其“一见钟情”，而且耐人寻味，使人爱不释手。封面设计的优劣对书籍的社会形象有着非常重大的意义。封面设计一般包括书名、编著者名、出版社名等文字，以及体现书的内容、性质、体裁的装饰形象、色彩和构图。

1. 封面的构思设计

书的表现形式要为书的内容服务，要用最感人、最形象、最易被视觉接受的表现形式，所以封面的构思就显得十分重要，要充分弄明白书稿的内涵、风格、体裁等，做到构思新颖、切题、有感染力。构思的过程大致有以下几种方法。

想象：想象是构思的基点，想象以造型的知觉为中心，能产生明确的有意味的形象。人们所说的灵感，也就是知识与想象的积累与结晶，对设计构思来说是一个开窍的源泉。

舍弃：构思过程往往“叠加容易，难舍弃”，构思时往往想得很多，堆砌得很多，对多余的细节难以舍弃。张光宇先生所说的“多做减法，少做加法”，就是真切的经验之谈。对不重要的、可有可无的形象与细节，坚决舍弃，代表作品如图5–1所示。

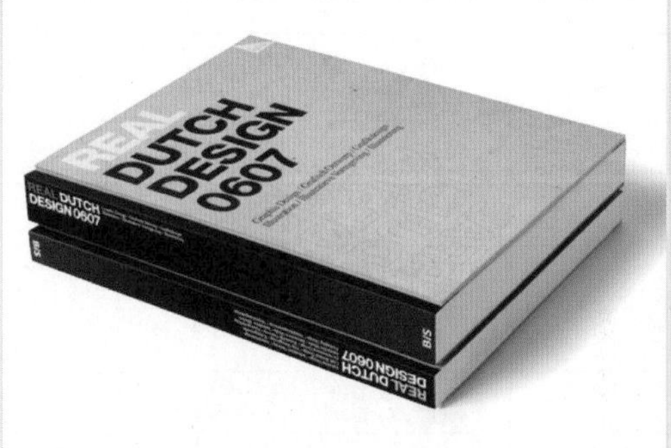

图 5–1

象征：象征性的手法是艺术表现最得力的语言，可用具象的形象来表达抽象的概念或意境，也可用抽象的形象来表达具体的事物，这都能为人们所接受。

探索创新：流行的形式、常用的手法、俗套的语言要尽可能不用；熟悉的构思方法、常见的构图、习惯性的技巧，都是创新构思表现的“大敌”。构思要新颖，要标新立异，要有创新的构思，就必须有孜孜不倦的探索精神。

2. 封面的文字设计

除书名外，其他封面文字应选用印刷字体，常用于书名的字体分三大类：书法体、美术体、印刷体。

书法体：书法体笔画间有无穷的变化，具有强烈的艺术感染力和鲜明的民族特色及独到的个性，且字迹多出自社会名流之手，具有名人效应，得到广泛的喜爱。例如，《求实》《娃娃画报》等书刊均采用书法体作为书名字体。

美术体：美术体可分为规则美术体和不规则美术体两种。前者作为美术体的主流，强调外形的规整、变化统一，具有便于阅读、便于设计的特点，但较呆板。不规则美术体在这方面有所不同，它强调自由变形，无论是点画处理还是字体外形均追求不规则的变化，具有变化丰富、个性突出、设计空间充分、适应性强、富有装饰性的特点。不规则美术体与规则美术体及书法体比较，它既具有个性又具有适应性，所以许多书刊均选用这类字体，如《知音》《NEWYORK》等。

印刷体：印刷体沿用了规则美术体的特点。早期的印刷体较呆板、僵硬，现在的印刷体在这方面有所突破，吸纳了不规则美术体的变化规则，大大丰富了印刷体的表现力，借助于计算机使印刷体处理方法既便捷又丰富，弥补了其个性上的不足。例如，《译林》《TIME》等刊物均采用印刷体作为书名字体。

有些国内的书籍刊物在设计时将中英文刊名加以组合，形成独特的装饰效果。例如，《世界知识画报》用W和中文刊名组合，形成了自己的风格。刊名的视觉形象并不是一成不变地只能使用单一的字体、色彩、字号来表现，把两种以上的字体、色彩、字号组合在一起会令人耳目一新。例如，《风流一代》的刊名把书法体和印刷体结合在一块儿，使两种不同外形特征的字体产生强烈的对比效果。又如《恋爱婚姻家庭》杂志，其刊名采用两种字号、两种色彩的节奏编排，而且小字叠大字，组合出层次的变化，颇具特色。

3. 封面的图片设计

封面的图片以其直观、明确、视觉冲击力强、易与读者产生共鸣的特点，成为设计要素中的重要部分。图片的内容丰富多彩，最常见的是人物、动物、植物、自然风光，以及一切人类活动的产物，如图5-2所示。

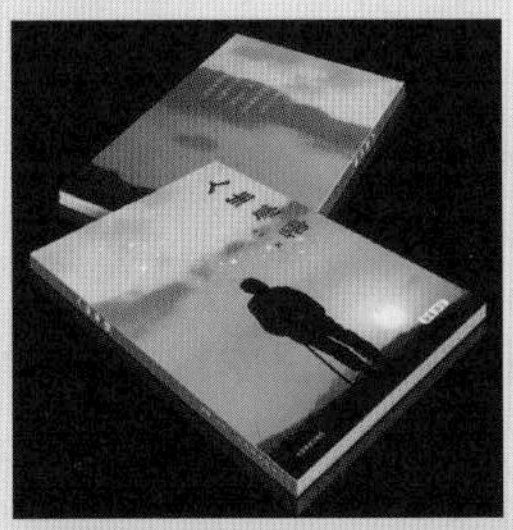

图 5-2

图片是书籍封面设计的重要环节，它往往在画面中占很大面积，成为视觉中心，所以图片设计尤为重要。一般的青年杂志、女性杂志均为休闲类书刊，它的标准是大众审美，通常选择当红影视歌星、模特的图片作为封面；科普刊物选图的标准是知识性，常选用与大自然有关的、先进科技成果的图片；而体育杂志则选择体坛名将及竞技场面的图片；新闻杂志选择新闻人物和有关场面，它的标准既不是年青美貌的人，也不是科学知识，而是新闻价值；摄影、美术刊物的封面应选择优秀摄影和艺术作品，它的标准是艺术价值。

4. 封面的色彩设计

封面的色彩处理是设计的重要一关。得体的色彩表现和艺术处理能在读者的视觉中产生夺目的效果。色彩的运用要考虑内容的需要，可用不同的色彩对比效果来表达不同的内容和思想。在对比中求统一协调，以间色互相配置为宜，使对比色统一于协调之中。书名的色彩运用在封面上要有一定的分量，如果纯度不够，就不能产生显著夺目的效果。另外，除了绘画色彩用于封面外，还可用装饰性的色彩表现。文艺书封面的色彩不一定适用于教科书，教科书、理论著作的封面色彩就不适合儿童读物。要辩证地看待色彩的含义，不能形而上学地使用。

一般来说，设计儿童刊物的色彩时要针对儿童娇嫩、单纯、天真、可爱的特点，色调往往处理成高调，减弱各种对比的力度，强调柔和的感觉；女性书刊的色调可以根据女性的特征，选择温柔、典雅的色彩系列；体育杂志的色彩则强调刺激、对比、追求色彩的冲击力；而艺术类杂志的色彩就要求具有丰富的内涵，要有深度，切忌轻浮、媚俗；科普书刊的色彩可以强调神秘感；时装杂志的色彩要新潮，富有个性；专业性学术杂志的色彩要端庄、严肃、高雅，体现权威感，不宜强调高纯度的色相对比。

对于色彩配置，除了协调外，还要注意色彩的对比关系，包括色相、纯度、明度对比。封面上没有色相冷暖对比，就会感到缺乏生气；封面上没有明度深浅对比，就会感到沉闷而使人透不过气来；封面上没有纯度鲜明对比，就会使人感到古旧和平俗。要在封面色彩设计中掌握明度、纯度、色相的关系，同时用这三者的关系去认识和寻找封面上产生弊端的缘由，以便提高色彩修养。

5.1.2 图书封面的作用

封面是书籍装帧设计艺术的门面，它是通过艺术形象设计的形式来反映书籍内容的。在当今琳琅满目的书海中，书籍的封面起了一个无声的推销员作用，它的好坏在一定程度上将会直接影响人们的购买欲。封面起着美化书刊和保护书芯的作用。

书籍不是一般的商品，它是一种文化，所以在封面设计中，无论是一条线、一行字、一个抽象符号或是一两块色彩，都要有所讲究，既要有内容，同时又要具有美感，使封面设计达到雅俗共赏的目的。封面设计的最终目的，不仅在于瞬间吸引读者，更在于长久地感动读者，能够折射出设计者对美学意识的感悟及对形式美的追求与创新。它所表达的意蕴丰富与否，它的生命力长久与否，均体现在它的创意之中。因此，创意是封面设计生命之所在。封面设计的成败取决于设计定位，即要做好前期的客户沟通，具体内容包括封面设计的风格定位、企业文化及产品特点分析、行业特点定位、画册操作流程、客户的观点等，这些都可能影响封面设计的风格。所以说，好的封面设计一半来自于前期的沟通，这样才能体现客户的消费需要，为客户带来更大的销售业绩。总之，一本好的书籍不仅要从形式上打动读者，同时还要“耐人寻味”，这就需要设计者具有良好的立意和构思，从而使书籍的封面设计形成完美的艺术整体，这样才能展现出封面的价值。

5.2 图书封面设计经典案例欣赏

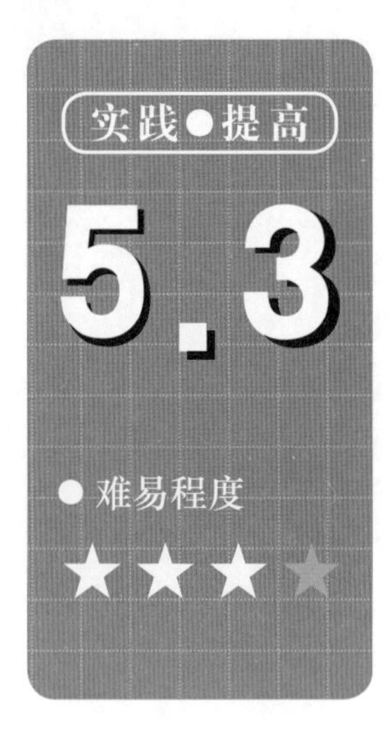

设计类图书封面设计

项目创设

本实例将制作设计类图书的封面，该封面设计将形状与渐变进行了巧妙结合，整体时尚而华丽，最终效果如图5-3所示。

制作思路

首先绘制封面上的三角形及圆形元素，然后绘制封面上的文字，最后绘制立体阴影效果。

图 5-3

素材：素材与源文件\Chapter 5\5.3\素材

案例制作步骤

01 创建文档

选择“文件”→“新建”菜单命令，在弹出的“创建新文档”对话框中设置“名称”为“设计类图书封面设计”、“宽度”为300mm、“高度”为350mm、“原色模式”为RGB，参数设置如图5-4所示。

02 添加辅助线

从标尺中拖出4条辅助线，坐标分别为X：44.294mm和255.706mm、Y：323.548mm和26.452mm，效果如图5-5所示。

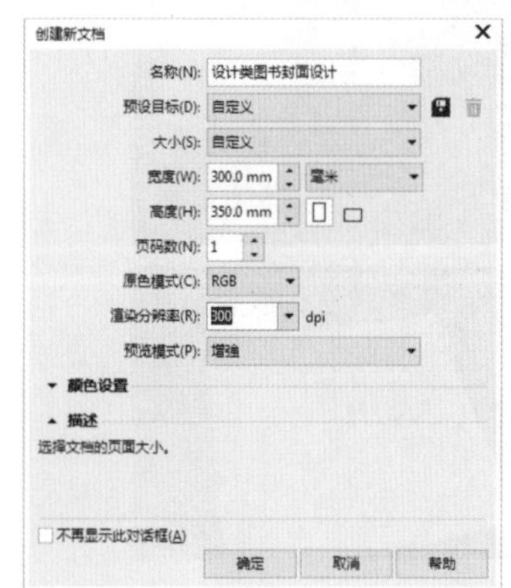

图 5-4

图 5-5

行业知识

书籍的起源和发展

书籍的历史与文字、语言、文学、艺术、技术和科学的发展有着紧密的联系。它最早可追溯于石、木、陶器、青铜、骨、树叶、树皮等物上的铭刻。将纸莎草用于写字，对书籍的发展起了巨大的推动作用。约在公元前30世纪，埃及纸草书卷的出现，是最早的埃及书籍雏形。纸草书卷比苏美尔、巴比伦、亚述和赫梯人的泥版书更接近于现代书籍的概念。

埃及最早的纸莎草

03 添加渐变底色

选择工具箱中的“矩形”工具□绘制一个与画板同样大小的矩形，效果如图5-6所示。然后单击工具箱中的“交互式填充”工具按钮，打开“编辑填充”对话框，并选择“渐变填充”，效果及参数设置如图5-7所示。

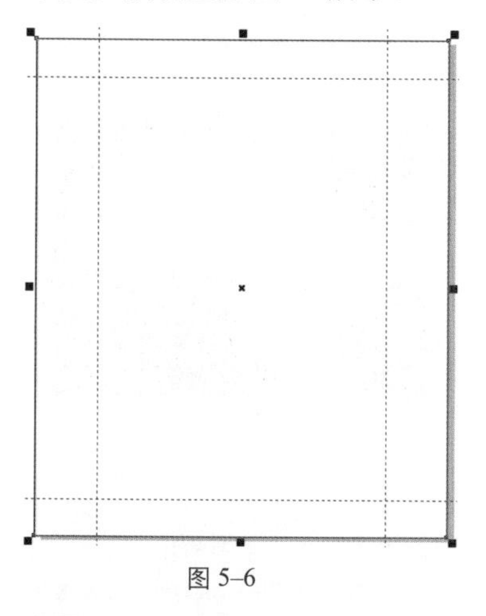

图 5-6

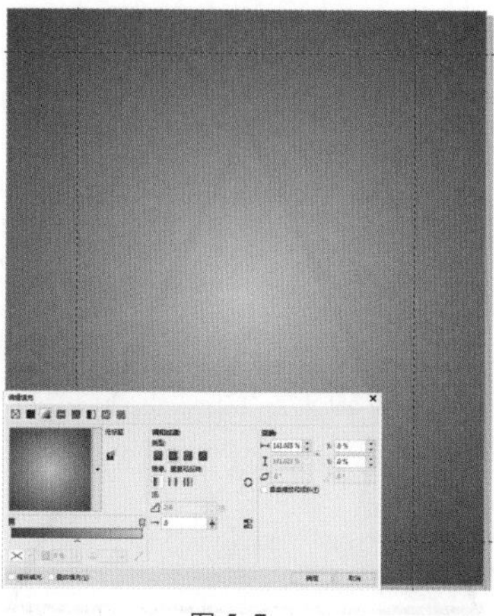

图 5-7

04 绘制图书轮廓

使用“矩形”工具□，在辅助线内绘制一个宽为211.413mm、高为297.054mm的矩形，在其属性栏中选择“圆角”，设置“转角半径”为2mm，效果如图5-8所示。

05 调整图书轮廓

使用工具箱中的“钢笔”工具和“形状”工具，调整图书的轮廓形状，得到的效果如图5-9所示。

图 5-8

图 5-9

06 调整图书轮廓

选择工具箱中的“选择”工具，选中绘制完成的图书轮

中国最早的正式书籍，是在公元前8世纪前后出现的简策。西晋杜预在《春秋经传集解序》中说：“大事书之于策，小事简牍而已。”这种用竹木做书写材料的“简策”（或“简牍”），在纸被发明以前，是中国书籍的主要形式。将竹木削制成狭长的竹片或木片，统称为简，稍宽长方形木片叫“方”。若干简编缀在一起叫“策”（册），又称为“简策”。编缀用的皮条或绳子叫“编”。

简策

中国古代典籍，如《尚书》《诗经》《春秋左氏传》《国语》《史记》，以及西晋时期出土的《竹书纪年》、近年在山东临沂出土的《孙子兵法》等，都是用竹木书写而成的。后来，人们用缣帛来书写，称为帛书。《墨子》有“书于帛，镂于金石”的记载。帛书用的是特制的丝织品，叫“缯”或“缣”，故“帛书”又称“缣书”。

帛书

公元前2世纪，中国已出现用植物纤维制成的纸，如1957年在西安出土的灞桥纸。东汉蔡伦在总结了前人经验，并加以改进而制成蔡侯纸（公元105年）之后，纸张便成为书籍的主要材料，纸的卷轴逐渐代替了竹木书、帛书（缣

廓，在其属性栏中设置轮廓为“无”，并为图形填充白色，然后放置到辅助线内，效果如图5-10所示。

07 绘制三角形

选择工具箱中的“多边形”工具，在其属性栏中设置边数为“3”，按住【Ctrl】键不放，在空白区域绘制一个等腰三角形，效果如图5-11所示。

图 5-10

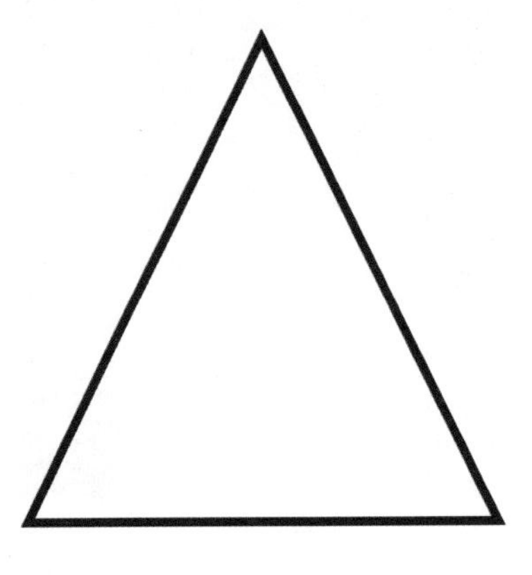

图 5-11

08 改变三角形形状

使用“选择”工具选中等腰三角形，选择其属性栏中的“转换为曲线”工具，将三角形转换为曲线，然后选择“形状”工具，将等腰三角形调整为直角三角形，并在其属性栏中设置三角形的宽和高均为4.176mm，效果如图5-12所示。

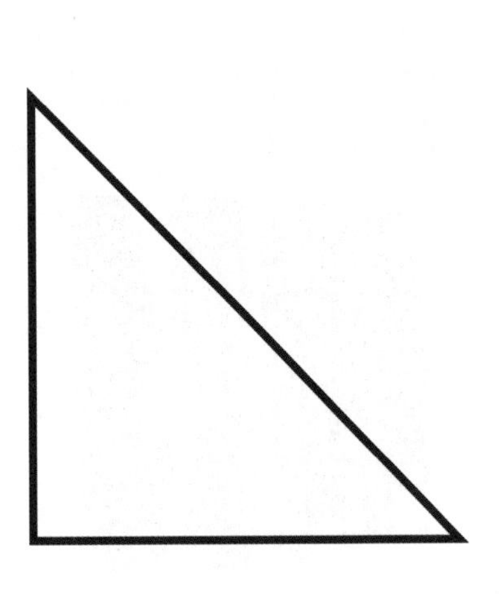

图 5-12

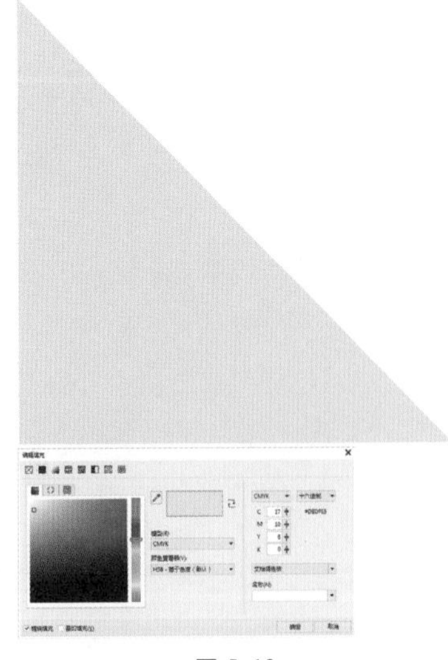

图 5-13

09 填充颜色

将上一步绘制的直角矩形的轮廓宽度设置为“无”，然后单击工具箱中的“交互式填充”工具按钮，打开“编辑填充”对话框，并选择“均匀填充”，效果及参数设置如图5-13所示。

书）。中国是最早发明并实际运用木刻印刷术的国家。公元7世纪初期，中国已经使用雕刻木版来印刷书籍。在印刷术发明以前，中国书籍的形式主要是卷轴。公元10世纪，中国出现册页形式的书籍，并且逐步代替卷轴，成为目前世界各国书籍的共同形式。

册页形式的书籍

公元11世纪40年代，中国活字印刷术最早在世界上产生，并逐渐向各国传播。东到朝鲜、日本，南到东南亚各国，促进了人类文化的交流与发展。公元14世纪，中国发明套版彩印。15世纪中叶，德国人J.谷登堡发明金属活字印刷。活字印刷术加快了书籍的生产进程，为欧洲国家所普遍采用。15～16世纪，产生了一种经济、美观、便于携带的书籍——荷兰的埃尔塞维尔公司印制了袖珍本的书籍。从15～18世纪初，中国编纂、缮写和出版了卷帙浩繁的百科全书性质和丛书性质的出版物——《永乐大典》《古今图书集成》《四库全书》等。

18世纪末，由于造纸机器的发明，推动了纸的生产，并为印刷技术的机械化创造了良好的条件。同时，印制插图的平版印刷的出现，为胶版印刷打下了基础。19世纪初，快速圆筒平台印刷机的出现，以及其他印刷机器的发明，大大提高了印刷能力，适应了社会政治、经济、文化对书籍生产的不断增长的需求。

10 绘制多个三角形并填充颜色

复制4个上一步绘制完成的三角形，在其属性栏中分别调整“旋转角度”，然后单击工具箱中的“交互式填充”工具按钮，打开“编辑填充”对话框，并选择“均匀填充”，效果及参数设置如图5-14～图5-17所示。

图 5–14

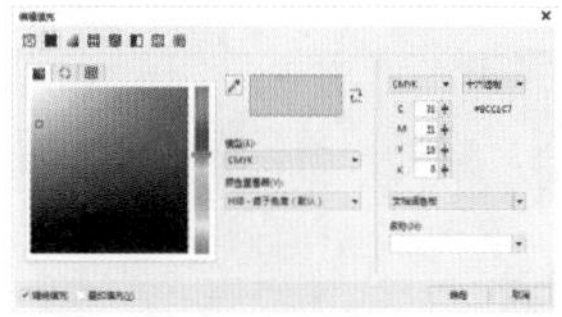

图 5–15

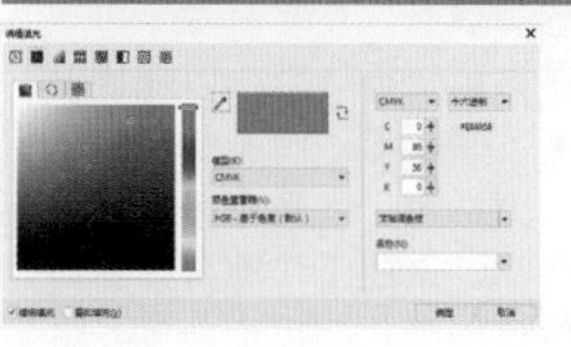

图 5–16

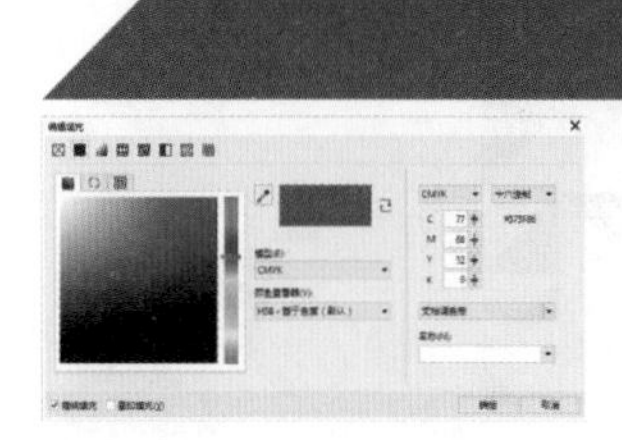

图 5–17

11 组合浅灰色三角形

复制多个步骤9绘制完成的浅灰色三角形，并通过调整大小和在属性栏中调整“旋转角度”，组成一组造型各异的三角形组合图案，效果如图5-18所示。

12 组合深红色三角形

复制多个步骤10绘制完成的深红色三角形，并通过调整大小和在属性栏中调整“旋转角度”，组成一组造型各异的三角形组合图案，效果如图5-19所示。

工具详解

闭合曲线

使用“贝塞尔”工具绘制曲线时，如果终止点没有与起始点重合，就不会形成封闭的路径，在默认的状态下就也无法对该对象进行色彩填充。当要闭合一个曲线对象时，可以将鼠标指针移向起始点，此时指针会变成状，表示可以进行曲线闭合，也可以单击其属性栏中的“闭合曲线”按钮，使曲线成为一个封闭的路径。

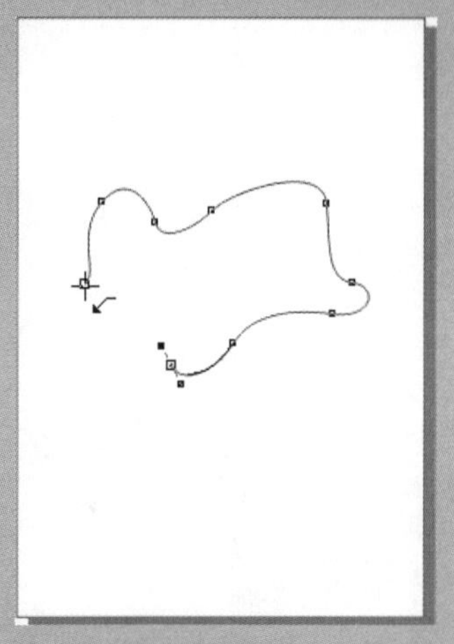

开放路径

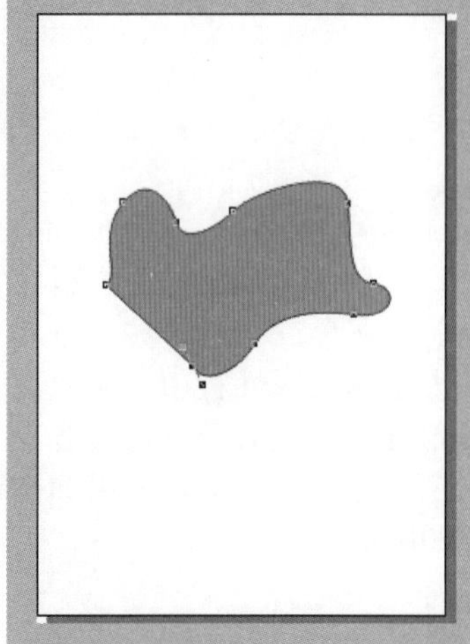

闭合路径填充

图 5–18

图 5–19

图 5–20

图 5–21

13 组合中灰色三角形

复制多个步骤10绘制完成的中灰色三角形，并通过调整大小和在属性栏中调整“旋转角度”，组成一组造型各异的三角形组合图案，效果如图5-20所示。

14 组合浅红色三角形

复制多个步骤10绘制完成的浅红色三角形，并通过调整大小和在属性栏中调整“旋转角度”，组成一组造型各异的三角形组合图案，效果如图5-21所示。

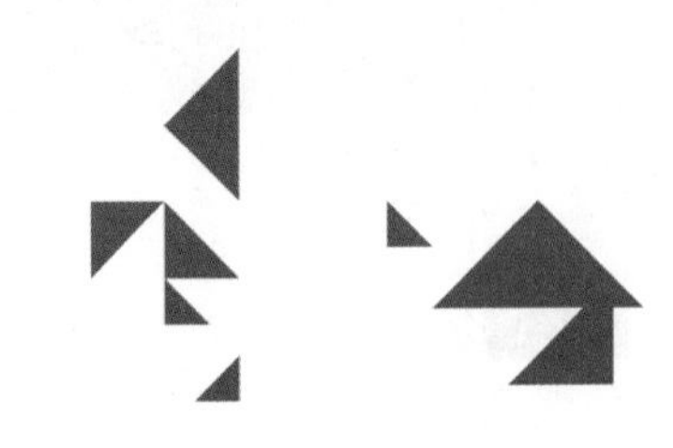

图 5–22

行业知识

书刊印刷工艺和流程

书刊的印刷工艺和流程对于提高书刊质量、扩大市场销售等方面具有至关重要的作用。在这方面，无论是设计人员、出版单位、印刷企业，还是客户，都要根据具体书刊印刷的质量选择和确定自身所需要的印刷工艺，并对印刷工艺提出严格的质量要求。

平版书刊的印刷工艺流程如下。

拼版→晒版→显影→擦版→烘版→装版→印刷。

平版印刷主要是胶版印刷。这里以胶版印刷为例，对书刊印刷的工艺流程和印前准备、试印中及正式印刷进行介绍。

1.印前准备

准备工作包括纸张的调湿处理、油墨的调制、润湿液的配制、印版的检查、印刷压力的调试等。

纸张调湿处理主要是防止环境气候造成纸张的含水量不均匀而引起纸张变形以及防止产生静电现象。纸张变形和静电现象在印刷中是绝对不允许出现的。

2.装版试印

印前准备工作做好之后，就可以装纸、装版、开机调试了。开机运行中，要对输纸机构、收纸机构、输墨装置、输水装置、印刷压力等方面进行调节，以保证走纸顺畅，供水量、给墨量适中，印刷压力适宜，以确保印出高质量的印品。上述工作准备好后，将机器开一会儿，使给墨量、供水量适中且均匀，之后给纸台上加一些过版纸进行试印。如果是多色印刷或是套色印刷，还需要进行套准调节工作，确定版面位置是否合适，图文是否歪斜，天头、地脚、左右大小及方向是否套准（一般以规矩线进行套准调节）。套准作业完成后，开始试印，印出几张样品，进行质量检查。

15 组合灰蓝色三角形

复制多个步骤10绘制完成的灰蓝色三角形，并通过调整大小和在属性栏中调整“旋转角度”，组成一组造型各异的三角形组合图案，效果如图5-22所示。

图 5-23

16 拼接三角形组合

将步骤11～步骤15制作的5个三角形组合拼接到一起，然后微调每个图形的位置，并利用键盘上的【Ctrl+PgUp】和【Ctrl+PgDn】组合键调整个别三角形的上下图层顺序，效果如图5-23所示。

17 制作拼接小图形

利用步骤9和步骤10制作的5种三角形进行拼接，制作出多种不同造型组合的小图形，效果如图5-24所示。

图 5-24

18 调整小图形

利用“选择”工具调整每个小图像的位置及大小，得到的效果如图5-25所示。

19 编组图形组

利用“选择”工具将以上绘制完成的所有图形组合选中，单击鼠标右键，在弹出的快捷菜单中选择“组合对象”命令将所有图形编组，设置如图5-26所示。

图 5-25

油墨调制工作包括专用油墨的配制、对常规油墨添加一些助剂等。如果油墨黏度不合适，应提高或降低黏度的调墨油；油墨干燥性不好，可添加干燥剂。添加各种助剂必须根据工艺、设备、纸张及环境温度等情况，用量要适当。

- 印版的检查：包括印版类别、色别的检查，印版厚度检测，印版叨口大小的检查，规矩线的检查，印版深浅的检查，版面图文的质量检查，有无污损、划伤等方面的检查。
- 印刷压力的调试：根据印版厚度、纸张规格、橡皮布的厚度、包衬材料厚度、印刷工艺的要求等诸多因素选择合适的滚筒包衬，使印刷压力能够符合印品工艺和质量要求。

3.正式印刷

正式印刷前，加一些过版纸，过版纸印完后使计数器归零。印刷中要经常进行抽样检查，注意上水的变化、油墨的变化、印版耐印力、橡皮布的清洁情况，以及印刷机供油、供气的状况和运转是否正常等。

20 编组并制作白色线条

复制一个上一步编组后的图形组，将图形组的填充颜色设置为“无”，轮廓宽度设置为“0.35mm”，轮廓颜色设置为白色，得到的效果如图5-27所示。

图 5–26

图 5–27

21 绘制矩形图形

使用“矩形”工具□绘制一个宽为6.957mm、高为6.96mm的矩形，效果如图5-28所示。

22 填充颜色

选中上一步绘制的矩形，单击工具箱中的“交互式填充”工具按钮，打开“编辑填充”对话框，并选择“均匀填充”，效果及参数设置如图5-29所示。

图 5–28　　图 5–29

23 设置步长和重复

选中上一步填充颜色后的矩形，选择“窗口”→“泊坞窗”→“步长和重复”菜单命令，打开“步长和重复”选项栏，在“水平设置”选项组中设置“对象之间的间距”及距离数值，在“垂直设置”选项组中设置“无偏移”及距离份数数值，参数设置如图5-30所示。单击“应用”按钮，得到的效果如图5-31所示。

设计师经验

断开节点的方法

用户可将直线线段、曲线、闭合的曲线路径断开。当要将某一个线段断开时，可以使用“形状”工具在要断开的节点上单击以选择该节点，然后单击其属性栏中的“断开曲线”按钮，此时该线段即被分割。

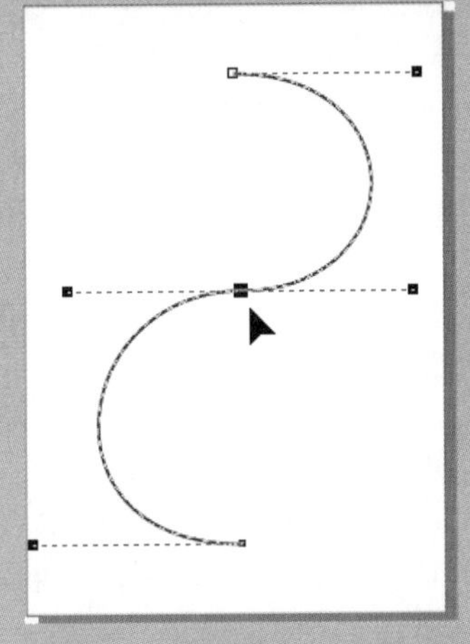

选择节点

如果是线段，就会被分割成两个呈组合状态的对象，选择“对象”→“拆分曲线”菜单命令，可将两个组合状态的对象分离出来。

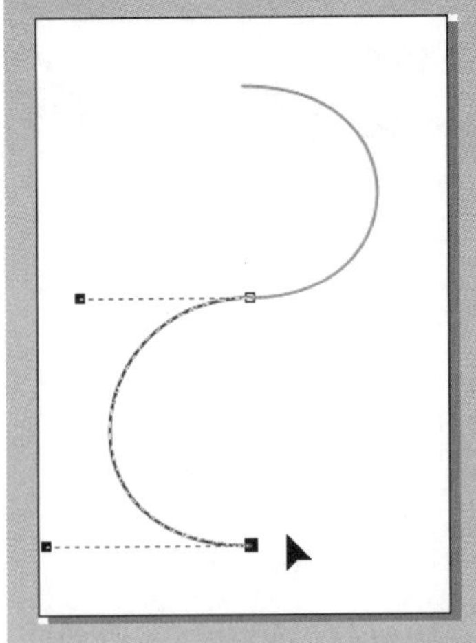

断开节点

如果将封闭曲线路径中的某个节点断开，则该路径即被改变成未闭合的路径，此时无法填充颜色，已填充的颜色也无法显示。

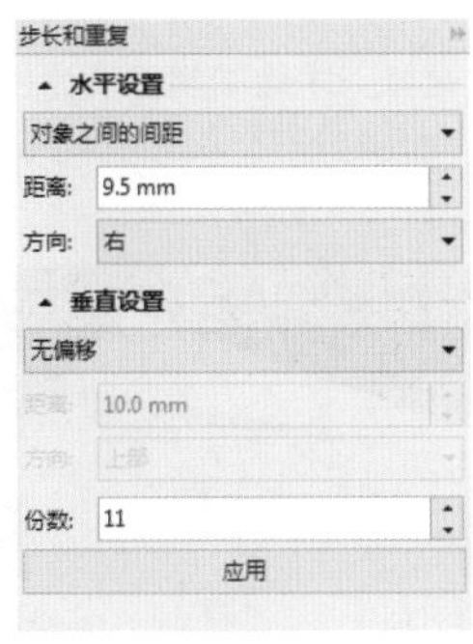

图 5-30

图 5-31

图 5-32

24 调整矩形大小

使用“选择”工具，分别选中上一步重复排列的每个矩形并调整大小，得到的效果如图5-32所示。

25 对齐矩形

使用“选择”工具同时选中上一步调整完大小的所有矩形，选择“窗口”→“泊坞窗”→“对齐与分布”→“对齐与分布”菜单命令，打开“对齐与分布”选项栏，如图5-33所示。单击“垂直居中对齐”图标，得到的效果如图5-34所示。

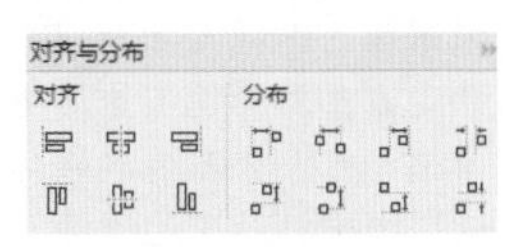

图 5-33

图 5-34

26 制作多个矩形组

利用步骤23的方法制作多组矩形，并分别调整大小及分布，然后在边缘部位分散排列一些，得到的效果如图5-35所示。

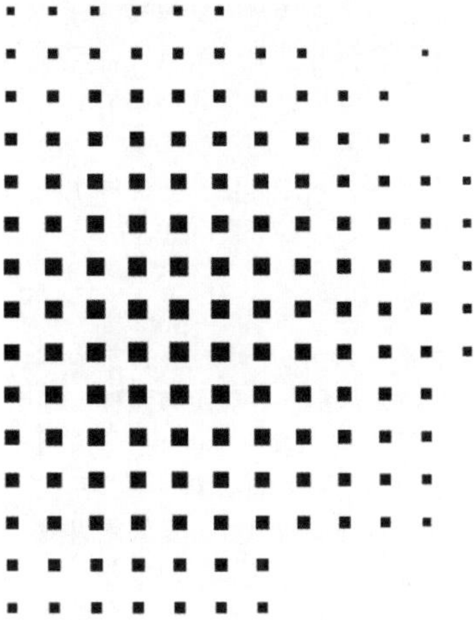

图 5-35

图 5-36

27 编组图形并调整位置

将上一步绘制完成的分布排列的矩形图形全部选中并编组，然后调整到相应位置，得到的效果如图5-36所示。

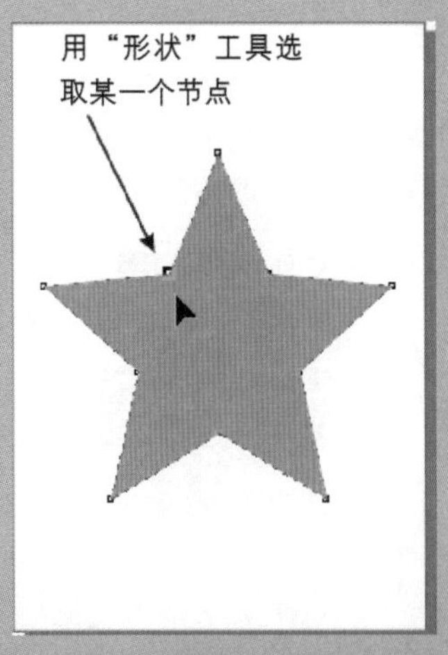

选择节点

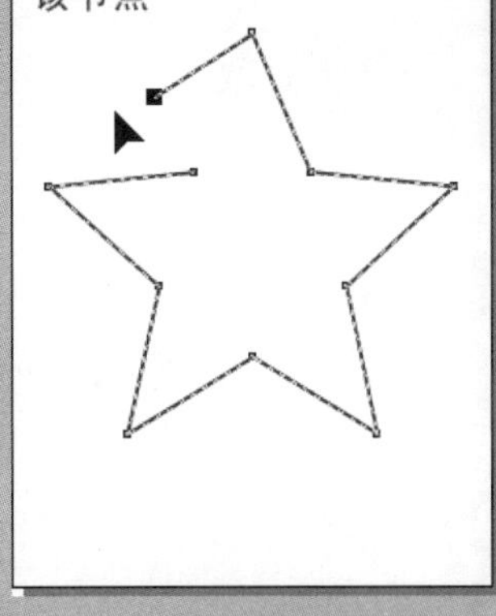

断开节点后的效果

行业知识

书籍封面设计的立意

在书籍封面设计的诸因素中，决定成败的重要因素是立意。所谓立意，是指封面作者对于书籍内容的理解、感受，在头脑中所形成的主题思想以及如何通过艺术形式来表现主题的想法。我国的传统绘画主张“作画贵作立意”“意在笔先”“成之命笔，惟意所到”“意奇则奇，意高则高，意远则远，意深则深”。

对于封面设计的立意，要求作者熟悉生活并且具有多方面的生活感受，要广泛地学习和借鉴中外艺术的精华，要深刻地研究和理解书籍的内容，同时也要考虑读者对象、装帧材料、印刷工艺等诸多因素，进而达到立书之意。

28 调整透明度

选中矩形图形组，单击工具箱中的“透明度”工具按钮，在其属性栏中选择“均匀透明度”选项，将“合并模式”设置为“叠加”，透明度设置为“0”，参数设置及效果如图5-37所示。

图 5-37

图 5-38

29 复制图形组

复制一个步骤19编组后的图形组，并调整其图层顺序到最上方，效果如图5-38所示。

30 填充渐变色

单击工具箱中的“交互式填充”工具按钮，打开“编辑填充”对话框，并选择“渐变填充”选项为上一步复制的图形组填充渐变色，参数设置如图5-39所示。单击“确定”按钮，得到的效果如图5-40所示。

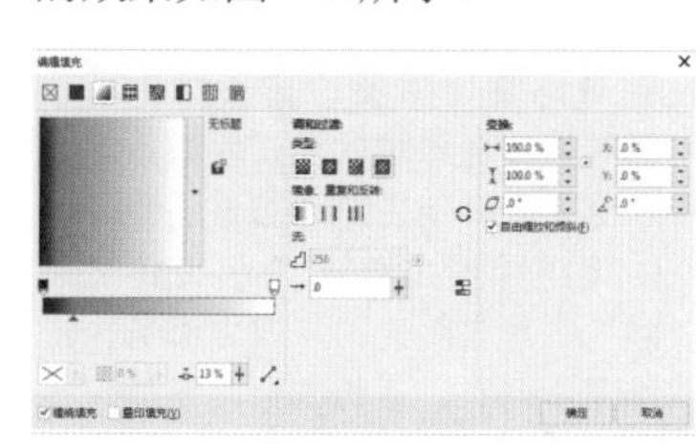

图 5-39

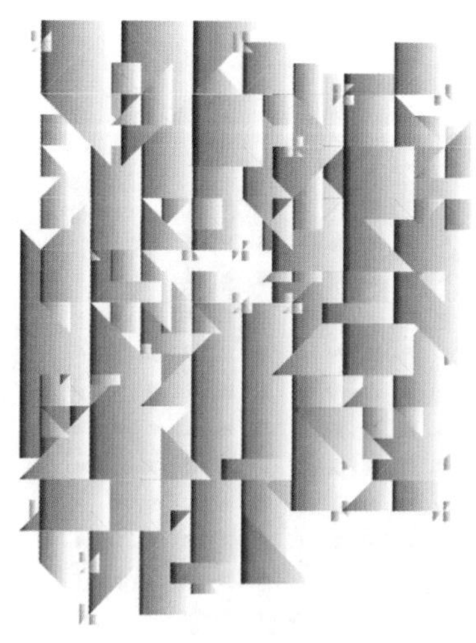

图 5-40

31 取消组合对象

选择上一步添加渐变后的图形组，单击鼠标右键，在弹出的快捷菜单中选择“取消组合对象”命令，将组合对象拆散（由于图形组合较多，在下一步设置透明度时无法统一执行，所有必须拆散调整），得到的效果如图5-41所示。

只有这样，才能在封面设计中体现出恰如其分的艺术境界。

优秀的立意封面

1.潜心其中

要设计书籍的封面，首先要熟悉书籍的内容、主题、性质、特征、风格等，这犹如作家在创作之前到丰富多彩的现实生活中去寻找素材一样，去发现故事与情节中同封面设计有关的真谛，去提炼与概括书籍的主题，并按照自己的设计意图去进行再创造。书籍内容是封面立意的根基，对内容、主题理解得越深，在立意中就越有选择的自由。“人乎角色之中，出乎角色之外”，要先使自己进入角色，又要清醒地意识到自己并不等于角色。封面作者只阅读书籍内容是不够的，必须有进入角色的情感体验，“悟之愈深，画之愈切”，这样才能深得其法，使立意深化。

2.驰骋想象

黑格尔认为：“最杰出的艺术本领就是想象。”想象有两种，即“再现的想象”和“创造的想象”。“再现的想象”只是回忆以往那些旧的印象，复演用过的旧经验，这只是简单的重复，不能产生精湛的艺术。而“创造的想象”则要冲破局限性，展开思维空间，从微观到宏观，从一滴水到大千世界，社会、生活、人类、历史无所不涉，正如晋代哲学家葛洪所说：“用思有限者，

32 调整透明度

利用“选择”工具，选中上一步拆散后图形的部分区域，然后单击工具箱中的“透明度”工具按钮，在其属性栏中选择“均匀透明度”选项，将“合并模式”设置为“颜色加深”，透明度设置为“50”，参数设置及效果如图5-42所示。

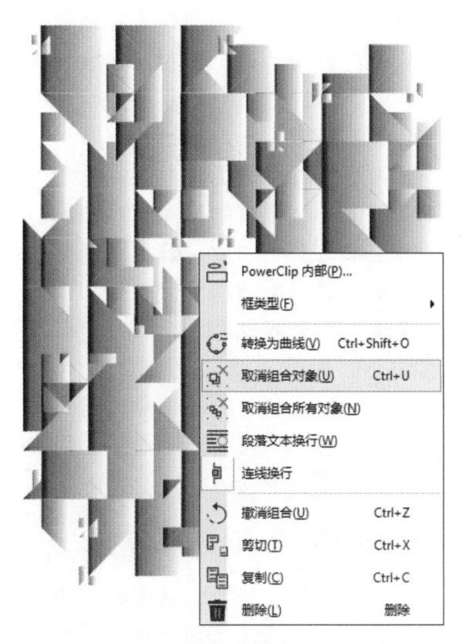

图 5–41

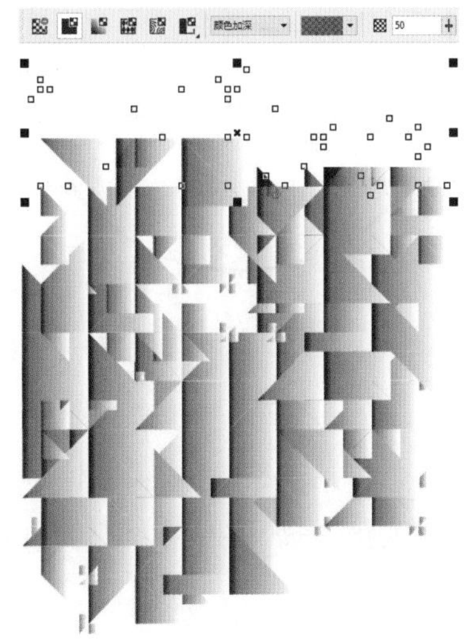

图 5–42

33 调整透明度及位置

使用同样的方法逐步调整图形组合其他部分图形的透明度，并在调整后放置于相应位置，效果如图5-43所示。

34 调整图层顺序

将上一步透明度图形组编组，调整图层顺序使其处于步骤20绘制的轮廓图形组的下方，效果如图5-44所示。

图 5–43

图 5–44

35 编组并置于图书轮廓内

对步骤07～步骤34制作完成的所有图形进行编组，然后放置

不能得其神也。”但是，“创造的想象”绝不是胡思乱想、冥思苦想、奇思怪想，任何艺术都有自己的形象思维规律，“创造的想象”就是形象思维。只有这样，才能有如见其人、如历其事、如临其境的感觉。

美学大师朱光潜曾说：“凡是艺术创造都是平常材料的不平常综合，创造的想象就是这种综合作用所必须的心灵活动。”对于封面设计的材料综合，除了研究书籍内容之外，还应结合自己的生活积累，通过装帧艺术手法，给文学作品所塑造的形象以补充和改造，从而创作出封面所需要的、带有作者浓厚情感的艺术形象来。 在封面设计的立意过程中发挥丰富的、创造性的想象力，无疑会开拓深邃的意境。

3.艺术联想

对于封面设计的立意，很重要的一条就是艺术联想。一部小说洋洋万言，包含着错综复杂的故事情节，要使一幅只有32开的封面去容纳它庞大的内涵，去包罗万象，无论如何也是无能为力的。要让封面设计确切地表达书籍的主题，必须突破封面自身容量的局限，借助于艺术联想去扩大意境，使读者不是就封面看封面，而是通过封面所表现的形象联想更多的内容。这样既能使读者加深对书籍主题的理解，同时也能丰富书籍的表现力。

可使人产生联想的封面

于步骤06制作好的图书轮廓内，效果如图5-45所示。

图 5–45

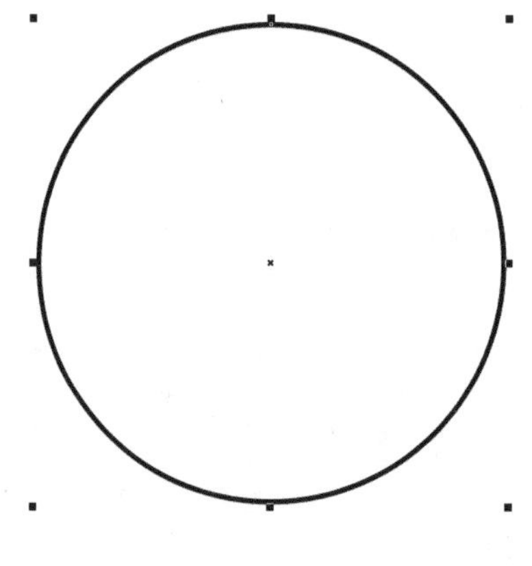
图 5–46

36 绘制圆形

选择工具箱中的“椭圆形”工具，然后按住【Ctrl】键不放，在空白区域绘制一个宽度和高度均为7.229mm的正圆，效果如图5-46所示。

37 添加节点

使用“选择”工具选中上一步绘制的圆形，选择其属性栏中的“转换为曲线”工具，将圆形转换为曲线，然后选择“钢笔”工具，为圆形添加4个节点，效果如图5-47所示。

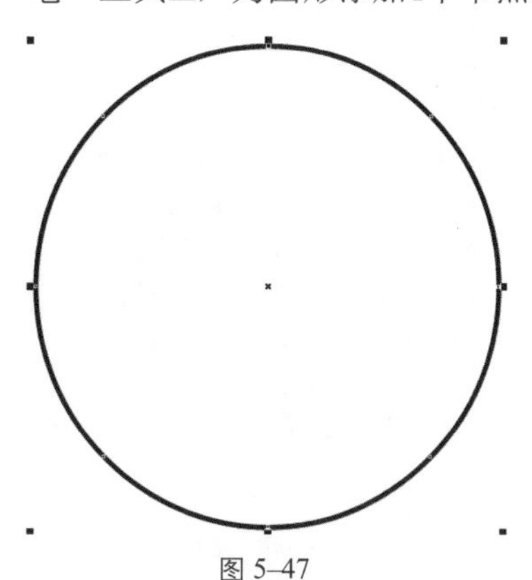
图 5–47

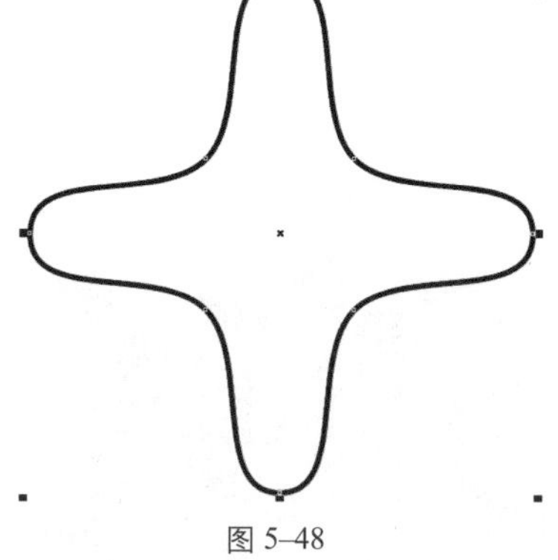
图 5–48

38 调整节点位置及弧度

选择“形状”工具，调整上一步制作的圆形曲线4个节点的位置，得到的效果如图5-48所示。接着调整4个顶点的弧度，效果如图5-49所示。

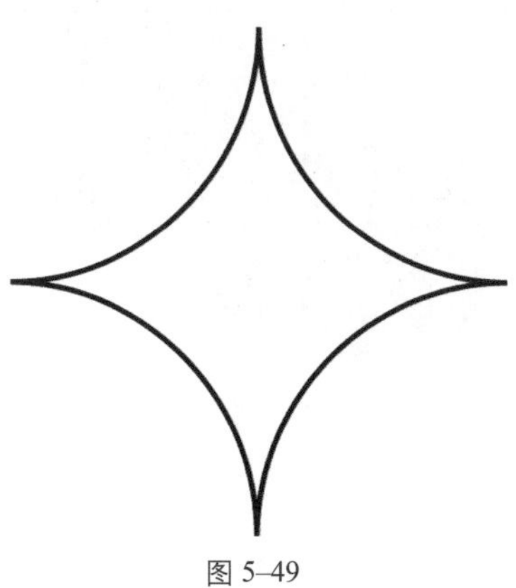
图 5–49

一幅成功的封面作品，能使人恰如其分地以形象的感受为基础展开艺术联想，由此及彼，由表及里，使读者得到美的享受。如果离开了对形象的感受而去任意想象，就不是艺术的联想。所以，封面设计的联想力要包含在作者的设计意图之内，即封面作者对书籍内容的理解有了某种激情和形象的感触而进入设计的立意过程时所表现出来的内在意义。恩格斯说：“作者的见解越隐蔽，对艺术作品来说就越好。”封面作者的表现手法越隐蔽，赋予读者的联想空间就越大。凡是能激发人们展开艺术联想的封面作品，都有一个共同的特点，就是寓“无限”于“有限”之中，寄情写意，思而得之。

4.以情动人

艺术的本质是情致，艺术的魅力即情感。一切文艺创作都是用形象思维来反映生活的，而形象思维带有强烈的感情特点。画家画人，就必须画情，即使是对自然界“无情物”的描绘，也无一不包含着画家感情的浓汁，使“无情物”有情化，使“景语”为“情语”。封面设计也要以情动人，没有情感的封面就像蹩脚演员的拙劣表演，会令人觉得味同嚼蜡。刘勰说：“繁采寡情，味之必厌。”罗丹说：“艺术就是情感。”别林斯基也说：“没有情感就没有诗人。”可见，情感在艺术创作和封面设计中的重要作用。封面立意中的情感表现是艺术活动的动力。一个封面作者必须设法在书籍内容中找到能唤起和表现其情感的形象，才能激发自己的创作欲望。刘勰所说的“昔诗人什篇，为情而造文”就是这个道理。有的封面所表现的艺术形象之所以有感人的魅力，就是由于浸透着作者对书籍内容所描绘形象的情感体验，即“登山则情满于山，观海则意溢于海”。

39 填充颜色

将上一步绘制的形状轮廓宽度设置为“无”，然后单击工具箱中的“交互式填充”工具按钮，打开“编辑填充”对话框，并选择“均匀填充”，效果及参数设置如图5-50所示。

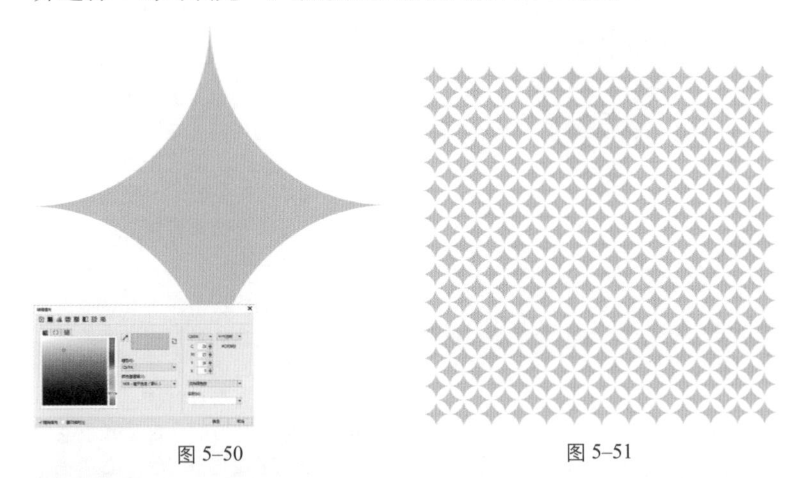

图 5-50　　图 5-51

40 设置步长和重复

利用步骤23的方法，选中上一步填充颜色后的形状，打开“步长和重复”选项栏，设置“水平设置”和“垂直设置”，最终得到的效果如图5-51所示。

41 填充颜色并编组

分别对上一步完成图形组内的单个图形进行颜色调整，完成之后对所有图形进行编组，效果如图5-52所示。

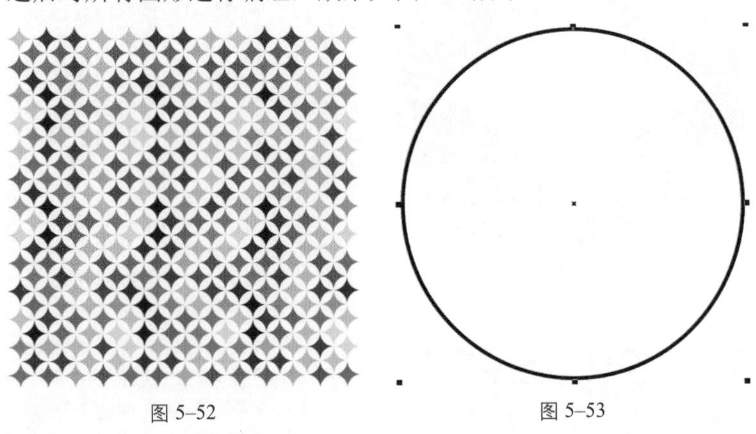

图 5-52　　图 5-53

42 再绘制一个圆形

选择工具箱中的“椭圆形”工具，然后按住【Ctrl】键不放，在空白区域再绘制一个宽度和高度均为5.111mm的正圆，效果如图5-53所示。

43 调整节点位置及弧度

将圆形转换为曲线，然后选择“形状”工具，调整圆形的两端节点位置以及上下节点的弧度，得到的效果如图5-54所示。

以情动人的封面

5.意在画外

深邃的立意能使封面设计的艺术效果出人意料。以意取胜，当然也不是件容易的事。艺术创作非常讲究艺术含蓄的魅力。艺术含蓄，诗人叫做“言有尽而意无穷”；音乐家称为“手挥五弦，目送飞鸿”；画家称为“意到笔不到”。封面艺术也有“弦外之音”之说。一幅令人叫绝的封面作品所表现的艺术形象，总是“表”得“少”，“现”得“多”，以一当十，以小见大，“窥一斑而知全豹”。艺术含蓄能突破有限的空间，进入无限的境界，正所谓“情在意中，意在言外，含蓄不尽，斯为妙谛”。

6.意境要新

封面设计立意的最终目的就是创造意境。意境在中国绘画理论中是一个最基本、最重要的美学范畴。中国古代的绘画非常注重创造意境，在南齐谢赫的《六法论》中，把“气韵生动”列为诸条之首。“气韵”即艺术家的思想感情，是艺术家在作品中表达情感的最高艺术境界。刘勰在《文心雕龙》一书中把意境称之为“驭文之首术，谋篇之大端”。可见，意境决定着艺术创作之命运。意境无非是从尚形到尚意、从景物到情感，又以尚意、达情为主，即离不开物对心的刺激和心对物的感受。

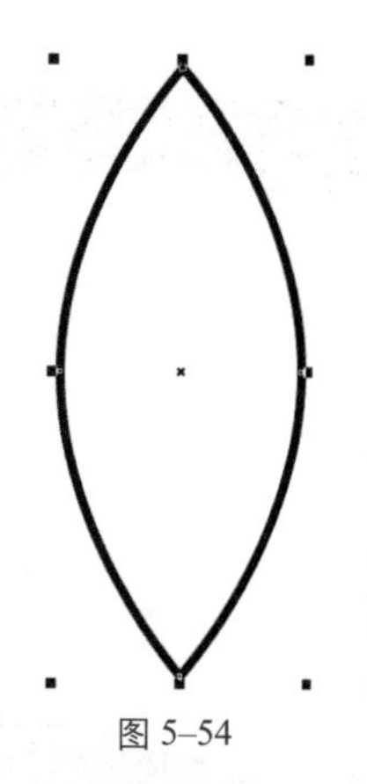
图 5-54

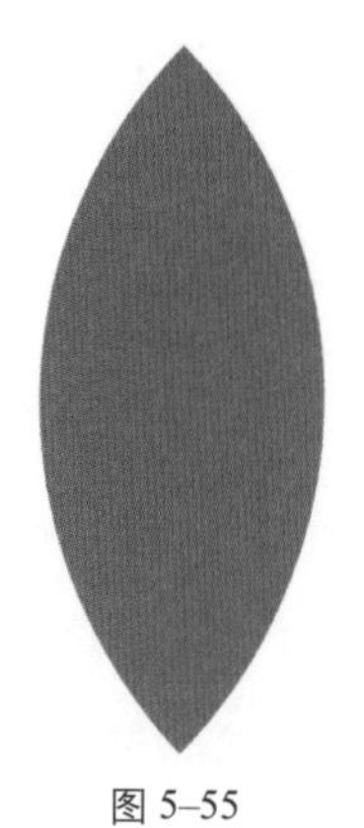
图 5-55

44 填充颜色

将上一步绘制的形状轮廓宽度设置为“无”，然后填充颜色，得到的效果如图5-55所示。

45 变换角度

使用“选择”工具选择上一步的图形，在其属性栏中设置旋转角度为45°，效果如图5-56所示。

46 复制并变换角度

将绘制好的图形复制3个并分别变换旋转角度，然后组合在一起得到圆形，效果如图5-57所示。

图 5-56

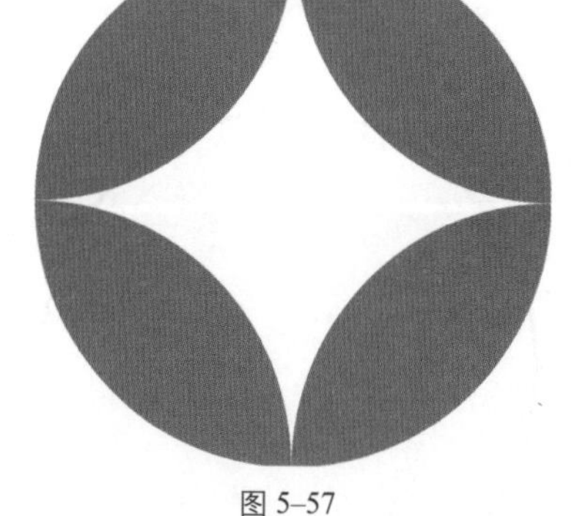
图 5-57

47 设置步长和重复

打开“步长和重复”选项栏，对上一步制作好的圆形执行多个重复排列，效果如图5-58所示。

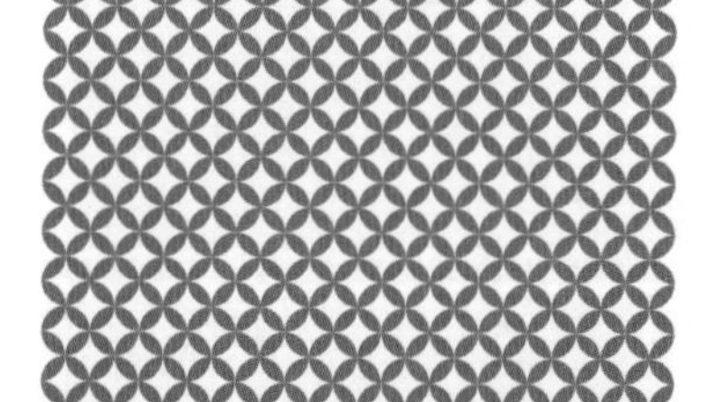
图 5-58

封面设计的意境只能通过形象思维来完成。形象与情感交融于艺术想象的活动之中，离开形象的情感不是艺术的情感，离开情感的形象也不是艺术的形象，正所谓“情不虚情，情皆可景，景非滞景，景总含情”。封面作者不能离开形象思维的规律，不能离开书籍的内容去制造意境。艺术意境的创造，必须经过作者与欣赏者的思想交流，产生精神共鸣，才能达到情真意切、感人肺腑的理想效果。

封面设计的构图是表达立意的语言。如果说立意是封面设计的灵魂，那么构图就是封面设计的骨肉，深邃的立意只有通过完美的构图、精巧的造型才能体现出艺术效果。所谓构图，就是立意在封面上的形象体现，即用形象的置阵布势来构成一幅协调完整的画面。一幅好的封面构图，能够充分表达封面作者的艺术情感和创造的意境。

我国的传统绘画非常重视构图，把构图叫做“布局”“目有全局，胸有全牛”。谢赫六法则把构图称为“经营位置”。马蒂斯称：“构图就是把画家所要应用来表现其感情的各种要素，依照装饰的意味适当地排列起来的艺术。”构图对于一幅封面来说，起着决定其艺术价值和审美价值的作用。

封面设计的构图是通过艺术形象来体现的，没有艺术形象，构图就不能成立。艺术形象的塑造，一是取决于封面作者对书籍内容理解的程度，二是对生活的感受程度，三是对艺术研究的深度，三者缺一不可。这样创造的艺术形象不落窠臼，摆脱了图解式的俗套，具有艺术感染力。封面设计的构图所体现出来的审美效果，不仅仅依赖于它们实际上表现了什么，更主要的是依赖于它们唤起了人们什么。

48 填充颜色

分别对上一步完成图形组内的单个图形进行颜色调整，完成之后对所有图形进行编组，效果如图5-59所示。

49 对齐图形

使用“选择”工具同时选中步骤41和步骤48绘制完成的两组图形，然后打开“对齐与分布”选项栏，对两组图形设置“水平居中对齐”和“垂直居中对齐”，得到的效果如图5-60所示。

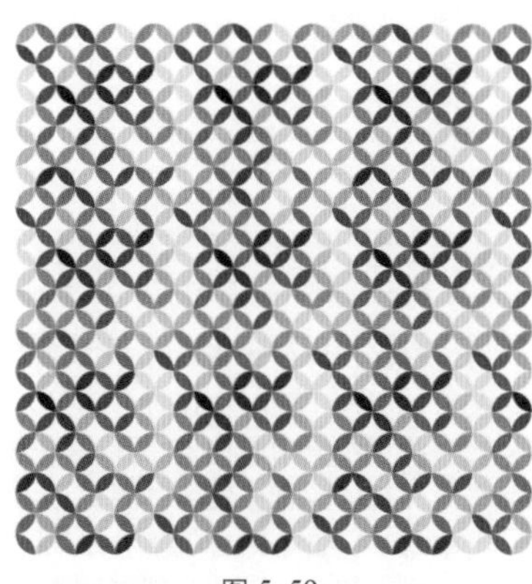

图 5–59

图 5–60

50 置于图文框内部

使用“椭圆形”工具在空白区域再绘制一个宽度和高度均为92.77mm的正圆，得到的效果如图5-61所示。然后选中上一步对齐后的两组图形，执行“效果”→“PowerClip”→“置于图文框内部”菜单命令，并将圆形的轮廓宽度设置为“无”，得到的效果如图5-62所示。

图 5–61

图 5–62

51 绘制圆形并填充渐变

使用“椭圆形”工具绘制一个宽度和高度均为95.5mm的正圆并填充渐变色，参数设置及效果如图5-63所示。

52 调整位置及图层顺序

将上一步绘制的渐变圆形放置到相应位置，并调整图层顺序使其处于步骤50绘制完成图形的下方，效果如图5-64所示。

行业知识

书籍封面设计的要点

1.平面构图

对封面设计构图起决定作用的因素是平面分割。分割是一种重要的构图方法，可将组成画面整体的各个部分进行最佳的配置，如果处理得当，会给构图带来主题清晰、层次分明的艺术效果。

平面分割的变化是无穷无尽的。罗列式的构图则显得烦琐臃肿。平面构图的一个重要特点就是装饰性，该特点对构图以及形象塑造有着直接的关系。封面设计是装饰性的艺术，构图必须考虑怎样对所要塑造的艺术形象进行装饰。即使将一幅绘画或摄影作品用在封面上，也必须在构图时考虑如何受装饰的支配，它既要服从于装饰，又要起到装饰的作用。

2.经营位置

我国传统画论所讲的“经营位置”“置阵布势”，说的都是运用对立统一规律来解决构图的局部和整体关系问题，即“对比与调和”“分散与呼应”“比例与权衡”等。“对比与调和”讲的是对比能产生美的因素、美的趣味，能显示出黑白、疏密、长短、顺逆等形象的各自特征，但必须调和、统一，否则在封面构图中会各自为政，不能得到理想的审美效果。

对于“分散与呼应”，分散的作用在于展开画面，使各个部分的安排和处理达到虚实相生的目的；呼应的作用在于使内容、形式、色彩、气势等集中，使封面构图形成散而不离的最佳形态。

“比例与权衡”研究的是构图中局部和局部、局部和整体之间的关系。对于一幅封面的构图，首先要考虑大局，即主要设计形象的定势定位，只有使整个画面形成气势，才能突出主题、气韵生动。对于有些成功的封面作品，除了运用其他形式的因素之外，关键在于构图的布局和位置经营的巧妙。

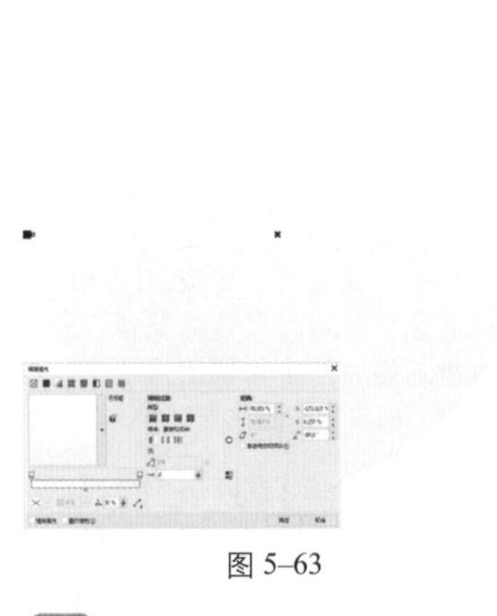
图 5–63

图 5–64

53 绘制圆形并填充颜色

使用“椭圆形”工具再绘制一个宽度和高度均为92.77mm的正圆并填充颜色，参数设置及效果如图5-65所示。

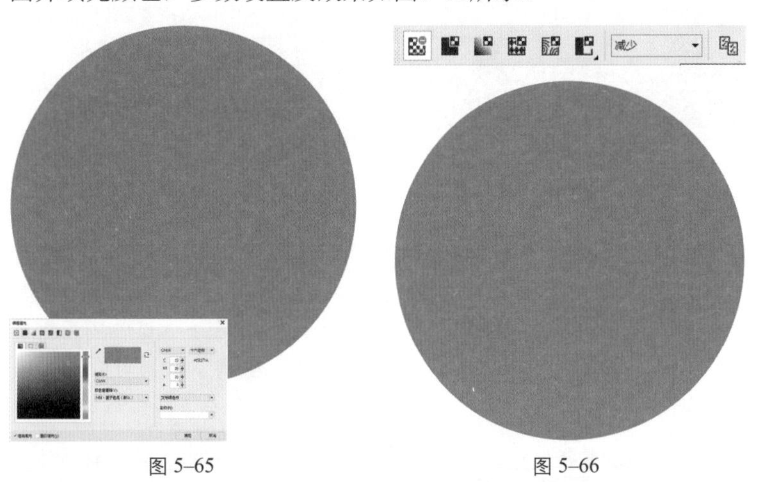

图 5–65　　图 5–66

54 设置透明度

选择“透明度”工具，在其属性栏中的“合并模式”下拉列表中选择“减少”选项，参数设置及效果如图5-66所示，然后将图形放置于相应位置，效果如图5-67所示。

图 5–67　　图 5–68

封面设计元素的布局

3.主次分明

对于封面设计的构图，应非常注重整体形态。在封面设计中，只有形象主次分明，画面才能豁然开朗。有一定创作经验的封面作者总是煞费苦心地去调解艺术形象的主次矛盾，无论采用哪种艺术手法，都以达到完美目的为原则。除此之外，对次要形象要删繁就简，最后保留下来的应作为主要形象的陪衬，是对构图中主要形象在内容上的丰富和补充。好花总得绿叶扶，只有主次分明，才能使封面设计主题突出。

突出主题

4.删繁就简

“删繁就简”这4个字对封面设计的构图来说尤为重要。封面设计最忌画蛇添足。封面构图的艺术语言越简练越好，一句话能

55 复制渐变圆并添加阴影效果

复制一个步骤51制作的渐变圆，调整大小为70.52mm，并使用工具箱中的“阴影”工具为渐变圆添加阴影效果，效果如图5-68所示。

56 调整位置

将上一步制作的图形放置于相应位置并居中对齐，效果如图5-69所示。

图 5-69

57 制作投影

利用“椭圆形”工具绘制一个黑色椭圆，效果如图5-70所示。然后执行“位图”→“转换为位图”菜单命令，参数设置及效果如图5-71所示。

图 5-70

图 5-71

58 添加高斯式模糊

选中上一步绘制的椭圆，执行“位图”→“模糊”→“高斯式模糊”菜单命令，参数设置及效果如图5-72所示。

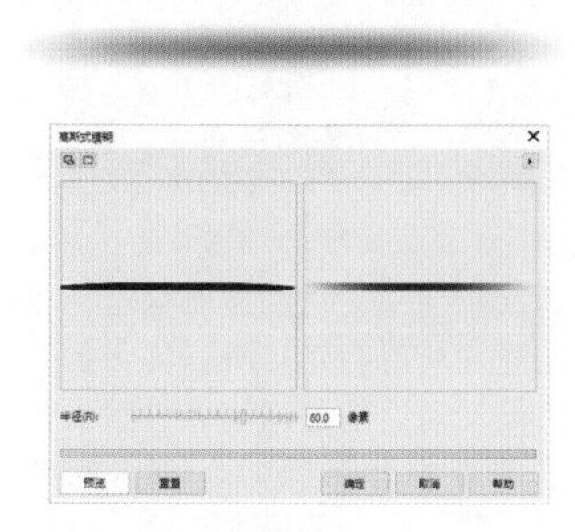

图 5-72

图 5-73

59 复制椭圆

复制一个添加模糊效果后的椭圆，然后调整图形大小，并与之前的椭圆居中对齐，效果如图5-73所示。

说明白的就不要说两句，两句话能说明白的就没有必要说三句，即“妙语者不必多言”。一幅封面的构图一笔不多，一笔不少，并且能准确地表达精湛的艺术语言，是装帧家们的不懈追求。例如，有些封面应是成功之作，但失于烦琐，结果平平。就像有些电影镜头，本来在情节中通过人物的动势、景物的衬托、音响的效果已使观众明情达意，但偏偏要加上许多对白、旁白。有的封面构图为表现主题，面面俱到，担心画不明白，结果画得越多越画不明白，弄得人们眼花缭乱，看不出优劣，最后必然适得其反。封面构图的艺术语言应当言简意赅，“以少少许胜多多许”“一滴水见大千世界”。就像有的演员演戏，在一个感伤的情节中虽没有一句台词，但落下一滴眼泪就能传情给观众，使之感受到所要述说的苦痛。一幅封面构图的艺术语言，也要像一滴眼泪那样，“言有尽而意无穷”。封面设计的构图要“先做加法，后做减法”，最后落笔应当简约、鲜明、准确、生动。删繁就简是就艺术规律而言的，绝不是乱砍滥伐，否则会使构图空之无物、单调无趣。

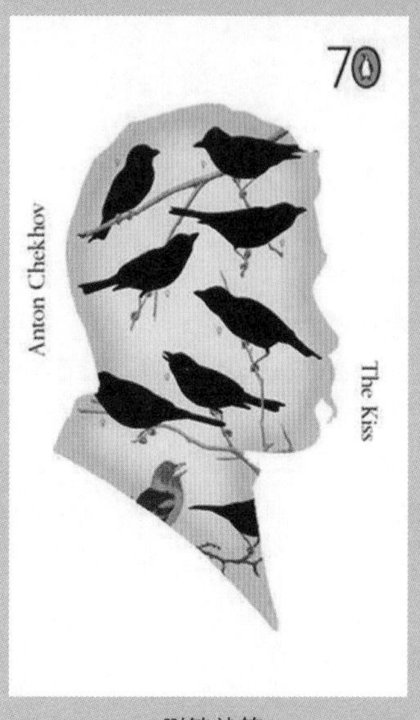

删繁就简

60 编组并调整位置

将两个椭圆选中并编组，然后放置在如图5-74所示的位置，将步骤56制作完成的图形与两个椭圆图形编组，并适当调整大小后放置在相应位置，效果如图5-75所示。

图 5-74

图 5-75

61 绘制矩形

选择“矩形”工具，在空白区域绘制一个圆角矩形，转角半径为3.217mm，效果如图5-76所示。

62 调整节点位置及弧度

将矩形转换为曲线，然后使用“钢笔”工具和“形状”工具调整矩形的形状，得到的效果如图5-77所示。

图 5-76

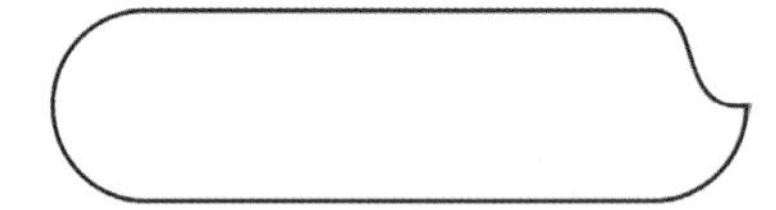

图 5-77

63 填充颜色

将上一步绘制的形状轮廓宽度设置为“无”，然后填充颜色，参数设置及效果如图5-78所示。

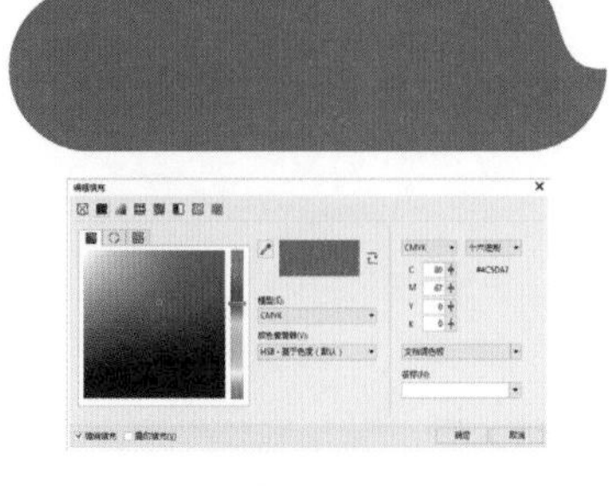

图 5-78

64 添加文本

单击工具箱中的“文本”工具按钮字，输入“EPS10”，选择字体为“方正大黑简体”，分别调整每个字体的大小，并填充白色，然后将文字移动到绘制的图形里，效果如图5-79所示。

图 5-79

5.计白当黑

中国画的构图很讲究“计白当黑”“宁空勿实”“疏能走马，密不透风”。古人的这些论述对人们今天研究封面的构图来说非常有益。封面设计的构图基本上由两大部分组成，即实体形象和空白部分。空白是封面构图中不可缺少的，就像繁杂的建筑群中间要有一块广场、草坪一样。

凡是成功的封面构图，除了其他因素之外，无不在疏密、虚实上下功夫，即所说的“知白守黑，得其玄妙”。这种矛盾运动的形式所产生的节奏和韵律，能使封面的构图充满着音乐性和抒情性，令人遐想飘然，正如德国大文学家歌德所说：“韵律好像魔术，有点迷人，甚至能使我们坚信不疑，美丽属于韵律。”

6.象外之象

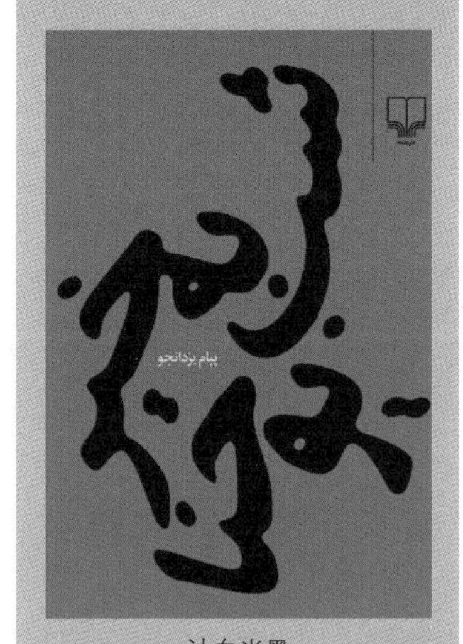

计白当黑

封面构图表现力的重要标志，就是看它能否超越自身，能否创造广阔、深邃的艺术境界。封面艺术的魅力和感染力，有时需要到形式语言的外面去寻找，这种“笔不到意到”的艺术效果所体现出来的特有意境能打破封面构图的有限空间，使人产生咫尺千里、意象无穷的艺术境界，也可产生无形中似有形，无色中似有色，无声中似有声的意境。美国

65 旋转角度并调整位置

将制作好的形状及文本旋转90°并放置在相应位置，效果如图5-80所示。

图 5-80

图 5-81

66 添加其他文本

单击工具箱中的“文本”工具按钮字，在封面的相应位置输入其他文本内容，字体分别为“汉仪圆叠体简”“冬青黑体简体中文”“Arial Unicode MS”，并设置合适的大小和颜色值，效果如图5-81所示。

67 绘制不规则形状

使用“钢笔”工具在封面相应位置绘制一个蓝色的不规则形状，然后复制两个并分别填充灰色和黄色，之后在每个图形上单独添加数字文本，得到的效果如图5-82所示。

图 5-82

图 5-83

68 制作封面渐变

复制一个步骤6制作完成的封面轮廓，然后填充渐变色，参数设置及效果如图5-83所示。

69 添加阴影

使用“矩形”工具绘制一个矩形并添加渐变色，参数设置及效果如图5-84所示。

作家海明威把文学创作比做漂浮在海洋上的冰山，认为用文字直接写出的部分仅仅是露在水面上的1/8，而将隐藏在水下的7/8留给读者，使读者根据自己的生活感受和想象力去探测、去挖掘、去理解、去回味、去补充。“冰山之喻”能启迪作者如何冲破图解的模式、因袭的成规、偏狭的思路，如何开拓与深化封面构图的艺术容量。采用象征、寓意、比喻、隐喻等艺术手法都能使封面设计的构图超越自身。

7.字体布局

通过艺术手法增加感染力

封面构图与其他造型艺术形式的一个特殊区别就是必须包含文字，其书名、作者名、社名都要有合理的布局。我国古代绘画注重诗、书、画三位一体，即“画中有诗，诗中有画”“诗是无形画，画是有形诗”。中国画中的题诗、落款的章法和布局，对于今天研究封面设计的构图尤为重要。书籍封面的构图和中国画的构图形式在图与字的关系上颇为相似，都是由于图与字的完美组合而相得益彰。如果一幅封面的构图离开了文字，就失去了存在的价值，因为任何封面都是靠文字和图像的有机结合来表现主题的，其中书名是对内容的高度概括。有的封面构图虽然没有图像，但借助书名等字体的巧妙安排，同样能体现书籍的性质与特性，并富有美感。一幅完美的封面构图，其文字与图像总是互为作用、和谐一致。要根据书籍的

70 继续添加阴影并调整位置

利用上一步的方法再绘制一条水平方向的阴影渐变，并将两条阴影线调整至封面的相应位置，得到的效果如图5-85所示。至此，设计类书籍封面设计已经全部制作完成。

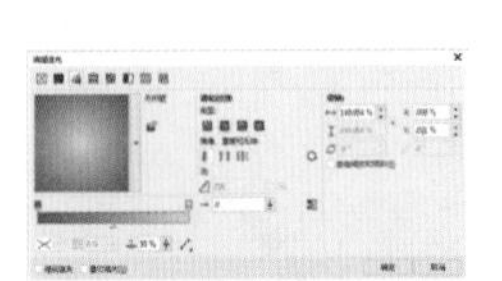

图 5-84

图 5-85

内容与构图的需要来选择字体，无论是美术字还是书法字，都须与封面构图的格调一致，使其恰如其分。

字体布局封面

拓展训练——设计类书籍封面设计

利用本节介绍的制作书籍封面的相关知识，按照智慧职教本课程提供的素材文件制作出设计类书籍封面，最终的效果如图5-86所示。

图 5-86

- 技术盘点：“贝塞尔”工具、“矩形”工具、“渐变填充”工具、位图素材的导入、投影的制作。
- 素材文件：“Chapter5\5.3\素材\设计类书籍封面设计.cdr”。
- 制作分析：

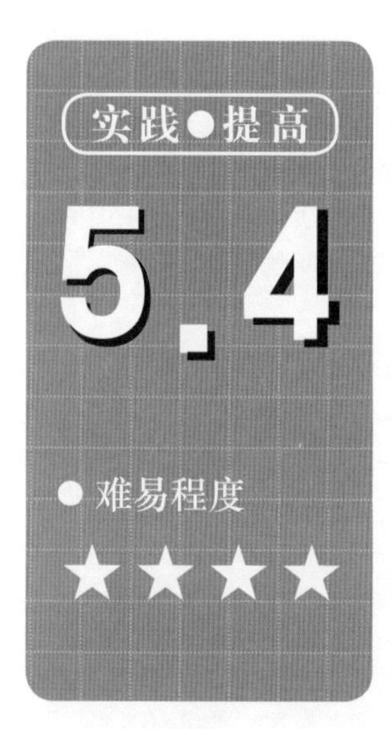

小说封面设计

项目创设

本实例将制作一个小说封面设计，该封面设计主要针对书名进行了独到的设计，最终效果如图5-87所示。

制作思路

首先导入相应的素材，并调整到合适的位置，其次绘制相应图形，再次创建文字，并结合图形设计效果，最后创建条形码，创建相应文字。

图 5-87

素材：素材与源文件\Chapter5\5.4\素材
视频：教学视频\5.4 小说封面设计.f4v

案例制作步骤

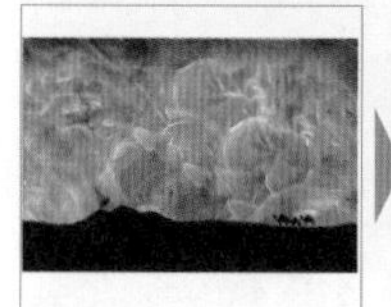
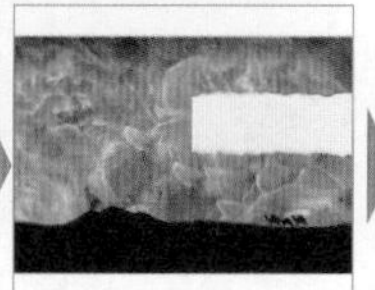

01 创建文档

选择“文件”→“新建”菜单命令，在弹出的“创建新文档”对话框中设置“名称”为“小说封面设计”、“宽度”为441mm、“高度”为291mm、“原色模式”为RGB，如图5-88所示。

02 创建辅助线

将指针移至标尺处并向右拖动，在页面中的相应位置拖出4条辅助线，4条辅助线距离原点的水平距离依次为3mm、202.5mm、232.5mm、438mm，效果如图5-89所示。

微课：小说封面设计1

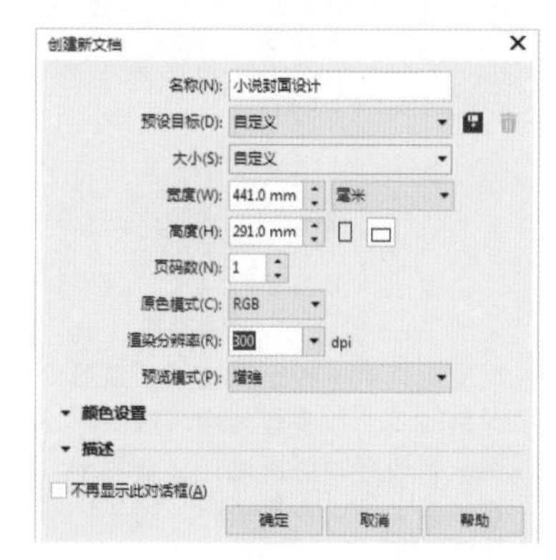

图 5-88

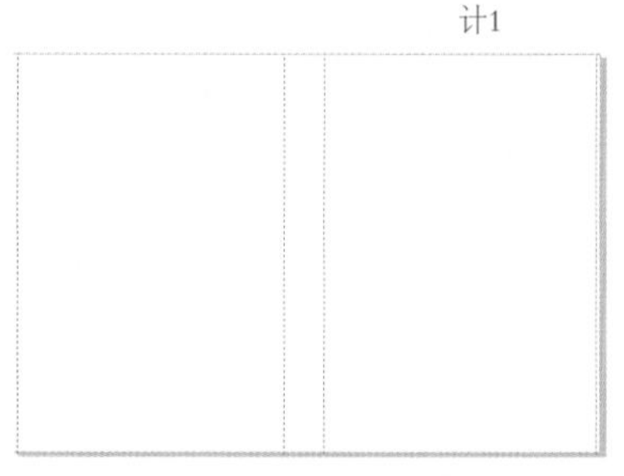
图 5-89

行业知识

常用纸张的分类

在印刷用纸中，根据纸张的性能和特点分为新闻纸、凸版印刷纸、胶版印刷涂料纸、胶版涂层纸、凹版印刷纸、白板纸、合成纸等。

1.新闻纸

新闻纸主要用于报纸及一些凸版书刊的印刷，纸质松软，吸墨能力较强，能适合各种不同的高速轮转机印刷。这种纸张多以木浆为制造原料，含有较多的木质素及杂质，纸张容易发黄发脆，抗水性极差，故不宜长期保存。

新闻纸

03 导入图像

选择"文件"→"导入"菜单命令，将"素材与源文件\Chapter5\5.4\素材\火焰.tif"导入到页面中，导入后的效果如图5-90所示。使用同样方法，将"沙漠黑图.tif"导入到页面中的相应位置，导入后的效果如图5-91所示。

图 5-90

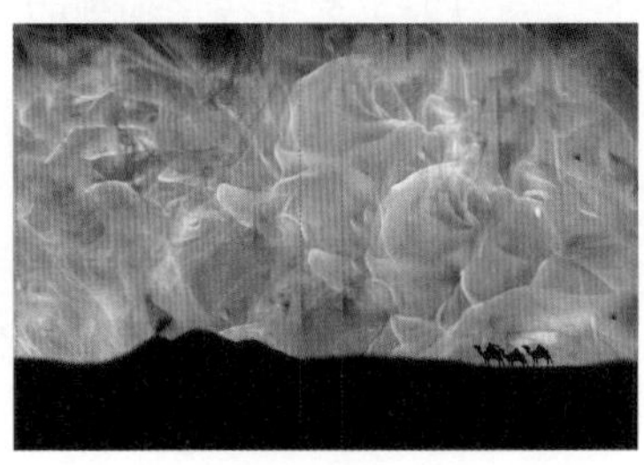
图 5-91

04 绘制图形并进行设置

单击工具箱中的"手绘"工具按钮，在页面空白处绘制一个图形，并设置填充颜色值为（R:246、G:249、B:170）、轮廓线颜色为无，效果如图5-92所示。

05 复制图形并进行调整

将绘制的图形原位置复制一个，设置填充颜色为无、轮廓线颜色为黑色，并在其属性栏中设置"轮廓宽度"为10pt，效果如图5-93所示。

图 5-92

微课：小说封面设计2

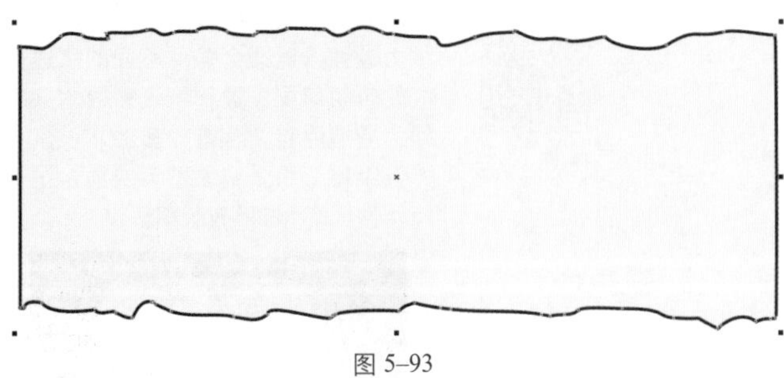
图 5-93

06 删除部分轮廓线

选择"形状"工具，框选黑色轮廓线下方的所有节点，按【Delete】键将其删除，如图5-94所示。将鼠标指针移至弧形线

2. 凸版印刷纸

这是应用于凸版印刷的专用纸张，纸的性质同新闻纸差不多，抗水性、色质纯度、纸张表面的平滑度较新闻纸略好，吸墨性较为均匀。

3. 胶版印刷纸

胶版印刷纸是用于胶版（平版）印刷的一种纸张，又分单面胶版纸和双面胶版纸。单面胶版纸主要用于印制宣传单、包装盒等；双面胶版纸主要用于印制画册、图片等。胶版纸质地紧密，伸缩性较小，抗水能力强，可以有效地防止多色套印时的纸张变形、错位、拉毛、脱粉等缺点，能使印刷品保持较好的色质纯度。

胶版印刷纸

4. 胶版涂层纸

又称为铜版纸，是在纸面上涂有一层无机涂料再经超级压光制成的一种高档纸张。纸的表面平整光滑，色纯度较高，印刷时能够得到较为细致的光洁网点，可以较好地再现原稿的层次感，广泛地应用于艺术图片、画册、商业宣传单等。

5. 凹版印刷纸

凹版印刷纸洁白坚挺，具有良好的平滑度和耐水性，主要用于印刷钞票、邮票等质量要求高而又不易仿制的印刷品。

6. 白板纸

白板纸是一种纤维组织较为均匀、面层有填料和胶料成分且表面涂有一层涂料，经多辊压光制造出来的一种纸张。纸面色质纯度较高，具有较为均匀的吸墨性，有较好的耐折度，主要用于商品包装盒、商品表衬、画片挂图等。

条上，通过单击选中弧形线，按【Delete】键将弧形线删除，得到一条与背景图形锯齿相同的边，如图5-95所示。

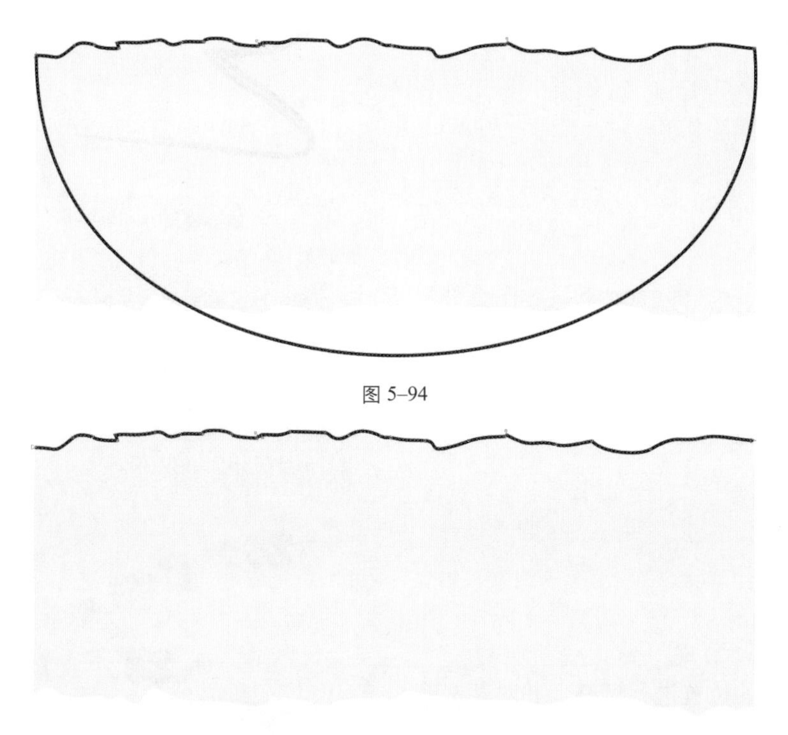

图 5–94

图 5–95

07 设置透明度参数

选择“透明度”工具，在其属性栏中的“合并模式”下拉列表中选择“常规”选项，设置“透明度”的值为60，效果如图5-96所示。

图 5–96

08 复制图形并进行设置

再次将绘制的条形图形原位置复制一个，设置填充颜色值为（R:213、G:209、B:110）、轮廓线颜色为无，效果如图5-97所示。

09 调整节点位置

使用“形状”工具框选下方的所有节点，然后垂直向上拖动，效果如图5-98所示。

7.合成纸

合成纸是利用化学原料（如烯烃类原料）再加入一些添加剂制作而成，具有质地柔软、抗拉力强、抗水性高、耐光耐冷热、并能抵抗化学物质的腐蚀，无环境污染、透气性好，广泛应用于高级艺术品、地图、画册、高档书刊等的印刷。

工具详解

“艺术笔”工具

使用“艺术笔”工具可以模拟各种艺术效果，通过提供的预设效果可绘制出富有创造性的图形。

选择“艺术笔”工具后，在其属性栏中会显示艺术笔的相关设置选项。

1.预设类型

预设类型是系统自带的艺术笔效果，单击其属性栏中的“预设”按钮，在后面的“预设笔触”下拉列表中选择合适的笔触，就可以绘制出艺术线条。

预设笔触效果

2.笔刷

使用笔刷可模拟常用的画笔效果。单击其属性栏中的“笔刷”按钮，在后面的笔刷“类型”下拉列表中选择一种，然后在笔刷笔触中选择一种笔触，就能绘制相应类型的效果。

图 5–97

图 5–98

10 调整节点的位置并删除部分节点

使用“形状”工具对下方节点的位置进行调整，并对某些节点进行删除，得到的效果如图5-99所示。

图 5–99

11 调整透明度参数

选择“透明度”工具，在其属性栏中设置“合并模式”为“常规”、“透明度”的值为30，效果如图5-100所示。

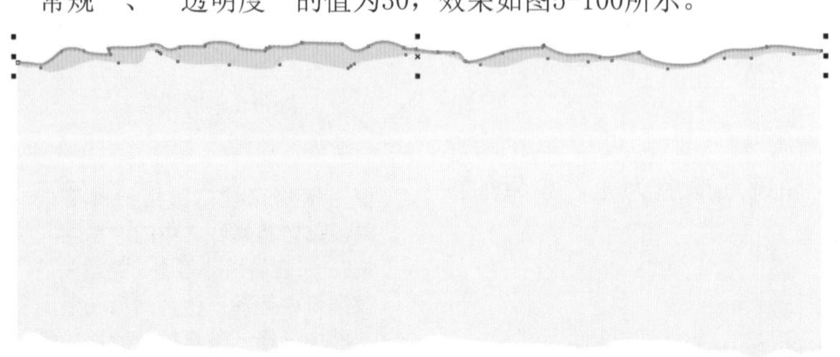

图 5–100

笔刷效果

3.喷涂

喷涂效果是各种图形在绘制的路径上形成的排列效果。单击其属性栏中的“喷涂”按钮，然后在喷涂类别中选择一种类型，在“喷射图样”中选择一种图样，就能够绘制出喷涂的效果。

喷涂效果

4.书法

书法效果主要用于模拟毛笔在页面中绘制的效果，所形成的图形有特殊的厚度和边缘。单击其属性栏中的“书法”按钮，可对笔触宽度和书法角度等参数进行设置，然后即可绘制需要的图形。

书法效果

12 复制图形并进行调整

再次复制图形，更改填充颜色，并使用“形状”工具对节点进行相应的调整，然后绘制出下方的图形，设置透明度，并将绘制完成的所有图形调整到封面中的合适位置，效果如图5-101所示。

图 5-101

13 创建文字

单击工具箱中的“文本”工具按钮字，在页面空白处绘制文本框，在其属性栏中设置字体为方正大标宋简体、字体大小为120pt，然后在文本框中输入“大漠雄鹰”4个字，如图5-102所示。

大漠雄鹰

微课：小说封面设计3

图 5-102

14 拆分文字并调整

选择“对象”→“拆分美术字”菜单命令，将文本拆分成单个的文本，并调整它们之间的距离，效果如图5-103所示。将4个独立的文字全部选中，单击鼠标右键，在弹出的快捷菜单中选择“转换为曲线”命令，将文字转换成曲线，使用“形状”工具选中“大”字捺笔画上的节点并进行删除，将“捺”笔画删除，效果如图5-104所示。

15 创建图形并进行调整

使用“贝塞尔”工具绘制一个图形，并结合“形状”工具对其进行调整，设置填充颜色为黑色、轮廓线颜色为无，效果如图

5.压力

压力效果与默认的系统预设效果类似，单击其属性栏中的“压力”按钮，就能够在页面中绘制出相应的图形。

压力效果

行业知识

常用纸张开本及用途

开本表示图书幅面的大小。把全开的纸平均切成多少张尺寸相同的部分就称为多少开。

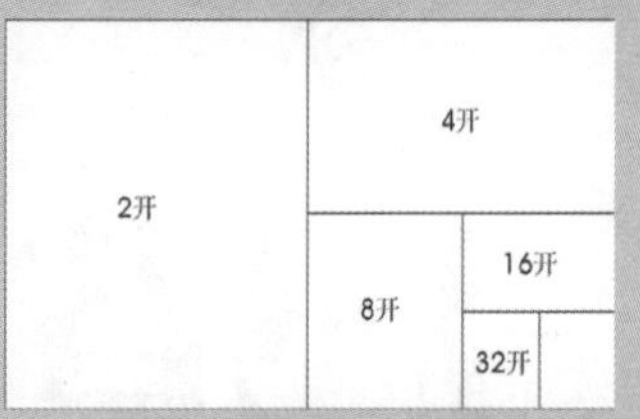

全开幅面

纸张与开本之间的关系：纸张=书籍总面数/开数。

出版物的用纸量与开本之间的关系：用纸量=页数/开数。

令重是每令纸张的总重量，单位是kg。1令纸为500张。计算令重的公式为：令重（kg）=纸张的幅面（m^2）×500×定量（g/m^2）/1000。

纸张根据印刷用途的不同可以分为平版纸和卷筒纸。平版纸适用于一般印刷机，卷筒纸用于高速轮转印刷机。纸张的大小一般都要按照国家制定的标准生产。

对于印刷、书写及绘图类的用纸，原纸尺寸按卷筒纸宽度可分为1575mm、1092mm、880mm、787mm 4种。

对于平板纸的原纸尺寸，按大

5-105所示。选择“贝塞尔”工具，并结合“形状”工具在刚刚绘制的图形下方绘制两个黑色图形，效果如图5-106所示。

图 5-103

图 5-104

图 5-105

图 5-106

16 群组图形并调整位置

将刚刚绘制的3个图形全部选中，按【Ctrl+G】组合键进行群组，并调整到相应位置，效果如图5-107所示。

图 5-107

17 复制图形并进行调整

将群组后的图形进行复制，更改其填充颜色为白色，使用“选择”工具旋转到合适角度，并调整到相应位置，效果如图5-108所示。

小可分为：880mm×1230mm、850mm×1168mm、880mm×1092mm、787mm×1092mm、787mm×960mm、690mm×960mm 6种。

对于图书杂志开本及纸张幅面尺寸的标准，国家规定采用880mm×1230mm、900mm×1280mm、1000mm×1400mm未裁切的单纸张尺寸印刷。

由于设备、生产、供应等原因，原787mm×1092mm、850mm×1168mm大小的纸张，目前仍可继续使用。

设计师经验

文字的填充

文字与图形一样，在填充颜色时有很多需要注意的技巧，下面介绍一些小技巧，以方便设计制作。

- 直接拖动色盘上的色块到文字上，当光标显示为实心小色块时，可对其进行标准填充；当显示为空心色块时，可对轮廓线颜色填充。
- 还有一种方法是，选中要设置的文本框，单击色块，可进行标准填充，右击色块，可对轮廓线颜色进行填充。

行业知识

书的基本结构

书的基本结构包括多个元素，如封面、封底等。在这些元素中，结构变化比较大的部位是书的封面。

1.平装书封面结构

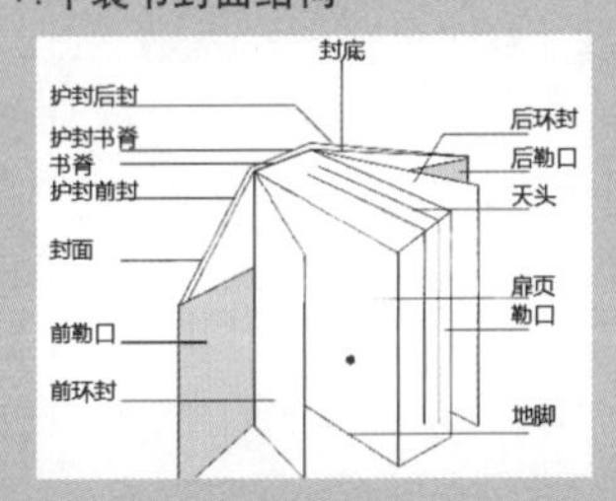

书的结构

平装书封面又称无护封、无勒口软封面，由封面、封底和书脊构成。

在设计时，平装书的厚度一般由

图 5–108

> **技巧 提示**
>
> 由于为所复制的图形填充了白色，白色背景上的效果不太明显，所以此处在文字的后面绘制了一个橙色背景，以方便观察效果。

18 继续复制图形并进行调整

将白色图形再复制两个，旋转到合适的角度，并调整到合适的位置，效果如图5-109所示。

图 5–109

19 群组图形并精确剪裁

将3个白色图形进行群组，选择“效果”→“PowerClip”→“置于图文框内部”菜单命令，将3个图形放置到“大”字图形内部，效果如图5-110所示。

图 5–110

20 绘制图形

选择“贝塞尔”工具，并结合“形状”工具在页面空白处绘制一个黑色图形，效果如图5-111所示。继续使用“贝塞尔”工具绘制其他黑色图形，得到的图形效果如图5-112所示。绘制完成的最终效果如图5-113所示。

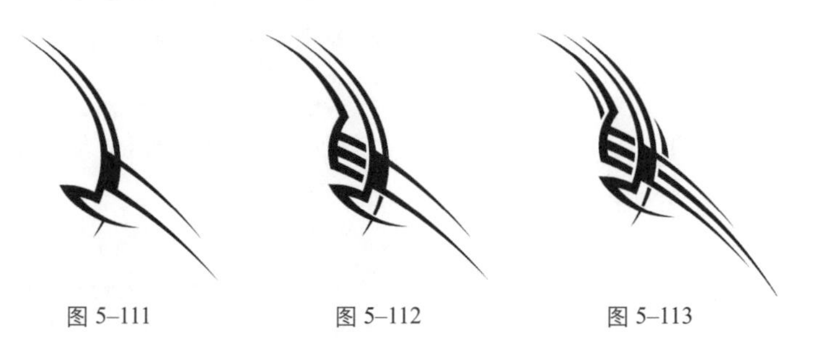

图 5–111　　图 5–112　　图 5–113

书的责任编辑或版式设计人员提供。平装书的厚度可以通过计算得到，计算方法：（书的总页数/2）×纸的厚度。

平装书

2.简装书封面的结构

简装书封面的结构由前后勒口、封面、封底及书脊构成。此结构可以是无护封。有勒口、有腰带的软封面，也可以是软封面的护封。

有勒口的封面在设计时应注意封面颜色，为颜色不同的勒口做转折，出血3mm，尺寸也可以大点，以防止勒口折叠后封面和封底漏出勒口的颜色，也可在设计时采用封面与前勒口、封底与勒口颜色一致的方法来杜绝漏边。

简装书

3.精装书

精装书的封面一般采用厚度为2～3mm的硬纸版（塑料版）、铜版纸或艺术纸，利用环衬粘接内页与封面。

- 封面：精装书的封面比内页在天头、地脚、切口处要分别大

21 调整图形

将绘制完成的所有图形选中，按【Ctrl+G】组合键进行群组，更改填充颜色为白色，并使用“选择”工具调整到合适的位置和相应的角度，效果如图5-114所示。

图 5–114

22 复制图形并进行调整

将群组的白色图形进行复制，使用“选择”工具将其旋转到合适角度，并调整到相应位置，效果如图5-115所示。

图 5–115

23 群组图形并精确剪裁

选中两个白色图形，进行群组，选择“效果”→“PowerClip”→“置于图文框内部”菜单命令，将群组对象放置到“漠”字图形中，效果如图5-116所示。

图 5–116

24 绘制图形

接下来绘制“雄鹰”两字的纹理。选择“贝塞尔”工具，并结合“形状”工具在页面中绘制一个填充颜色为黑色、轮廓线颜色为无的图形，如图5-117所示。继续绘制图形，效果如图5-118所示，最终效果如图5-119所示。

25 群组图形并进行调整

选中上个步骤绘制的纹理，按【Ctrl+G】组合键进行群组，更改填充颜色为白色，使用“选择”工具调整位置和角度，效果如图5-120所示。

3mm。书籍也比内页厚1～2mm，因为包含了书壳硬板厚度。在设计中，考虑成品要包边，包边需留15～20mm。在设计时要考虑书槽宽度，特别是文字不要设计在书槽上。

- 护封：精装书的护封高度比精装封面的高度少1～2mm，目的是防止在包装、搬运及摆放过程中护封上下边磨损。护封要有勒口及翻口（封面厚度的尺寸），设计时也要注意出血的尺寸要多一点。

内页装订完毕后，可通过环衬将封面与内芯黏合在一起。环衬纸张不计入贴数模式单独的纸张数，印刷计入成本。

- 书脊：书脊的厚度主要由两部分组成，即书芯厚度和上下两个面板厚度。和平装书的计算方法一样，面板的厚度按实际使用的称板、封面等纸张厚度计算即可。

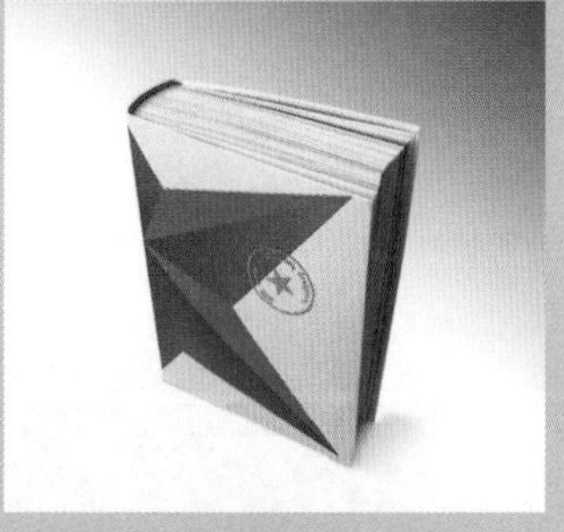

精装书

行业知识

印刷中的常用字体

在国内的印刷行业中，字种主要有汉字、外文字、民族字等几种。

汉字包括宋体、楷体、黑体等。外文字可以依字的粗细分为白体和黑体，也可以依外形分为正体、斜体、花体等。民族字是指一些少数民族所使用的文字，如蒙古文、藏文、维吾尔文、朝鲜文等。

1.宋体

宋体是印刷行业应用最为广泛的

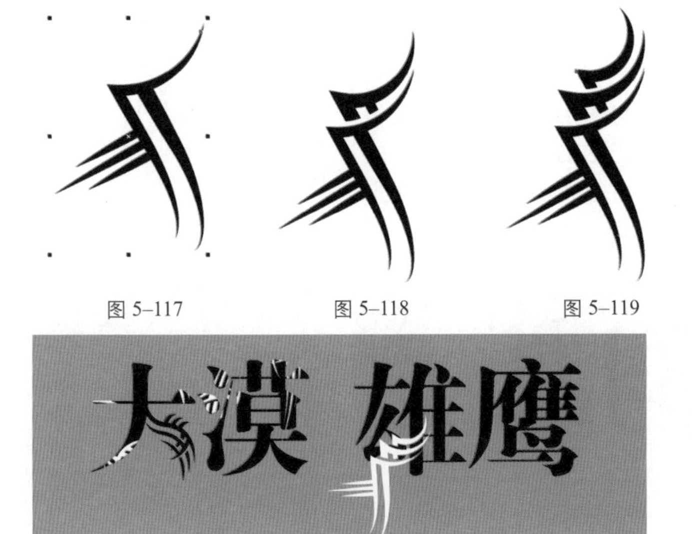

图 5–117　　图 5–118　　图 5–119

图 5–120

26 复制图形并精确剪裁

将白色图形复制一个备用，选择“效果”→“PowerClip”→“置于图文框内部”菜单命令，将图形纹理放置到“雄”字图形中，效果如图5-121所示。

图 5–121

27 调整图形的位置和角度

选择备用的白色纹理图形，使用“选择”工具调整相应的位置和角度，效果如图5-122所示。

图 5–122

28 精确剪裁图形

同样，将其放置到“鹰”字图形内部，效果如图5-123所示。

图 5–123

一种字体。根据字的外形不同，又分为书宋和报宋。宋体是起源于宋代雕版印刷时的通行的一种印刷字体。宋体字的字形方正，笔画横平竖直，横细竖粗，棱角分明，结构严谨，整齐均匀，有极强的笔画规律性，可使人在阅读时有一种舒适醒目的感觉。在现代印刷中主要用于书刊或报纸的正文部分。

宋体字效

2.楷体

楷体又称活体，是一种模仿手写习惯的字体，笔画秀挺均匀，字形端正，广泛应用于学生课本、通俗读物、批注等。

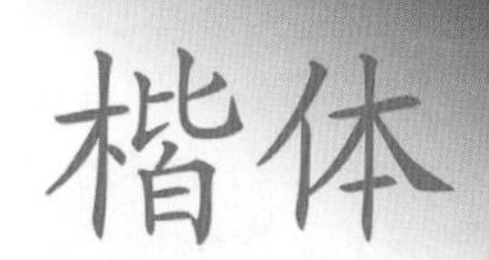

楷体字效

3.黑体

黑体又称方体或等线体，是一种字面呈正方形的粗壮字体，字形端庄，笔画横平竖直，且粗细一样，结构醒目严密。黑体适用于标题或需要引起注意的部分及批注，因为字体过于粗壮，所以不适用于排印正文部分。

4.仿宋体

仿宋体是一种采用宋体结构、楷书笔画的较为清秀挺拔的字体。这种字体的笔画横竖粗细均匀，常用于排印副标题、诗词短文、

29 复制图形并进行调整

选择“大”字，然后选择“效果”→“PowerClip”→“置于图文框内部”菜单命令，将白色群组的图形进行提取。取消群组，复制其中一个备用，然后将3个图形进行群组，并放置到“大”字图形中，将复制的白色图形移动到“鹰”字的相应位置，使用“选择”工具调整其角度，并更改填充颜色为黑色，效果如图5-124所示。

微课：小说封面设计4

图 5-124

30 绘制图形

使用“贝塞尔”工具在“漠”字与“雄”字之间绘制一个黑色的骆驼图形，如图5-125所示。

图 5-125

31 创建文字

使用“文字”工具在页面中绘制文本框，在其属性栏中设置字体为Arial、字体大小为18pt，单击“粗体”按钮B，通过单击“将文本更改为垂直方向”按钮更改文字方向，并输入相应文字，如图5-126所示。

图 5-126

32 设置文字大小

选择字母“EAGLE”，设置字体大小为16pt，效果如图5-127所示。

图 5-127

黑体字效

仿宋体字效

批注、引文等，在一些读物中也用来排印正文部分。

5.美术体

美术体是指一些非正常的特殊印刷字体，使用该字体一般是为了美化版面。美术体常用于书刊封面或版面上的标题部分，从而可以有效地提高印刷品的艺术品位。这类字体的种类非常广泛，如汉鼎、文鼎等字库中的字体。

美术体字效

行业知识

文字编排的基本原则

文字和其他事物一样拥有生命，有自己的个性和脾气。如果想让它们很好地服务于设计，就必须对它们的特征和情感进行深入的理解，并将此作为一种常识牢记在脑海里。只有这样，才能果断地决定在页面什么位置应该使用什么样的字体，这些字体应该设置成多大的字号，应该为这些字

33 合并图形

将刚刚输入的文本转换成曲线，同时选中文字与骆驼黑色图形，在其属性栏中单击“合并”按钮，将图形进行合并，如图5-128所示。

图 5–128

34 创建文字并进行调整

使用“文本”工具在页面中绘制一个文本框，在其属性栏中设置字体为汉仪菱形体简、字体大小为16pt，在文本框中输入文字，并使用“形状”工具进行字间距的调整，效果如图5-129所示。

图 5–129

35 绘制图形并调整位置

使用“贝塞尔”工具绘制两个与“大”字捺笔画相同的图形，并调整位置，效果如图5-130所示。

图 5–130

36 绘制直线段并进行调整

使用“2点线”工具在页面中绘制一条直线段，并在其属性栏中设置“轮廓宽度”为10pt，效果如图5-131所示。

图 5–131

体添加什么样的颜色等。

1.文字的适合性

文字最基本的、最大的功能是传递信息。在文字的设计活动中，要服从表述主题的要求，设计与主题要相互吻合、不能脱离、更不能冲突，以破坏文字的诉求效果。页面上的文字都有其自身的内涵，把这些文字信息正确无误地传达给读者，是文字设计的根本目的。

对文字进行形态、色彩的设计后，文字往往具有明确的倾向性，设计者需要将文字的这一形式感应与传递的信息达成一致。例如，一则宣传儿童用品的页面，其广告文字必须具有天真、童趣的风格；一则宣传中年男士用品的页面，其广告文字要体现出沉着、稳定的特点。

（1）选择秀丽的字体可表现女性柔美的特点。

优美清新、线条流畅的字体可给人以华丽柔美之感，此种类型的字体，最能够体现出女性柔美的特点，适用于女用化妆品、饰品等宣传页面。此外，这类字体还适合表现日常生活用品、服务业等主题。

（2）用活泼有趣的字体可表现浪漫时尚的气息。

这类字体的特点主要表现为字体造型生动活泼，有鲜明的节奏韵律感，色彩丰富明快，给人以生机盎然的感受。这种字体适用于儿童用品、运动休闲、时尚产品等主题的诉求。

与这类字体相匹配的颜色特点为高纯度、高明度、强烈的对比度。

（3）利用稳重挺拔的文字可表现出机械美和科技感。

这类字体的特点主要表现为字体造型规整，富于力度，给人以简洁爽朗的现代感，有较强的视觉冲击力。这种字体适用于男性主题的宣传物、机械技术等主题。

37 创建渐变对象

选择“对象”→“将轮廓转换为对象”菜单命令，将轮廓线条转换成对象，并添加渐变，参数设置及图像效果如图5-132所示。

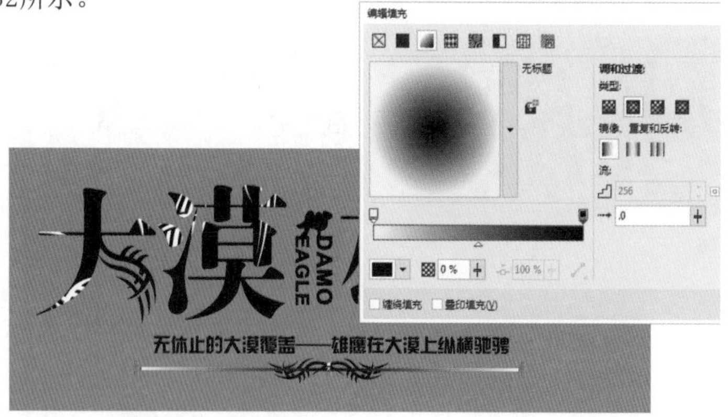

图 5–132

38 绘制矩形并选中图形

使用“矩形”工具在渐变直线上方绘制一个矩形，如图5-133所示。

图 5–133

39 移除矩形

同时选择该矩形与渐变直线段，在其属性栏中单击“移除前面对象”按钮，将前面的矩形移除，得到的效果如图5-134所示。

图 5–134

微课：小说封面设计5

40 调整对象位置

将绘制的所有文字和图形选中并进行群组，调整到封面的合适位置，如图5-135所示。

41 创建文字

使用“文本”工具在书籍封面的上方绘制一个文本框，在其

与这类字体相匹配的颜色特点为冷静、理性、多为冷色，也可为无彩色。

（4）利用苍劲古朴的字体可带来历史感和怀旧情。

这类字体的特点主要表现为字体朴素无华，饱含古时之风韵，能带给人们一种怀旧的感觉。这种字体适用于传统产品、民间艺术品等主题。

与这类字体相匹配的颜色特点为低纯度、低明度、对比比较温和，也可为无彩色。

2. 文字的视觉美感

在视觉传达中，文字作为画面的形象要素之一，具有传达情感的功能，因而它必须具有视觉上的美感，能够给人以美的感受。人们对于作用于视觉感官的事物以美丑来衡量，已经成为有意识或无意识的标准。满足人们的审美需求和提高美的品位是每一个设计师的责任。在文字设计中，美不仅仅体现在局部，而且体现在对笔形、结构以及整个设计的把握。文字是由横、竖、点和圆弧等线条组合成的形态，在结构的安排和线条的搭配上，怎样协调笔画与笔画、字与字之间的关系，怎样强调节奏与韵律，创造出更富表现力和感染力的设计，把内容准确、鲜明地传达给观众，是文字设计的重要课题。优秀的字体设计能让人过目不忘，既起着传递信息的作用，又能达到视觉审美的目的。

（1）为文字融入合适的装饰元素，提高文字的视觉美感

所谓的字体设计，就是在保证文字基本辨别功能的情况下，对文字进行艺术形态的升华，具体表现在对文字造型、色彩、表面质感的重新设计。虽然文字本身具有固定的形状，而且也代表一种特定的图形视觉，但是有的时候这种固定的形态并不能更加确切地诉说主题，于是对文字图形再修饰就变得非常必要，将符合主

属性栏中设置字体为方正大标宋简体、字体大小为24pt，在文本框中输入相应的文字，如图5-136所示。使用“文本”工具选择相应的文字，设置文字大小为18pt，效果如图5-137所示。

图 5-135

图 5-136

图 5-137

42 添加作者信息

使用“文本”工具在页面中绘制一个文本框，在其属性栏中设置字体为黑体、字体大小为12pt，设置完成后，在文本框中输入文字，如图5-138所示。

43 添加出版社信息

使用“文本”工具在页面中绘制一个文本框，设置字体颜色为白色，在其属性栏中设置字体为隶书、字体大小为13pt，然后输入文字，如图5-139所示。

题诉求的图形元素融入文字图形中是一个不错的方法。

（2）合理安排文字间的结构，愉悦读者的视觉体验

为了主题的诉求需要，单个的文字相互作用便形成了文本。单个文字的视觉美感对页面的影响可以看成平面设计中“点”的影响，而文本的视觉美感对页面的影响可以看成平面设计中“面”的影响。文本作为构成页面的两大元素（文本和图像）之一，对页面的视觉效果有关键性的影响。合理地安排文本中文字间的结构，可以增加页面的视觉美感。这种结构主要表现在字体、文字大小、字体颜色、文字间距、文字质感等方面。

3.文字设计的个性

根据广告主题的要求，极力突出文字设计的个性色彩，创造与众不同的独具特色的字体，给人以别开生面的视觉感受，将有利于企业和产品良好形象的建立。在设计时，要避免与已有的一些设计作品的字体相同或相似，更不能有意模仿或抄袭。在设计特定字体时，一定要从字的形态特征与组合编排上进行探求，不断修改，反复琢磨，这样才能创造富有个性的文字，使其外部形态和设计格调都能唤起人们的审美愉悦感受。

设计者可利用文字的个性体现出页面的主题。与主题个性相一致的文字有助于增强页面元素的凝聚力，此类字体也适合机械等科技主题。

4.把握字体间的联系

使用有联系的字体可以避免视觉上的混乱。一次不要混合太多不同的字体，可以考虑改变字体大小，分量或字形，但不要同时改变以上3个方面。老式字体往往能与亚现代（过渡）字体混合，这是因为亚现代字体在设计时融合了老式字体的风格，同时兼备现代字体的简单，这时的字体既不相同，又能相互协调。同一份设

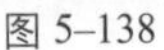

图 5-138

图 5-139

44 绘制护封并创建文字

使用“矩形”工具在页面中绘制一个白色的长条矩形，作为护封，使用“文本”工具在护封上输入相应文字，效果如图5-140所示。

图 5-140

45 创建文字并进行设置

使用“文本”工具在书脊中绘制一个文本框，在其属性栏中设置字体为Arial Black、字体大小为16pt，在文本框中输入相应的文字，选中第二行的文字，设置字体大小为14pt，效果如图5-141所示。

46 添加书脊上的书名信息

使用“文本”工具在书脊的合适位置绘制一个文本框，在其属性栏中设置字体为方正大标宋简体、字体大小为55pt，单击其属性栏中的“将文本更改为垂直方向”按钮，将文本更改方向，并在文本框中输入文字，效果如图5-142所示。

计中的不同字体应有自己的大小和间距，以便相互之间的融合。可通过选择类似的字体，设置相同的字体颜色，建立文本间的联系。

行业知识

封面设计的色彩运用

绘画中的色彩主张色相、色度、明暗、冷暖、面积等颜色的对比、调和与变化。绘画色彩的方法论对封面设计的色彩来说是非常适用的。封面设计是装饰性的艺术，这种艺术形式的本身决定了色彩的装饰性。

封面设计的色彩是体现书籍主题、表达情感、创造意境、激发读者审美联想的重要因素。封面艺术的情感不能只靠形象来体现，还要有色彩的协调，这样才能组成一曲优美的旋律，形成一首和谐的曲调。所以，研究与探讨封面色彩的目的，就是要使其与立意、构图协调一致地去创造感人的艺术形象。

对于封面艺术的审美价值，除了各种美学因素之外，色彩的视觉刺激和情感诱发也具有独特的审美功能。绿色能激起人们对春天的向往，而蓝色能把人们带入天空与大海的境界。色彩的情感表现所具有的这种主观体验形式和外在表现形式，正是客观对人们自身关系的主观反映。

封面颜色

图 5–141

图 5–142

微课：小说封面设计6

47 添加作者信息

使用“文本”工具在书脊下方绘制一个文本框，在其属性栏中设置字体为黑体、字体大小为24pt，单击其属性栏中的“将文本更改为垂直方向”按钮,将文本更改方向，在文本框中输入文字，效果如图5-143所示。

48 添加出版社信息

使用“文本”工具在书脊最下方绘制一个文本框，设置字体颜色为白色，在其属性栏中设置字体为黑体、字体大小为14pt，单击其属性栏中的“将文本更改为垂直方向”按钮,将文本更改方向，在文本框中输入文字，效果如图5-144所示。

49 创建条形码

选择“对象”→“插入条码”菜单命令，在弹出的“条码导向”对话框中设置参数，如图5-145所示。单击“下一步”按钮，保持默认设置，再单击“下一步”按钮，从弹出的界面中单

封面作者应当热爱色彩，只有热爱色彩，才能理解色彩的美感和内涵。每个人都可以利用色彩，但不是所有的人都能够领略色彩的真谛。只有对色彩“痴情”的人，才有可能揭示它的奥妙，才能扩大色彩的思想和艺术视野，才能突破以单纯再现对象为手段的色彩观念。

1.符合性

封面的色彩必须符合书籍的特性，即什么种类的书籍赋予什么样的色彩，是封面色彩艺术的基本规律。封面色彩具有从属性质，它除了受到书籍内容的制约外，还受到立意、构图、形象等形式因素的制约。一般来讲，理论书籍封面的色彩要庄重而不呆板，小说书籍封面的色彩要含蓄而不晦涩，儿童读物封面的色彩要活泼而不轻佻，青年读物封面的色彩要明快而不轻浮等。书籍的种类和性质决定了封面色彩语言的个性。如果色彩没有个性，不但易于造成封面设计内容的混乱，而且还会给读者带来“不解之谜”。书籍封面的色彩好比人们的衣着，男人的、女人的、老人的、孩童的，都各自形成了不同的服装色彩角度。所以，封面设计的色彩既要符合其书，与书籍整体的风貌和格调一致，又要发挥封面作者的独创性。

2.装饰性

封面设计的色彩主要是装饰性的，而不是绘画性的。即使运用绘画性的色彩手段，也不能离开装饰性的需要。

装饰性的色彩要注重色彩的色相和色值两个方面的对比及整体色彩的调和，既讲浓、艳、重，也讲淡、雅、轻。利用颜色的相互作用创造出的色彩格调高雅，就能使人心旷神怡。

装饰性的色彩特征是简练、概括、含蓄、夸张。它既不是自然的再现，也不是随意地涂抹，而是通过色彩的个性变化，创造出富有活力的结构形态，给读者以视觉上的层次美感。

击“完成”按钮，即可完成创建条形码，将条形码调整到合适位置，效果如图5-146所示。

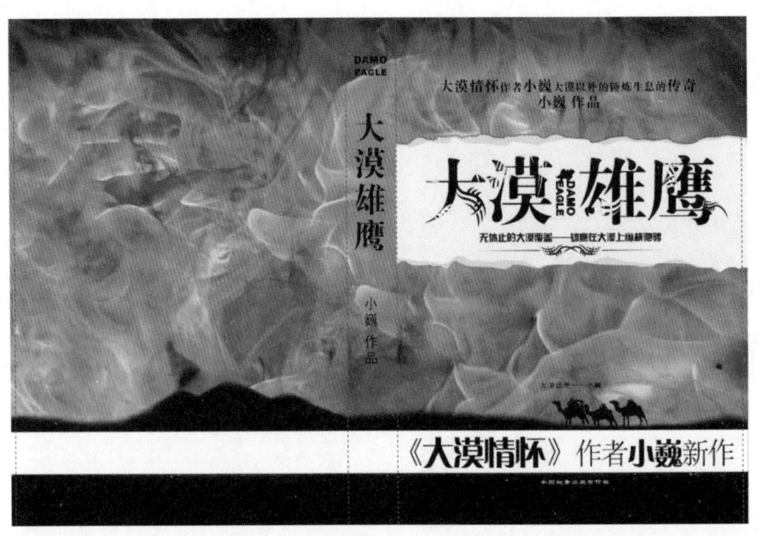

图 5-143

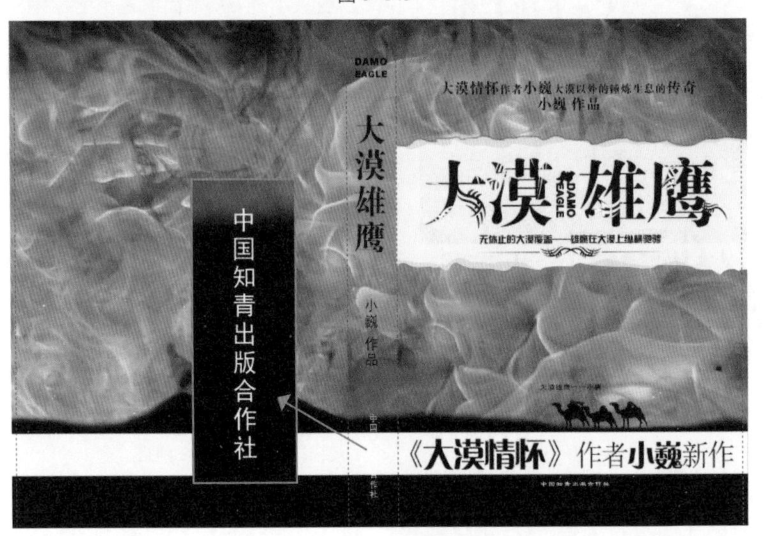

图 5-144

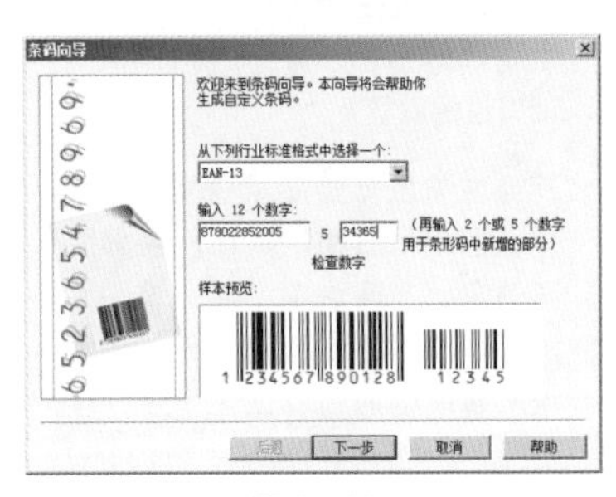

图 5-145

图 5-146

50 添加定价信息

使用“文本”工具在条形码下绘制一个文本框，设置文字颜色为白色，在其属性栏中设置字体为黑体、字体大小为12pt，在文本框中输入文字，效果如图5-147所示。

3.简约性

在人们的现代生活中，非常讲究高效率、高速度、快节奏，这不得不使人们的审美意识发生变化。就建筑而言，过去的那种繁彩镂金的建筑形式已被经济、实用、简约、明快的现代建筑形式所代替。充满在社会各个角落的商标广告设计，其色彩烦琐得令人眼花缭乱，从而使信息传递速度受到直接影响。精湛的商标广告色彩总是使人一目了然，加快了信息传递的节奏。由此可见，封面设计的色彩必须紧随时代的大潮，以最简约、凝练的色彩结构达到最美的色彩效果，使其一色多能，一色多用，用之不尽，变之无穷。

封面色彩的简约性

4.象征性

对封面色彩采用象征手法也是一绝，它能启迪读者的艺术想象。就色相来说，红色象征着炽热的激情，黄色象征着明亮和光辉，蓝色象征着天空和海洋，绿色象征着春天等。但是，这种象征只能是相对的，不能机械地把每一种颜色都印上一个象征的印章，实际上也无此必要。人们探讨的不是单色象征，而是最终要体现在能否创造性地进行色彩构成。在这个过程中，作者还要善于把生活感受、书籍内容、艺术技巧融为一体，使色彩所表现的书籍主题升华，从而形成美的色彩旋律，开拓新的色彩意境。

51 添加宣传语

使用“文本”工具在条形码上方的白色长条处绘制一个文本框，在其属性栏中设置字体为黑体、字体大小为24pt，然后在文本框中输入文字，效果如图5-148所示。

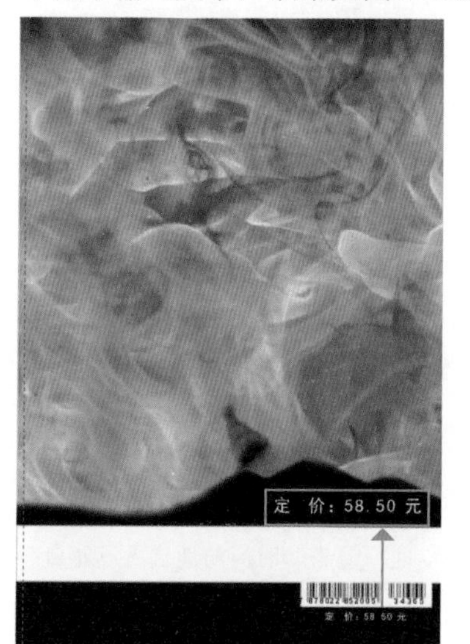

图 5–147

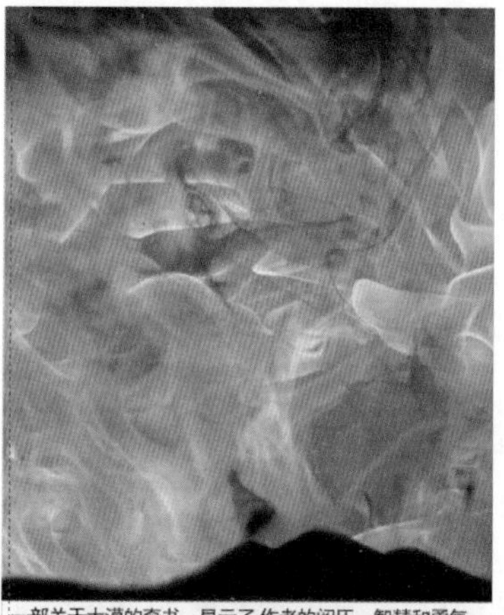

图 5–148

52 群组并复制对象

框选页面中的所有对象，按【Ctrl+G】组合键进行群组，然后将群组后的图形复制一个，效果如图5-149所示。

53 转换为位图图像

选择复制后的群组对象，选择“位图”→“转换为位图”菜单命令，弹出“转换为位图”对话框，如图5-150所示，保持默认设置，单击“确定”按钮，将图形转换成位图图像。

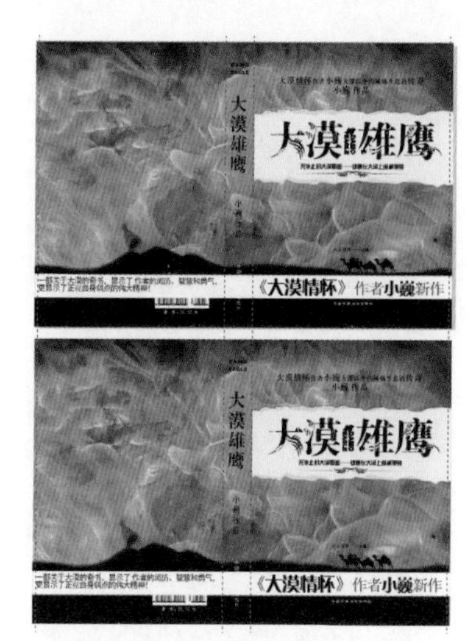

图 5–149

图 5–150

54 复制并裁切图像

选择位图图像，进行复制，并使用“形状”工具对两个位图图像进行适当裁切，效果如图5-151所示。

封面设计的色彩是在特定的条件下，要求作者只能在一个32开张的固定空间里进行颜色的选择，去进行各种各样的“形色统一”。这种从属性中去发挥创造性的色彩规律有着自己独特的艺术个性，封面作者只有深刻地认识到这一点，才能去使用它、创造它。

行业知识

书脊概念与设计方法

在CorelDRAW中输入了美术字后，可以很方便地调整文字间距。选择美术字，单击工具栏中的“形状”工具按钮，便会在美术字左侧出现符号，在美术字右侧出现符号。将指针移至这两个符号上，按住鼠标左键进行拖动可分别调整文字的行间距和字间距。对于段落文本，选择“形状”工具后，会在段落文本框上出现调整文字间距的符号，而不会在段落文本上出现。

书脊又称为“封脊”，书籍的内文页可形成一定的厚度，经过装订以后，便在书籍的中间部位形成骨脊。书脊是构建现代书籍形态的一个重要部分，它担负着书籍形态在空间展示中的重要角色。它是连接封面和封底，以缝、订或者其他方式装订而成的转折部位。有书脊，书籍才能有完整的立体形态。

汉斯·皮特·维尔堡在《发展中的书籍艺术》中这样说道：“一本书籍一生的百分之九十显露的是书脊，而不是别的。”当将书籍放置在陈列架上时，书脊成为人们选择和识别书籍的视觉中心。这时，书脊起决定性作用，通过自身的语言向周围的空间辐射出张力，在第一时间抓住人们的视线，实现它的设计价值。同时，书脊也是过渡封面和封底的重要空间。它保持了封面到封底的视觉连贯，起到统一空间的作用。

那么，从印后装订工艺入手来归

55 导出位图

选择封面位图图像，单击鼠标右键，在弹出的快捷菜单中选择“位图另存为”命令，弹出“导出”对话框，设置保存名称和导出路径，如图5-152所示。单击“导出”按钮，弹出“导出到 JPEG”窗口，如图5-153所示，保持默认设置，单击“确定”按钮，将位图导出。同样，将书脊位图图像导出，并命名为“素材2”。

微课：小说封面设计7

图 5-151

图 5-152

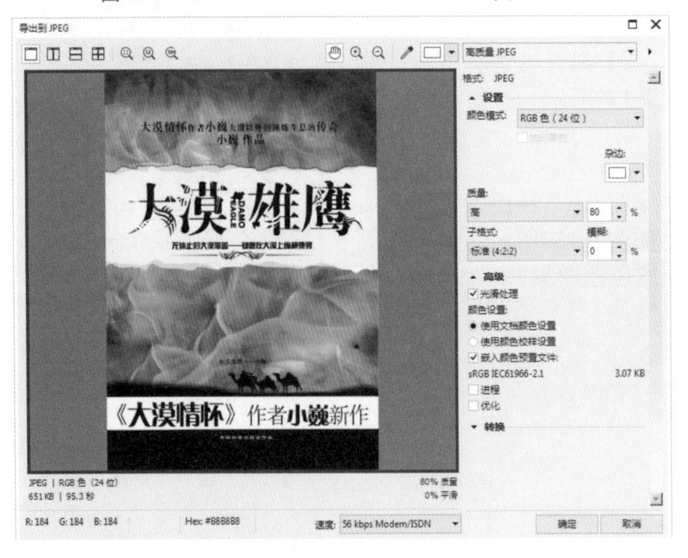

图 5-153

56 导入素材

选择“文件”→“导入”菜单命令，将“素材与源文件\Chapter5\5.4\素材\素材1.jpg”和“素材2.jpg”导入到页面中，如图5-154所示。

57 调整透视效果

选择封面位图，选择“位图”→“三维效果”→“透视”菜单命令，弹出“透视”对话框，从中调整透视效果，单击“确定”按钮，完成透视效果的设置，效果及参数设置如图5-155所示。

纳总结书脊设计，是一个非常好的切入点。以下几点就是从印后装订工艺的角度出发，总结出来的创造书籍新脊梁的方法。

1.裸露的方法，强调边缘

将传统书脊装订部分直接裸露出来，打破传统书籍有书名、出版社名和作者名的常规，完全裸露出书籍的胶订和线订部分，大有现代主义建筑设计师勒·柯布西耶将房屋结构裸露表达的气势。

这种裸露书脊的手法展现了书脊的另外一种情态，有点“内衣外穿”的效果。这种朴素、直白的陈述方式显得更有力量、更直接。这种手法比较适合时尚类、新闻类的书籍，可体现当下流行的“混搭”时尚与现代人不愿自我掩饰的心理。

裸露的书脊

2.装订变装饰，美化边缘

这种方法可以借鉴中国古代传统的线装书的装订方法，但又能不完全照搬古样，而是根据内容的不同选择不同的材料和形式去表达主题。

社会的发展和印刷工艺的不断进步为书脊设计的创意扩展了新的空间，纸张品种越来越多，印刷新工艺层出不穷，设计的观念也在发生巨变。现代的线装书因设计的需要，每个部位都开始了新概念的表现，集中表现在装订方式、封面用纸、纸的选样和连接方式等方面。针对这种新概念的线装书脊进行的总结如下。

（1）表现在线装与平装这两种装订方式的结合

图 5-154

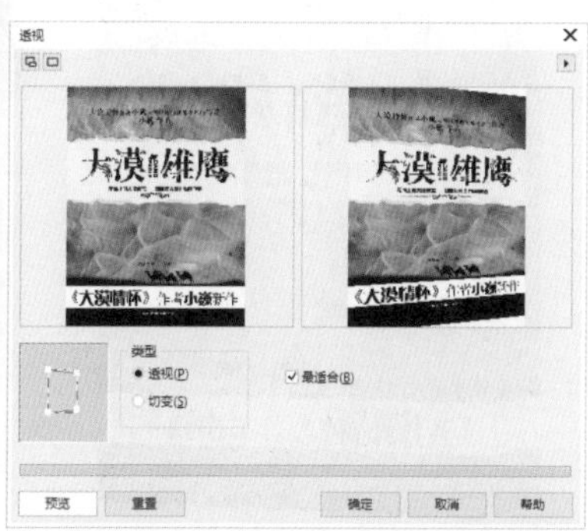

图 5-155

58 裁切白色背景

选择“形状”工具，选择相应的节点并拖动到合适的位置，将白色背景裁切掉，效果如图5-156所示。

图 5-156

59 创建书脊透视效果

选择书脊位图，选择“位图”→“三维效果”→“透视”菜单命令，弹出“透视”对话框，从中调整透视效果，单击“确定”按钮，完成透视效果的设置，效果及参数设置如图5-157所示。使用“形状”工具，选择相应的节点，并拖动到合适的位置，将白色背景裁切掉，效果如图5-158所示。

60 群组并调整书脊位图

调整两个透视图像的位置，按【Ctrl+G】组合键进行群组，使用“选择”工具调整到相应的大小，效果如图5-159所示。

现在的一些线装书是建立在普通胶订的基础上来打孔、穿线、装订的，这样就把线装的美感和平装的实用性进行了结合。一方面发挥出了现代装订牢固度的优势，另一方面保留了线装书的传统气息。

（2）体现在封面用纸的变化上

现在的线装书已经从单一的纸中得到了解放，使用各种各样的特种纸甚至木板、塑料、布料、皮革等作为封面用材。这一变化是伴随着设计师对书籍设计认识的改变而变化的，随着现代科技印刷技术的不断发展而出现的。各种材料的广泛应用大大丰富了书籍现有的形态，赋予了线装书这一形式以新的生命力。

（3）体现在装订线的变化上

装订线不再局限于传统的“清水白绢线”，而是根据书籍设计的需要选用各色丝线、皮绳、纸绳、缎带和麻线等材料。这些材料的使用丰富了书籍的形态，给线装书以新的生命力。

（4）体现在线的连接方式上

传统的线装要求用双眼订法，要订得牢、嵌得深，才能不脱线。一般为四眼订，大一点的书用六眼订，即订4个或者6个孔进行装订。现在，新概念线装书脊在线的订法和连结方式上进行了一系列的创新和尝试，比较典型的就是把中国结的连结方式渗入其中，在绳的编结上下功夫，不再局限于传统的打孔数目和大小。

以上内容介绍的是传承与创新古线装的方式，在整体上保留了中国文化的书卷气与整体的风格，体现了古为今用、洋为中用的构思原则，使书脊的形态既传统又现代，既高雅又时尚，是适用范围极为广泛的表现手法。

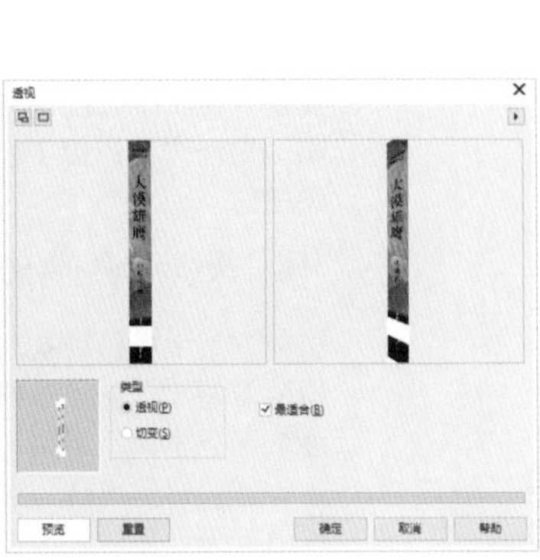

图 5–157

图 5–158

61 创建阴影效果

选择“阴影”工具，通过在图像上进行拖动绘制阴影，并在其属性栏中设置“阴影羽化”值为70，效果如图5-160所示。

图 5–159

62 拆分并调整阴影

在阴影处选择对象，选择“对象”→“拆分阴影群组”菜单命令，将阴影分离，并进行大小和位置的调整，完成立体效果的制作，效果如图5-161所示。

图 5–160

图 5–161

行业知识

扉页与插图设计

扉页是现代书籍装帧设计中的重要环节。一本内容很好的书如果缺少扉页，就犹如白玉之瑕，减弱了其收藏价值。爱书之人，对一本好书将会倍加珍惜，往往喜欢在书中写些感受，若此时书中缺少扉页，该有多遗憾。随着人们审美观的提高，扉页的质量也越来越高，有的采用高质量的色纸，有的还有肌理，有的散发着清香，有的还附有一些装饰性的图案或与书籍内容相关并且有代表性的插图设计等。这些对于爱书的人无疑是一份难以言辞的喜悦，从而也提高了书籍的附加价值，可以吸引更多的读者。随着人类文化的不断进步，扉页设计越来越受到人们的重视，真正优秀的书籍应该仔细设计书的扉页，以满足读者的要求。

插图设计是活跃书籍内容的一种重要方式。有了它，更能发挥读者的想象力和对内容的理解力，并获得一种艺术的享受。尤其是少儿读物，因为少儿对事物往往缺少理性认识，只有较多的插图设计才能帮助他们理解，才会激起他们阅读的兴趣。目前，书籍里的插图设计主要有美术设计师的创作、摄影和计算机设计等几种形式。摄影插图很逼真，无疑很受欢迎，但印刷成本高，而且有的插图受条件限制很难通过摄影实现，如科幻作品，这时就必须靠美术设计师创作或计算机设计。

拓展训练——原创小说封面设计

利用本节介绍的制作小说封面的相关知识，按照智慧职教本课程提供的素材文件制作原创小说封面，最终的效果如图5–162所示。

图 5-162

- 技术盘点：“贝塞尔”工具、“矩形”工具、“渐变填充”工具、“文本”工具。
- 素材文件：“Chapter5\5.4\素材\原创小说封面设计.cdr”。
- 制作分析：

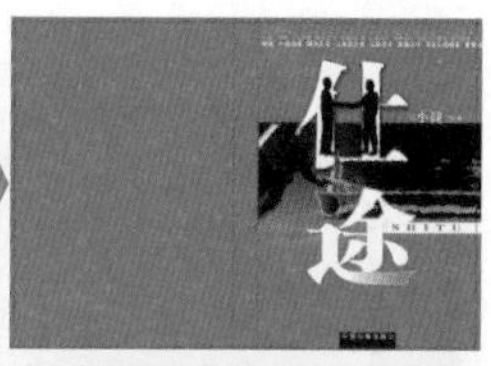

5.5 知识与技能梳理

通过书籍相关知识的学习，读者在整体的书籍设计上已经形成了一个逻辑性的思维，可利用这个思维来对实例进行整体剖析。本章以不同风格的书籍设计为例，介绍了软件操作中的一些使用方法和操作技巧。

- 重要工具：“贝塞尔”工具、“文本”工具、“渐变填充”工具、导入图像、位图滤镜。
- 核心技术：利用图形绘制工具、“文本”工具、导入图像。使用滤镜制作出各种形式的书籍封面。
- 实际运用：设计类书籍封面、小说书籍封面，以及相关行业的广告设计。

1
2
3
4
5
6
7
8

Chapter 6

包装设计

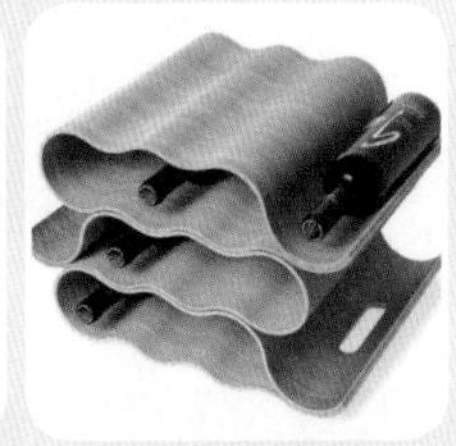

包装是产品的外在体现，可直接影响产品的销售环节，因此对包装的设计不容忽视。包装设计不但需要符合产品的要求，而且要满足消费者的不同需求，从而使产品能够让消费者熟知，使包装起到最佳的作用。本章将详细讲解CorelDRAW X8在包装设计中的应用。

	学习内容 \ 学习目标	了解	掌握	应用	重点知识
学习要求	包装设计的基础知识	☺			
	包装的设计要求		☺		
	透明度工具的应用			☺	
	图样填充工具的应用			☺	
	网状填充工具的应用		☺		
	字体变形				☺
	包装展示效果的制作			☺	
	装饰纹案的绘制			☺	

6.1 包装设计的基础知识

包装是品牌理念、产品特性和消费心理的综合反映，直接影响着消费者的购买欲望，对商品的销售起着举足轻重的作用。包装作为实现商品价值和使用价值的手段，在生产、流通、销售和消费领域中发挥着极其重要的作用，是企业界不得不关注的重要课题。包装的功能主要有保护商品、传达商品信息、方便使用、方便运输、促进销售、提高产品附加值。包装作为一门综合性学科，具有商品和艺术相结合的双重性。

6.1.1 包装的分类

现代商品种类繁多、形态各异，其外观也各有千秋。所谓内容决定形式，包装也不例外。包装有多种分类形式，分别如下。

按形态性质分类：可以将商品包装分为内包装、集合包装、外包装等。

按使用机能分类：可以将商品包装分为流通包装、贮存包装、保护包装、销售包装等。

按使用材料分类：可以将商品包装分为木箱包装、瓦楞纸箱包装、塑料类包装、金属类包装、玻璃和陶瓷类包装、软性包装和复合包装等。

按包装产品分类：可以将商品包装分为食品包装、药品包装、纤维织物包装、机械产品包装、电子产品包装、危险品包装、蔬菜瓜果包装、花卉包装和工艺品包装等。

按包装方法分类：可以将商品包装分为防水包装、防锈包装、防潮式包装、开放式包装、密闭式包装、真空包装和压缩包装等。

6.1.2 包装的设计要求

包装设计作品必须要避免与同类商品雷同，设计定位需要针对特定的购买人群，要在独创性、新颖性和指向性上下功夫，因此，需要一定的设计规则和要求来进行规范。

1. 造型统一

设计同一系列或同一品牌的商品包装时，应在图案、文字、造型上给人以大致统一的印象，从而增加产品的品牌感、整体感和系列感，当然也可以通过某些色彩变化来展现内容物的不同性质从而吸引相应的顾客群。代表包装如图6-1所示。

2. 材料环保

在设计包装时，应该从环保的角度出发，尽量采用能够自然分解的材料，也可以通过减少包装耗材来降低废弃物的数量，还可以从包装容器设计精美、实用的角度出发，使包装容器设计向着可被消费者作为日常生活器具加以二次利用的方向发展。代表包装如图6-2所示。

3. 外形设计

包装的外形设计必须根据其内容物的形状和大小、商品文化层次、价格档次和消费者等多方面因素进行综合考虑，并做到外包装和内容物品设计形式的统一，力求符合不同层次消费者的购买心理，从而使他们产生商品的认同感。例如，高档次、高消费的商品要尽量设计得造型独特、品位高雅；大众化、廉价的商品则应该设计得符合时尚潮流并能够迎合普通大众的消费心理。代表包装如图6-3所示。

4. 图形设计

包装设计采用的图形可以分为具象、抽象与装饰3种类型。图形设计的内容包括品牌形象、产品形象、应用示意图、辅助性装饰图形等。图形设计的信息传达要准确、鲜明、独特，真实感要强，要容易使消费者了解商品内容。抽象图形的形式感强，其象征性容易使消费者对商品产生联想。装饰性图形则需要能够出色表现商品的某些特定文化内涵。代表包装如图6–4所示。

图 6－1

图 6–2

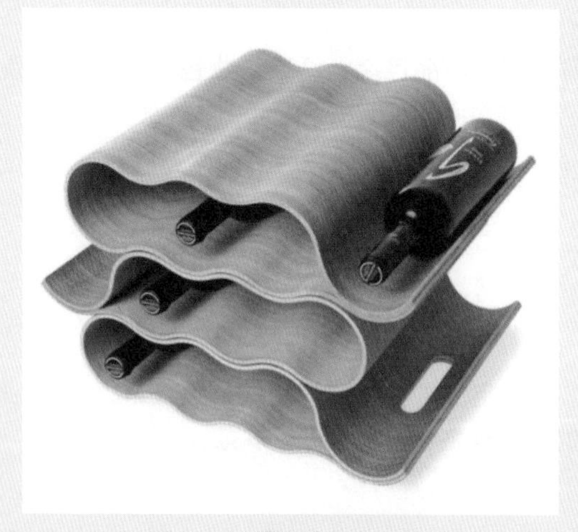

图 6–3

图 6–4

5. 文字设计

设计者应该根据商品的销售定位和广告创意要求对包装的文字进行统一设计，同时，还要根据国家对有关商品包装设计的规定，在包装上标示出应有的产品说明文字，如商品的成分、性能和使用方法等，同时还必须附有商品条形码。代表包装如图6–5所示。

图 6–5

技巧 提示

除此之外，在包装设计中还要遵循低成本原则、安全原则、体积最小原则、易装易取原则、重量和数量适中原则、重心最低原则等。设计者还需要了解印刷工艺原理、特点、运用、注意事项及工艺的延伸等。

6. 色彩设计

要使不同商品包装的色彩设计针对不同商品的类型和卖点，从而使顾客从日常生活所积累的色彩经验中自然而然地对该商品产生视觉心理认同感，最后产生购买行为。代表包装如图6-6所示。

图 6-6

6.1.3 包装材料的选择

包装材料的选择范围非常广泛，从自然材料到人工材料，从单一材料到合成材料，极为丰富。随着包装科学的不断发展，包装与材料已经是一个密不可分的整体，离开了材料，一切设计都只是空谈。下面介绍几种常用包装的材料。

1. 纸包装材料

纸包装材料是包装行业中最常用的材料，其优势在于加工方便、成本经济，适合印刷及大量生产，并且具有较好的成形性和折叠性。包装纸的种类繁多，包括牛皮纸、漂白纸、蜡纸、白纸板、瓦楞纸板等。

2. 塑料包装材料

塑料包装的大规模使用是在20世纪以后，不断发展的塑料包装已经逐步成为经济实惠的、适用范围广的一种包装形式。不同性能的塑料包装所具备的成分不同，因此，最终的用途也不同。塑料包装主要分为两大类，即塑料薄膜和塑料容器。

3. 金属包装材料

金属包装材料对于一些贵重的物品具有防腐蚀等功能。金属包装材料主要包括马口铁皮、铝材和复合材料三大类。

4. 其他包装材料

除了上述包装材料外，市面上还有复合包装材料、人造革包装材料、编织物包装材料、自然物品包装材料等。

6.2 包装设计经典案例欣赏

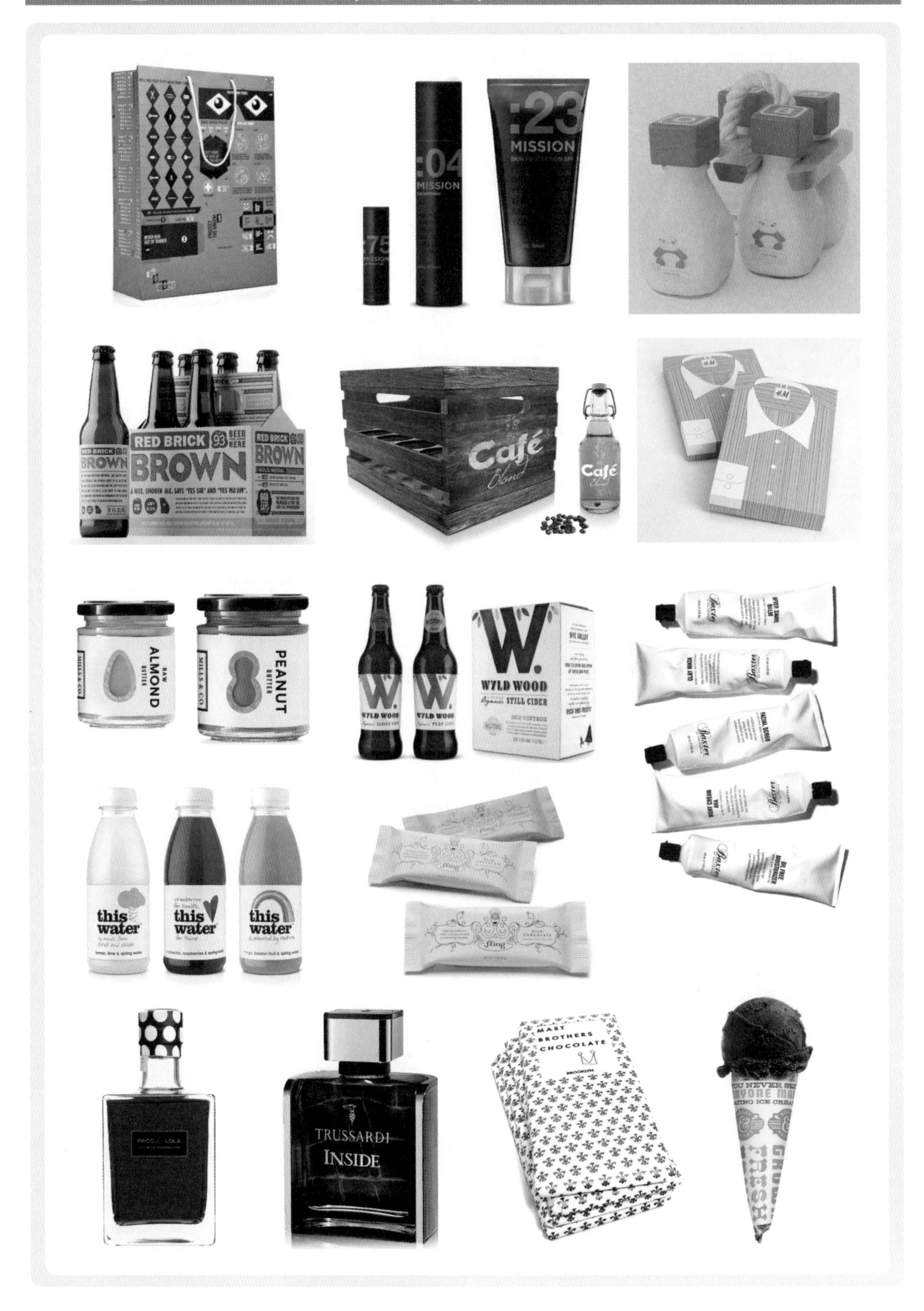

早餐营养奶粉包装设计

项目创设

本案例制作的是一个奶粉包装。该包装造型优美，色调平和，视觉冲击力强，最终效果如图6-7所示。

制作思路

首先利用“贝塞尔”工具、“矩形”工具、“网状填充”工具、“椭圆形”工具等绘制正面效果和背面效果，然后导入相应的素材图像，最后完成奶粉包装的展示效果。

图 6-7

素材：素材与源文件\Chapter6\6.3\素材
视频：教学视频\6.3 早餐营养奶粉包装设计.f4v

案例制作步骤

01 创建文档

选择“文件”→“新建”菜单命令，在弹出的“创建新文档”对话框中设置“名称”为“早餐营养奶粉”、“大小”为A4，单击“横向”按钮，设置“原色模式”为CMYK、“渲染分辨率”为300dpi，参数设置如图6-8所示。单击“确定”按钮，即可创建新文档，如图6-9所示。

微课：早餐营养奶粉包装设计1

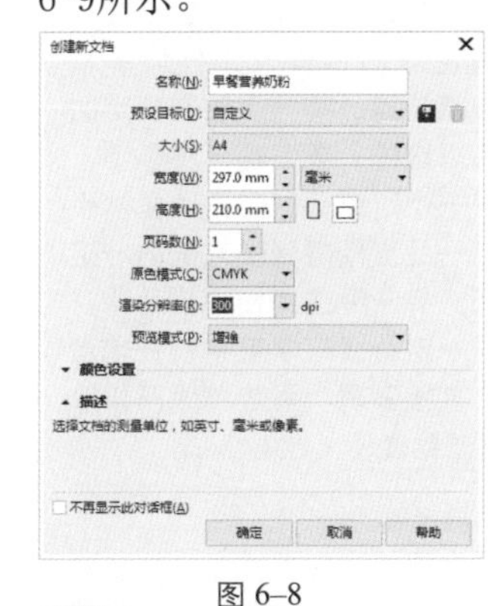

图 6-8

图 6-9

02 绘制包装的外轮廓

选择“贝塞尔”工具，设置填充颜色为白色、轮廓线颜色为

行业知识

包装的设计构思

包装的设计构思主要体现在以下3个方面，即构思、表现角度和表现手法。

1.构思

构思是包装设计迈出的重要的第一步，包装设计的构思重点是充分了解商品的特征、市场情况和用户需求。只有进行了充分的了解，设计师才能有侧重地构思成功的包装设计。设计不能盲目求全，什么都放上去等于什么都没有。

确定其基本点有利于提高销售。下面介绍一些有关项目，以供参考。

- 商品的商标形象与含义。
- 商品的功能效用、质地属性。

1 2 3 4 5 6 7 8

无，在页面中结合“形状”工具绘制出包装的外轮廓，效果如图6-10所示。

03 打开“渐变填充”对话框

选中上一步骤中绘制好的图形，单击工具箱中的“交互式填充”工具按钮（或者按【F11】键），打开“编辑填充”对话框，并选择“渐变填充”工具，如图6-11所示。

图 6–10

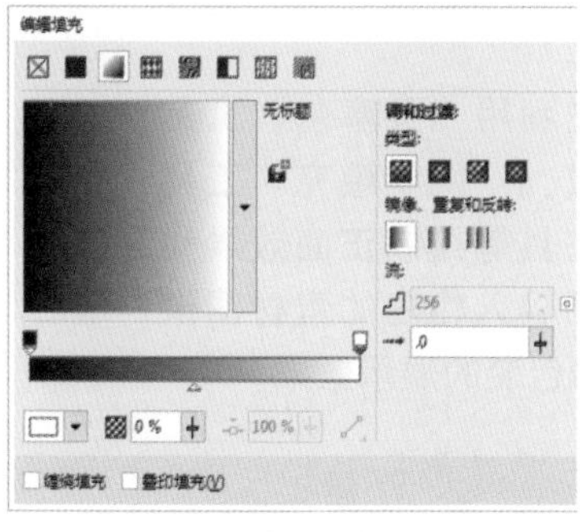

图 6–11

04 设置渐变颜色并填充

在“渐变填充”对话框中设置“角度”的值为90，渐变“类型”为“线性渐变填充”，然后设置渐变颜色，如图6-12所示。设置完成后单击“确定”按钮，得到的效果如图6-13所示。

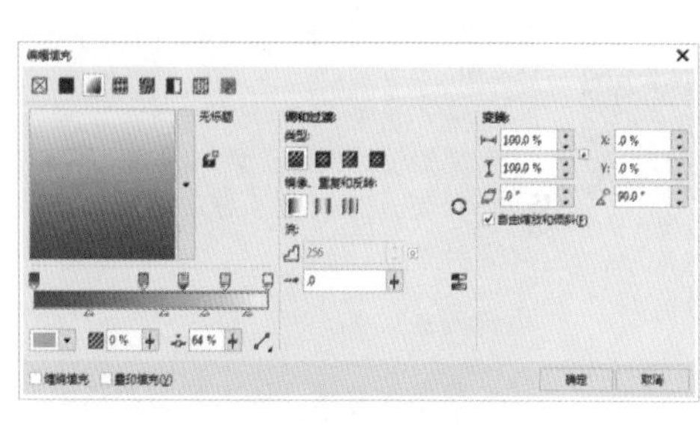

图 6–12

图 6–13

05 制作包装的边缘造型

选择填充渐变颜色后的图形，选择“对象”→“变换”→“大小”菜单命令，打开“转换”面板。在“大小”选项组中设置X值为760mm、Y值为968mm，设置“副本”的值为1，单击“应用”按钮，将其放大并复制。将复制的图形填充为白色并添加描边，置于原图层的后一层，得到的效果如图6-14所示。

06 绘制背景纹理图形

设置边框填充颜色为黑色，使用“钢笔”工具绘制背景纹理，纹理效果如图6-15所示。

- 商品的产地背景、地方因素。
- 商品的集卖地背景、消费对象。
- 该商品与同类产品的区别。
- 该商品同类包装设计的状况。
- 该商品的其他有关特征等。

以上都是设计构思的资料，因此，要求设计者具备丰富的有关商品、市场及生活的知识以及文化知识。积累越多，构思的天地越广，路子也越多，重点的选择也越有基础。

2.表现角度

表现角度是确定表现形式后的深化，即找到主攻目标后还要有具体确定的突破口。如果以商标、牌号为表现重点，是表现形象，还是表现牌号所具有的某种含义？如果以商品本身为表现重点，是表现商品的外在形象，还是表现商品的某种内在属性？是表现其组成成分，还是表现其功能效用？事物都有不同的认识角度，在表现上比较集中于一个角度，将有益于表现的鲜明性。

3.表现手法

就像表现重点与表现角度好比目标与突破口一样，表现手法好比战术。表现的重点和角度主要用于解决表现什么，这只解决了一半的问题。好的表现手法和表现形式是设计的生机所在。

不论如何表现，都是要表现内容。从广义看，任何事物都必须具有自身的特殊性，任何事物都必须与其他某些事物有一定的关联。这样，要表现一种事物，表现一个对象，就有两种基本手法：一是直接表现该对象的一定特征，另一种是间接地借助该对象的一定特征来表现事物。前者称为直接表现，后者称为间接表现或借助表现。

(1) 直接表现

直接表现的表现重点是内容物本身，包括表现其外观形态或用途、用法等。最常用的方法是运用摄影图片或开窗来表现。

图 6–14

图 6–15

07 设置并填充渐变颜色

设置绘制好的背景纹理并填充渐变颜色，效果如图6-16所示。

08 设置透明度

在页面中选择需要设置透明度的对象，单击工具箱中的“透明度”工具按钮，在菜单栏下方将会出现编辑透明度属性栏，然后根据具体对象的视觉要求设置相应的透明度类型和透明度值，参数设置及得到的效果如图6-17所示。

图 6–16

图 6–17

09 裁剪背景纹理

单击工具箱中的“裁剪”工具按钮，框选所要裁剪的纹理，然后按【Enter】键完成纹理裁剪，裁剪效果如图6-18所示。

10 绘制包装底部纹理

设置边框填充颜色为黑色，使用“钢笔”工具绘制包装底部纹理，效果如图6-19所示。

除了客观地直接表现外，还有以下一些运用辅助性方式的直接表现手法。

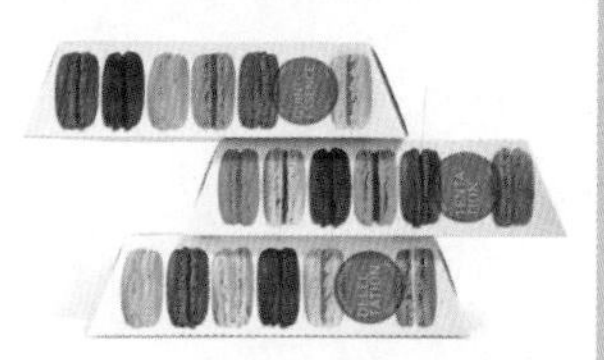

直接表现效果

- 衬托：这是辅助方式之一，可以使主体得到更充分的表现。衬托的形象可以是具象的，也可以是抽象的。在设计过程中，注意不要喧宾夺主。

外包装衬托内涵

- 对比：这是衬托的一种转化形式，也称为反衬，即从反面衬托主体，使主体在反衬对比中得到更强烈的表现。对比部分可以具象，也可以抽象。

在直接表现中，也可以用改变主体形象的办法来使其主要特征更加突出，其中，归纳与夸张是比较常用的手法。

运用色彩纯度对比突出主题

- 归纳和夸张：归纳是以简化求鲜明，而夸张是以变化求突出，二者的共同点都是对主体形象进行一些改变。夸张不但有所取舍，而且还有所强调，使主体形象虽然不合理，但却合情。这种手法在我国民间剪纸、泥玩具、皮影戏造型和国外卡通艺术中都有许多生动的例子，这种表现手法富有浪漫情趣。包装画面的夸

图 6-18

图 6-19

11 设置并填充渐变颜色

设置绘制好的背景纹理并填充渐变颜色，效果如图6-20所示。

12 绘制黄豆

使用“椭圆形”工具在页面中绘制一个椭圆，设置填充颜色值为（R:250、G:227、B:130）、轮廓线颜色为无，效果如图6-21所示。

微课：早餐营养奶粉包装设计2

图 6-20

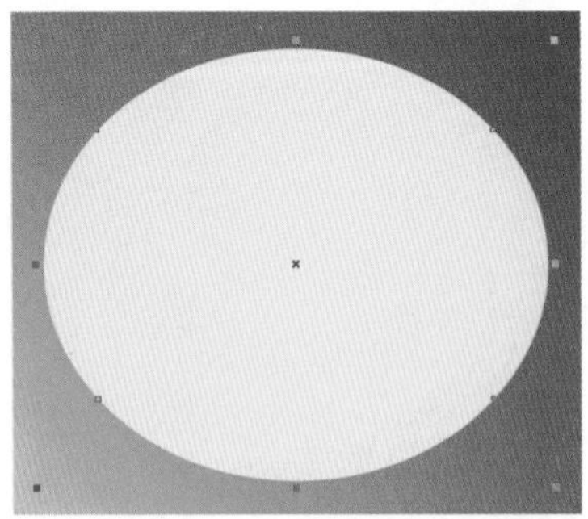

图 6-21

13 添加节点

单击工具箱上的“网状填充”工具按钮⌗，在椭圆内部的不同位置双击，添加多个节点，效果如图6-22所示。

14 设置黄豆颜色

使用“网状填充”工具选择最上方的节点，在其属性栏中设置颜色值为（R:249、

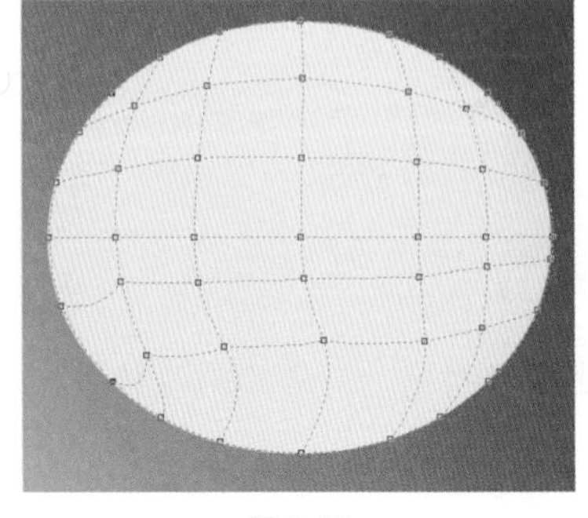

图 6-22

张一般用于突出可爱、生动、有趣的特点。

夸张的包装效果

- 特写：这是大取大舍，以局部表现整体的处理手法，以使主体的特点得到更为集中的表现。

(2) 间接表现

间接表现是比较内在的表现手法，即画面上不出现要表现的对象本身，而是借助于其他有关事物来表现该对象。这种手法具有更加宽广的表现，在构思上往往用于表现内容物的某种属性或牌号、意念等。间接表现的手法主要包括比喻、联想和象征。

- 比喻是借他物比此物，是由此及彼的表现手法，所采用的比喻成分必须是大多数人共同了解的具体事物、具体形象，这就要求设计者具有比较丰富的生活知识和文化修养。
- 联想法是借助于某种形象引导观者的认识向一定方向集中，由观者产生的联想来补充画面上所没有直接交代的东西，这也是一种由此及彼的表现方法。人们在观看一件设计作品时，并不只是简单的视觉接受，而是总会产生一定的心理活动。一定的心理活动取决于设计的表现，这是联想法应用的心理基础。联想法所借助的媒介形象比比喻形象更为灵活，它可以具象，也可以抽象。各种具体的，抽象的形象都可以引起人们一定的联想，人们可以由具象的鲜花想到幸福，由蝌蚪想到青蛙，由金字塔想到埃及，由落叶想到秋天等。人们还可以由抽象的木纹想到山河，由水平线想到天海之际，由绿色想到草

G:208、B:6），效果如图6-23所示。同样的，为椭圆上的不同节点进行颜色的更改，并调整相应节点的位置，效果如图6-24所示。

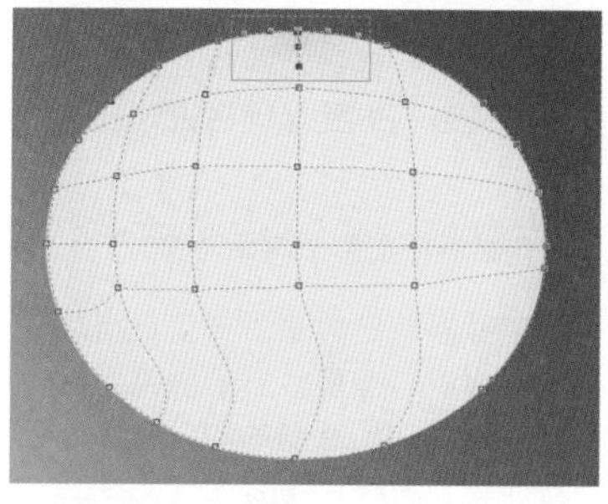

图 6-23

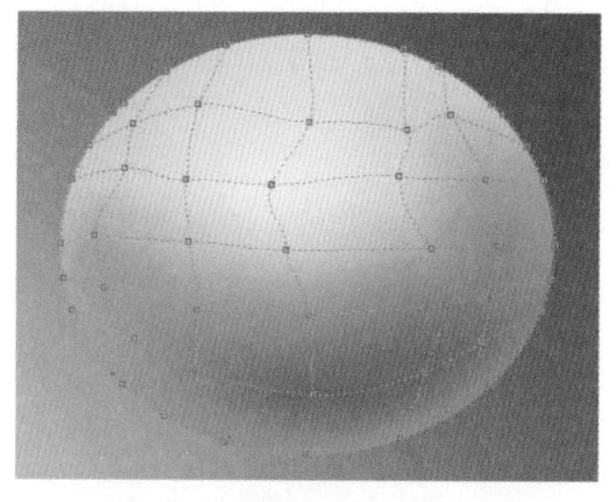

图 6-24

技巧 提示

渐变椭圆制作完成后，可通过按【Ctrl+PageDown】组合键调整图形的排列顺序，以达到目标效果。

15 为黄豆添加阴影并转换为位图

使用“椭圆形”工具在黄豆图形的后面绘制一个黑色椭圆，选择“位图”→“转换为位图”菜单命令，弹出“转换为位图”对话框，保持默认设置，单击“确定”按钮，得到一个位图图像，效果及“转换为位图”对话框如图6-25所示。

图 6-25

16 为阴影添加“高斯式模糊”效果

选择“位图”→“模糊”→“高斯式模糊”菜单命令，在弹出的“高斯式模糊”对话框中设置“半径”为7像素，单击“确定”按钮模糊阴影，效果及参数设置如图6-26所示。

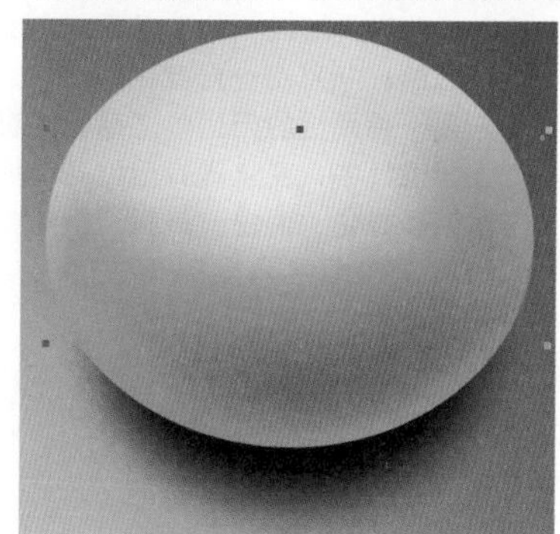

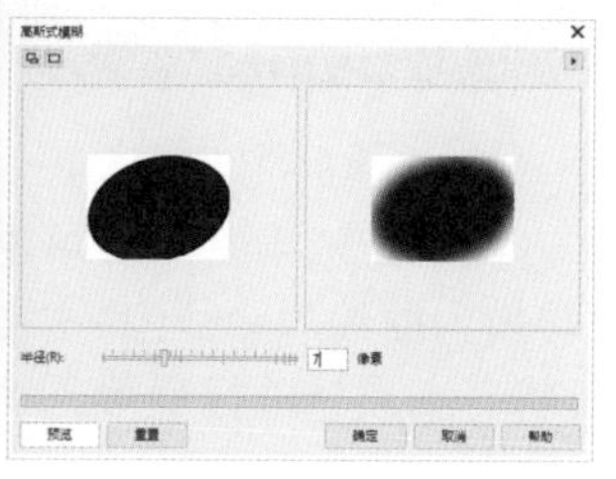

图 6-26

原森林，由流水想到逝去的时光。

● 象征是比喻与联想相结合的转化，在表现的含义上更为抽象。在包装设计上，主要体现为在大多数人共同认识的基础上表达牌号的某种含义和某种商品的抽象属性。象征法与比喻和联想法相比，更加理性、含蓄。例如，用长城与黄河象征中华民族，用金字塔象征埃及的古老与文明，用枫叶象征加拿大等。作为象征的媒介，在含义的表达上应当具有一种不能任意变动的永久性。在象征表现中，色彩象征性的运用也很重要。

行业知识

包装容器

包装容器的设计是根据被包装商品的特征、环境因素和用户的要求等选择一定的材料，采用一定的技术方法，科学地设计出内外结构合理的容器或制品。

1.包装容器的分类

包装容器主要可分为硬质包装容器和软质包装容器两大类。从材料方面可分为纸、木质、金属、玻璃、草制品、塑料、陶瓷制品等；从用途方面可分为酒水类、化妆品类、食品类、药品类、化学实验类容器制品等；从形态方面可分为瓶、缸、罐、杯、盘、碗、桶、壶、盒等。

不同包装容器的效果

17 绘制豆芽形状

使用“贝塞尔”工具在页面中绘制一个填充颜色值为（R:244、G:187、B:0）、轮廓线颜色为无的图形，如图6-27所示。

18 复制豆芽图形并调整

将豆芽图形原位置复制一个，使用“形状”工具调整节点的位置和曲向，效果如图6-28所示。

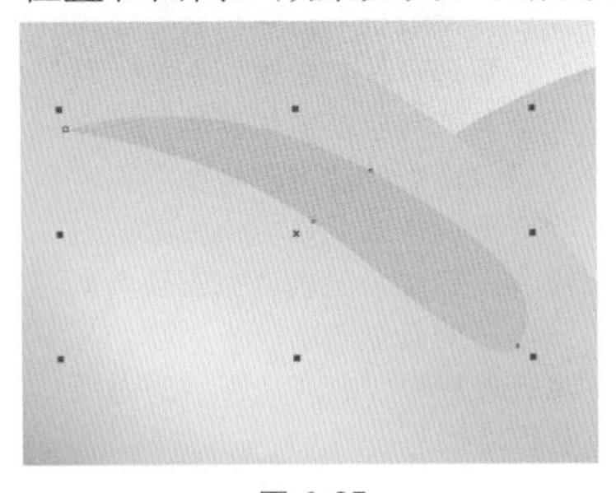

图 6-27

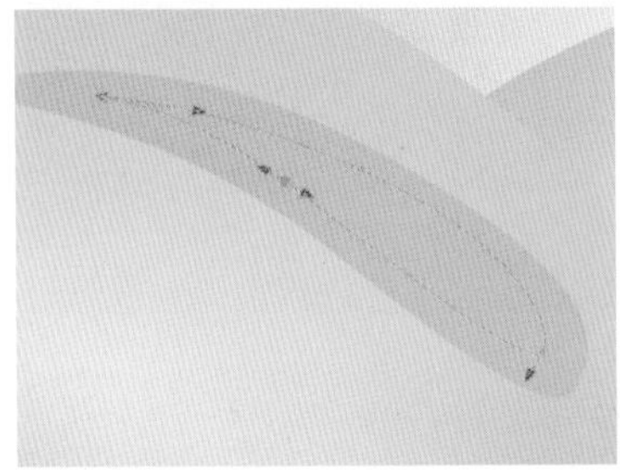

图 6-28

19 移除图形

同时选择两个大小不同的图形，在其属性栏中单击“移除前面对象”按钮，将上面的小图形移除，效果如图6-29所示。

20 制作立体效果

微课：早餐营养奶粉包装设计3

将制作好的豆芽图形原位置复制一个，将其填充颜色值设置为（R:255、G:229、B:7），并调整到合适位置，效果如图6-30所示。

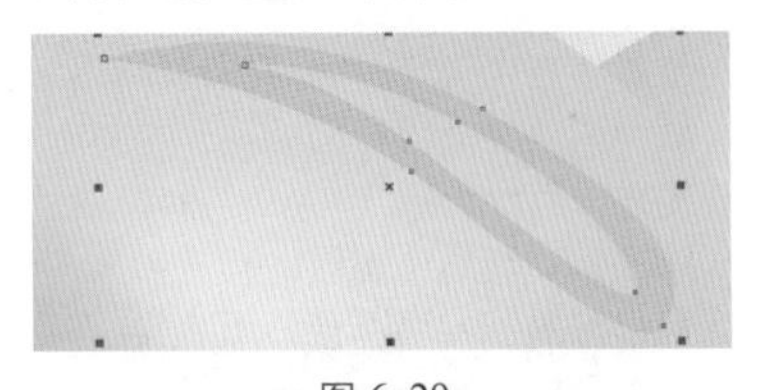

图 6-29

图 6-30

21 群组并调整图形

将绘制好的黄豆和豆芽群组，进行大小和位置的调整，效果如图6-31所示。

图 6-31

22 导入素材图像并进行调整

选择“文件”→“导入”菜单命令，将智慧职教本课程中的“\Chapter 6\6.3\素材\牛奶.png”导入到页面中相应位置，并使用“选择”工具调整到合适大小，效果如图6-32所示。

23 输入并设置文字效果

使用“文字”工具输入英文单词“milk”，选中文字并单击鼠标右键，在弹出的快捷菜单中选择“转换为曲线”命令，将文字转换为曲线，然后利用工具箱中的“形状”工具进行变形，调整文字前后的效果如图6-33所示。

容器设计的最终目的是方便人们使用，因此，必须考虑人们在使用过程中与容器之间相互协调适应的关系，主要体现在设计尺度上。

2.包装容器造型的基本要素

包装容器造型的基本要素包括功能、物质与造型。它们的关系是相辅相成、相互制约的。其中，功能排在第一，功能决定形式，是容器设计的出发点；物质是完成功能效用的基本手段，在设计当中要根据功能和成本选择材料和工艺种类；造型包括样式、质感、色彩、装饰等，它是由材料和工艺条件决定的。

3.包装造型设计的艺术特点

● 空间：包装容器的空间是有限的，它由物体大小和距离来确定。容器除了它本身所应有的容量外，还有组合空间、环境空间，因此，在容器造型过程中还应考虑容器跟容器排列时的组合空间，考虑陈列的效果。

外包装和内包装的合理组合

● 变化与统一：在各种艺术的创作和设计过程中，变化与统一是一个普遍的规律。只有变化无统一的设计给人一种无条理的杂乱之感，只有统一无变化的设计给人一种呆板的无生气之感。在容器设计中，变化是指造型各部位的多样化，而统一是指造型的整体感。

图 6-32

图 6-33

24 为文字填充颜色

选择上一步骤中制作完成的文字，使用白色填充，效果如图6-34所示。

25 绘制图形

下面开始为文字制作背景，使其更加富有视觉冲击力。使用工具箱中的“手绘”工具沿着设计完的字体绘制如图6-35所示的图形。

图 6-34

图 6-35

26 设置并填充渐变色

单击工具箱中的“交互式填充”工具按钮，打开“编辑填充”对话框，并选择“渐变填充”工具，设置渐变的“类型”为“线性”、“角度”为-90°，并设置渐变颜色，参数设置如图6-36所示。单击“确定”按钮，得到的效果如图6-37所示。

图 6-36

图 6-37

27 制作描边背景

选择背景，按住【Shift】键拖动，进行中心等比例放大，并填充白色，然后选择工具箱中的“轮廓色”工具，在弹出的

变化与统一相结合的效果

● 整体与局部：造型局部的变化是为了整体的内容丰富，不能烦琐，不能破坏整体关系的和谐统一。造型局部有各种各样的线角、口部造型、底部造型结构等。在符合整体风格基调的前提下，将局部处理得精确到位，可使造型特点更加突出。在使用任何一种变化手法时，都必须考虑到生产加工时所遇到的各种可能性。同时，还需要注意到材料对于造型的特殊要求。

整体与局部相结合的效果

工具详解

转换位图选项

在CorelDRAW中对矢量图进行效果制作时，往往会出现效果不理想的情况，如果将其转换成位图后，效果就好很多。

首先选择一幅矢量图，然后选择“位图”→“转换为位图”菜单命令，此时，会弹出“转换为位图”对话框，该对话框中包含一些转换成位图的参数选项。下面对这些选项进行讲解。

“选择颜色”对话框中选择红色，单击“确定”按钮，“轮廓颜色”对话框及得到的效果如图6-38所示。

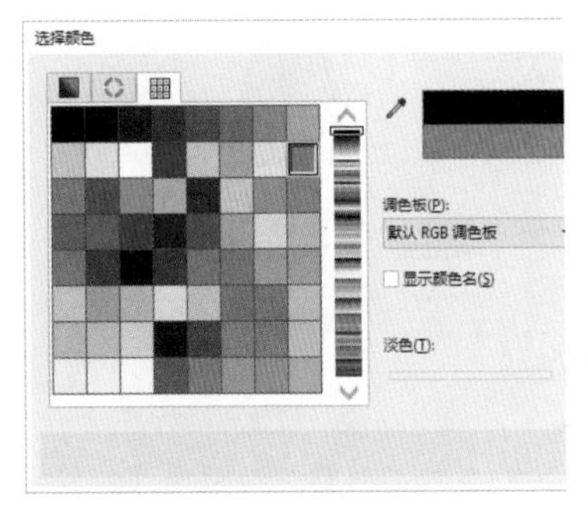

图 6-38

28 群组并调整整体位置

将制作的文字及文字群组，适当修改文字的大小，然后移动到如图6-39所示的位置。

29 绘制商标外形并进行调整

首先用“手绘”工具绘制出商标的大致外形，然后利用“形状”工具对外形进行细致的调整，按住【Shift】键将调整好的图形向中心进行拖动，等比例缩小并复制一份，效果如图6-40所示。

图 6-39

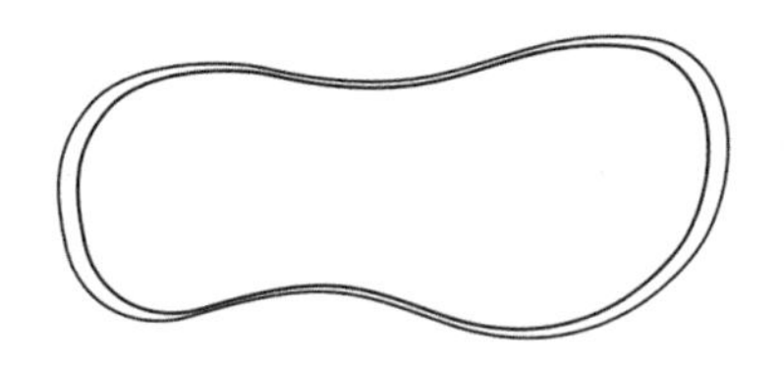

图 6-40

30 设置并填充颜色

单击工具箱中的“交互式填充”工具按钮，打开“编辑填充”对话框，并选择“渐变填充”工具，设置渐变的“类型”为“线性”、“角度”为-55°，设置渐变颜色，参数设置如图6-41所示。单击“确定”按钮，得到的效果如图6-42所示。

31 描边图形

对外面的图形进行描边，得到的效果如图6-43所示。

32 绘制豆形并填充

使用“手绘”工具绘制一个豆的形状，并为图形轮廓填充白色，效果如图6-44所示。

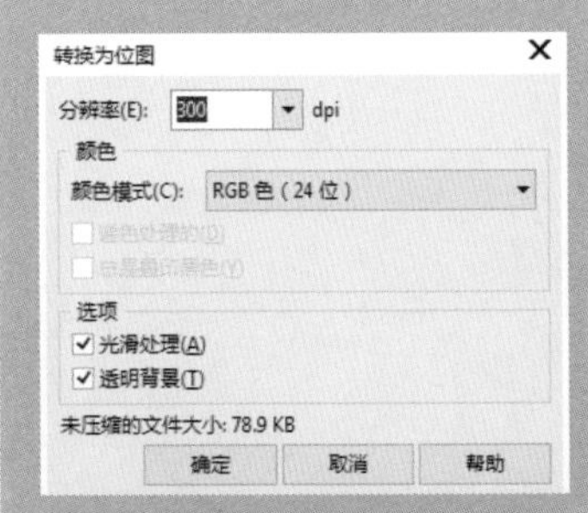

“转换为位图”对话框

- 分辨率：在“分辨率”下拉列表中可以选择一种需要的分辨率来进行转换。
- 颜色：在该选项组中的“颜色模式”下拉列表中选择相应的颜色模式后，“递色处理的”和“总是叠印黑色”两个复选框才可使用。“递色处理的”是指模拟数目比可用颜色更多的颜色。此选项可用于使用256色或更少颜色的图像。“总是叠印黑色”是指当黑色为顶部颜色时叠印黑色。当打印位图时，启用该选项可以防止黑色对象与下面的对象之间出现间距。
- 选项：该选项组包含两个复选项，即“光滑处理”和“透明背景”。前者可使位图的边缘光滑，后者能够使位图的背景变得透明。

工具详解

渐变填充类型

渐变填充包含以下4种类型。

- 线性渐变填充：沿着对象作直线流动。

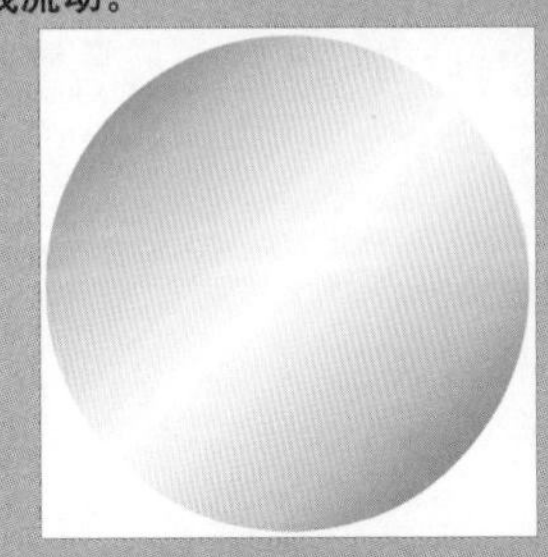

线性渐变

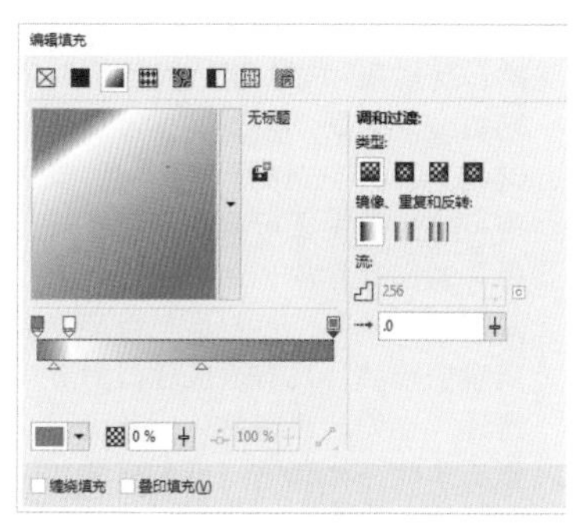

图 6-41

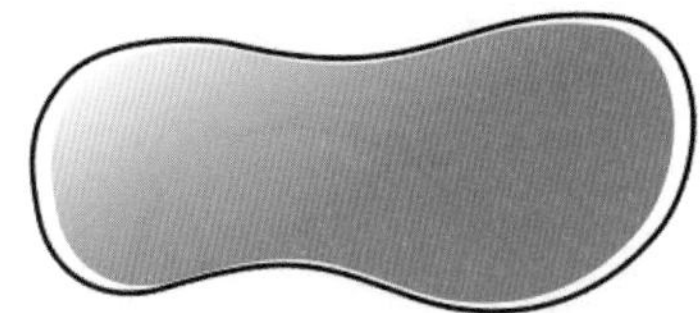

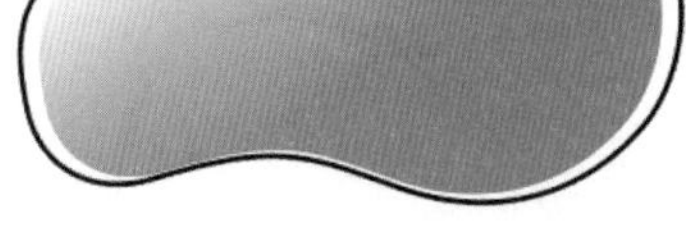

图 6-42

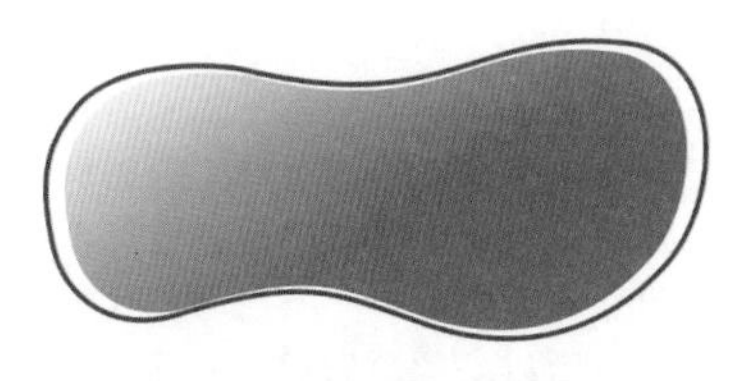

图 6-43

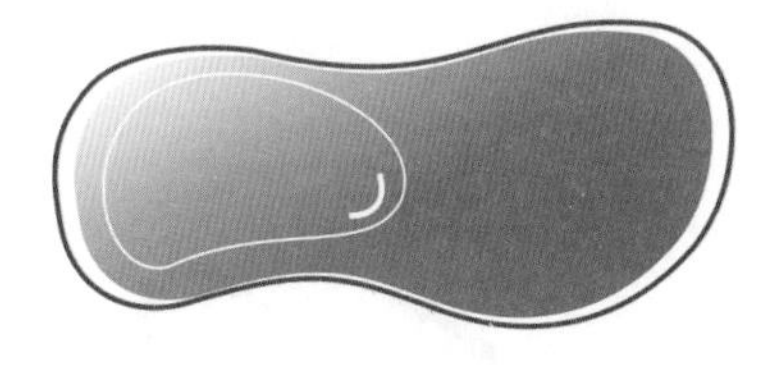

图 6-44

33 输入文字并进行调整

单击工具箱中的“文本”工具按钮字，输入“milk”，选择适当的字体，输入“maijili”和“麦吉利”，在右侧的调色板中选择白色并填充，然后将文字移动到绘制的图形中，效果如图6-45所示。

34 调整商标

将制作好的商标进行大小和位置的调整，得到如图6-46所示的效果。

图 6-45

图 6-46

35 绘制帽子形状

首先绘制帽子部分，用“手绘”工具勾勒出帽子的大致外形，然后用“形状”工具进行调整，得到的效果如图6-47所示。

36 调整帽子的轮廓线

使用“手绘”工具和“变形”工具对轮廓线的粗细进行调整，效果如图6-48所示。

微课：早餐营养奶粉包装设计4

37 填充颜色

单击工具箱中的“交互式填充”工具按钮，选择“均匀填充”工具，为绘制好的帽子图形填充颜色，如图6-49所示。

- 圆形渐变填充：从对象中心向四周辐射。

圆形渐变

- 圆锥形渐变填充：产生光线落在圆锥上的效果。

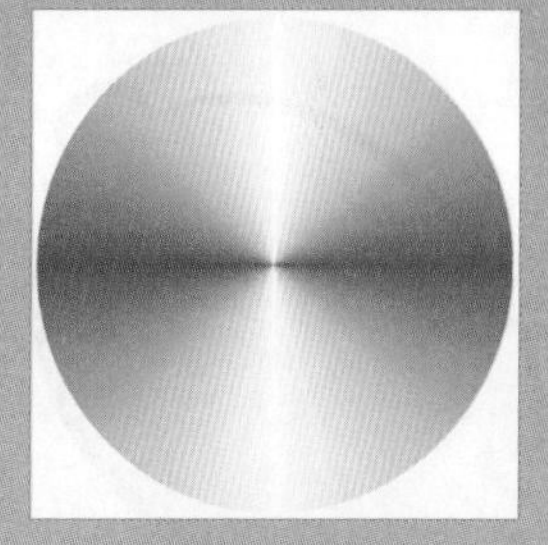

圆锥形渐变

- 矩形渐变填充：以同心方形的形式从对象中心向外扩散。

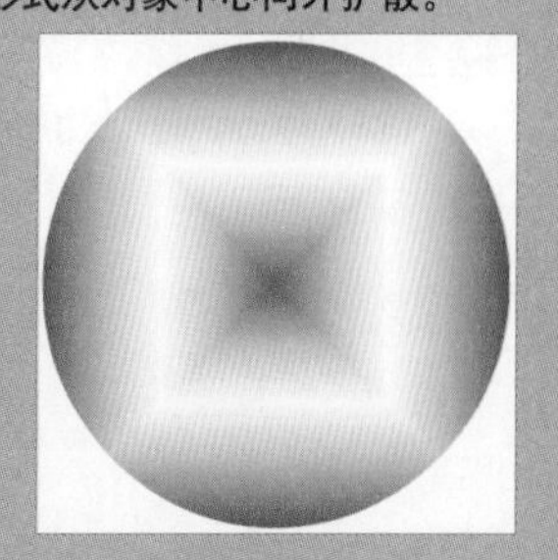

矩形渐变

行业知识

复合包装材料

在包装工业发展的基础上，物品的包装也得到了相应的发展，从最初的简单纸包装到单层塑料薄膜包装，发展到现在复合材料的广泛使用。复合材料能使包装内含物具有保湿、保香、美观、保鲜、避光、防渗透、延长货架期等特点，因而得到迅猛发展。

复合材料是两种或两种以上的材料经过一次或多次复合工艺而组合在一起的，从而构成一定功能的材料。复合材料一般可分为基

1
2
3
4
5
6
7
8

38 添加高光

利用“手绘”工具和“变形”工具绘制高光部分，然后用“填充”工具填充颜色，接着用“椭圆形”工具给帽子添加斑点，得到的效果如图6-50所示。

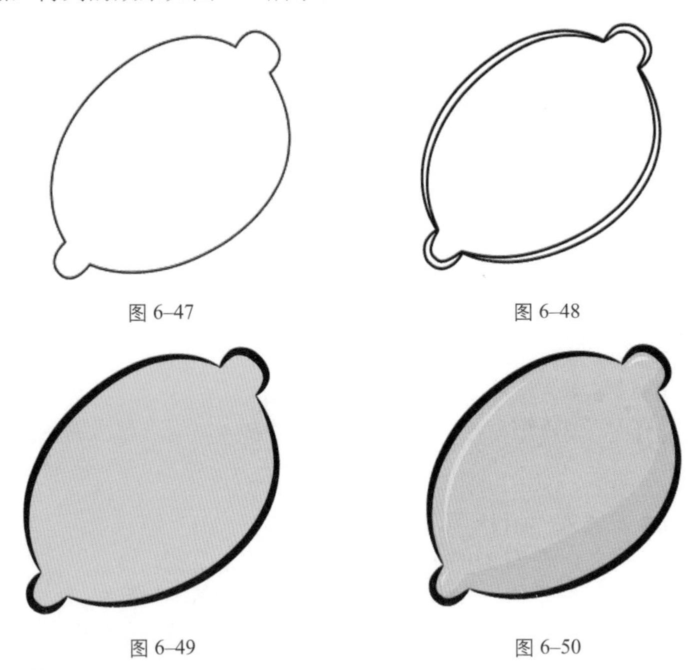

图 6–47　　图 6–48

图 6–49　　图 6–50

39 绘制脸部外形

用“手绘”工具和“变形”工具绘制出脸部的外形，效果如图6-51所示。

40 绘制脸部五官

继续用“手绘”工具和“变形”工具绘制出五官的外形，效果如图6-52所示。

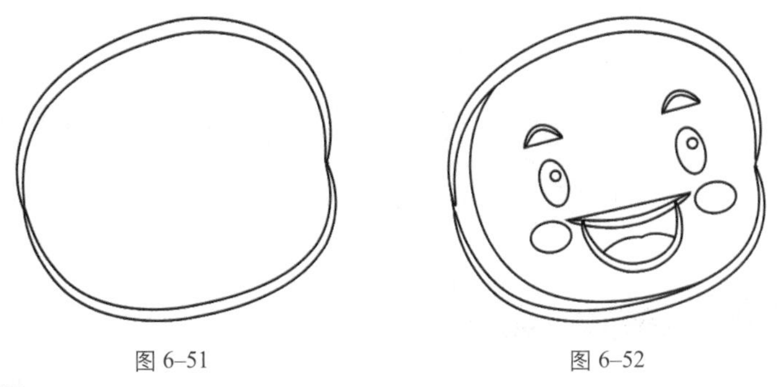

图 6–51　　图 6–52

41 填充颜色

单击工具箱中的“交互式填充”工具按钮，选择“均匀填充”工具，为脸部分别填充适当的颜色，效果如图6-53所示。

42 调整与组合图形

将制作完成的帽子和脸部按照适当的大小和比例组合起来，效果如图6-54所示。

层、功能层和热封层。基层主要起美观、印刷、阻湿等作用，如BOPP（双向拉伸聚丙烯）薄膜等；功能层主要起阻隔紫外线照射、避光等作用，如VMPET（聚酯镀铝膜）等；热封层与包装物品直接接触，具有适应性、耐渗透性、良好的热封性，以及透明性等功能，如LDPE（低密度聚乙烯）等。以下就复合软包装材料的内层材料开发、发展与现状进行介绍。

因为复合包装材料所涉及的原材料种类较多，性质各异，哪些材料可以结合，哪些不能结合，用什么东西黏合等，问题较多且复杂，所以必须对它们精心选择，才能获得理想的效果。选择的原则是：明确包装的对象和要求，选用合适的包装原材料和加工方法，用恰当的黏合剂或层合原料。

对于短期流通和消费的酸奶，可以使用塑料包装材料进行包装。常用于酸奶包装的塑料材料包括单体塑料材料和多层塑料复合材料（如多层复合聚乙烯材料）。使用塑料包装材料包装酸奶属于一次性销售包装，并且一般需要在低温下贮存和销售，推荐保藏温度有2℃～4℃、2℃～6℃、2℃～8℃和0℃～4℃等温度范围，其中以2℃～6℃的温度范围最为常见。常见的推荐保质期有14天、16天、20天、24天、30天等保存期限，其中最常见的为14天（一般是在2℃～6℃下保存），较少见的为30天（一般是在0℃～4℃保存）。

塑料材料与纸质材料相比、玻璃材料和金属材料相比有很多优点和特性，如透明度好、防水防潮性好、良好的耐性（如耐油性、耐药品性、耐低温性）、良好的加工性和适宜的机械强度。同时，塑料材料的价格便宜、比重小。当然，塑料材料在耐腐蚀性方面不如玻璃材料，在机械强度方面不如金属材料，在印刷适性方面不如纸张。但是，只要进行合理的选择，并结合先进的塑料

图 6–53

图 6–54

43 绘制身体部位

参照帽子的绘制方法绘制出身体部位，如图6-55所示。

44 绘制手

参照脸部绘制方法绘制出手，如图6-56所示。

图 6–55

图 6–56

45 绘制叶子并移动位置

同样的，绘制出叶子并将其移到人物后面，如图6-57所示。

46 输入文本并进行设置

单击工具箱中的“文本”工具按钮，输入“营养丰富每一天”，设置字体为华文隶书、字体大小为11pt，然后填充颜色，得到的效果如图6-58所示。

图 6–57

营养丰富每一天

图 6–58

47 使文本适合路径

使用“手绘”工具和“变形”工具绘制出一条曲线，选中文字，然后选择“文本”→“使文本适合路径”菜单命令，得到如图6-59所示的效果。

处理和加工技术，塑料材料在酸奶等乳品的包装方面有着广阔的应用前景。常用于包装酸奶的塑料材料或塑料复合材料主要有以下两种。

- 聚乙烯+二氧化钛。在生产聚乙烯薄膜时，添加了白色的二氧化钛所生产出来的聚乙烯薄膜有一定的阻光性能，可以起到一定的遮光作用，这是由于白色的二氧化钛使得聚乙烯薄膜呈现白色半透明或不透明状态，在很大程度上改善了聚乙烯材料对酸奶包装的缺点（透明性），以适应酸奶对包装材料的不透明的要求。
- 多层复合高密度聚乙烯材料。常用的主要有三层结构的高密度聚乙烯（中层为含碳的黑色高密度聚乙烯、内层和外层为含二氧化钛的白色高密度聚乙烯）和五层结构的高密度聚乙烯。

采用塑料材料进行酸奶包装的主要包装形式有袋型、瓶型和杯型。其中，袋型包装常用的材料多为“聚乙烯+二氧化钛”材料和多层复合高密度聚乙烯材料两种，瓶型包装和杯型包装常用的材料多为聚乙烯材料和聚苯乙烯材料两种。

采用扁平袋形式包装酸奶时，一般是将印刷好的片状塑料薄膜安装在自动灌装机的包装材料供应部位。在包装的过程中完成制袋、灌装和封口操作，袋的封合方式多为背面中间封合、两端封口的方式。这种包装方式的包装成本较低，包装工艺和包装技术成熟，易于操作。一般对扁平袋进行较简单的装潢设计和印刷，并且图案是连续的，一般要保证每一个袋上有一个完整的图案。

使用扁平袋包装酸奶时，容装量（包装规格）一般以净含量“多少克”或“多少毫升”在包装袋上标明，如常见的有125克、227克、250克、125ml、243ml、250ml等。同时，这种形式的包装常常是将多个小袋（常见的有4袋、5袋、6袋、8袋、10袋）装入

48 删除路径并调整文字位置

选择“对象”→“拆分在一路径上的文本”菜单命令，选择曲线，按【Delete】键删除曲线，然后将其移到卡通人物下方，效果如图6-60所示。

图 6–59

图 6–60

49 调整位置

将完成的卡通人物移到如图6-61所示的位置。

50 添加文字

添加文字，效果如图6-62所示。

图 6–61

图 6–62

51 设计包装的背面

复制制作好的所有图形，然后删掉牛奶、文字和商标，按照合理美观的布局放置豆的图案，并设计字体和卡通人物，效果如图6-63所示。

微课：早餐营养奶粉包装设计5

52 设置文字背景

单击工具箱中的“矩形”工具按钮□，绘制一个矩形框，单击“圆角”按钮□，调整数值，得到一个圆角的矩形，在“交互式填充”工具组中选择“渐变填充”工具，填充渐变色，得到如图6-64所示的效果。

53 输入文字并进行调整

单击工具箱中的“文本”工具按钮字，输入豆奶的七大特点、配料和商品信息，注意文字的大小，并加粗标题文字，效果如图6-65所示。

一个较大的透明塑料袋中作为一个销售单元进行包装。有时，某些品牌的酸奶有一系列的口味，如原味、草莓味、山芋味、南瓜味、蜜桃味、苹果味、荔枝味等，在进行集合包装时，也常常将不同口味的小袋装酸奶装入一个大袋中作为一个包装单元或销售单元。

三面封口的柱形袋包装常用于豆浆的包装，近年来在酸奶包装中的应用也越来越多。在生产过程中，采用先进的“充气等压灌装”工艺灌装，也就是将印刷好的两个片状塑料薄膜进行对齐后热封，先进行两侧纵向封合，再进行一端横向封合，然后进行袋口一端的封合，袋口一端的尺寸逐渐缩小，最后形成和吸管尺寸类似的小口。袋型呈圆柱形，袋口预留有很小的切口，以方便撕开，饮用时轻轻从切口处撕开即可饮用。对于这种形式的包装，一般进行简单的装潢印刷，并且在开口处印刷有“小心喷溅”等警示语（由于采用等压灌装工艺进行灌装，所以容器内气压稍高于大气压，开口时酸奶容易喷溅）。

采用三面封口的柱形袋包装酸奶，其规格多为每袋250克或250ml。与扁平袋包装酸奶类似，这种形式的包装也常常将同种口味的酸奶多袋集装，或将不同口味的酸奶多袋集装，从而作为一个销售单元进行包装。

设计师经验

立体包装的绘制方法

包装的立体效果绘制可以通过两种方法实现，即拼凑型和软件型。

1.拼凑型

大多数包装都是先制作平面效果，然后进行立体展示效果的制

图 6–63

图 6–64

54 导入安全认证标识和条形码并调整位置

选择“文件”→“导入”菜单命令，将素材安全认证标志和条形码拖动到如图6-66所示的位置。

55 制作提手和立体效果

使用工具箱中的“贝塞尔”工具绘制出包装袋的提手，填充黑色，将正面和背面倾斜，并添加投影效果，最终效果如图6-67所示。

图 6–65

图 6–66

图 6–67

作。在平面效果中，可通过截取不同的面来进行拼凑，需对不同界面进行透视，以适应立体的透视效果。

立体拼凑完成后，就需要制作出阴影或者投影效果。一般都是绘制黑色图形，然后进行模糊，从而得到阴影效果；而投影效果则是通过对拼凑的立体效果进行翻转和镜像，然后调整对象的透明度得到的。

洋酒包装盒

2. 软件型

软件型是指利用专业的包装立体制作软件来制作效果。该方法能够方便、快捷地绘制出包装的立体效果，而且能够调整不同参数。目前，最受包装设计师欢迎的是CoverCommander软件。该软件可完成不同包装形式立体效果的制作，如书籍、包装盒、CD等。

通过软件制作包装立体的效果

拓展训练——花生油包装设计

利用本节所介绍的制作早餐营养奶粉包装的相关知识，按照智慧职教本课程提供的素材文件制作花生油包装，最终的效果如图6-68所示。

图 6-68

- 技术盘点："贝塞尔"工具、"矩形"工具、"渐变填充"工具、"文本"工具。
- 素材文件："Chapter6\6.3\拓展训练\花生油包装设计.cdr"。
- 制作分析：

实践●提高

6.4

● 难易程度

★★★★

音乐CD包装设计

项目创设

本案例制作的是音乐CD包装设计。该包装风格时尚、图案精致，最终效果如图6–69所示。

制作思路

首先利用"贝塞尔"工具、"矩形"工具和图案填充工具制作出包装的平面图，然后导入相应的素材图像，最后完成音乐CD包装展示效果。

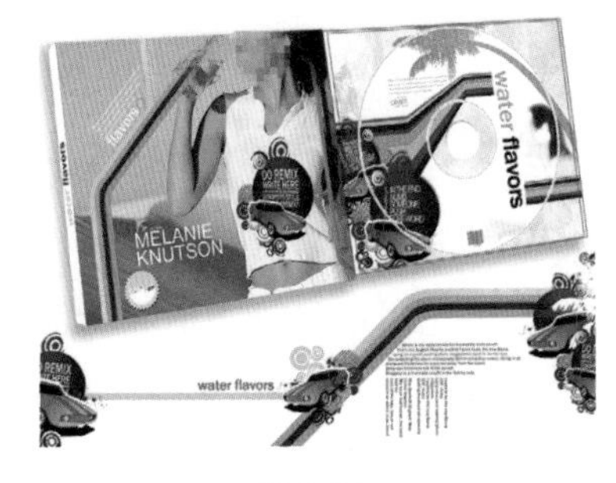

图 6–69

素材：素材与源文件\Chapter6\6.4\素材

案例制作步骤

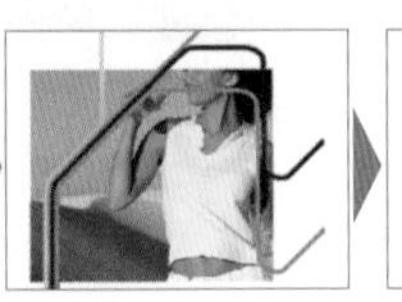

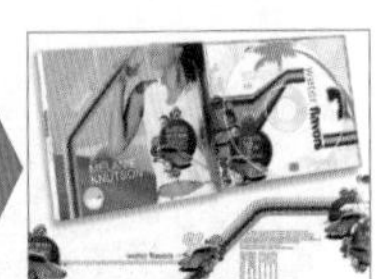

01 创建文档

选择"文件"→"新建"菜单命令，在弹出的"创建新文档"对话框中设置"名称"为"音乐CD包装设计"、"大小"为A4，单击"横向"按钮▭，设置"原色模式"为CMYK、"渲染分辨率"为300dpi，参数设置如图6-70所示。单击"确定"按钮，即可创建新文档，如图6-71所示。

行业知识

常见包装盒样式

纸材包装比较轻便，易于加工、运输、携带和印刷，并利于回收和容易降解，在日趋严重的环保问题上更有现实意义，因而在包

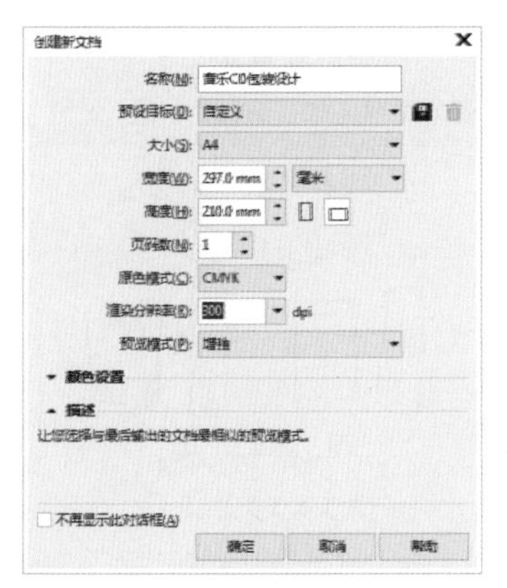

图 6-70

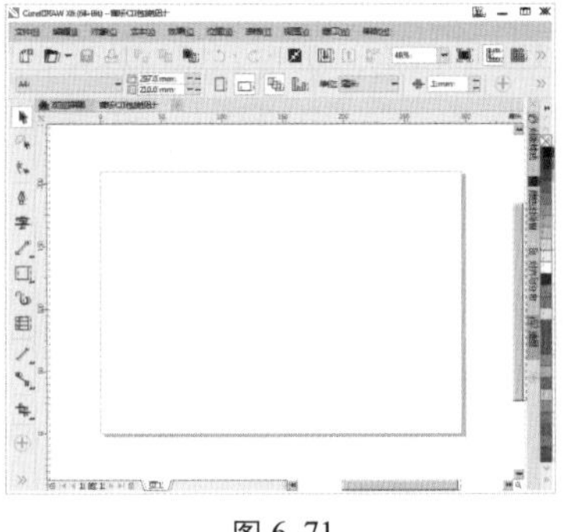

图 6-71

02 导入背景素材

选择“文件”→“导入”菜单命令，将“Chapter 6\6.4\素材\背景1.jpg”“背景2.jpg”导入到页面中，并使用“选择”工具调整到相应位置，效果如图6-72所示。

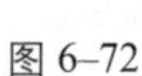

图 6-72

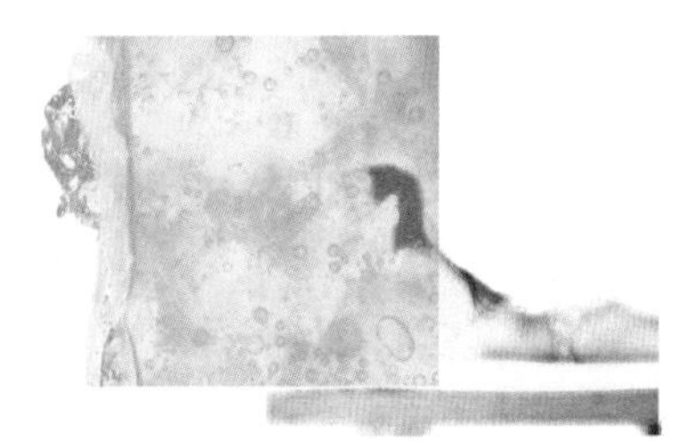

图 6-73

03 调整透明度

选中“背景1”图片，选择工具箱中的“透明度”工具，在其属性栏中设置“透明度类型”为“均匀透明度”、“模式”为“常规”、“透明度”为50，效果如图6-73所示。

04 绘制正圆

选择工具箱中的“椭圆形”工具，按住【Ctrl】键和鼠标左键不放，然后拖动鼠标，在背景图片上绘制一个长、宽均为83mm的正圆形，设置轮廓宽度为“无”、填充色为“无”，效果如图6-74所示。

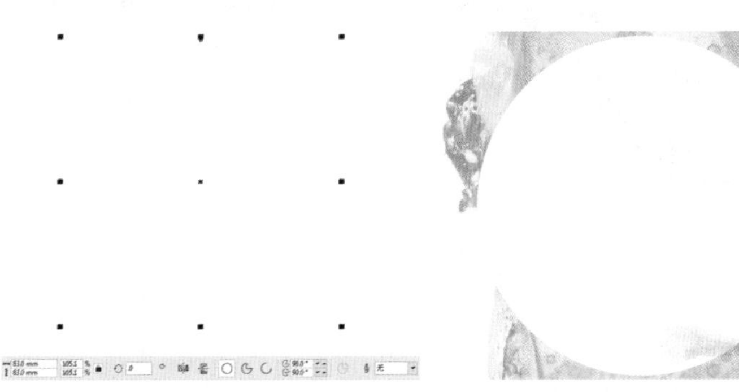

图 6-74　　图 6-75

装上的应用十分广泛。纸张是富有趣味的素材，只要在设计时多动些脑筋，就能使形态和结构巧妙地融合在一起，以发挥其功效。

1.直线纸盒

该样式包括套桶式、插入式、粘盒式、锁底式4种纸盒。

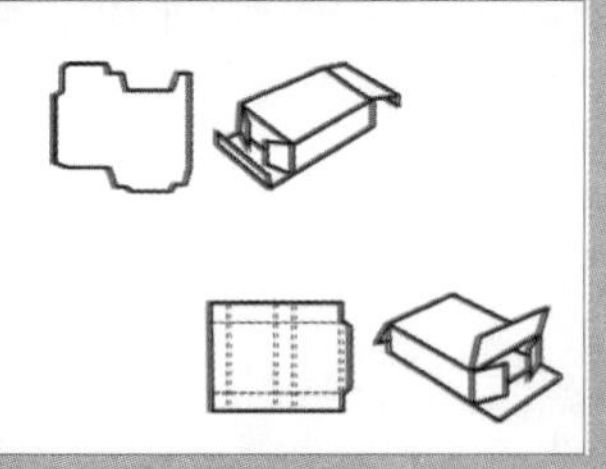

直线纸盒

2.盘状式纸盒

该纸盒样式包括折叠式和装配式两种。

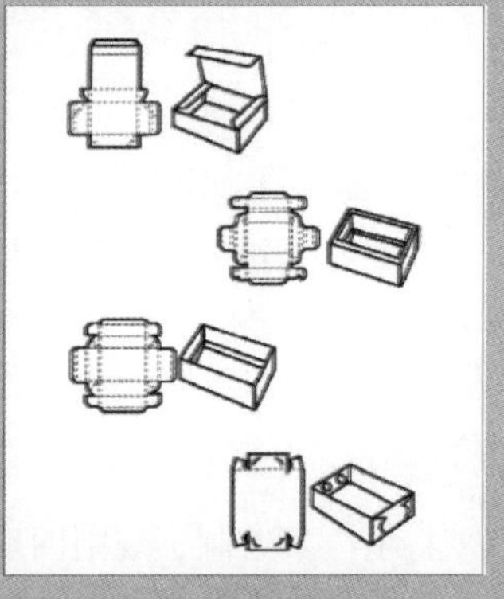

盘状式纸盒

3.糊裱盒

此种结构一般用黄板纸作内衬，根据需要采用各种纸张作内外裱糊。根据盒子的结构形态可以分为嵌入式、印合匣、附硬纸衬、书套盒、变形盒、抽屉式等形式。

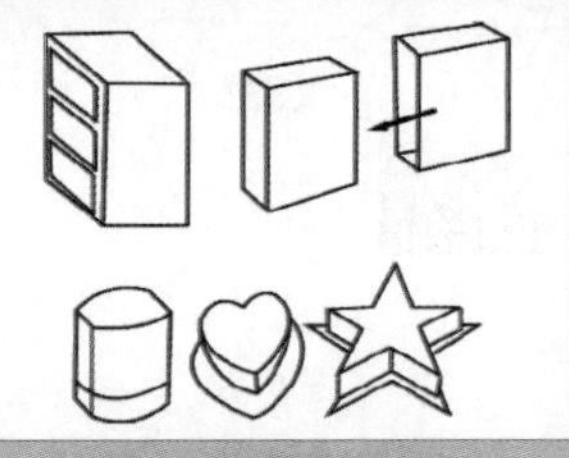

糊裱盒

4.姐妹纸盒

姐妹纸盒是用两个或两个以上相同造型的纸盒在一张纸上折叠而

05 修剪图形

使用“选择”工具选中上一步绘制的圆，将其放置于“背景1”图片的居中位置，然后同时选中这两个图形，单击其属性栏中的“修剪”图标，得到的效果如图6-75所示，之后按【Delete】键将正圆删掉。

06 置入椰树素材

选择“文件”→“导入”菜单命令，将“Chapter 6\6.4\素材\椰树.png”导入到页面中，并使用“选择”工具调整到相应位置，效果如图6-76所示。

图 6-76

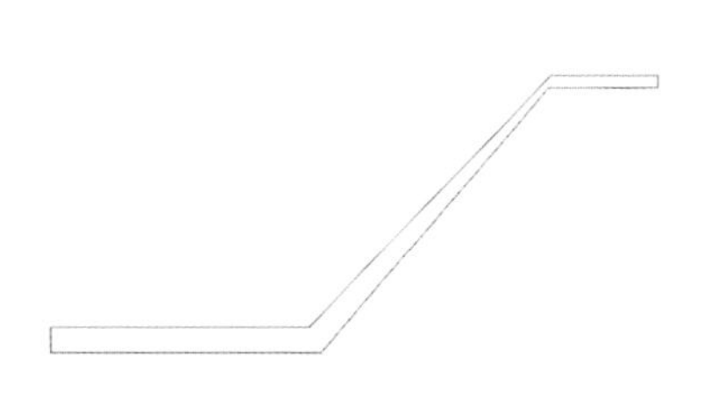

图 6-77

07 绘制不规则图形

选择工具箱中的“钢笔”工具，在空白区域绘制一个不规则图形，并利用“形状”工具对图形进行修正，得到的效果如图6-77所示。

08 填充颜色

将上一步绘制不规则图形的轮廓宽度设为“无”，选择工具箱中的“交互式填充”工具，为图形填充颜色，效果及参数设置如图6-78所示。

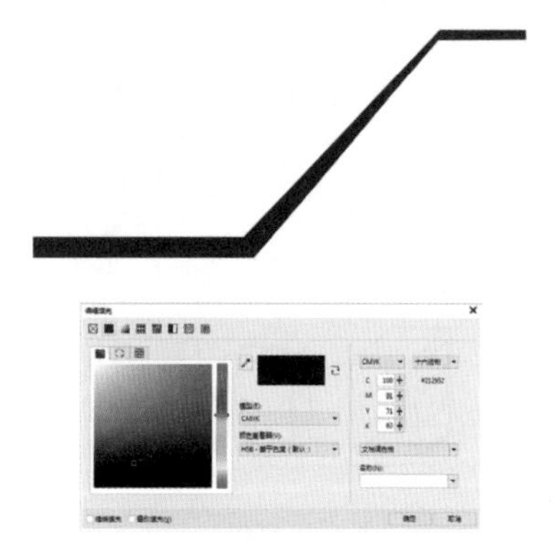

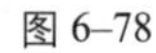

图 6-78

图 6-79

09 绘制其他不规则形状

使用“钢笔”工具结合“形状”工具，再绘制7个形状与步骤7和步骤8绘制图形接近的不规则图形，然后排列整齐并填充不同的颜色，效果如图6-79所示。

成的。它的造型相当有趣、可爱，适合盛放礼品和化妆品。

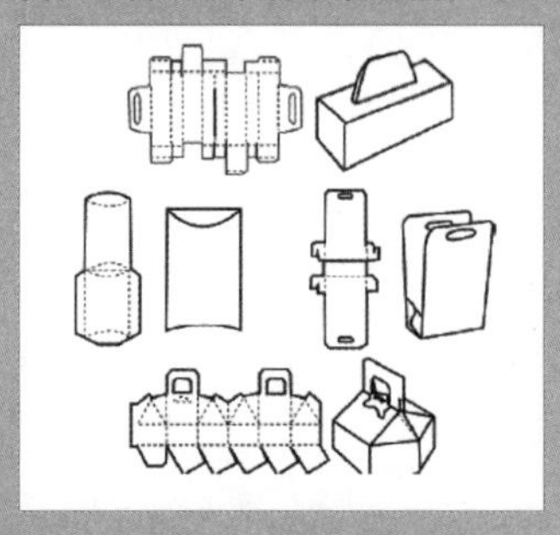

姐妹纸盒

5.异型纸盒

此种纸盒可根据折叠线的变化而使结构形态发生变化。

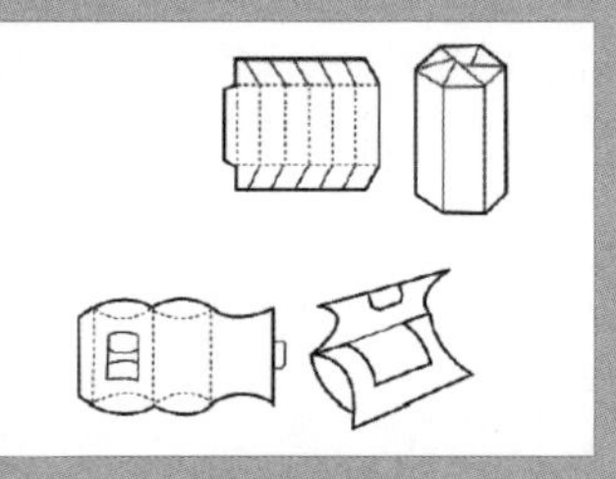

异型纸盒

6.手提纸盒

这种结构的纸盒简便实用，与手提结构成为一体。

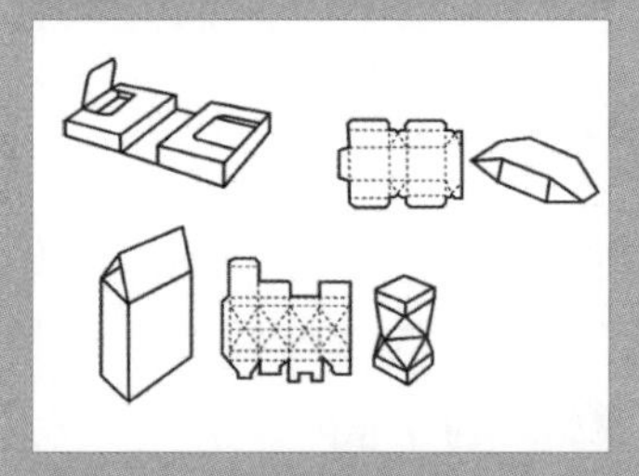

手提纸盒

7.展开式纸盒

这是一种能使消费者很快找到自己想要的商品，并能促进商品销售，起宣传作用的POP纸盒。

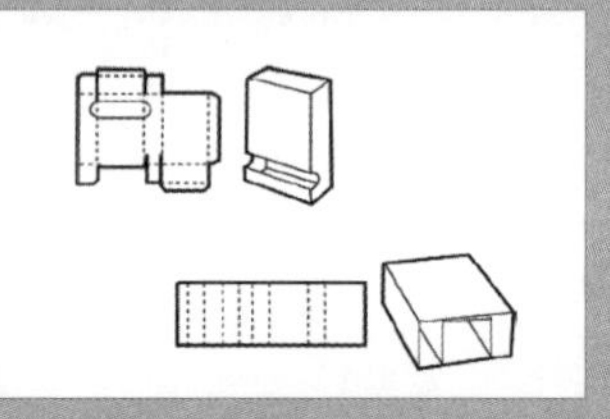

展开式纸盒

8.便利纸盒

此种结构的纸盒非常便利，单手就能从中取出商品。

10 编组调整位置

选中步骤7～步骤9绘制完成的8个不规则图形，执行“对象”→“组合”→“组合对象”菜单命令，然后将其放置在如图6-80所示的位置。

11 绘制矩形图形

选择工具箱中的“矩形”工具□，分别绘制8个与步骤7～步骤9绘制图形颜色相同的矩形图形，然后排列整齐，效果如图6-81所示。

图 6-80

图 6-81

12 编组调整位置

选中上一步绘制完成的8个矩形图形，将其编组，然后将其放置在如图6-82所示的位置。

图 6-82

图 6-83

13 置入装饰图素材

选择“文件”→“导入”菜单命令，将“Chapter 6\6.4\素材\彩色装饰图1.png”“彩色装饰图2.png”导入到页面中，并使用“选择”工具调整到相应位置，效果如图6-83所示。

14 置入跑车素材

选择“文件”→“导入”菜单命令，将“Chapter 6\6.4\素材\跑车.png”导入到页面中，效果如图6-84所示。

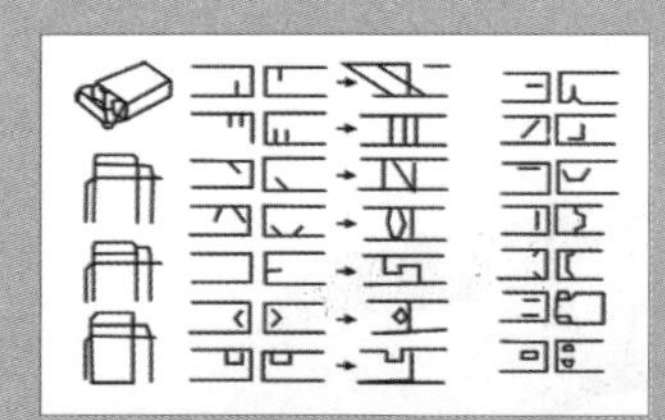

便利纸盒

行业知识

传统包装的设计思路

工业设计自包豪斯时代以来，最主要的成果之一就是将艺术与技术相结合，并为社会大众的生活设计“美”，即工业设计的一切成果都能为社会大众所接受与享用。因此，研究广大消费者所能接受的创意“语汇”，是广大包装设计工作者的主要任务之一。所谓传统风格的包装设计创意，就是要将引人入胜的、具有较高文化品位内涵及高度形式美感的传统文化素材进行精心构思，设计出向消费者传达商品信息、更好地为消费者服务的创意“语汇”。传统风格的包装设计不只是单纯地运用传统形式，更重要的是为了体现中华民族的精神面貌与自立于民族之林的优秀文化，同时也能很好地适应我国广大消费者所继承下来的中国千百年来的美学思想与审美意识。

基于以上的阐述，在着手进行传统风格的包装设计时，就应针对传统产品这一对象，充分挖掘与之相关联的传统文化，以进行创意构思。这里所说的传统文化要素，是指组成传统文化的具体形式，如中国的传统书法（不同风格的正楷、草书、隶书、篆书等）、国画（不同风格的工笔、写意、泼墨画）、年画（天津杨柳青年画、苏州桃花坞年画等）、版画、雕刻（木雕、竹雕、砖雕、瓦当及玉石雕刻等）、不同风格流派的剪纸艺术、漆画、磨漆画、蜡染和扎染艺术、刺绣艺术等。一般可以从以下两个方面来选取传统文化要素。

图 6–84

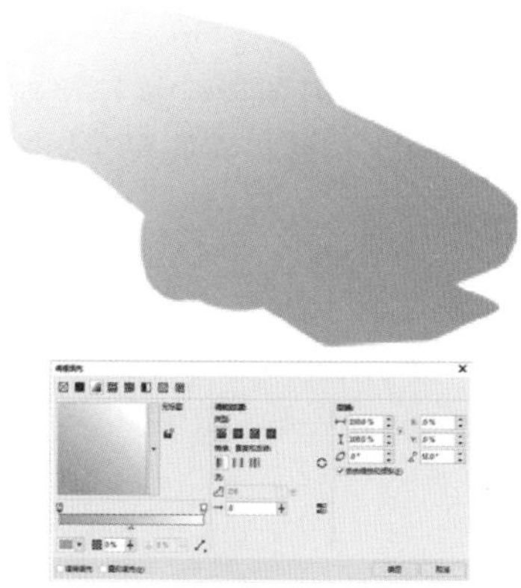

图 6–85

15 绘制不规则形状并填充渐变

选择工具箱中的“钢笔”工具，沿着上一步导入跑车图片轮廓绘制一个形状，然后选择“交互式填充”工具为图形填充渐变色，效果如图6-85所示。

16 设置透明度

选择工具箱中的“透明度”工具，在其属性栏中设置“透明度类型”为“均匀透明度”、“模式”为“色度”、“透明度”为0，然后放置于相应位置，效果及参数设置如图6-86所示。

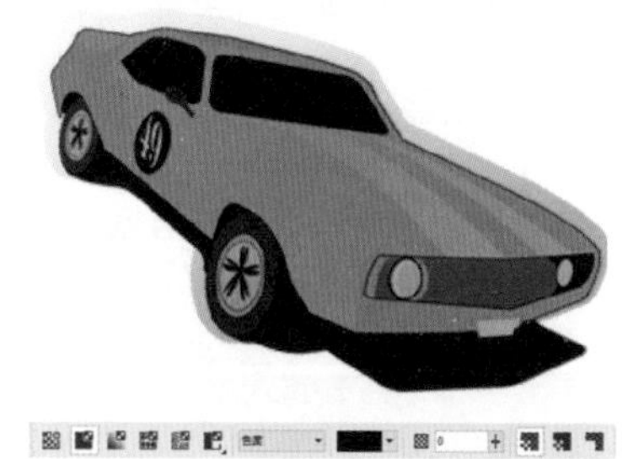

图 6–86

图 6–87

17 复制并制作水平镜像

使用“选择”工具选中制作完成的蓝色跑车图形，编组并复制一个，然后选择属性栏中的“水平镜像”工具，获得一个水平翻转的跑车图形，效果如图6-87所示。

18 调整大小及位置

将制作完成的两个跑车图形分别放置在相应位置，并适当调整大小，然后调整后方跑车图层顺序，使其处于“彩色装饰图2”的下方，得到的效果如图6-88所示。

图 6–88

1.从包装材料的运用、包装造型与结构上来考虑

包装材料主要是利用自然界的天然物品，如利用竹、木、藤、麻、贝壳、葫芦、棕箬、芦苇叶、茶叶等，设计出具有返璞归真意境及地方特色的包装。在包装的造型与结构上，可以借鉴传统的建筑、交通工具、家具、生活用品、娱乐用品、文具用品、体育用品、宗教等用品中具有艺术价值和欣赏价值且较符合被包装对象或与被包装对象有着较为密切联系的要素特征。设计时应注意造型的美观、别致、精巧、结构的科学性和牢固度。

2.从装潢形式上来考虑

自古以来，各种传统可视艺术形式的图形，就如前面所说过的中国书法、国画、雕刻、剪纸、刺绣等工艺品以及戏剧、服饰、脸谱与道具、兵器、建筑、家具、生活用品、纺织印染等物品的装饰图案纹样，还有古典文字、民间传统、神话故事等作品中内容场景的插图、书籍刊印、装帧形式等，只要与被包装的内容物有较密切的联系且运用合理得当，都可用来作为体现传统风格的手法。

行业知识

传统风格与时代感

当今时代已进入科技高度发达的微电子、大容量的信息时代，许多以前人们认为不可能的事与物，在现在已成为现实。尤其是我国实行对外改革开放政策以来，世界上许多先进的文化与技术不断传入我国，并与中华民族的优秀传统文化融合在一起，逐步形成了我国当前这一新时期的文化状况，这是历史的必然。求新求美的思想意识是人类所共有的，由此才得以推动社会的不断进步。只有符合时代的脉搏和节拍，推陈出新，传统风格的包装设计才会具有无穷的生命力和新意境，才能为当代的人们所

19 创建条形码

选择“对象”→“插入条码”菜单命令，在弹出的“条码导向”对话框中设置参数，如图6-89所示。单击“下一步”按钮，保持默认设置，再单击“下一步”按钮，从弹出的界面中单击“完成”按钮，即可完成创建条形码，将条形码调整到合适位置，效果如图6-90所示。

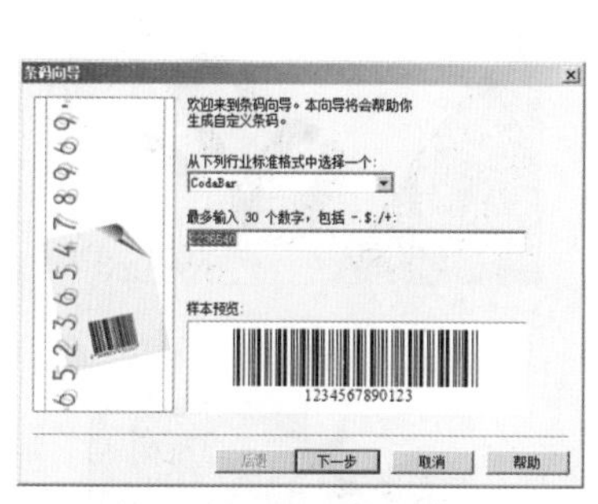

图 6-89

图 6-90

20 创建文本

单击“文本”工具按钮字，在页面中输入“Music Grammy”，在其属性栏中设置字体为方正大黑简体、字号为21pt、文本方向为垂直方向，效果如图6-91所示。

Music Grammy

图 6-91

图 6-92

21 调整颜色及位置

使用“文本”工具单独选中上一步输入的文本“Music”，然后填充蓝色，并将文本调整至相应位置，效果如图6-92所示。

22 输入节目单文本

单击“文本”工具按钮字，在页面中相应位置输入两段CD节目单文本，在其属性栏中设置字体为微软雅黑、字号为5pt、文本方向为水平方向、颜色为白色，效果如图6-93所示。

23 调整文本造型

分别选中上一步骤输入的两段节目单文本，执行“效果”→“添加透视”菜单命令，对文本进行变形透视调整，得到

接受。

对于传统风格的包装设计，如何体现出当今的时代感，一般可以从以下几方面考虑。

1.从构图及图形设计上来考虑

采用不同于传统的构图形式，如靠边角集中式、分割式、疏密对比强烈而具有空灵感意境的均衡式、散点参插式等具有现代风格的构图形式，可以较明确地向消费者传达当今的时代感。

图形时代化效果

2.从编排上来考虑

采用现代的文字编排形式，如齐边式、齐轴线式、斜排式、草排式、多向草排式、象形式、参插式、阶梯式、渐变式、跨面式等编排形式，可以体现出当今的时代感。

齐轴线文字编排

3.从字体的设计上来考虑

包装上的文字可以采用具有现代感的字体，如新宋体、新黑体、综世体、琥珀体、新魏体以及自行设计的各种变体美术字，还可以运用外文或汉语拼音的各种字体来体现当今的现代感。

4.从包装的结构与造型上考虑

包装的结构可以采用诸如提携式、姐妹式、陈列式、组合式、旋转式、易开式、模拟式、异型式、焦点广告POP式等结构来体现

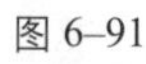

的效果如图6-94所示。

图 6-93

图 6-94

24 调整图层顺序

通过右键快捷菜单中的“顺序”命令调整上一步两段文本的图层顺序，使两段文本处于“跑车”图层的下方，效果如图6-95所示。

25 添加其他文本

利用“文本”工具，输入CD上的其他文本，并填充蓝色，效果如图6-96所示。

图 6-95

图 6-96

26 绘制圆形线

选择工具箱中的“椭圆形”工具○，按住【Ctrl】键和鼠标左键不放，然后拖动鼠标，绘制一个长、宽均为84mm的正圆形，设置轮廓宽度为1mm、轮廓颜色为白色，并放置在如图6-97所示的位置。

27 再绘制一个圆形线

使用上一步的方法绘制一个同样大小的正圆，设置轮廓宽度为0.25mm，然后单击右侧调色板中的“50%黑”为轮廓填充颜色，并放置在如图6-98所示的位置。

28 复制并调整大小

复制步骤26和步骤27绘制的两条圆形线，然后调整大小放置在相应位置，效果如图6-99所示。

当今的现代感。

现代化文字包装

姐妹式造型效果

5.从表现技法的运用上来考虑

采用各种表现技法的彩色或黑白摄影、高科技的计算机制作、仿自然形态等技法也很容易体现当今的现代感。

仿自然形态的包装设计

工具详解

底纹填充

单击工具箱中的“填充”工具按钮，在弹出的工具组中选择“底纹填充”工具，弹出“底纹填

图 6–97

图 6–98

图 6–99

图 6–100

29 制作填充图片的正圆

在CD中心再绘制一个正圆，并将“背景1”图片置于正圆内部，然后调整图层顺序，得到的效果如图6-100所示。

30 制作圆心图形

在CD中心再绘制一个轮廓宽度为1mm、轮廓颜色为黑色、填充颜色为白色的正圆，然后将其转换为位图并添加高斯式模糊效果，设置模糊值为1像素，得到的效果如图6-101所示。

图 6–101

图 6–102

31 置于矩形框内

至此，CD包装设计的主图部分已经制作完成，将所有图形编组，利用“矩形”工具绘制一个99mm×88mm的矩形，然后将主图部分置于矩形框内，得到的效果如图6-102所示。

充”对话框。

“底纹填充”对话框

在该对话框中不仅可以选择不同的底纹样式，还可对选中的底纹进行预览与修改，使用不同的图案样本，其底纹有着很大差异，读者可以根据实际的填充需要进行选择。

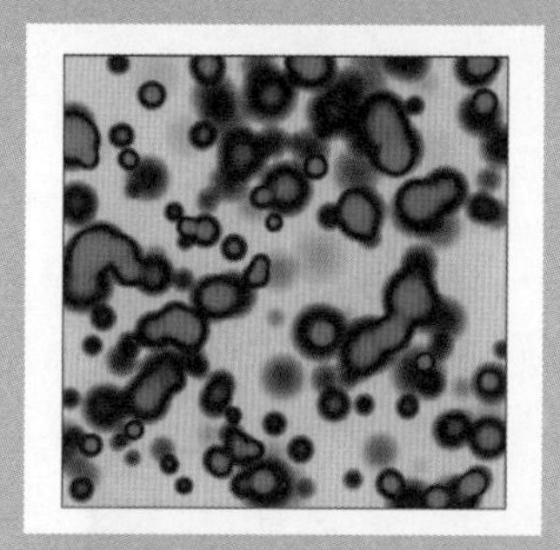

墨渍

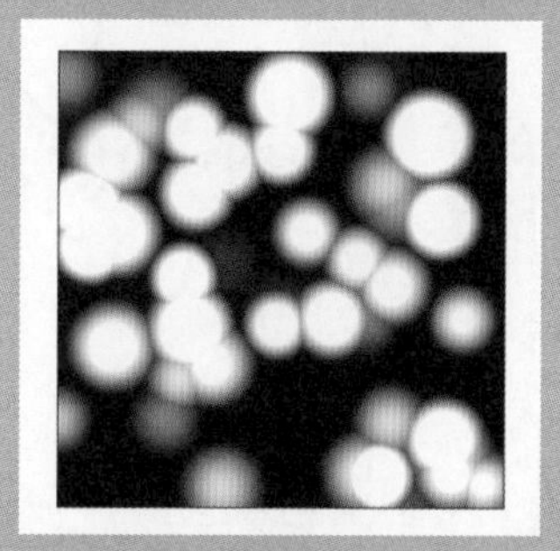

夜光

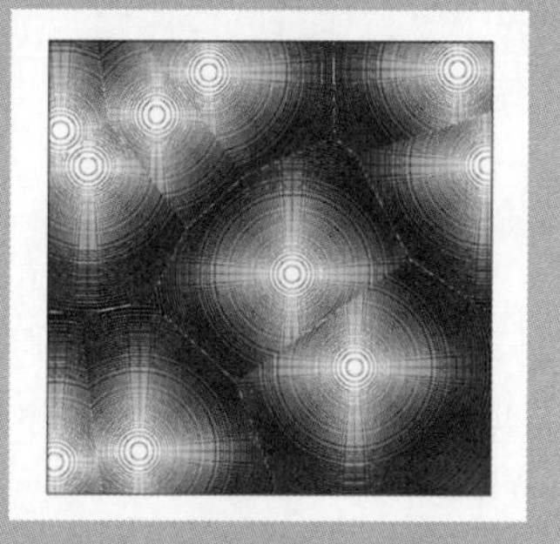

龟壳

32 置入素材绘制附图

选择“文件”→“导入”菜单命令，将“Chapter 6\6.4\素材\背景3.jpg”导入到页面中，效果如图6-103所示。

33 绘制彩色线条

利用工具箱中的“钢笔”工具绘制4根线条并填充颜色，效果如图6-104所示。

图 6-103

图 6-104

34 复制图层

复制CD主图部分使用过的“彩色装饰图2”以及“蓝色跑车”，然后调整大小放置在如图6-105所示的位置。

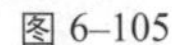

图 6-105

图 6-106

35 绘制黄色标签

利用工具箱中的“复杂星形”工具、“椭圆形”工具和“文本”工具，在底图左下角绘制一个黄色标签，效果如图6-106所示。

36 添加文本

最后，使用“文本”工具在底图上添加文本，并利用“钢笔”工具和“椭圆形”工具绘制小图标，CD附图制作完成，然后使用步骤31同样的方法将其置于矩形框内，效果如图6-107所示。

图 6-107

行业知识

模切技术

当前，包装印刷技术日新月异，不断发展。印后加工中的模切技术虽说发展缓慢，但随着市场要求的不断提高，也在不断地更新换代。下面介绍两种模切形式。

1. 圆压圆模切

由于圆压圆模切是线接触，模切压力小，设备功率小，平稳性好，连续滚动模切，生产效率高。模切时一个滚筒施加压力，另外一个滚筒是刀模。金属滚筒刀模采用化学腐蚀或电子雕刻方法加工而成，主要用于不干胶标签及商标的模切。

圆压圆模切的优点如下。

- 生产效率高。印刷与模切连线进行，最大速度可达350～400m/min。
- 模切质量好。圆压圆模切是线接触，工作压力小，产品成型稳定性好，几何形状、尺寸准确。
- 模切精度高。圆压圆模切机配有高精度的套准装置及模切相位调整装置，可获得相当高的模切精度。
- 使用寿命长。圆压圆模切辊可修磨3次，每次修磨后还可运转1000万转，远高于其他模切方式。
- 应用范围广。圆压圆模切可以与胶印机、凹印机、柔性版印刷机等组成印刷模切生产线。包装印刷材料中，使用数量增长最快的是薄膜和金属箔，这也为圆压圆模切机带来了新的机遇。
- 节约纸张。连线圆压圆模切采用卷筒进纸方式，在排版时无须留出叼口和拖梢位置，也可以进行连续交叉排版，这样可节省6%左右的纸张。对于烟包印刷厂等企业来说，节省的成本会非常可观。

2. 磁性模切

磁性模切辊和整体模切辊是圆压

37 制作展示效果

将制作完成的CD主图与附图拼接，添加“透视效果”和“阴影效果”，然后利用制作过的图案、图形进行搭配组合，完成展示效果的制作，最终得到的效果如图6-108所示。

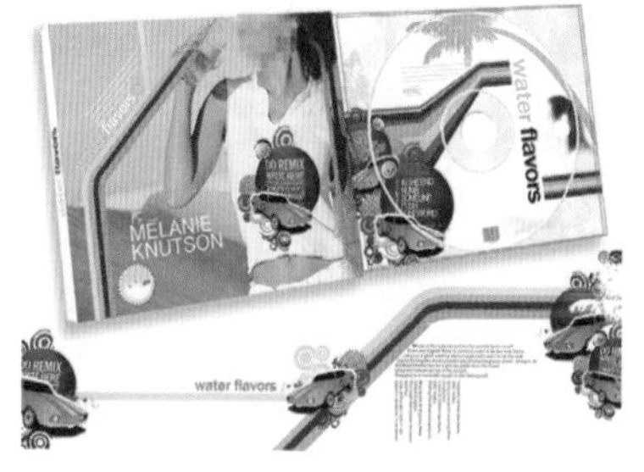

图 6-108

圆模切刀具的两种形式。磁性模切在国外已经得到广泛的推广和应用，它能够以较高的速度进行模切。模切辊加工精度高、平整性好，模切版拆卸方便，可以加工任何图案的模切版，优势非常明显，所以磁性模切技术的进一步发展对于圆压圆模切技术来说是大突破。

拓展训练——运动耳机包装设计

利用本节所介绍的制作音乐CD包装的相关知识，按照智慧职教本课程提供的素材文件制作运动耳机包装，最终的效果如图6–109所示。

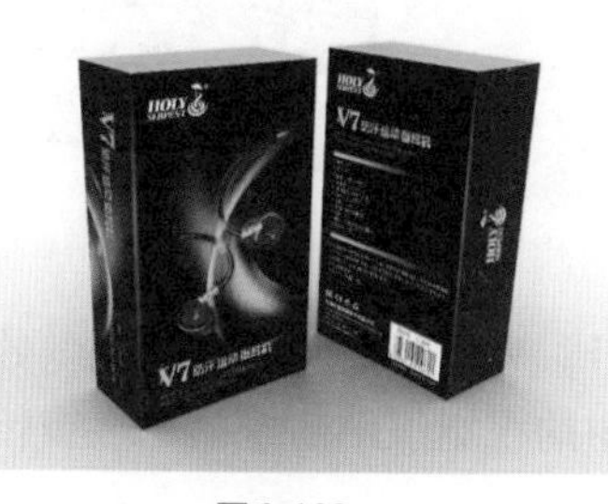

图6–109

- 技术盘点：“贝塞尔”工具、图框精确剪裁、“渐变填充”工具、“文本”工具。
- 素材文件：“\Chapter6\6.4\素材\运动耳机包装设计.cdr”。
- 制作分析：

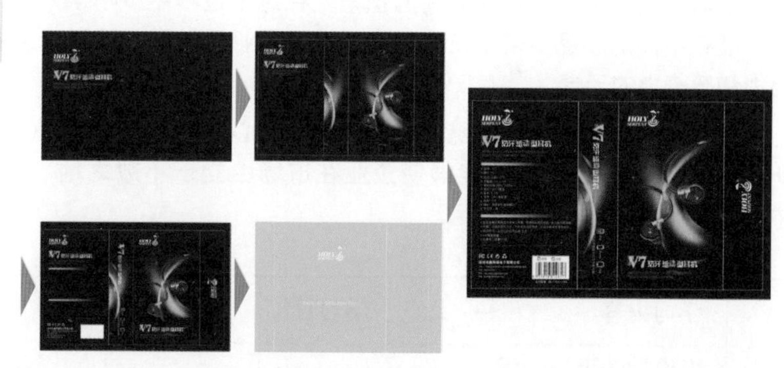

6.5 知识与技能梳理

包装设计不仅在形式上要美观大方，而且还要注重其实用性。本章通过制作两个不同形式的包装，来介绍包装设计的基本方法和操作技巧的相关知识。

- 重要工具：“贝塞尔”工具、图框精确剪裁、“文本”工具、“渐变填充”工具、“高斯式模糊”滤镜。
- 核心技术：利用图形绘制工具、图框精确剪裁、“文本”工具、导入图像、滤镜的使用制作出各种形式的包装设计。
- 实际运用：包装盒、手提袋、包装贴标等相关包装设计行业。

Chapter 7

VI设计

品牌的树立需要通过长时间的积累，在这个过程中少不了VI设计。VI设计具备所有的视觉效应，能在不同的物品中得到充分体现。VI是企业视觉形象识别系统中的视觉识别系统，是最具传播力和感染力的元素。

标志、标准字、标准色作为VI设计的核心，起到了极其重要的作用，是CI系统中的灵魂所在。一个优秀的VI设计能够使企业在市场中立于不败之地，由此可见，VI设计在商业领域中的重要地位。

	学习内容 \ 学习目标	了解	掌握	应用	重点知识
学习要求	VI设计的理论知识		☺		
	CI系统的理论知识	☺			
	网格绘制			☺	
	图像的色彩模式	☺			
	基础工具的使用			☺	
	矢量图形的填充		☺		
	时尚用品的外形设计				☺
	VI设计中的元素				☺

7.1 VI设计的基础知识

VI的英文全称为Visual Identity，即视觉识别，是企业识别（Corporate Identity，CI）的重要组成部分。VI设计以标志、标准色和标准字为核心展开完整的系统的视觉传达体系。它将企业理念、企业文化、服务内容和企业规范等抽象概念转换为具体符号，塑造出独特的企业形象。在CI设计中，视觉识别设计最具传播力和感染力，也最容易被公众接受。

7.1.1 VI设计的原则

VI设计不是机械的符号操作，而是以理念识别（Mind Identity，MI）为内涵的生动表达，所以，VI设计应该从多角度、全方位地反映企业的经营理念。在设计过程中要注意如下几个基本原则。

- 风格的统一性原则。
- 强化视觉冲击的原则。
- 强调人性化的原则。
- 增强民族个性与尊重民族风俗的原则。
- 可实施性原则。
- 符合审美规律的原则。
- 严格管理的原则。

7.1.2 VI设计的作用

在VI设计中，要充分注意各实施部门或人员的随意性，严格按照VI手册的规定执行，保证不走样。优秀的VI设计与企业的发展息息相关，VI对于企业来说具有以下作用。

- 传达企业的经营理念和企业文化，以形象的视觉形式宣传企业。
- 树立良好的企业形象，帮助企业优化资源环境，为企业参与市场竞争提供保证。
- 明显地区分企业，同时又确立企业明显的行业特征或其他重要特征，确保该企业在经济活动当中的不可替代性，明确该企业的市场定位。
- 提高企业员工对企业的认同感，提高企业员工的士气、凝聚力。
- 以特有的视觉符号系统吸引消费者的注意力，使消费者对该企业所提供的产品或服务产生最高的品牌忠诚度。

7.1.3 VI设计的应用

设计科学的、实施有利的视觉识别系统，是传播企业经营理念、建立企业知名度、塑造企业形象快速、便捷的途径。制作一套企业识别系统，不是一个人就能够完成的，现在的广告公司已经在根据客户的要求来制作VI的相关部分了。

1．VI应用要素

标志设计：标志设计包括标志及标志创意说明、标志墨稿、标志黑白效果图、标志标准化图、标志方格坐标图、标志预留空间与最小比例限定和标志特定色彩效果展示等内容，如图7–1所示。

图 7–1

标准字设计：标准字包括全称中文标准字、简称中文标准字、全称中文标准字方格坐标制图、简称中文标准字方格坐标制图、全称英文标准字、简称英文标准字、全称英文标准字方格坐标制图和简称英文标准字方格坐标制图等，如图7–2所示。

图 7–2

标准色：标准色包括辅助色系列、下属产业色彩识别、背景色使用规定、色彩搭配组合专用表及背景色色度和色相等内容，如图7–3所示。

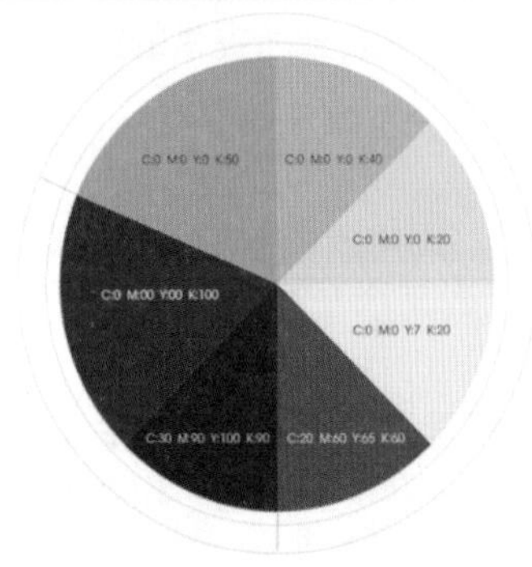

图 7–3

吉祥物：吉祥物包括吉祥物的彩色稿及造型说明、吉祥物的立体效果图、基本动态造型、造型的单色印刷规范和展开使用规范等内容。

象征图形：象征图形包括象征图形彩色稿、象征图形延展效果稿、象征图形使用规范和象征图形组合规范等内容。

基本要素组合规范：基本要素组合规范包括标志与标准字组合多种模式、标志与象征图形组合多种模式和标志吉祥物组合多种模式，以及标志与标准字、象征图形和吉祥物组合多种模式等，如图7–4所示。

图 7–4

2. VI应用系统设计

办公事务用品设计：办公事务用品设计包括高级和中级主管名片、员工名片、信封、信纸、特种信纸、便笺、传真纸、票据夹、合同夹、合同书规范格式、档案盒、薪资袋、识别卡（工作证）、临时工作证、出入证、工作记事簿、文件夹、文件袋、档案袋、卷宗纸、备忘录、简报、签呈、文件题头、直式及横式表格规范和电话记录、办公文具、聘书、岗位聘用书、奖状、公告、维修网站名称地址封面及内页版式、产品说明书封面及内页版式、考勤卡、办公桌标识牌、即时贴标签、意见箱、稿件箱、企业徽章、纸杯、茶杯、杯垫、办公用笔、笔架、笔记本、记事本、公文包和通讯录、财产编号牌、培训证书、企业旗座造型、挂旗、屋顶吊旗和桌旗等，如图7–5所示。

图 7–5

公共关系赠品设计：公共关系赠品设计包括贺卡、专用请柬、邀请函、手提袋、包装纸、钥匙牌和鼠标垫、挂历版式规范、台历版式规范、日历卡版式规范、明信片版式规范、小型礼品盒、礼赠用品和雨具等，如图7–6所示。

图 7-6

员工服装设计：员工服装设计包括服饰规范、管理人员男装和女装、春秋装衬衣（短袖和长袖）、员工男装和女装、冬季防寒工作服、运动服外套、运动服、运动帽、T恤（文化衫）和外勤人员服装等。

企业车体外观设计：企业车体外观设计包括公务车、面包车、班车、大型运输货车、小型运输货车、集装箱运输车和特殊车型等，如图7-7所示。

图 7-7

标志符号指示系统：标志符号指示系统包括企业大门和厂房的外观、办公楼楼体示意效果图、大楼户外招牌、公司名称标识牌、活动式招牌、公司机构平面图、大门入口指示、楼层标识牌、方向指引标识牌、公共设施标识、布告栏、生产区楼房标志设置规范、立地式道路导向牌、立地式道路指示牌、立地式标识牌、欢迎标语牌、户外立地式灯箱、停车场区域指示牌、车间标识牌与地面导向线、生产车间门牌规范、分公司及工厂竖式门牌、门牌、生产区平面指示图、生产区指示牌、接待台及背景板、室内企业精神口号标牌、玻璃门窗醒示性装饰带、车间室内标识牌、警示标识牌、公共区域指示性功能符号、公司内部参观指示、各部门工作组别指示、内部作业流程指示和各营业处出口通道规划等，如图7-8所示。

销售店面标识系统：销售店面标识系统包括小型销售店面和大型销售店面，店面横、竖和方招牌，导购流程图版式规范，店内背景板（形象墙），店内展台，配件柜及货架，店面灯箱，立墙灯箱，资料架，垃圾筒和室内环境等，如图7-9所示。

企业商品包装识别系统：企业商品包装识别系统包括大件商品运输包装、外包装箱（木质、纸质）、商品系列包装、礼品盒包装、包装纸、配件包装纸箱、合格证、产品标识卡、存放卡、保修卡、质量通知书版式规范、说明书版式规范、封箱胶带和会议事务用品等。

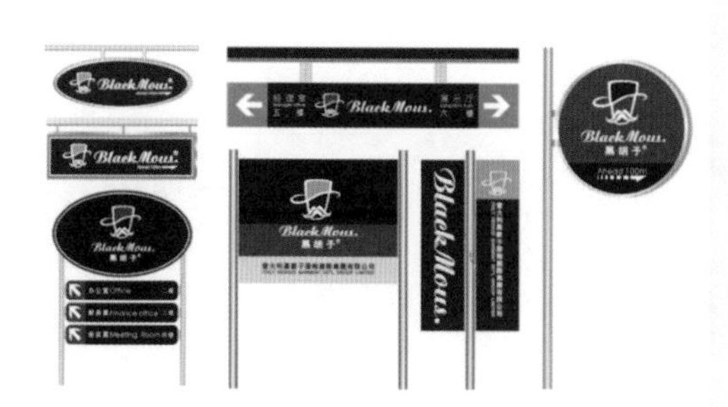

图 7-8

图 7-9

企业广告宣传规范：企业广告宣传规范包括电视广告标志定格、报纸广告系列版式规范（整版、半版和通栏）、杂志广告规范、海报版式规范、系列主题海报、大型路牌版式规范、灯箱广告规范、公交车体广告规范、双层车体车身广告规范、T恤衫广告、横竖条幅广告规范、大型氢气球广告规范、霓虹灯标志表现效果、直邮宣传页版式、广告促销用纸杯、直邮宣传三折页版式规范、企业宣传册封面和版式规范、年度报告书封面版式规范、宣传折页封面及封底版式规范、产品单页说明书规范、对折式宣传卡规范、网格主页版式规范、分类网页版式规范、光盘封面规范、灯箱广告规范、墙体广告、楼顶灯箱广告规范、户外标识夜间效果、展板陈列规范、购买点广告（POP广告）规范（立式、立地式、悬挂式）产品技术资料说明版式规范、产品说明书和路牌广告版式等，如图7-10所示。

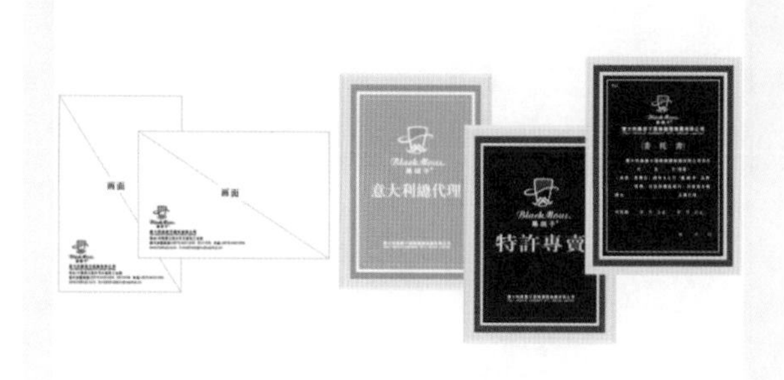

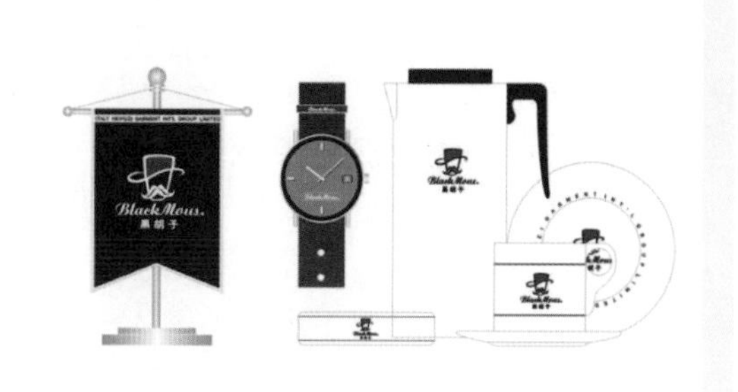

图 7-10

展览指示系统：展览指示系统包括标准展台、展板形式、特装展位示意规范、标准展位规范、样品展台、样品展板、产品说明牌、资料架和会议事务用品等。

7.2 VI设计经典案例欣赏

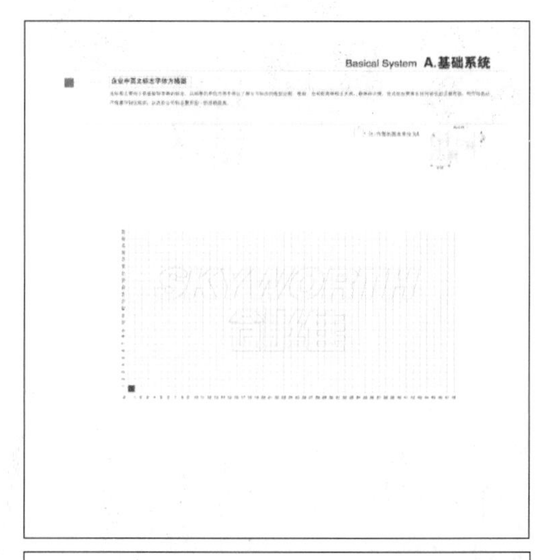

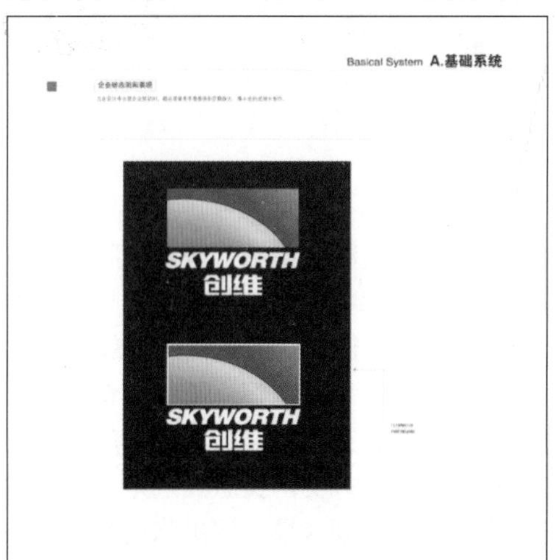

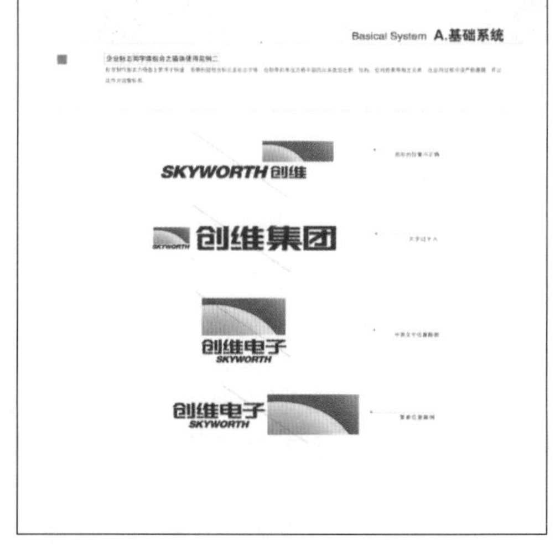

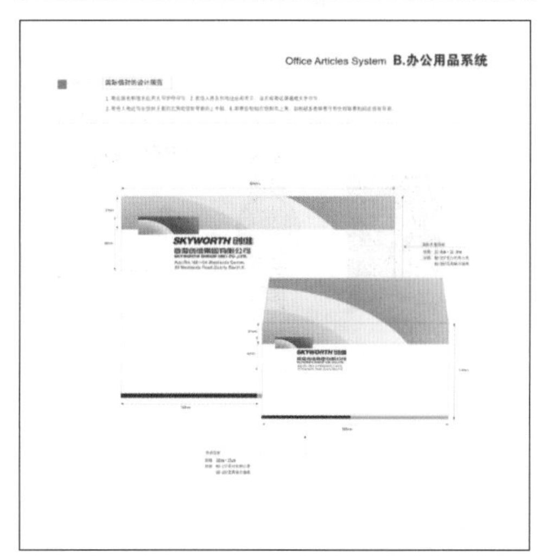

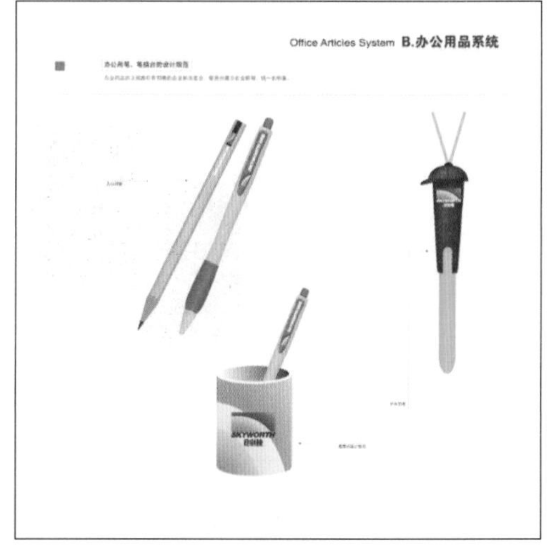

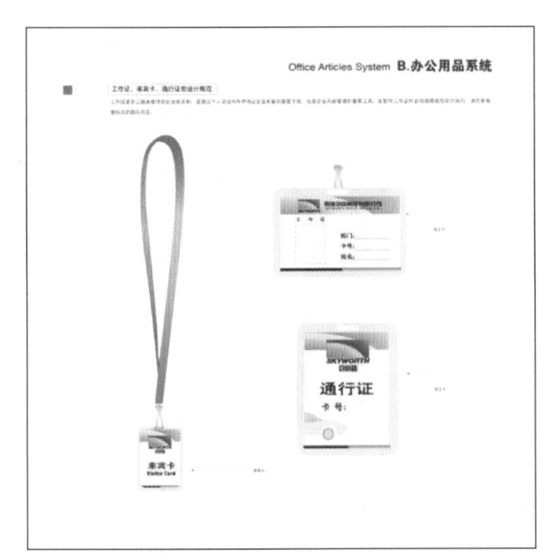
Office Articles System B.办公用品系统
通行证
来宾卡
Visitor Card

Public Relations System C.公关系统

Denotation System D.指示系统
总经理室
General Manager Office
生产技术部
Technic Department
会议室
Assembly Hall
人事部
Human Affair Office
制造部
Manufacturing Department

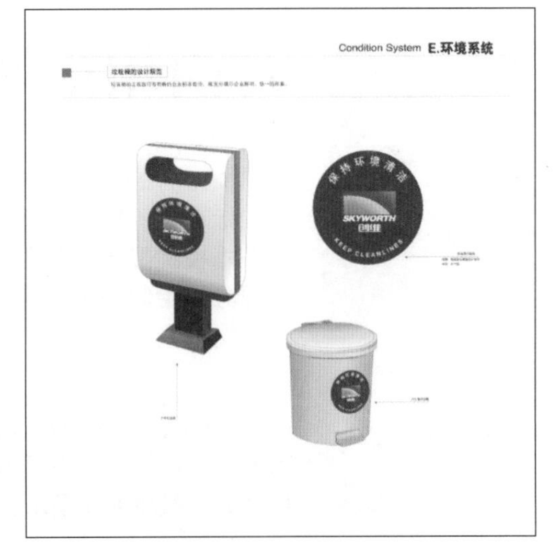
Condition System E.环境系统
保持环境清洁
SKYWORTH
创维
KEEP CLEANLINES

Ad System F.广告媒体系统
SKYWORTH
创维
SKYWORTH 创维

Ad System F.广告媒体系统
SKYWORTH 创维
SKYWORTH 创维
SKYWORTH 创维
SKYWORTH 创维

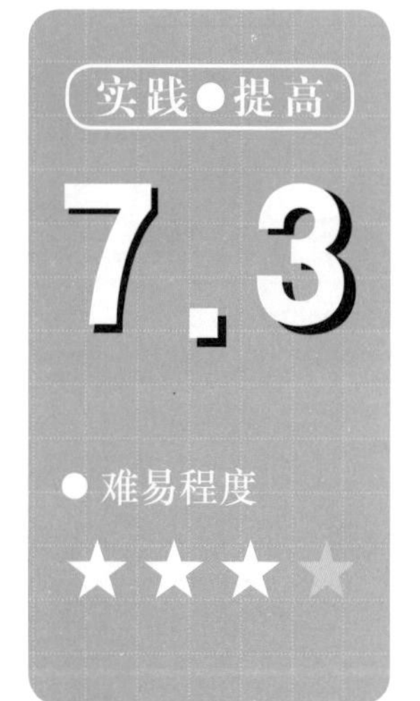

时尚用品VI设计

项目创设

本实例的VI设计包括标志、标准字、标准色、象征图案、企业造型、版面编排模式等基本要素。本实例包括基础部分的绘制和应用两个部分，最终效果如图7-11所示。

制作思路

首先利用不同的工具绘制VI系统中的标志，然后制作应用部分，最后整体展示。

微课：时尚用品VI设计1

图 7-11

素材：素材与源文件\Chapter7\7.3\素材
视频：教学视频\7.3 时尚用品VI设计.f4v

案例制作步骤

7.3.1 基础部分

01 创建文档并绘制网格

按【Ctrl+N】组合键新建一个图形文件，单击工具箱中的“多边形”工具按钮，在工具组中选择“图纸”工具，将其属性栏中的栏和列都设置为20，然后按住【Ctrl】键在绘图窗口中通过拖动鼠标绘制网格图形，效果如图7-12所示。

行业知识

CI的概念与作用

CI的定义是企业识别，英文为Corporate Identity，简称CI。它针对的是企业的经营状况和所处的市场竞争环境，为使企业在竞

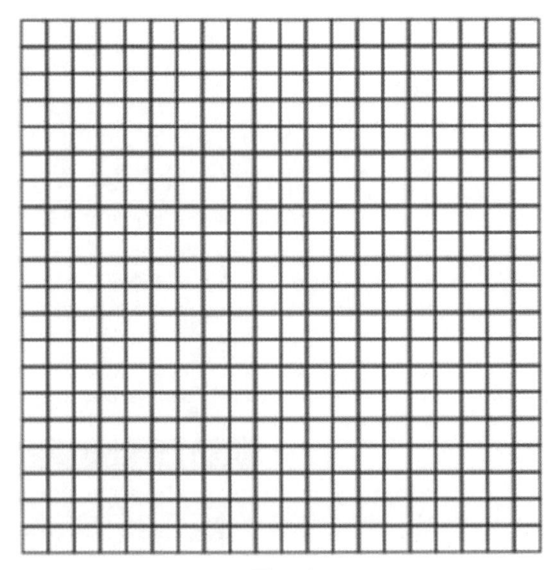

图 7-12

02 输入文字并进行设置

使用工具箱中的“文本”工具，在网格的垂直方向和水平方向分别输入数字，在其属性栏中设置字号为7pt，效果如图7-13所示。

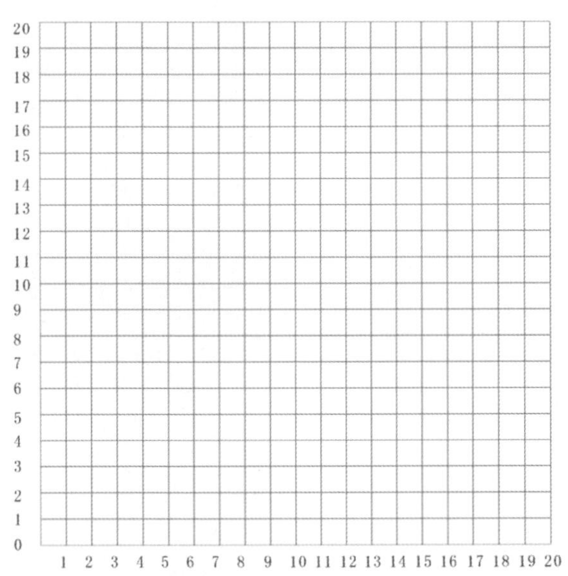

图 7-13

03 填充颜色

选取网格图形，将网格图形轮廓线颜色设置为50%黑色，如图7-14所示。

04 绘制图形

选取工具箱中的“钢笔”工具和“形状”工具，在网格图形上绘制如图7-15所示的图形。选取工具箱中的“钢笔”工具、“矩形”工具和“形状”工具，完成如图7-16所示的图形。运用同样的方法继续绘制图形，效果如图7-17所示。

争中脱颖而出而制定的策略。CI分为MI（Mind Identity，理念识别）、BI（Behavior Identity，行为识别）和VI（Visual Identity，视觉识别），这3个部分相辅相成。企业需要确定核心的经营理念、市场定位以及长期的发展战略，这是企业发展的主导思想，也是BI和VI展开的根本依据。MI也并不是空穴来风，需要经过对市场的周密分析及对竞争环境的细致观察，再结合企业当前的状况来制定实施。BI是经营理念的进一步延伸，也是MI的确切实施，具体体现在公司机构设立、管理制度制定、员工激励机制等方面。VI是企业综合信息的视觉管理规范。在市场经济体制下，企业竞争日趋激烈，再加上各种媒体不断膨胀，消费者面对的信息日趋繁杂，在这种形式下如何将企业的实力、信誉、服务理念传达给受众，是VI实施的重要任务，也是MI、BI的具体体现。一个优秀的企业，如果没有统一的视觉管理规范，则不能让消费者产生认同感和信任感，企业的信息传播效果也会大打折扣。这对企业本身来说，也是一种资源浪费。

CI古已有之，只是到了近代，随着市场经济的不断发展，以及企业竞争的不断加剧，企业为了有效控制企业信息的传递，逐渐形成了完善的CI系统。中国龙的造型，就是历代王朝为了显示自己的权威，确定掌权机构在百姓心中的地位而实行的识别系统。最早将CI作为系统列入企业营运活动之中的时间，可追溯到1914年，德国著名设计师彼得·贝伦斯为AGE公司设计了电器商标，并成功应用于各种经营活动，成为CI最早的雏形。1955年，美国IBM公司率先将企业形象识别系统作为一种管理手段纳入企业的改革之中，开展了一系列有别于其他公司的商业设计行动。20世纪70年代，随着世界商业活动的日趋频繁，CI之风吹遍全球。其中，日本应用得较为成功，并逐渐形成了自己独特的风格。20世纪80年代初，CI进入我国，一些具有

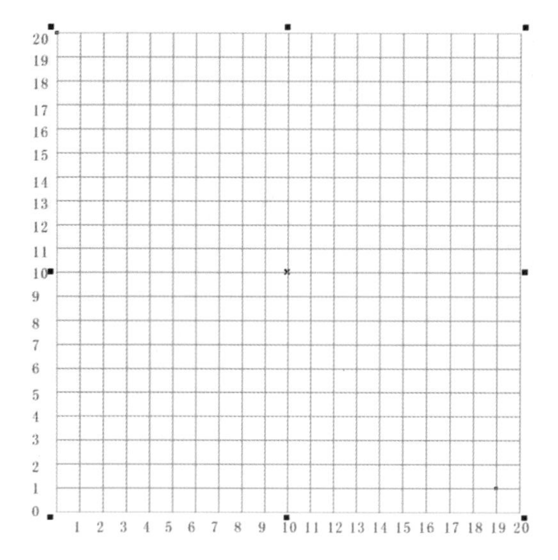

图 7-14

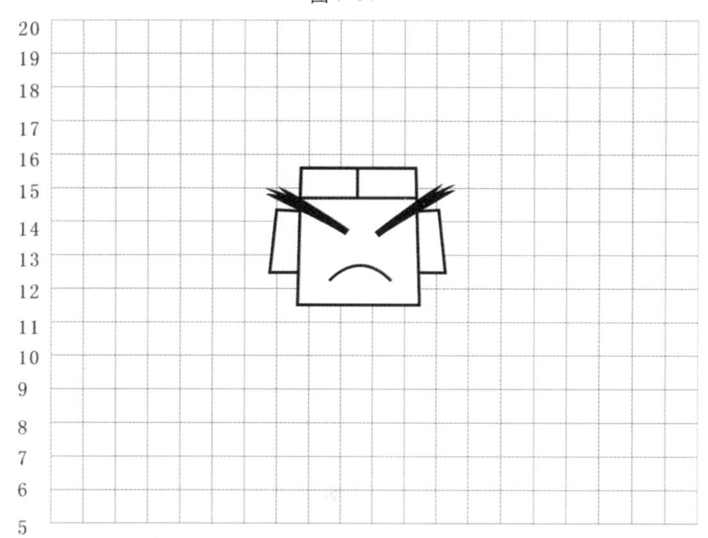

图 7-15

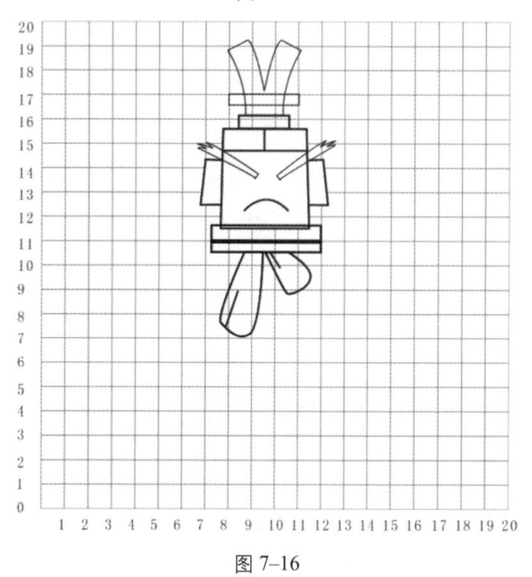

图 7-16

远见卓识的企业领导率先引入识别系统，最早的“太阳神”“康佳”“海尔”，都通过CI设计为企业建立了良好的形象，也成为最早的受益者。

如果说传统企业出售的是产品，那么现代企业推销的就是企业形象。从某种意义上说，CI活动就是创造、生产和推销企业形象的过程。

行业知识

CI的导入方式

对于新成立的实力较强的企业，建议直接导入CI系统，并通过周密和完整的策划，确定市场定位、实施准则和标准的视觉规范，使企业在设立之初以全新的形象出现在受众面前，从而赢得市场先机。新设立的中小型企业可以使用渐进法导入。由于CI前期的导入成本较高，如果实施的规模较小，反而会增加成本，这会对资金不太充裕的小企业造成一种负担。针对这种企业可以初步导入VI系统，先小规模、小范围地应用，等企业日渐成熟、规模扩大后再进一步实施。对于已经经营多年的较成熟的企业，已基本确立了市场定位和发展方向，公司内部也能协调配合，此时可以只导入视觉识别系统，将原有的资源整合利用，从而发挥企业的优势，对内获得员工认同，对外树立企业形象。按照导入的顺序，分为以下几种方式。

- MI→BI→VI
- BI→MI→VI
- VI→MI→BI
- VI→BI→MI

图 7-17

05 为图形填充颜色

单击工具箱中的“交互式填充”工具按钮，打开“编辑填充”对话框，并选择“渐变填充”工具，在对话框中设置颜色为黑色（R:0、G:0、B:0），如图7-18所示。设置完参数后单击“确定”按钮，颜色就会应用到图形中，效果如图7-19所示。使用上述方法继续为图形添加颜色，填充为黄色（R:255、G:255、B:0）后的效果如图7-20所示。单击右侧调色板中的白色图标（R:255、G:255、B:255），效果如图7-21所示。

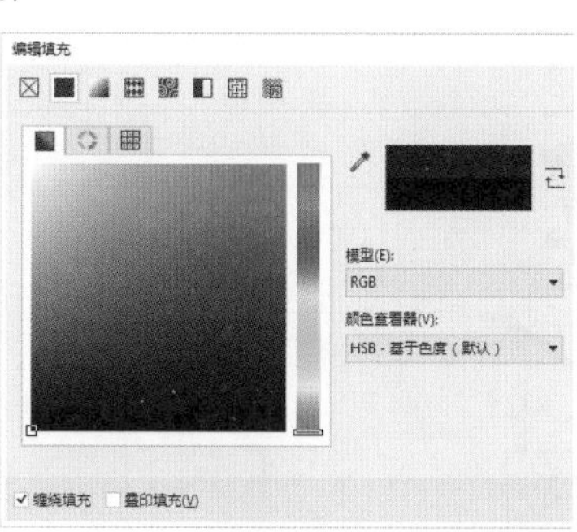

图 7-18

图 7-19

行业知识

CI的具体组成部分

CI由3部分组成，即MI（理念识别）、BI（行为识别）、VI（视觉识别），下面对它们逐一进行分析。

1.MI

企业理念对内影响企业的决策、活动、制度、管理等，对外影响企业的公众形象、广告宣传等。

所谓MI，是指确立企业的经营理念，对目前和将来一定时期的企业经营目标、经营思想、经营方式和营销状态进行总体规划和界定。

MI的主要内容包括企业精神、企业价值观、企业文化、企业信条、经营理念、经营方针、市场定位、产业构成、组织体制、管理原则、社会责任和发展规划等。

2.BI

置于中间层位的BI则直接反映企业理念的个性和特殊性，是企业实践经营理念与创造企业文化的准则，是对企业运作方式所进行的统一规划而形成的动态识别系统，包括对内的组织管理和教育，对外的公共关系、促销活动、资助社会性的文化活动等。通过一系列的实践活动将企业理念的精神实质推展到企业内部的每一个角落，激发起员工的巨大精神力量。BI主要包括以下内容。

- 对内：组织制度、管理规范、行为规范、干部教育、职工教育、工作环境、生产设备、福利制度等。
- 对外：市场调查、公共关系、营销活动、流通对策、产品研发、公益性活动、文化性活动等。

3.VI

以标志、标准字、标准色为核心展开的完整的、系统的视觉表达体系。企业可将企业理念、企业文化、服务内容、企业规范等抽

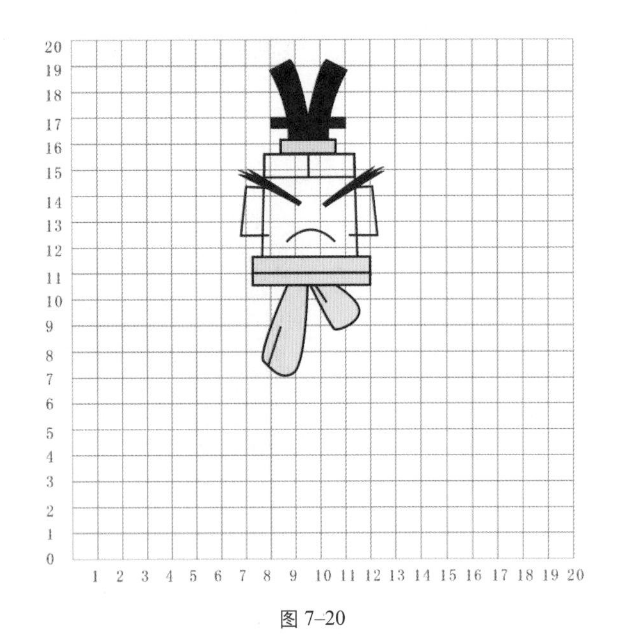

图 7–20

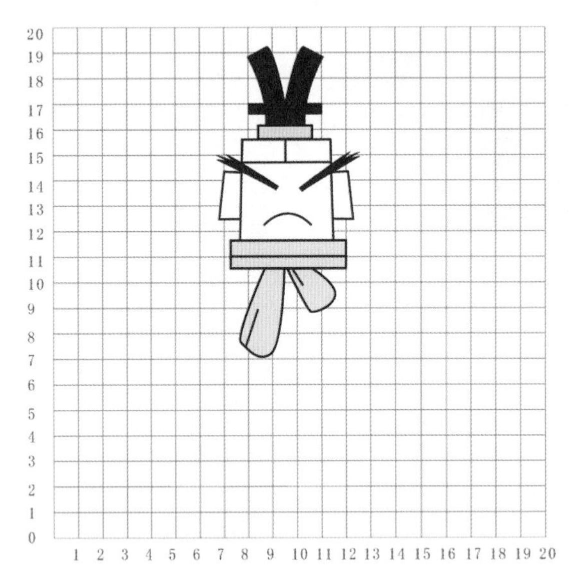

图 7–21

06 群组图形并调整位置

使用“选择”工具框选以上所绘制图形的各个部分，选择“对象”→“组合”→“组合对象”菜单命令，将图形组合起来，并移动到如图7-22所示的位置。

07 输入文字并进行调整

选择工具箱中的“文本”工具字，在标志的正下方输入字母“gagu”，并在其属性栏中设置字体为Arial、字号为100pt，效果如图7-23所示。

08 修饰文字

接下来将人物的发髻复制并应用到字体上，效果如图7-24所示。

象概念转换为具体符号，塑造出独特的企业形象。

综上所述，CI是一个企业的战略体系，能够将企业的所有元素联系到一起。

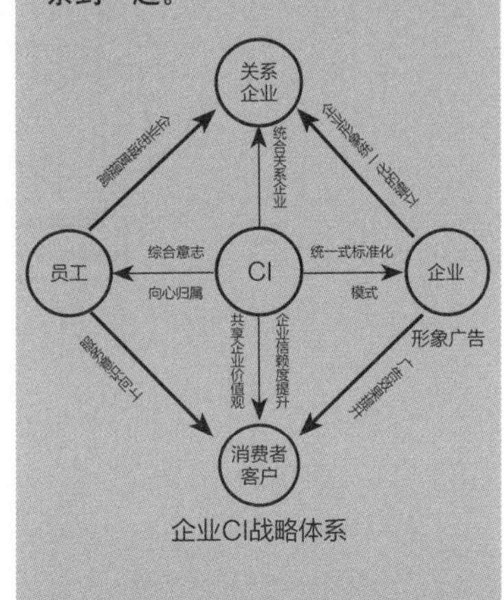

企业CI战略体系

工具详解

锁定对象

在调整其他对象时，锁定的对象会不受影响。选中需要锁定的对象，选择“对象”→“锁定”→“锁定对象”菜单命令，此时该对象的周围会显示锁图标，由此来反映当前的对象是锁定状态。

如果需要对该对象进行解锁，可以选择“对象”→“锁定”→“解除锁定对象”菜单命令将其解除锁定。如果页面中包含多个被锁定的对象，可以选择“排列”→“对所有对象解锁”菜单命令，来完成对象的解锁。

对象被锁定状态

行业知识

VI设计中的企业名称

在诸多要素中，企业名称是首先要被重视的，好的名称能产生一

图 7–22

图 7–23

图 7–24

种魅力，是企业外观形象的重要组成因素。人们对一个企业的记忆和印象直接来自名称，俗话说"名不正言不顺"，企业的名称对企业形象有重大影响。如果企业名称不适于信息传递，将会直接影响到企业的商业活动。从传播学的角度来看，企业定名的要诀有如下几方面。

1.简

越单纯、明快的名称，越易于和消费者进行信息交流，越易于刺激消费者的遐想。根据"日本经济新闻"调查，企业名称的字数对认知度有一定影响，名称越短越利于传播，4个字的企业名称在被调查者中的平均认知度为11.3%，8个字的则只有2.88%。

可见，易读易记的名称是理想的选择。中国企业从计划经济体制中留下的名称往往长而呆板，如XX地区XX行业第X厂，不适合市场经济中竞争的需要。为了适应信息传递，欧美许多公司进行了"缩简法"，把公司名称缩短或用简化名称，且往往同时拥有信息传递专名和法律公司名，如3M公司在一般商业活动中只用"3M"，只在涉及法律的场合用全称（Minnesota Mining and Manufacturing Corporation）。IBM公司亦将其全称（International Business Machines Corporation）的缩写用于企业形象的塑造。VI的功能之一就是尽可能将企业的个性强调出来，以便扩大影响力。雷同、重复或易混淆是企业定名之大忌。日本索尼公司原名是东京通讯工业公司，原名读起来拗口，英译名又太长，并且累赘，本想取其缩写TK，却发现美国的这类公司多如牛毛。其创始人盛田昭夫认为要使企业成为国际型企业，必须有一个适合全世界的名称，于是下决心为企业起一个独特的名称，最后终于找到了一个拉丁词Sonus（声音）。该词本身充满声韵，但Sonny在日语中读成Sohnee（丢钱），自然犯了商家

09 绘制矩形

使用"选择"工具框选图形及文字，选择"对象"→"组合"→"组合对象"菜单命令将图形组合起来，并使用"矩形"工具在标志组合上绘制一个矩形，并单击右侧调色板中的蓝色图标（R:59、G:140、B:191）填充颜色，效果如图7-25所示。

图 7-25

微课：时尚用品VI设计2

7.3.2 应用部分——文件夹和笔记本

01 绘制矩形

选择工具箱中的"矩形"工具，单击右侧调色板中的蓝色图标（R:59、G:140、B:191），在页面中绘制一个矩形，效果如图7-26所示。

图 7-26

02 绘制图形并填充颜色

使用工具箱中的"钢笔"工具绘制图形，并使用"形状"工具对其进行调整，效果如图7-27所示。单击右侧调色板中的蓝色图标（R:59、G:140、B:191），为其填充颜色，效果如图7-28所示。

图 7-27

图 7-28

之忌，于是将Sonus和Sonny综合变形，创造出一个字典上找不到的新词Sony，很快便风行世界。

中国企业过去的定名不注意突出特色，一律"第X厂"，掩埋了个性。凤凰自行车享誉海内外，但生产该产品的原上海自行车三厂却鲜为人知。外商甚为困惑，该厂在中国才排列第三名？是不是排列第一的厂有更好的产品？后来该厂以"凤凰"作为企业名称，才在国际市场上建立起完整而值得信赖的形象。

2.新

新和特有时不可分离，唯有富含新鲜感、创意的名称，才有可能是独特的。以全然未出现过的词语作为新公司的名称时，往往会引人注意，但也要冒能否被大众接受的风险，有必要反复宣传。"柯达"一词在英文中根本不存在，本身也无任何意义，但响亮新奇，厂商通过设计和宣传建立起了独特的概念。

3.亮

发音响亮、朗朗上口的名称，比那些难发音或音韵不好的名称容易传诵。企业拥有一个响亮的名称是让消费者"久闻大名"的前提条件。如音响中的健伍（KENWOOD），原名特丽欧（TRIO），发音节奏感不强，最后一个音"O"念起来没有气势，后改名为KENWOOD，KEN与CAN谐音，有力度和个性，而WOOD又有短促音与和谐感，整个名称节奏感强，颇受消费者喜爱。

4.巧

巧妙地利用人们的心理，可使企业名称给人以好的、吉利的、优美的、高雅的等多方面的提示和联想，能较好地反映出企业的品位，能在市场竞争中给消费者好的印象。"娃哈哈"这个名称可使人自然地联想起天真活泼的孩子，反映出企业的本质和促进少年儿童身心健康的企业宗旨；

03 制作不同的文件夹

将标志放置在图形的适当位置，文件夹就制作完成了，如图7-29所示。使用同样的方法可以制作出不同颜色、不同样式的文件夹，如图7-30所示。

图 7-29

图 7-30

04 绘制图形并进行调整

使用工具箱中的“钢笔”工具绘制图形，并使用“形状”工具对其进行调整，效果如图7-31所示。继续使用“钢笔”工具绘制图形，并使用“形状”工具对其进行调整，效果如图7-32所示。

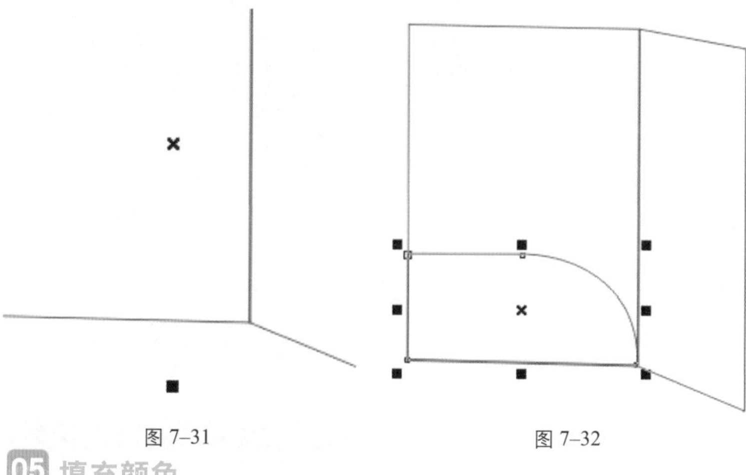

图 7-31　　图 7-32

05 填充颜色

单击右侧调色板中的蓝色图标（R:59、G:140、B:191）和白色图标，对图形进行填充，效果如图7-33所示。

06 添加标志并进行调整

将标志放置在图形的适当位置，使用“封套”工具对标志进行调整，效果如图7-34所示。

“卓夫”的含义是“卓越的大丈夫”，可演绎出一种高雅、领先、超群的风格，使人感觉有气魄和感染力；中国传统名牌“稳得福”的中文意思是吉利喜气，英文谐音Wonderful有精彩、奇妙、了不起的含义。

总之，好名称应该是“音”“形”“意”俱佳的完美结合，通俗地说，要好认、好读、好记、好看又好听，使人一接触就难以忘怀，细想又别有风味。商品品牌名称和企业名称是否统一并没有硬性规定，一般来说，品牌因涉及具体商品及特定的消费者而更具针对性。首先，品牌名称必须能与产品目标公众直接交流，要有针对消费对象的提示，如不宜给日用品取专业型的名称，不宜给儿童用品取过于复杂的名称，男性用品名称音韵上宜趋于硬派，女性用品名称则应轻柔。其次，品牌名称有对商品性能和功能的提示、暗示和象征，可对消费者产生一定的吸引力，如“飘柔”“海飞丝”洗发用品、“美而暖”羊毛衫等。

工具详解

更改轮廓线样式

轮廓线的样式可以在“轮廓笔”对话框中进行调整。选择需要设

选择相应轮廓线

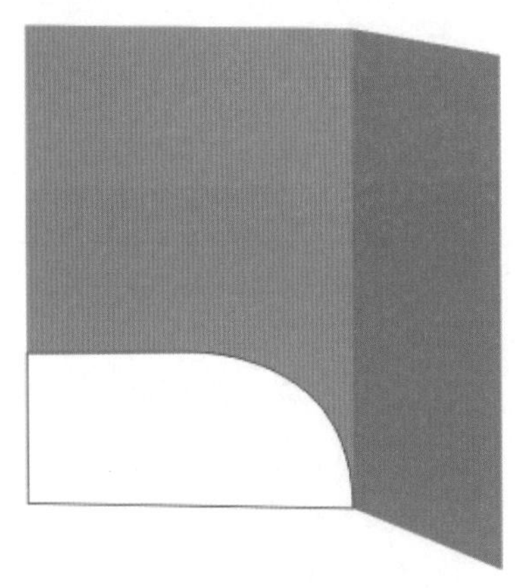

图 7-33

图 7-34

07 绘制矩形并添加文字和标志

使用工具箱中的“矩形”工具□在页面中绘制矩形，并填充为白色，将标志放置其中，作为纸张。在纸张上使用“文本”工具字添加一些文字，完成如图7-35所示的效果。

08 将纸张放置到文件夹并降低透明度

将绘制好的纸张拖动到文件夹中，同时使用“透明度”工具▩降低其透明度，效果如图7-36所示。

图 7-35

图 7-36

09 绘制矩形并进行调整

使用工具箱中的“矩形”工具□绘制矩形，并填充为白色，使用“形状”工具对4条边进行调整，调整完成后的效果如图7-37所示。

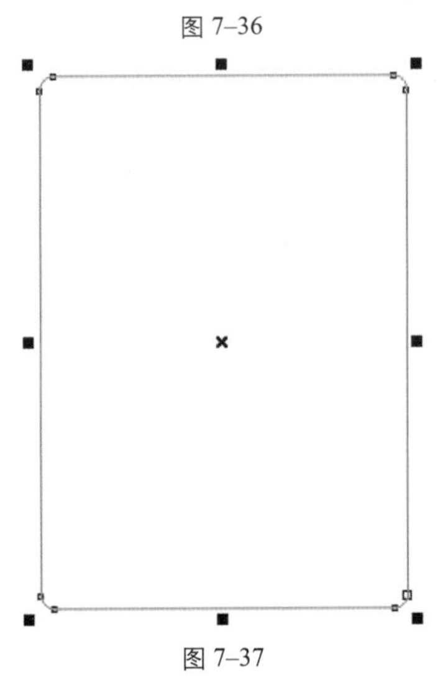

图 7-37

置样式的轮廓线，单击工具箱中的“轮廓笔”工具按钮，在打开的工具组中选择“轮廓笔”工具，然后弹出“轮廓笔”对话框。该对话框中的选项都可用于设置轮廓线的属性。

在“样式”下拉列表中提供了多种用于轮廓线的样式，这些样式都是系统自带的。选择一种样式，单击“确定”按钮，即可设置轮廓线的样式。

“轮廓笔”对话框

选择样式

更改样式后的轮廓线效果

行业知识

VI标准色设计

标准色是象征公司或产品特性的指定颜色，是标志、标准字体及宣传媒体专用的色彩。在企业信息传递的整体色彩计划中，具有明确的视觉识别效应，因而具有在市场竞争中取胜的感情魅力。

10 绘制图形

使用工具箱中的“矩形”工具□和“椭圆形”工具○在页面中绘制图形，效果如图7-38所示。

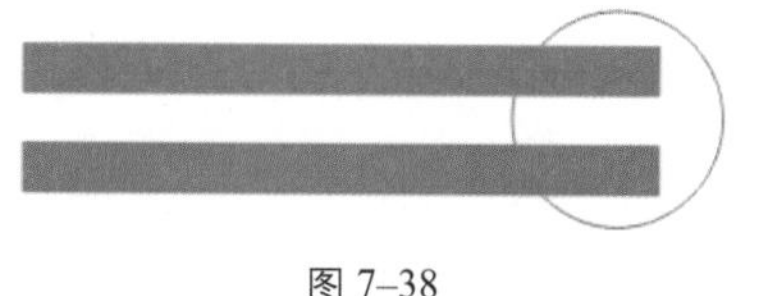

图 7-38

11 复制图形并排列

绘制完成后，将图形放置在页面中。多次按【Ctrl+D】组合键，执行“再制”命令，然后排列成一竖排，效果如图7-39所示。

12 添加标志

将标志放置在图形的合适位置，效果如图7-40所示。

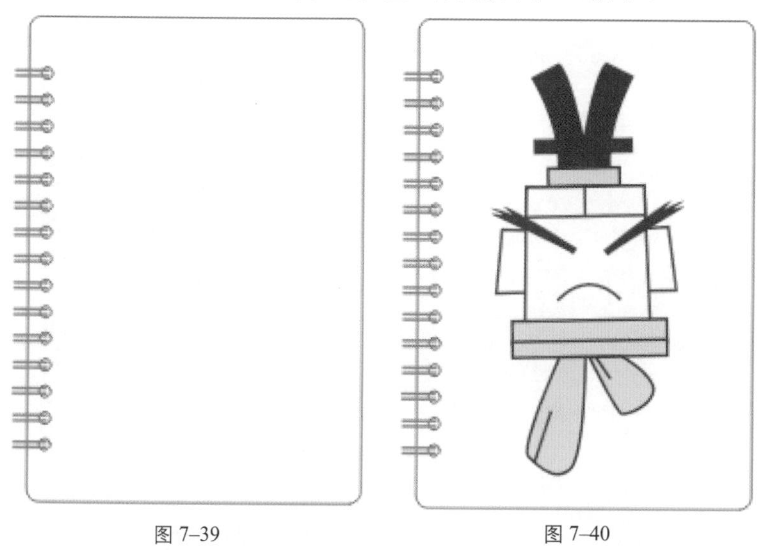

图 7-39　　图 7-40

13 制作其他笔记本

用同样的方法制作出不同的笔记本，效果如图7-41所示。

图 7-41

企业标准色具有科学化、差别化和系统化的特点，因此，进行任何设计活动和开发作业时，必须根据各种特征发挥色彩的传达作用。其中，最重要的是要制定一套开发作业的程序，以便使规划活动顺利进行。

企业标准色彩的确定是建立在企业经营理念、组织结构、经营策略等总体因素的基础之上的。有关标准色的开发程序，可分为以下4个阶段：企业色彩情况调查阶段、表现概念阶段、色彩形象阶段、效果测试阶段。

标准色设计应尽可能单纯、明快，以最少的色彩表现最多的含义，达到精确、快速地传达企业信息的目的，其设计理念应该表现如下特征。

- 标准色设计应体现企业的经营理念和产品的特性，选择适合于该企业形象的色彩，表现企业的生产技术性和产品的内容实质。
- 突出竞争企业之间的差异性。
- 标准色设计应适合消费心理。

设定企业标准色，除了实施全面的展开并加强运用，以求取得视觉统合效果以外，还需要制定严格的管理办法进行管理。

行业知识

VI设计中的象征图案

在识别系统中，除了企业标志、标准字、企业造型外，具有适应性的象征图案也经常运用。

象征图案又称装饰花边，是视觉识别设计要素的延伸和发展，与标志、标准字体、标准色保持宾主、互补、衬托的关系，是设计要素中的辅助符号，主要用于各种宣传媒体装饰画面，加强企业形象的诉求力，使视觉识别设计的意义更丰富，更具完整性和识别性。

一般而言，象征图案具有如下特性。

7.3.3 应用部分——帽子和手提袋

01 绘制帽子外形并进行调整

使用工具箱中的“贝塞尔”工具在页面中绘制帽子的外形，并使用“形状”工具对其进行调整，效果如图7-42所示。

02 为帽子外形填充颜色

单击右侧调色板中的蓝色图标（R:59、G:140、B:191）和黄色图标（R:255、G:255、B:0），为帽子填充颜色，效果如图7-43所示。

微课：时尚用品VI设计3

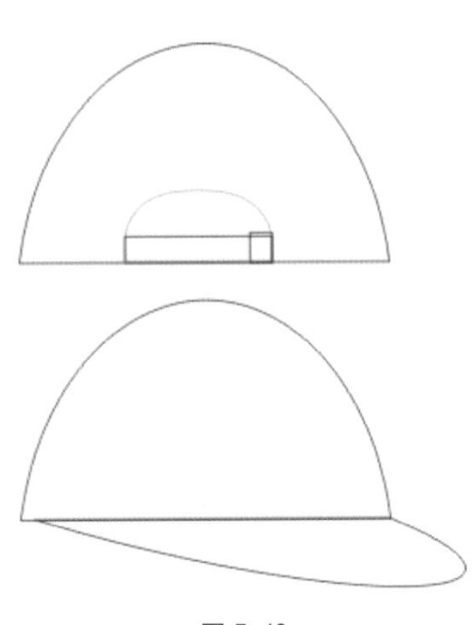

图 7–42

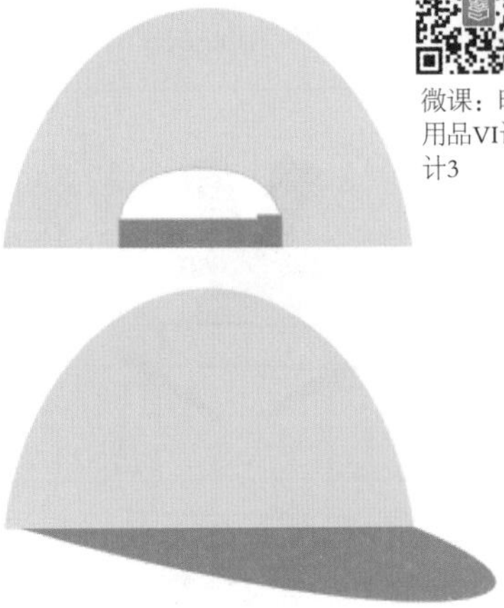

图 7–43

03 添加标志

根据个人的意愿，将标志放置在图形的适当位置，效果如图7-44所示。

图 7–44

04 绘制手提袋

接下来绘制手提袋。同样的，使用工具箱中的“贝塞尔”工具绘制图形，并使用“形状”工具对其进行调整，效果如图7-45所示。单击右侧调色板中的颜色图标为其填充颜色，为绳子和袋口填充70%黑色，为转折面填充30%黑色，为转折面下方的小三角填充为50%黑色，同时选择“透明度”工具，在其属性栏中进行设置，效果如图7-46所示。单击工具箱中的“交互式填充”工具按钮，打开“编辑填充”对话框，并选择“均匀填充”工具。在对话框中设置手提袋正面的颜色为黄色（R:255、G:255、B:0），将侧面填充为浅黄色（R:241、G:234、B:120），效果如图7-47所示。用同样的方法可以绘制出不同颜色的手提袋，效果如图7-48所示。

- 能烘托形象的诉求力，使标志、标准字体的意义更具完整性，易于识别。
- 能增加设计要素的适应性，使所有的设计要素更加具有设计表现力。
- 能强化视觉冲击力，使画面效果富于感染力，从而最大限度地制作视觉诱导效果。

然而，不是所有的企业形象识别系统都能开发出理想的象征图案。有的标志、标准字体本身已具备了画面的效果，此时象征图案就失去了积极的意义，在这种情况下，使用标准色丰富视觉形象更理想。

一般而言，标志、标准字体在应用时都是以完整形式出现的，要确保其清晰度。象征图案的应用效果则应该是明确的，而不是所有画面都应用象征图案。

日本三井银行的象征图案设计非常成功，整组图案是由标志图形延伸变化而来的，并对应用效果用了相应的规定。其大面积的画面使用整组图案，小面积的画面则使用一个单元的图案，这种象征图案非常利于展开运用，有利于强化视觉形象的识别效果。

三井住友トラスト·ホールディングス

三井住友信託銀行

日本三井银行标志

象征图案的设计是为了适应各种宣传媒体的需要。应用设计项目种类繁多，形式千差万别，画面大小变化无常，这就需要象征图案的造型是一个富有弹性的符号，能随着媒介物的不同或者版面面积的大小变化进行适度的调整，而不是一成不变的定型图案。

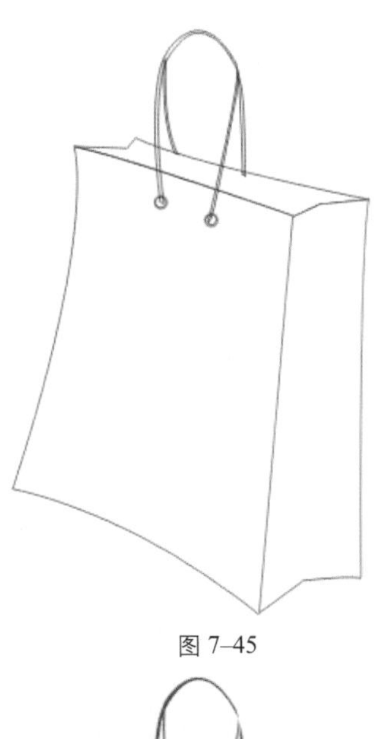
图 7–45

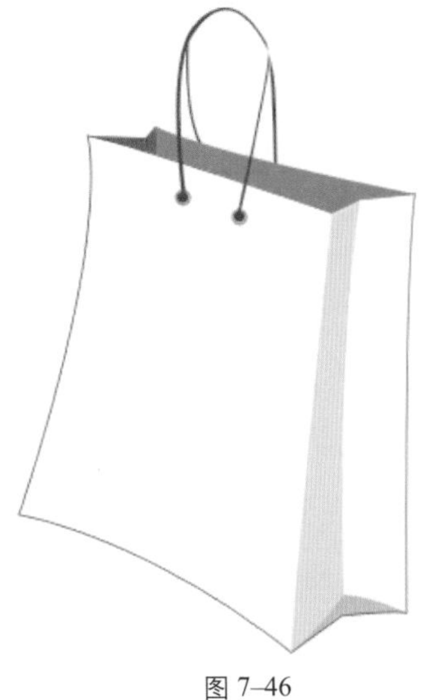
图 7–46

图 7–47

图 7–48

7.3.4 应用部分——计算机配件

01 绘制鼠标垫

使用工具箱中的“矩形”工具□在页面中绘制矩形，在其属性栏中设置“轮廓宽度”为5mm。当图形缩小时，轮廓线也会随之变小。将图形填充为蓝色（R:59、G:140、B:191）、轮廓线填充为黑色，效果如图7-49所示。将标志放置在图形的适当位置，这样鼠标垫就制作完成，效果如图7-50所示。

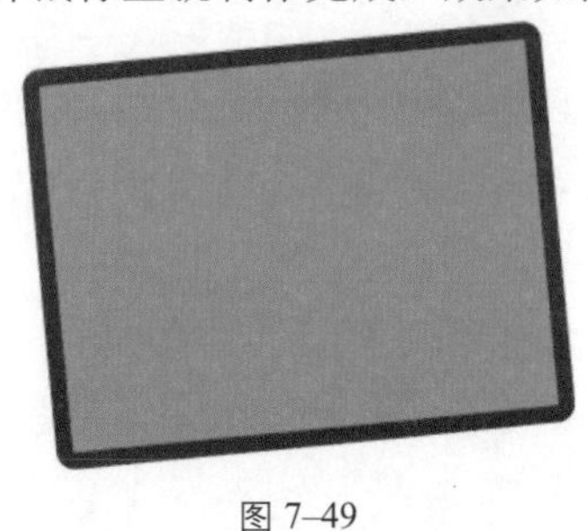
图 7–49

图 7–50

行业知识

VI设计的同一性

为了达成企业形象对外传播的一致性与一贯性，应该进行统一设计和统一大众传播，用完美的视觉一体化设计使信息与认识个性化、明晰化、有序化，把各种形式传播媒介上的形象统一，创造能储存与传播的统一的企业理念与视觉形象，这样才能集中与强化企业形象，使信息传播更迅速有效。

VI设计形象的同一性

对企业识别的各种要素，从企业理念到视觉要素应予以标准化，采用同一的规范设计，对外传播均采用同一的模式，并坚持长期一贯的运用，不轻易进行变动。

要达成同一性，实现VI设计的标准化导向，必须采用简化，统一、系列、组合、通用等手法对企业形象进行综合的调整。

- 简化：对设计内容进行提炼，使组织系统在满足推广需要的前提下尽可能条理清晰，层次简明，从而优化系统结构。例如，VI系统中构成元素的组合结构必须化繁为简，这样才有利于标准的施行。

- 统一：为了使信息传递具有一致性和便于社会大众接受，应该把品牌和企业形象不统一的因素加以调整。品牌、企业名称、商标名称应尽可能地统一，给人以唯一的视听印象。例如，北京牛栏山酒厂出品的华灯牌北京醇酒，厂名、商标、品名极不统一，在电台播出广告时很难让人一下记住，如果把三者统一，

02 绘制鼠标外形

使用工具箱中的“贝塞尔”工具在页面中绘制鼠标的形状，并使用“形状”工具对其进行调整，效果如图7-51所示。

03 为鼠标添加颜色

使用工具箱中的“交互式填充”工具按钮，先填充鼠标表面部分的颜色。将中间的部分填充颜色值为（R:229、G:228、B:19），两边的部分填充颜色值为（R:189、G:171、B:81），效果如图7-52所示。接下来为鼠标的侧面填充颜色，为深色部分填充颜色值为（R:118、G:108、B:47）的颜色，为浅色部分填充颜色值为（R:196、G:109、B:106）的颜色，为靠近鼠标表面的部分填充蓝色（R:59、G:140、B:191），效果如图7-53所示。为滚轮处添加70%黑色和30%黑色，并将绘制好的标志放置在鼠标的适当位置，鼠标的最终效果如图7-54所示。

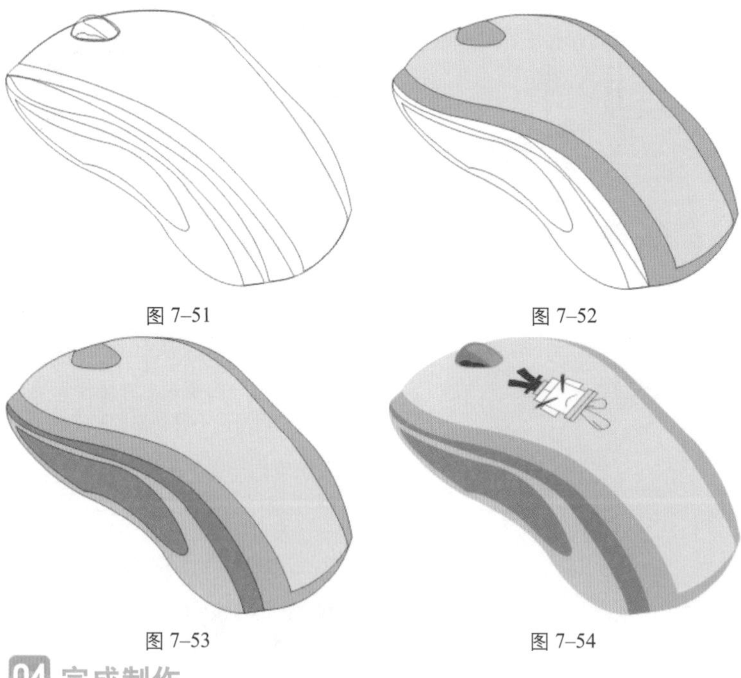

图 7-51　　图 7-52

图 7-53　　图 7-54

04 完成制作

这样一套计算机用具就制作完成，在页面中调整其大小，整体效果如图7-55所示。

图 7-55

则信息单纯集中，传播效果会大大提升。

● 系列：对设计对象组合要素的参数、形式、尺寸、结构进行合理的安排与规划。例如，对企业形象战略中的广告、包装系统等进行系列化的处理，使其具有家族式的特征和鲜明的识别感。

● 组合：将设计基本要素组合成通用性较强的单元。例如，在VI基础系统中将标志、标准字、象征图形、企业造型等组合成不同的形式单元，从而可灵活运用于不同的应用系统，也可以规定一些禁止组合规范，以保证传播的同一性。

● 通用：指设计上必须具有良好的适合性。例如，标志不要因缩小、放大产生视觉上的偏差；线条之间的比例必须适度，如果太密，缩小后就会并为一片，要保证大到户外广告、小到名片均有良好的识别效果。

同一性原则的运用能使社会大众对特定的企业形象有一个统一、完整的认识，不会因为企业形象识别要素的不统一使大众产生识别上的障碍，从而增强形象的传播力。

设计师经验

VI设计的准备工作

VI设计的准备工作主要是应用要素项目的现状调查，下面通过两个方面来具体阐述。

1.现状项目的收集和分类

对现有应用要素的项目收集，主要集中于以下项目内容。

● 事务用品类，如名片、文书等。

● 广告促销类，如小手册、电视广告、公告资料等。

● 标识招牌类，如旗帜、各类导引标识等。

● 运输工具类，如运输卡车等。

● 商品包装类，如商标、包装纸等。

7.3.5 整体展示

将制作好的图形放在一起，并编排好其版式，效果如图7-56所示。

图 7-56

● 员工制服类，如徽章、工作服等。

● 建筑环境类，如外观、办公室等。

● 展示典礼类，如纪念活动、展示环境、专卖店等。

2，应用要素设计开发策略的确定

对于某个企业形象中的具体应用要素设计项目而言，在开发设计之前，应对其客观的限制条件和依据进行必要的确定，避免设计项目虽然很美，但不能使用的问题。

● 项目的功能需要。主要是指完成设计项目成品所必需的基本条件，如形状、尺寸规格、材质、色彩、制作方式和用途等。

● 项目使用的法律性限制。如信封的规格、招牌指示等环境要素的法规条例。

● 行业性质的需要。主要是指企业所在行业中一些约定俗成的规定或需要，如事务性用品中的单据、包装类的规定等。

拓展训练——翡翠领地VI设计

利用本节所介绍的时尚用品VI设计的相关知识，按照智慧职教本课程提供的素材文件进行翡翠领地VI设计，最终效果如图7-57所示。

图 7-57

- 技术盘点：“渐变填充”工具、“贝塞尔”工具、图框精确剪裁、“阴影”工具。
- 素材文件：“Chapter7\7.3\素材\翡翠领地VI设计.cdr”。
- 制作分析：

7.4 知识与技能梳理

通过前面的实例可以看到，完整地完成一套VI设计不是件容易的事情，每一步都要严格遵循VI设计原则系统规范来实行。只有这样，才能够在真正意义上掌握制作VI的方法。

- 重要工具：“钢笔”工具、“文本”工具、图层顺序、对齐工具。
- 核心技术：利用图形绘制工具、“文本”工具、对齐工具和图层顺序的调整制作出各种形式的标志，以及后期应用部分。
- 实际运用：图形标志、文字标志、图文结合标志的制作以及相关行业的形象设计。

Chapter

产品造型设计与UI设计

产品造型设计通过工程技术、艺术手段设计和塑造产品的形象，并在产品的功能、结构、工艺、宜人性、视觉传达、市场关系等方面统一，从而使人—机（产品）—环境和谐的一项创造性设计。本章将详细讲解CorelDRAW X8在产品造型设计中的运用方法与使用技巧。

	学习内容 ＼ 学习目标	了解	掌握	应用	重点知识
学习要求	产品造型设计的基础知识	☺			
	产品造型设计的流程		☺		
	造型的设计				☺
	产品细节的刻画			☺	
	颜色的配置				☺
	轮廓笔工具			☺	
	贝塞尔工具			☺	
	图形的修剪			☺	

8.1 产品造型设计的基础知识

产品造型设计是以工学、美学、经济学为基础对工业产品进行设计的。以产品设计为核心而展开的系统形象设计，可塑造和传播企业形象、显示企业个性、创造品牌，从而在激烈的市场竞争中盈利。产品造型设计可将原料的形态改变为更有价值的形态。工业设计师通过对人们的生理、心理、生活习惯等一切关于人的自然属性和社会属性的认知，对产品的功能、性能、形式、价格、使用环境等进行定位，再结合材料、技术、结构、工艺、形态、色彩、表面处理、装饰、成本等因素，从社会的、经济的、技术的角度进行创意设计，在保证设计质量的前提下，使产品既是企业的产品、市场中的商品，又是老百姓的用品，最终达到顾客需求和企业效益的完美统一。

8.1.1 产品造型设计的基本原则

优秀的产品造型设计应该在保证产品必备功能的前提下，使制造成本最低，使产品的外形更加美观，并赢得众多消费者的青睐。具体来说，产品造型设计包括以下几个方面的基本原则。

要讲求功能效用：功能和效用是决定产品设计优劣的主要因素，这一点是与美工设计或美术设计最大的差异处。

要适应人体工学：因为产品是供人使用的，所以要讲求配合人体，如适当的大小、操作的便利、使用的舒适等。

要能表现材料的特质：同样的产品采用不同的材料制造时，应该根据其材料的特质赋予不同的设计造型与结构。

要考虑生产程序：因为工业生产讲求大量化，所以设计时对加工程序也应力求经济。

8.1.2 产品造型设计的一般流程

任何设计活动都应该遵循一定的流程，统筹各个环节和因素，将技术和艺术紧密地结合在一起，这样才能设计并制作出优秀的产品，产品造型设计也不例外，具体的流程如下。

1. 构思创意草图

该阶段决定产品设计的成本和产品设计的效果，所以这一阶段是整个产品设计最为重要的阶段。该阶段通过思考形成创意，并进行快速的记录。这一设计初期阶段的想法常表现为一种即时闪现的灵感，缺少精确尺寸信息和几何信息。基于设计人员的构思，通过草图勾画方式记录，绘制各种形态或者标注，以记录下设计信息，确定3～4个方向，再由设计师进行深入设计，构思的创意草图如图8–1所示。

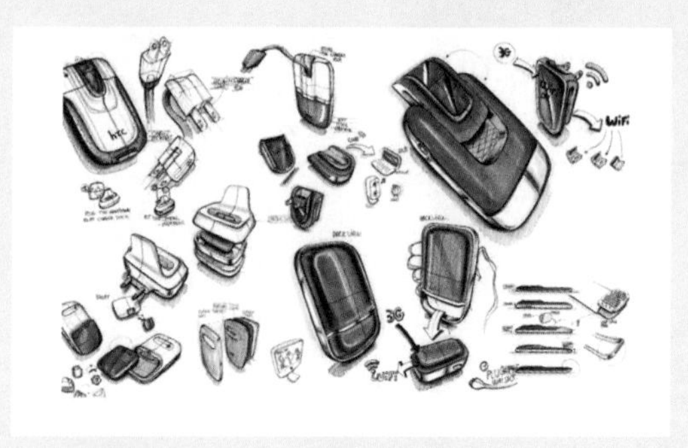

图8–1

2. 绘制产品平面效果图

2D效果图将草图中模糊的设计结果确定化、精确化。在这个环节可生成精确的产品外观平面设计图。这一阶段可以清晰地向客户展示产品的尺寸和大致的体量感，表达产品的材质和光影关系，是设计草图后的更加直观和完善的表达，产品平面效果图如图8-2所示。

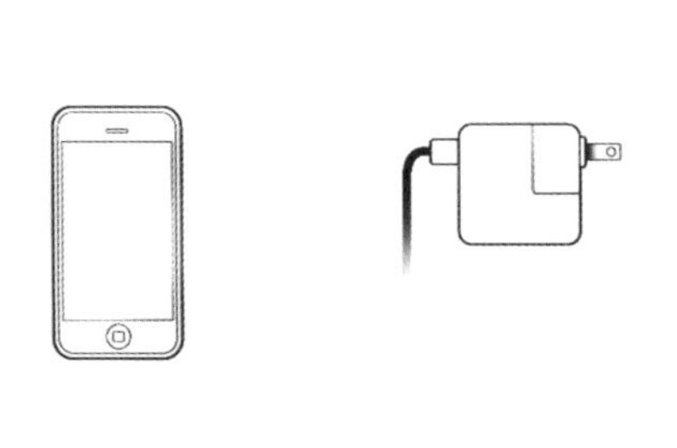

图8-2

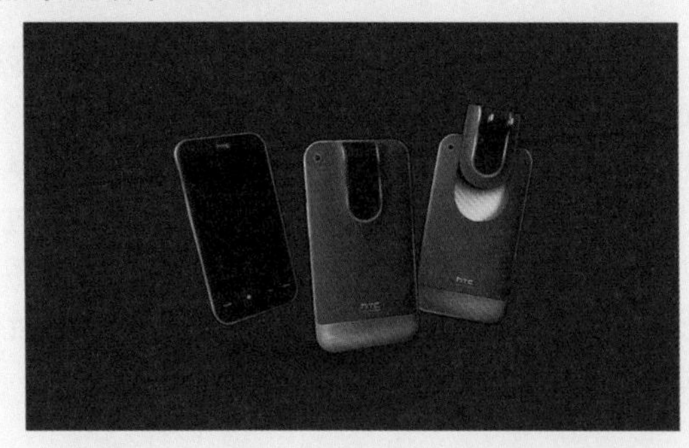

图8-3

3. 绘制多角度效果图

该阶段可更为直观地让人们从多个视觉角度去感受产品的空间体量，全面评估产品设计，减少设计的不确定性，多角度效果图如图8-3所示。

4. 设计产品色彩

设计产品色彩可解决客户对产品色彩系列的要求，通过计算机调配出色彩的初步方案，来满足同一产品的不同色彩需求，扩充客户产品线，不同色彩的产品如图8-4所示。

图8-4

5. 设计产品标志

产品表面标志将成为面板的亮点，可给人带来全新的生活体验。设计产品标志可使产品风格更加统一，简洁明晰的Logo提供亲切直观的识别感受，同时也成为精致的细节。

6. 绘制产品结构草图

该阶段可设计产品内部结构、产品装配结构，评估产品结构的合理性，按设计尺寸精确地完成产品各个零件的结构细节和零件之间的装配关系。

产品造型设计是实现企业形象统一识别目标的具体表现。产品造型设计服务于企业的整体形象设计，以产品设计为核心，围绕着人们对产品的需求，更大限度地适合人类的个体与社会的需求，从而获得普遍的认同感，改变人们的生活方式，提高生活质量和水平。因此，对产品形象的设计和评价系统的研究具有十分重要的意义，评价系统复杂且变化多样，有许多不确定因素，特别是涉及人的感官因素等。通过对企业形象统一识别的研究，并以此为基础，结合人、产品、社会三者的关系展开讨论，从而对产品形象设计及评价系统进行有意义的探索。

8.1.3 产品造型设计的核心

1. 工程技术与美学艺术的和谐统一

产品造型设计主要从事工业产品的外观造型设计等创意活动，如电子产品、机械设备等。通过造型、色彩、表面装饰和材料的运用赋予产品新的形态和新的品质，并通过从事与产品相关广告、包装、环境设计与市场策划等活动，实现工程技术与美学艺术的和谐统一。

2. 塑造企业形象、得到公众的认可

产品造型设计对形象的研究大都基于企业形象统一识别系统(CIS)。所谓企业形象，就是企业通过传达系统如各种标志、标准字体、标准色彩，运用视觉设计和行为展现，将企业的理念及特性视觉化、规范化和系统化，塑造具体的公众认可、接受的评价形象，从而创造最佳的生产、经营、销售环境，促进企业的生存发展。企业通过经营理念、行为方式、统一的视觉识别建立起人们对企业的总体印象，它是一种复合的指标体系，分为内部形象和外部形象。内部形象是企业内部员工对企业自身的评价和印象，外部形象是社会公众对企业的印象评价。内部形象是外部形象的基础，外部形象是内部形象的目标。

3. 实现企业总体形象目标的细化

企业总体形象目标的细化是以产品设计为核心而展开的系统形象设计，对产品的设计、开发、研究的观念、原理、功能、结构、技术、材料、造型、色彩、加工工艺、生产设备、包装、运输、展示、营销手段、广告策略等进行一系列统一策划、统一设计，形成统一的感官形象和统一的社会形象，起到提升、塑造和传播企业形象的作用，使企业在经营信誉、品牌意识、经营谋略、销售服务、员工素质、企业文化等诸多方面显示企业的个性，强化企业的整体素质，造就品牌效应，在激烈的市场竞争中盈利。

8.2 产品造型设计经典案例欣赏

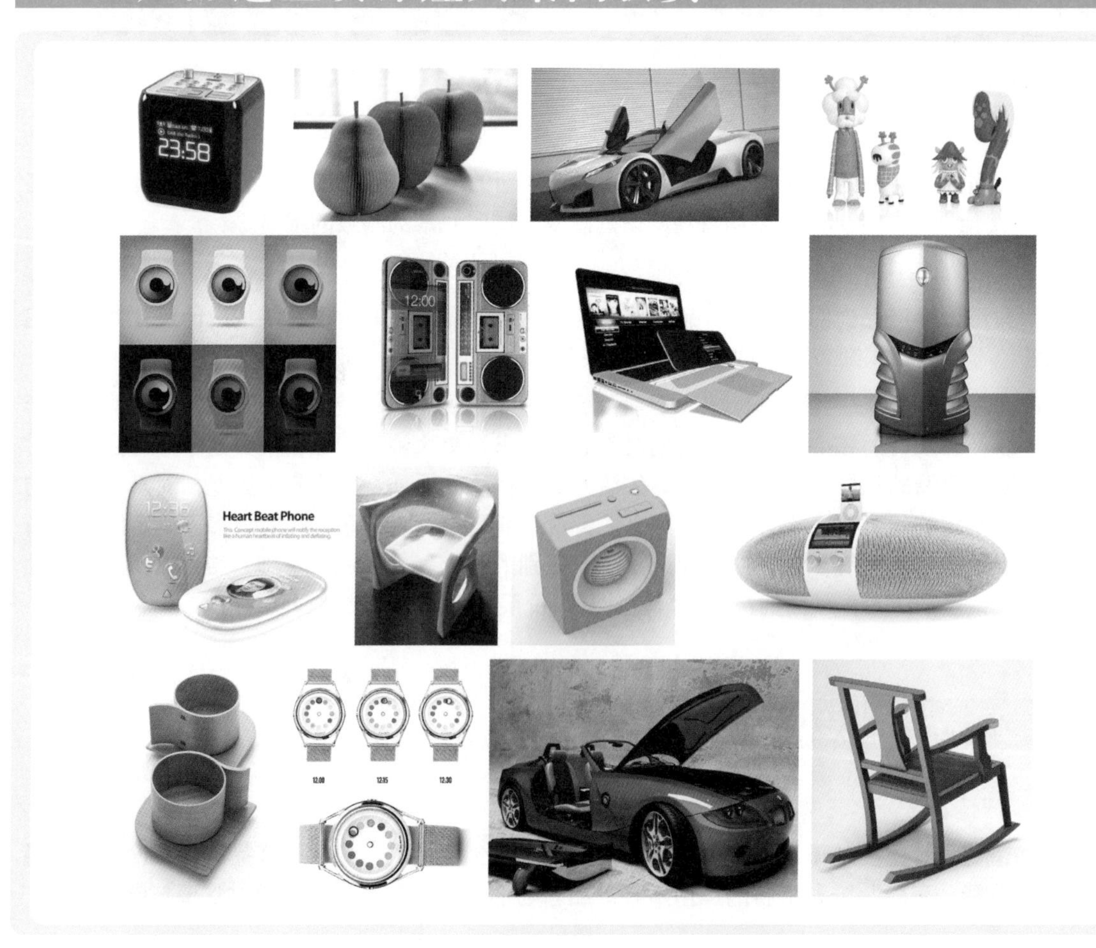

8.3 UI设计的基础知识

UI即User Interface（用户界面）的简称。UI设计则是指对软件的人机交互、操作逻辑、界面美观的整体设计。好的UI设计不仅会让软件变得有个性，有品位，还会使软件的操作变得舒适、简单、自由，从而充分体现软件的定位和特点。

8.3.1 UI设计概述

UI的本意是用户界面，是英文User和Interface首字母的缩写，从字面上看有用户与界面两个组成部分，但实际上还包括用户与界面之间的交互关系。软件界面设计与工业产品中的工业造型设计一样，是产品的重要卖点。

在飞速发展的电子产品中，界面设计工作也一点点地被重视起来。做界面设计的“美工”也随之被称之为“UI设计师”或“UI工程师”。从工作内容上，UI设计大体包括以下三方面。

1.界面设计

即传统意义上的“美工”。当然，实际上设计师承担的不是单纯意义上美术工人的工作，而是软件产品的产品界面设计。

2.交互设计

主要在于设计软件的操作流程、树状结构、操作规范等。一个软件产品在编码之前需要做的就是交互设计，并且确立交互模型，交互规范，交互设计研究的是人与界面的关系。

3.用户测试/研究

这里所谓的“测试”，其目标恰在于测试交互设计的合理性及图形设计的美观性，主要通过以目标用户问卷的形式衡量UI设计的合理性。如果没有这方面的测试研究，UI设计的好坏只能凭借设计师的经验或者领导的审美来评判，这样就会给企业带来极大的风险。

8.3.2 UI设计的基本流程

下面介绍UI设计的基本流程。

1.确认目标用户

在UI设计的过程中，需求设计角色会确定软件的目标用户，获取最终用户和直接用户的需求。用户交互要考虑到目标用户的不同所引起的交互设计重点的不同。例如，对于科学用户和对于计算机入门用户的设计重点就不同。

2.采集目标用户的习惯交互方式

不同类型的目标用户有不同的交互习惯。习惯的交互方式往往来源于其原有的针对现实的交互流程、已有软件工具的交互流程。当然，还要在此基础上通过调研分析找到用户希望达到的交互效果，并且以流程确认下来。

3.提示和引导用户

软件是用户的工具，因此应该由用户来操作和控制。软件响应用户的动作和设定的规则，提示用户结果和反馈信息，引导用户进行下一步操作。

8.3.3 UI设计的规范原则

1.规范性原则

简易性：UI设计图片要让用户便于使用，便于了解，并能减少用户错误选择发生的可能性。

用户语言：界面中要使用能反应用户本身的语言，而不是游戏设计者的语言。

记忆负担最小化：人脑不是计算机，在设计界面时必须要考虑人类大脑处理信息的限度。人类的短期记忆极不稳定，很有限，24小时内有25%的遗忘率。所以对用户来说，浏览信息要比记忆更容易。

清楚：在视觉效果上便于理解和使用。

用户的熟悉程度：用户可通过已掌握的知识来使用界面，但不应超出一般常识。

从用户习惯考虑：用户总是按照他们自己的方法理解和使用，想用户所想，做用户所做。

排列：一个有序的界面能让用户轻松的使用。

灵活性：简单来说就是要让用户方便的使用，但不同于上述。即互动多重性，不局限于单一的工具(包括鼠标、键盘或手柄、界面)。

2.一致性原则

设计目标一致：软件往往具有多个组成部分（组件、元素），不同组成部分之间的交互设计目标需要一致。例如，如果以计算机操作初级用户作为目标用户，以简化界面逻辑为设计目标，那么该目标需要贯通软件（软件包）整体，而不是局部。

元素外观一致：交互元素的外观往往影响用户的交互效果。同一个（类）软件采用一致风格的外观，对于保持用户焦点，改进交互效果有很大帮助。遗憾的是如何确认元素外观的一致没有统一的衡量方法，因此需要对目标用户进行调查以取得反馈。

交互行为一致：在交互模型中，不同类型的元素用户触发其对应的行为事件后，其交互行为需要一致。例如，所有需要用户确认操作的对话框都至少包含确认和放弃两个按钮。对于交互行为一致性原则比较极端的理念是，相同类型的交互元素所引起的行为事件相同。这个理念虽然在大部分情况下正确，但是的确有例子证明，如果不按照这个理念设计，会更加简化用户操作流程。

3.可用性原则

可理解：软件要为用户使用，用户必须理解软件各元素对应的功能。如果不能被用户理解，那么需要提供一种非破坏性的途径，使用户可以通过对该元素的操作理解其对应的功能。例如删除操作元素。用户可以单击删除操作按钮，提示用户如何删除操作或者是否确认删除操作，用户可以更加详细地理解该元素对应的功能，同时可以取消该操作。

可达到：用户是交互的中心，交互元素对应用户需要的功能，因此，交互元素必须可以被用户控制。用户可以用诸如键盘、鼠标之类的交互设备通过移动和触发已有的交互元素来得到需要的效果。要注意的是，交互的次数会影响效果。当一个功能被深深隐藏（一般来说超过4层）时，用户达到该元素的概率就大大降低了。可得到的效果也与界面设计有关。过于复杂的界面会影响可得到的效果（参考简单导向原则）。

可控制：用户可以控制软件的交互流程。用户可以控制功能的执行流程。如果软件或功能确实无法提供控制，则用能为目标用户理解的方式提示用户。

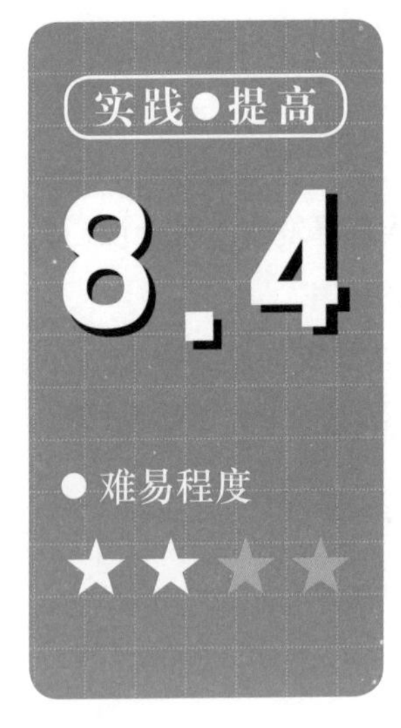

变形金刚UI图标

项目创设

本案例制作的是一个变形金刚UI图标。该图标造型独特，颜色搭配和谐，最终效果如图8-5所示。

制作思路

首先利用“矩形”工具绘制出变形金刚UI图标的外形；然后“钢笔”工具绘制脸部轮廓，最后使用“填充”工具填充颜色并调整明暗关系，以增加立体感。

图8-5

素材：素材与源文件\Chapter8\8.4\素材

案例制作步骤

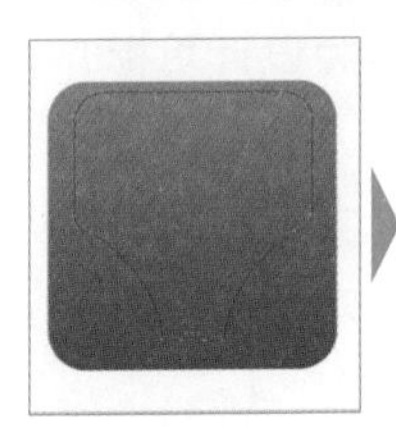
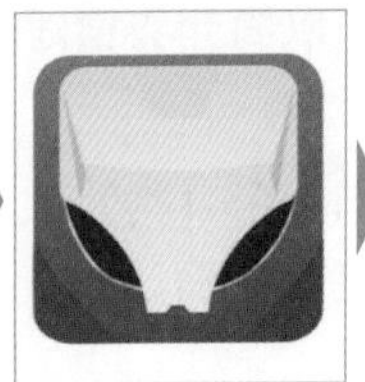
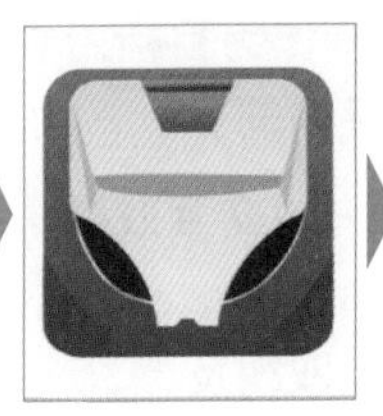

01 创建文档

选择“文件”→“新建”菜单命令，在弹出的“创建新文档”对话框中设置“名称”为“变形金刚UI图标”、宽高均为2083px、“原色模式”为RGB、“渲染分辨率”为300dpi，参数设置如图8-6所示。单击“确定”按钮，即可创建文档，如图8-7所示。

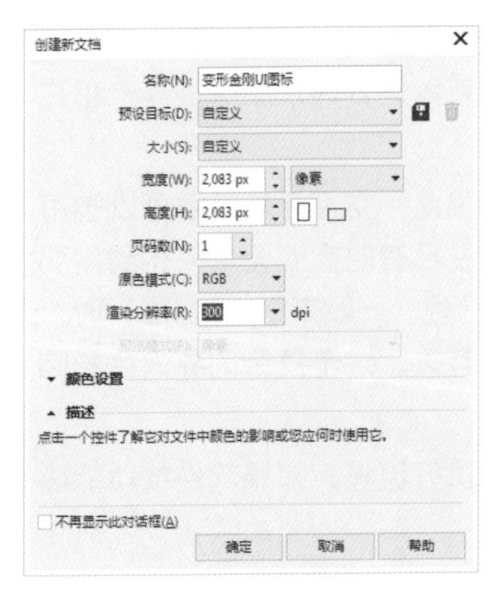

图8-6

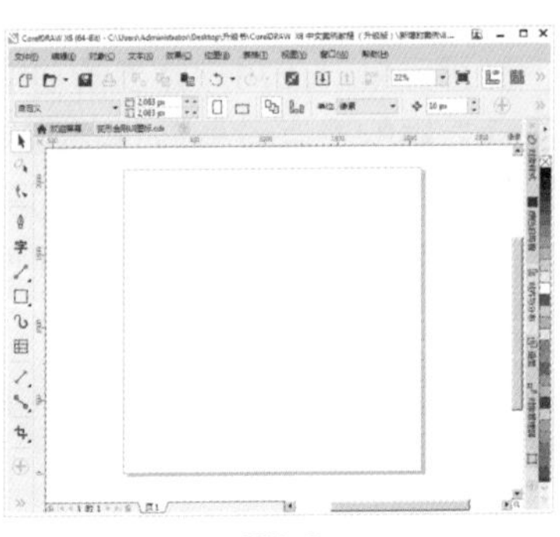

图8-7

行业知识

产品造型的美学法则

一个较成熟的工业产品造型需要遵循一定的形式美法则，应简约而不乏味，精巧而不哗众。具体而言，主要包括以下几个方面。

1.统一和变化

统一是指同一个要素在一个物体中多次出现，或将同一物体中的不同要素趋向安置于某一个要素之中，使形体有条理，给人宁静和安定感。

统一材质营造出的朴素感

02 添加底板

使用工具箱中的“矩形”工具□绘制一个与画板同样大小的矩形，效果如图8-8所示。然后单击工具箱中的“交互式填充”工具按钮，打开“编辑填充”对话框，并选择“均匀填充”，效果及参数设置如图8-9所示。

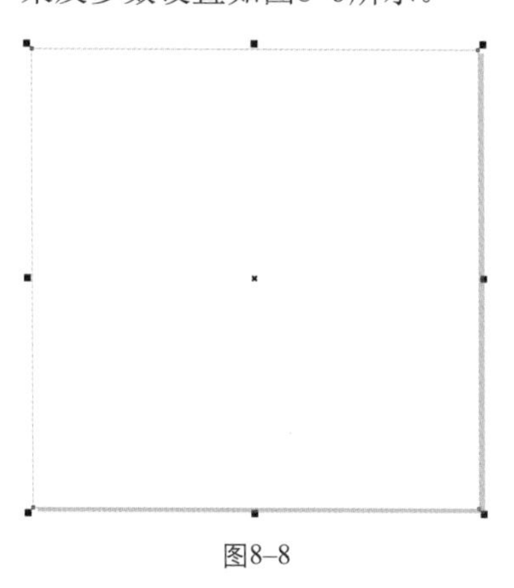

图8-8

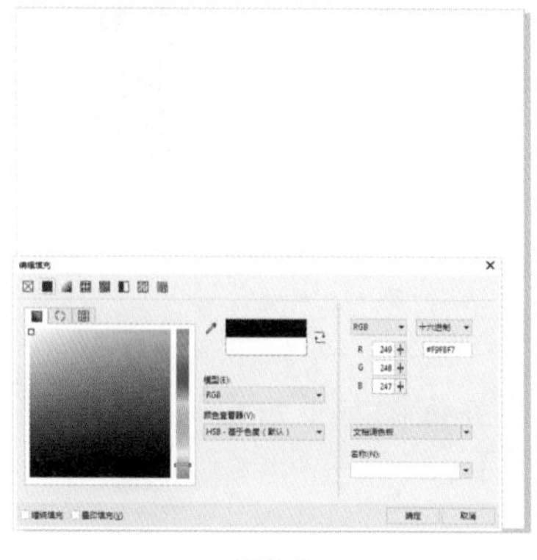

图8-9

03 绘制UI底图轮廓

使用工具箱中的“矩形”工具□绘制一个宽为1686px、高为1628px的矩形，在其属性栏中选择“圆角”，设置“转角半径”为222px，效果及参数设置如图8-10所示。

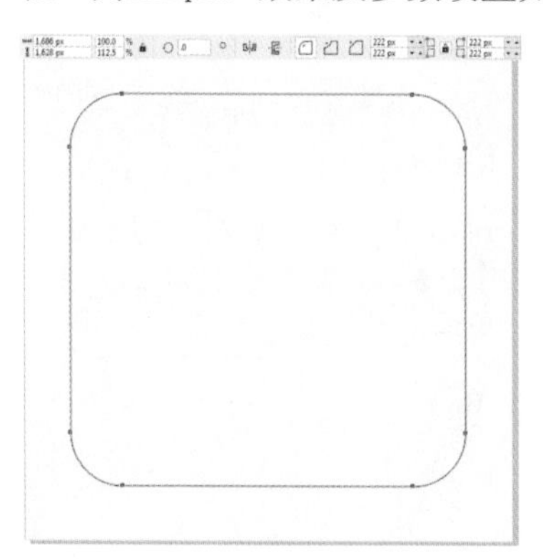

图8-10

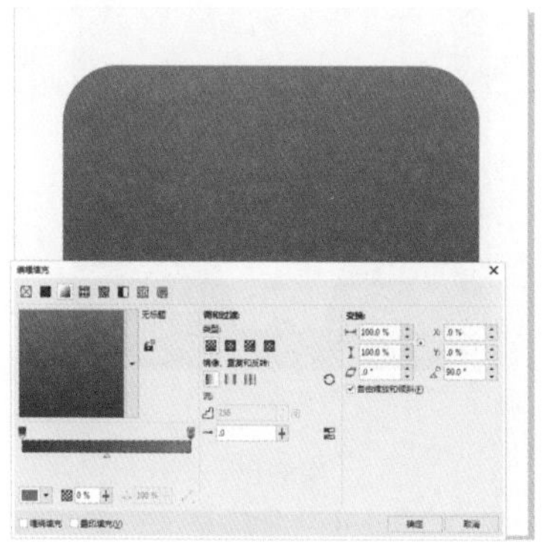

图8-11

04 填充渐变色

选中上一步绘制的圆角矩形，单击工具箱中的“交互式填充”工具按钮，打开“编辑填充”对话框，并选择“均匀填充”，效果及参数设置如图8-11所示。

05 绘制脸部造型

使用工具箱中的“钢笔”工具绘制脸部轮廓造型，然后使用“形状”工具进行修整，得到的效果如图8-12所示。然后选择工具箱中的“交互式填充”工具，打开“编辑填充”对话框，并选择“渐变填充”，效果及参数设置如图8-13所示。

变化是指同一物体的要素与要素之间，以及同一环境中的不同对象之间存在着差异性，相同要素以一种变异的方法产生视觉上的差异感。变化使得形体有动感，克服呆滞、沉闷，使形体具有生动、活泼的吸引力。

通过色彩的变化增加消费者的选择

2.对比与调和

对比与调和通常同时作用于同一对象的各个元素之中或者同一系列的不同对象之中，具体包括以下几种常见的形式。

- 线型的对比与调和。

不同的曲线按照一定的规律排列

- 外形的对比与调和。

不同的外形、相同的风格

- 色彩的对比与调和。

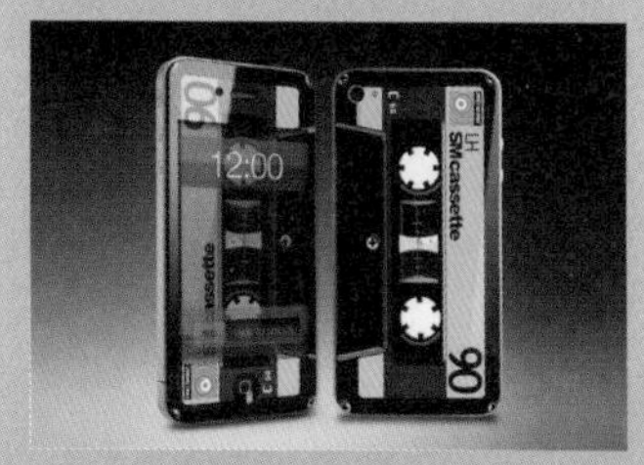

利用无彩色和高纯度颜色

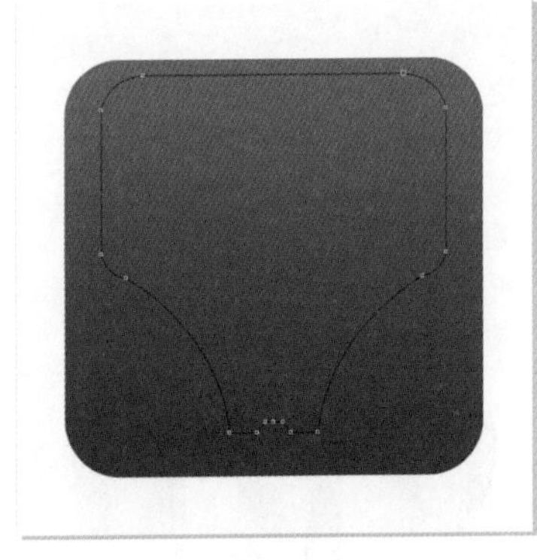

图8-12

图8-13

06 绘制不规则形状

使用工具箱中的“钢笔”工具在底图左下角绘制一个不规则形状并填充颜色，效果如图8-14所示。

07 复制并制作镜像

使用“选择”工具选中上一步绘制的图形，复制一个，然后选择属性栏中的“水平镜像”工具，获得一个水平翻转的图形并放置在相应位置，效果如图8-15所示。

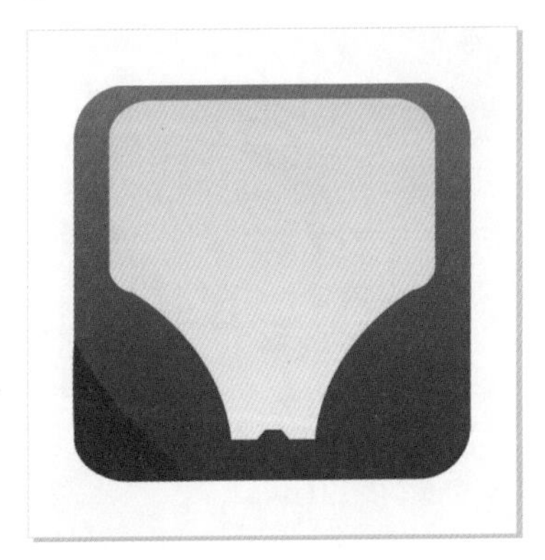

图8-14

图8-15

08 绘制半圆形状

使用工具箱中的“钢笔”工具在底图中绘制一个半圆形并填充颜色，效果及参数设置如图8-16所示。

09 绘制渐变线条

复制两个上一步绘制的半圆，调整其中一个的大小，将两个半圆同时选中，使其居中对齐，然后在属性栏中单击“移除前面对象”按钮，制成半圆环并填充渐变，效果及参数设置如图8-17所示。

10 调整图层顺序

同时选中步骤8和步骤9制作的图形，右击，在弹出的快捷菜单中选择“顺序”→“向后一层”命令，使两个图形处于脸部图形下方，如果没有实现，则多次执行该命令，得到的效果如图8-18所示。

● 材质的对比与调和。

材料硬度的对比与调和

● 体量的对比与调和。

系列产品常采用体量对比

3.均衡与对称

均衡是指造型物各个部分上下、左右、前后之间相对的体量关系。

均衡

对称指的是保持物体外观量感的均衡。

对称

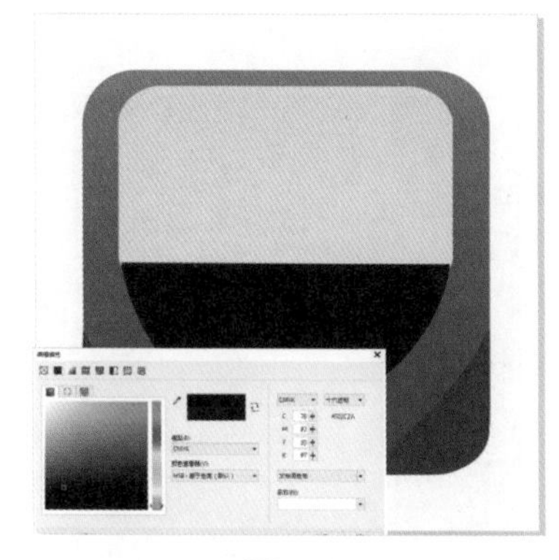

图8–16

图8–17

11 绘制不规则形状

使用工具箱中的“钢笔”工具在底图左下角绘制一个不规则形状并填充颜色，效果及参数设置如图8-19所示。

图8–18

12 复制并制作镜像

使用“选择”工具选中上一步绘制的图形，复制一个，然后选择属性栏中的“水平镜像”工具，获得一个水平翻转的图形并放置在相应位置，效果如图8-20所示。

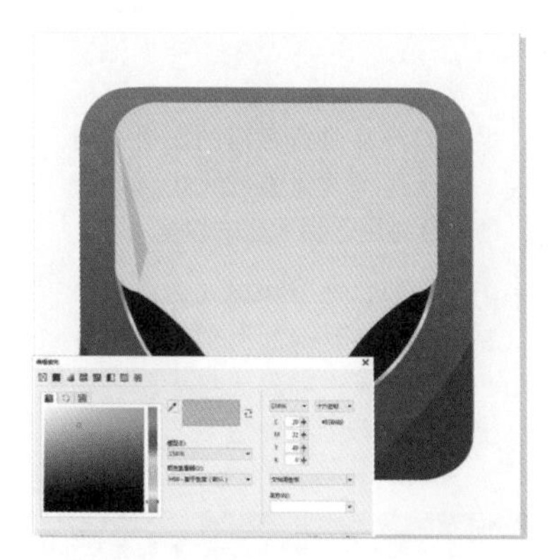

图8–19

图8–20

13 绘制额头形状并填充颜色

使用“钢笔”工具绘制一个不规则图形，然后填充渐变色，效果及参数设置如图8-21所示。

14 调整位置

使用“选择”工具调整上一步绘制图形的位置，放置于脸部图形内，并向后调整一层，效果如图8-22所示。

外观上，均衡是对称的破坏，实质上又是对称的保持。均衡是对称形式的发展，对称是最简单的均衡形式。

4.节奏和韵律

节奏是客观事物运动的属性之一，是一种有规律的、周期性变化的运动形式，它反映了自然和现实生活中的某种规律，如自然节奏、生理节奏、生活节奏、音乐节奏等。

具有节奏感的设计

韵律是周期性的动作有组织地变化或有规律地重复。韵律可使节奏具有强弱起伏、悠扬缓急的情调，如连续韵律、渐变韵律、交错韵律、起伏韵律等。

具有韵律感的设计

5.稳定与轻巧

稳定指的是造型上下间的轻重关系。要使造型稳定，物体的重心必须在物体支撑面以内，且重心越低，越靠近支撑面的中心部位，稳定性越强。

轻巧是指造型物上下间的大小和轻重关系，即在满足“实际稳定”（产品质量重心符合稳定条件）的前提下，用艺术创造的方法，使造型物给人一种轻盈、灵

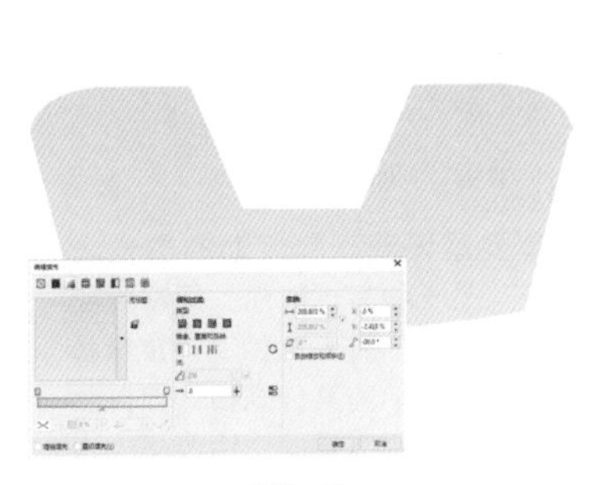
图8-21

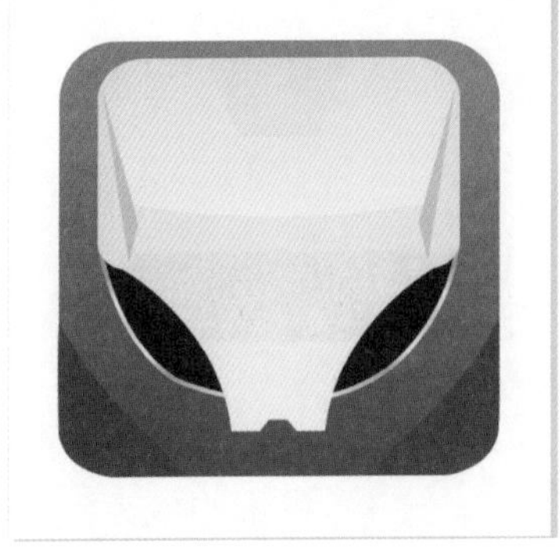
图8-22

15 绘制不规则形状

使用“钢笔”工具在额头图形缺口处绘制一个不规则形状并填充渐变色，效果及参数设置如图8-23所示。

16 调整图层顺序

使用“选择”工具调整上一步绘制图形的顺序，得到的效果如图8-24所示。

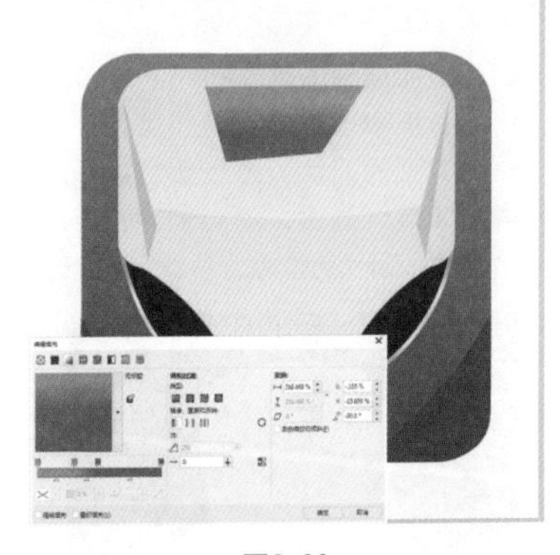
图8-23

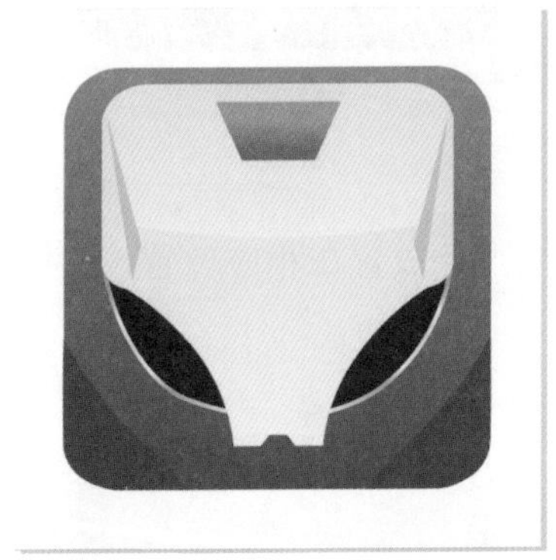
图8-24

17 绘制渐变形状

使用“钢笔”工具在额头图形上方再绘制一个不规则形状并填充颜色，效果及参数设置如图8-25所示。

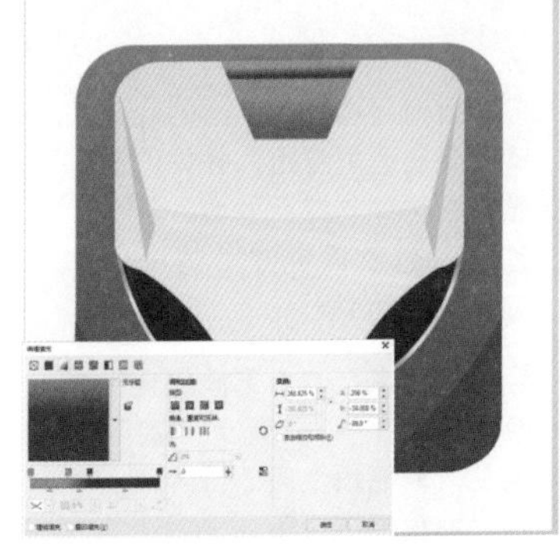
图8-25

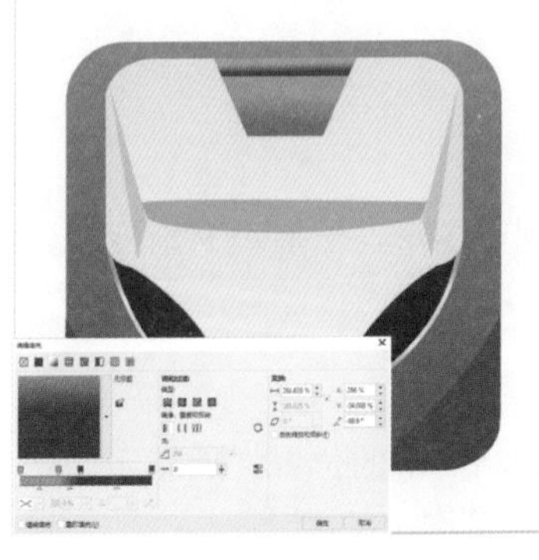
图8-26

巧的美感。

利用材料本身的质感营造出轻盈感

根据情况增强稳定或轻巧的方法如下。

- 改变物体重心。
- 增加或减少接触面积。
- 改变体量关系。
- 改变结构形式。
- 改变色彩及分布（冷色收缩、暖色扩张）。
- 改变材料质地。
- 改变形体分割。

6.尺度和比例

尺度是以人体尺寸作为度量标准，对产品进行相应的衡量，用于表示造型物体量的大小，以及同它自身用途相适应的程度。

比例指的是造型物局部与局部、局部与整体之间的匀称关系，是一种用数比表现现代生活和科学技术美的理论。

行业知识

产品造型设计程序

产品造型设计程序基本分为4个阶段，即设计准备阶段、设计发展阶段、评估与实施阶段、验证与反馈阶段。

1.设计准备阶段

- 设计规划的制订。
- 设计调查。
- 资料整理。

18 绘制额头阴影

利用“钢笔”工具在脸部额头部位绘制一个不规则形状并填充颜色，使图层处于额头图层下方，效果及参数设置如图8-26所示。

19 绘制眼眶阴影

利用“钢笔”工具在空白区域绘制一个线条，设置轮廓宽度为“5px”、颜色为黑色，然后转换为位图并添加“高斯式模糊”，效果及参数设置如图8-27所示。

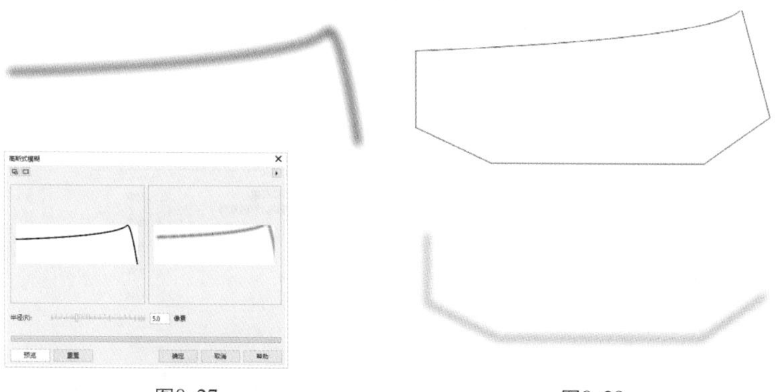

图8-27　　图8-28

20 绘制眼眶及发光

利用“钢笔”工具在空白区域绘制一个多边形，填充颜色为白色，然后再绘制一个不规则图形，并使用上一步的方法添加蓝色轮廓及“高斯式模糊”，效果如图8-28所示。

21 调整位置

将步骤20和步骤21制作的眼眶图形组合并调整到相应位置，然后复制这两个图形制作水平镜像放置于左侧对称位置，并调整图层顺序，得到效果如图8-29所示。

图8-29

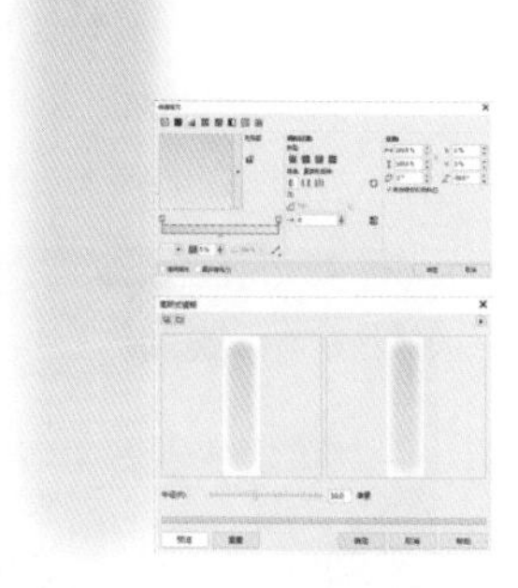

图8-30

22 制作鼻梁

使用“矩形”工具绘制一个转角半径为55px的矩形，然后为其添加渐变效果和“高斯式模糊”，参数设置及效果如图8-30所示。

- 资料分析。
- 设计预测。

2. 设计发展阶段

产品造型设计的原则是实用、经济、美观，但实际上在进行设计时应考虑的具体因素还很多，其中主要有以下几点。

- 产品的功能性。
- 产品的美观性。
- 产品的宜人性。
- 产品的经济性。

设计发展阶段多半是设计师创作，其间需要绘制大量的草图、效果图，并计算多种人机工程数据。

3. 评估与实施阶段

在评估实施阶段，设计师要根据设计图纸制作模型，根据模型外观调整设计细节。其间还会跟企业进行沟通讨论，进一步修改方案，以确定产品材质、包装、色彩等。在投资前会进行小批量生产试制，试制成功后就可以批量生产并投放市场了。

4. 验证与反馈阶段

产品投入市场后，投资方和设计方都会根据产品的销量情况和消费者的使用情况进行相应的统计，这些数据为设计师的下一次设计提供了良好的指导性。

工具详解

使用文本样式

在CorelDRAW X8中建立了图形和文本样式后，用户可以在下一次操作中直接运用，不必进行重复操作。用户也可以自己创建样式并保存，以便下一次使用。

① 新建一个文件，选择“窗口”→“泊坞窗”→“对象样式”菜单命令，即弹出“对象样式”面板。

② 在面板中单击“样式”右侧的“新建样式”按钮，在弹出的选项菜单中选择“字符”，这时

23 调整位置

将上一步制作的鼻梁图形放置到相应位置，效果如图8-31所示。

24 增加脸部立体感

使用“钢笔”工具在空白区域绘制一个不规则形状并复制制作水平镜像，得到的效果及填充颜色参数设置如图8-32所示。

图8-31

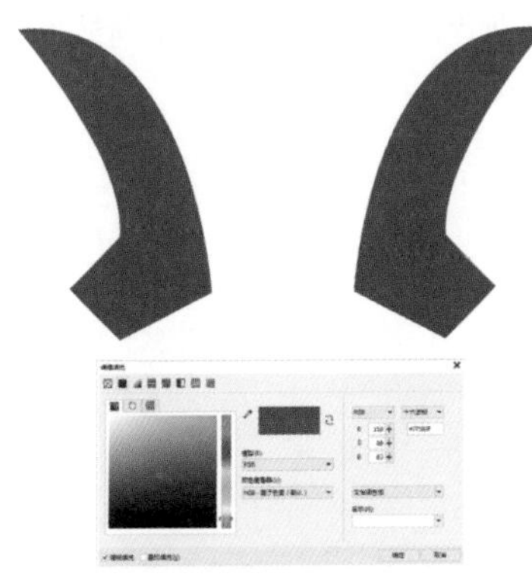

图8-32

25 调整位置及图层顺序

将上一步绘制的不规则形状放置于相应位置，并调整图层顺序使其处于脸部图形下方，得到的效果如图8-33所示。

图8-33

图8-34

26 绘制两组不规则图形

利用步骤23同样的方法在绘制两组不规则图形并填充颜色，效果如图8-34所示。然后将两组图形放置于相应位置，效果如图8-35所示。

图8-35

27 绘制黑色图形

利用“钢笔”工具绘制一个填充颜色为黑色的不规则图形，并放置于相应位置，效果

会在面板的列表中出现“新建图形”图标。

“对象样式”面板

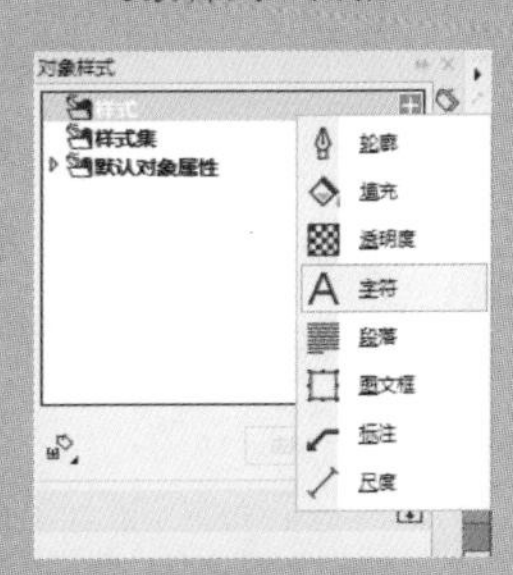

“新建样式”面板

③ 在工具箱中选择“文本”工具字，在页面中输入文字“文本样式”，设置字体为经典粗宋体、字号为150pt，将字体颜色填充为黑色。

文本样式

创建文本

④ 选取文字，并单击鼠标右键，在弹出的快捷菜单中选择“对象样式”→“从以下项新建样式”→“字符”命令，弹出“从以下项新建样式”对话框，设置名称，单击“确定”按钮，则文字就新建了一个字符样式。

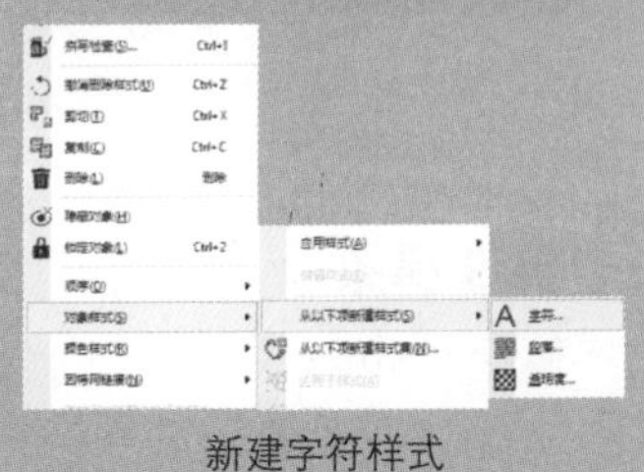

新建字符样式

如图8-36所示。

28 绘制渐变图形

利用“钢笔”工具绘制两个填充渐变色的不规则图形，并放置于嘴巴下方位置，效果及参数设置如图8-37所示。

图8-36

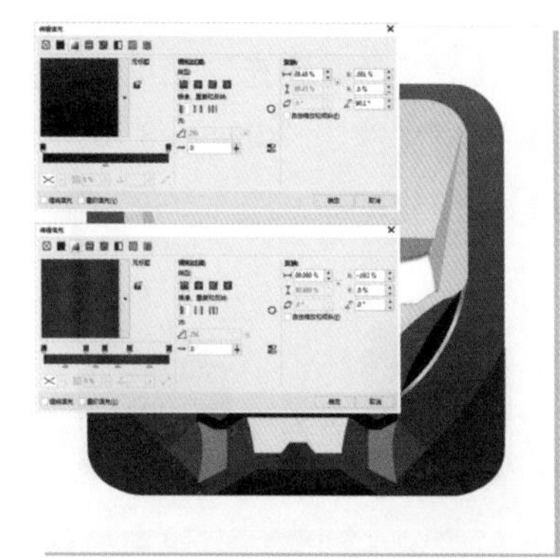

图8-37

29 绘制腮部图形

利用“钢笔”工具在腮部绘制两组线条图形并填充颜色，效果如图8-38所示。然后在两边制作两个不规则渐变图形，效果如图8-39所示。

图8-38

图8-39

30 添加高光

使用“椭圆形”工具绘制5个大小不同的白色椭圆形，然后转换为位图并添加“高斯式模糊”，设置模糊半径为90px，同时调整透明度，得到如图8-40所示的高光效果。至此，变形金刚UI图标已经全部制作完成。

图8-40

⑤在工具箱中选择“文本”工具字，在页面中输入文字“图形”，设置字体为黑体、字号为100pt，并填充字体颜色为红色。

创建文本

⑥选取文字，在“对象样式”面板中选取新建的字符样式，单击鼠标右键，在弹出的快捷菜单中，选择“应用于选定对象”命令。

应用字符样式

⑦选择“文本”工具字，在页面中输入字母“apple”，设置字体为Arial、字号为280pt，并填充字体颜色为绿色。

创建文本

⑧选中页面上的字母，在面板中选取新建的字符样式，单击鼠标右键，在弹出的快捷菜单中选择“应用样式”命令，即可将字母应用需要的样式。

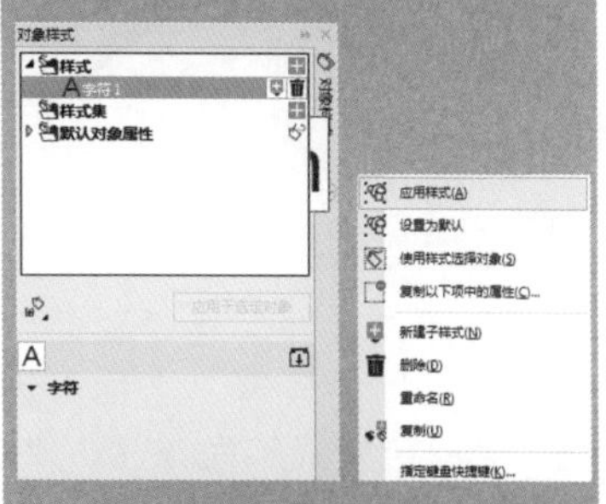

应用样式

1 2 3 4 5 6 7 8

拓展训练——时尚UI图标设计

利用本节所介绍的变形金刚UI图标设计的相关知识，按照智慧职教本课程提供的素材文件制作时尚UI图标设计，最终的效果如图8-41所示。

图8-41

- 技术盘点：“贝塞尔”工具、“椭圆形”工具、“形状”工具、“渐变填充”工具、“文本”工具。
- 素材文件：“Chapter8\8.4\素材\时尚UI图标设计.cdr”。
- 制作分析：

实践●提高

8.5

人力动车造型设计

● 难易程度 ★★★★

项目创设

本实例将制作一辆人力动车。该人力动车造型前卫、色调简洁，最终效果如图8-42所示。

制作思路

首先使用“贝塞尔”工具和“形状”工具绘制出人力动车的各个部件，然后利用“交互式填充”工具依次填充颜色，并设置透明度效果，通过整理和修改得到最终效果。

图8-42

素材：素材与源文件\Chapter8\8.5\素材

案例制作步骤

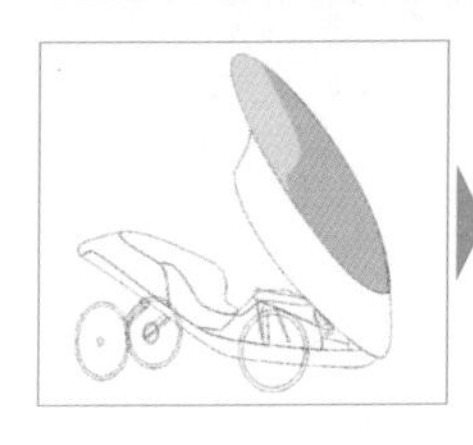
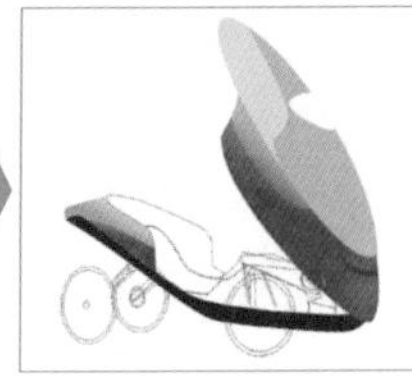
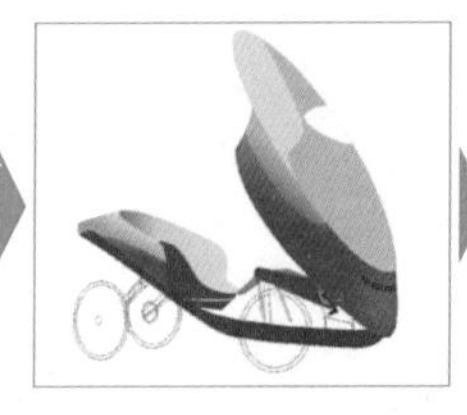

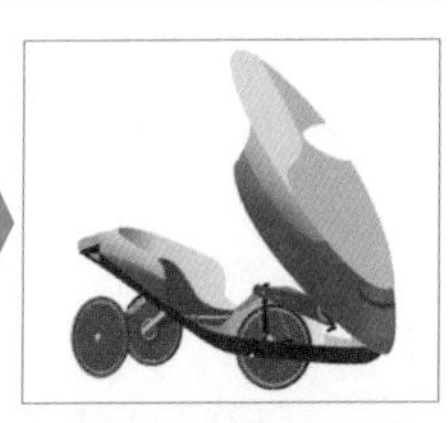

01 创建文档

选择“文件”→“新建”菜单命令，在弹出的“创建新文档”对话框中设置“名称”为“人力动车设计”、“大小”为A4、“原色模式”为CMYK、“渲染分辨率”为300dpi，单击“横向”按钮□，参数设置如图8-43所示。单击“确定”按钮，即可创建新文档，如图8-44所示。

> 行业知识
>
> **产品色彩的生理层次**
>
> 产品配色首先考虑人的感觉、知觉、人体尺度等因素。例如，色彩的知觉度包括色彩的辨认度和醒目程度。

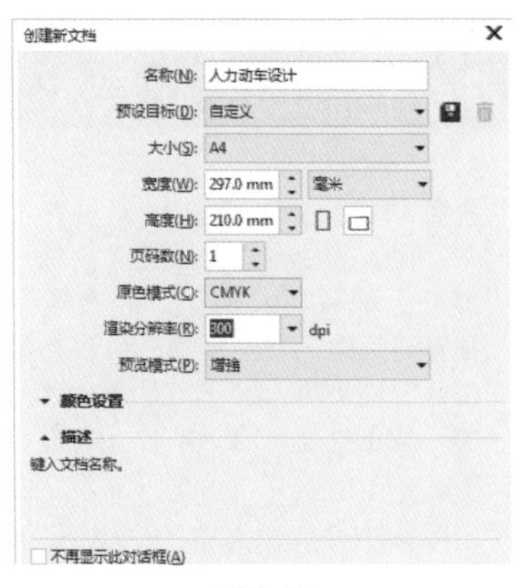

图8–43

图8–44

02 绘制挡风玻璃外形

使用工具箱中的“贝塞尔”工具绘制出挡风玻璃的外形，然后利用“形状”工具进行修改，得到的效果如图8-45所示。

03 绘制车架

参照上一步骤绘制出车架，效果如图8-46所示。

图8–45

图8–46

04 绘制车座和车栏

使用“贝塞尔”工具和“形状”工具绘制出车座和车栏，效果如图8-47所示。

05 绘制车链

按照同样的方法，使用“贝塞尔”工具和“形状”工具绘制出车链，效果如图8-48所示。

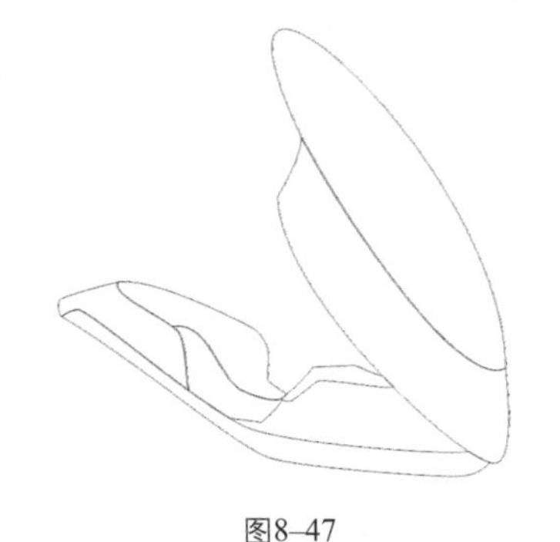

图8–47

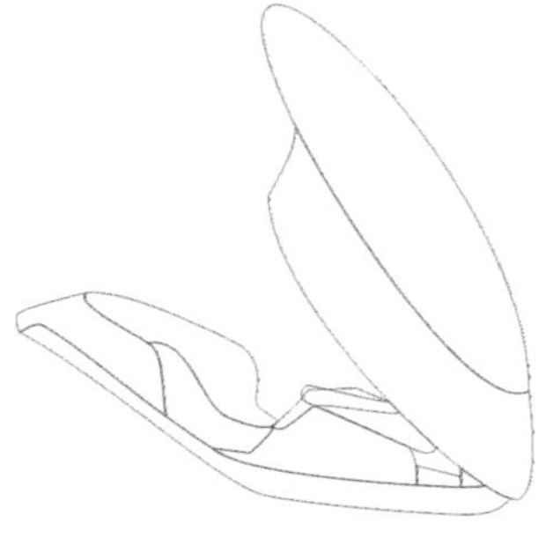

图8–48

- 色彩的辨认度是指对底色上图形色的辨认程度。产品色彩辨认对产品功能的发挥有很大的意义，良好的色彩辨认度能提高工作效率，减少失误，利于人机协调。
- 色彩的醒目程度指色彩引起的注意程度。纯度高的鲜艳色醒目程度高，鲜艳的红、橙、黄等色彩最容易引起注意。紧急情况下使用的产品需要使用醒目程度高的颜色，如消防器材，救生器材等。

行业知识

产品色彩的心理层次

对于产品色彩的心理感受，一是色彩本身带来的感受，二是视觉感受经验同其他感官经验相互作用而衍生出的心理感受，如色彩的通感。

通感指人类利用其他器官的感受经验来认识、理解、描述新事物的方式。色彩通感主要包括冷暖感、胀缩感、轻重感、动静感、距离感和软硬感。

- 冷暖感：红、橙、黄属于暖色，蓝色为冷色，绿色和紫色为中性色。
- 胀缩感：明度高和偏暖的色彩有膨胀感，低明度偏冷的色彩有缩小的感觉。
- 轻重感：色彩的轻重感与明度关系最大。从轻到重依次排列为白色→黄色→橙色→红色→灰色→绿色→蓝色→紫色→黑色。
- 动静感：指色彩引起人们兴奋或安静的反应。暖色和高纯度的色彩对观察者产生强烈的刺激，冷色和明度、纯度较低的色彩会使人产生静默的倾向。
- 距离感：暖色、高明度色、高纯度色有拉近距离的感觉；冷色、低明度色有距离较远的感觉。距离感是产品设计用来丰富层次感的工具。
- 软硬感：纯度高的色彩和冷色比较硬，纯度低的色彩和暖色感觉比较软；对比度高的配色感觉较硬，反之感觉较软。

06 绘制脚踏

使用“贝塞尔”工具和“形状”工具绘制出脚踏，效果如图8-49所示。

07 绘制前面的车轮并进行调整

单击工具箱中的“椭圆形”工具按钮，绘制椭圆然后进行复制，选中小椭圆，选择“对象”→“造型”→“造型”菜单命令，在“造型”面板的下拉菜单中选择“修剪”选项，单击“修剪”按钮，将鼠标指针移到大圆上并单击，得到如图8-50所示的效果。

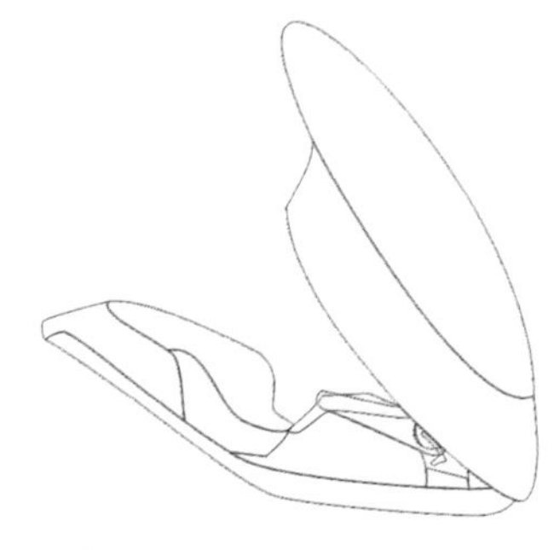

图8-49

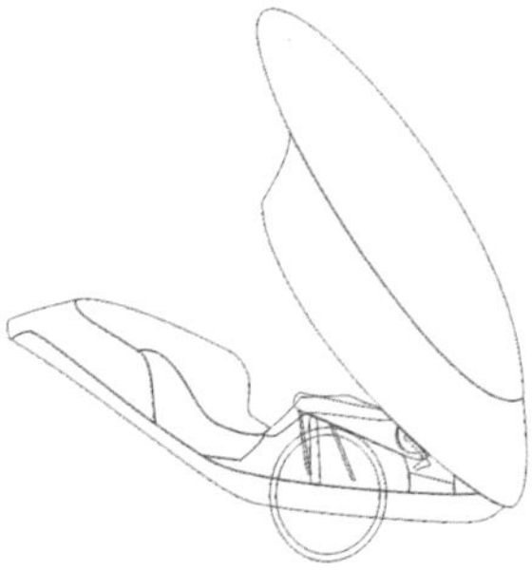

图8-50

08 绘制后面的车轮并进行调整

绘制出后面的两个车轮，并进行调整，效果如图8-51所示。

09 为挡风玻璃的亮部设置并填充颜色

单击工具箱中的“交互式填充”工具按钮，打开“编辑填充”对话框，并选择“均匀填充”，如图8-52所示，从中设置参数，然后单击“确定”按钮，得到的效果如图8-53所示。

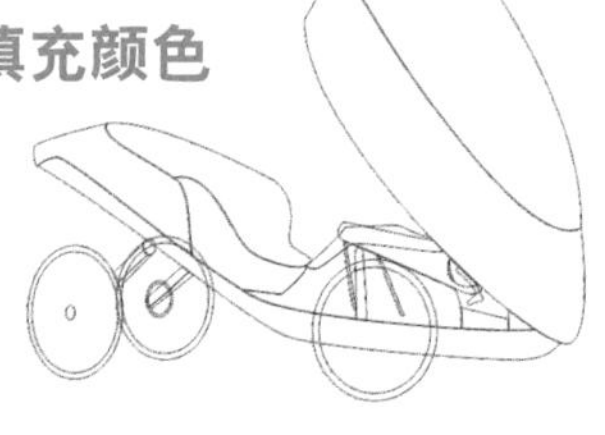

图8-51

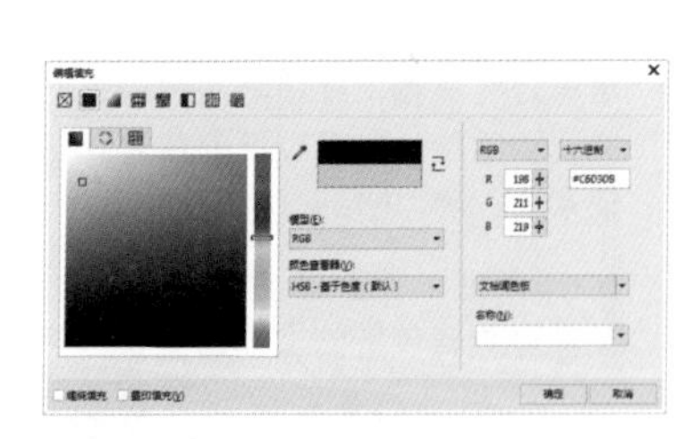

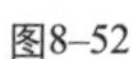

图8-52

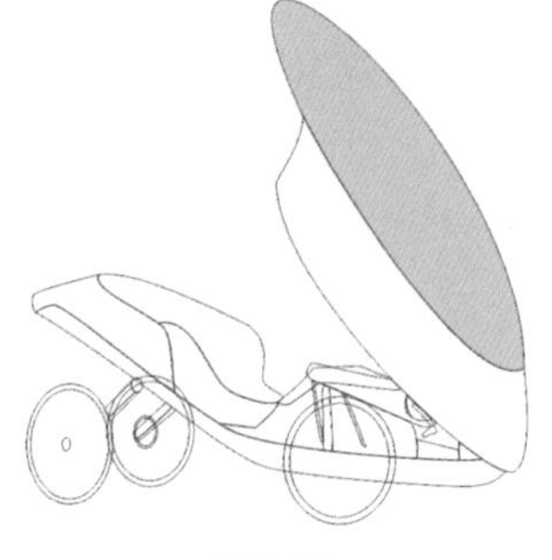

图8-53

10 绘制挡风玻璃的暗部效果

绘制出挡风玻璃的暗部图形，并置于图层下方，然后选择工具箱中的“透明度”工具，在其属性栏中选择“常规”选项，设置透明度为15，得到的效果如图8-54所示。

行业知识

产品色彩的文化层次

1.色彩的象征性

象征性与人的社会文化属性有关，是人的社会文化属性在色彩感受上的映射。例如，绿色象征青春活力、新生事物、生命，红色象征热情、喜庆、革命、活力，黄色象征光明、丰收、欢快等。

2.色彩的地域文化特点

一定地域文化中的色彩文化情绪是在历史过程中由社会、文化活动相互作用而凝聚成的，具有一定的稳定性。例如，各国和地区对色彩就有不同的喜好，意大利人喜欢绿色和灰色；日本人喜欢红、白、橙、黄等颜色，禁忌黑白、深灰色和绿色等。

行业知识

产品色彩的基本原则

- 产品决策导向性原则：产品决策是整体产品的市场针对性策略，包括产品属性、品牌策略、包装策略等方面，决定了产品的基本属性和商业价值。
- 功能性原则：以功能为主，以色彩表达为辅。
- 环境性原则：使人、机、环境相协调。
- 工艺性原则：应充分考虑工艺对产品可能产生的影响。
- 嗜好性原则：不同国家和地区对色彩的爱好和禁忌。
- 经济性原则：主要有成本控制、绿色设计、材质本色。
- 人性化原则：以人为本，考虑人的生理、心理、社会属性和人机关系等各个因素。
- 美学原则：主要有统一、调和、均衡、比例与分割、韵律等审美法则。

11 删除外轮廓并填充颜色

单击工具箱中的“轮廓笔”工具按钮，然后选择“无轮廓”工具，在车头镜前方绘制一个形状，填充为白色，效果如图8-55所示。

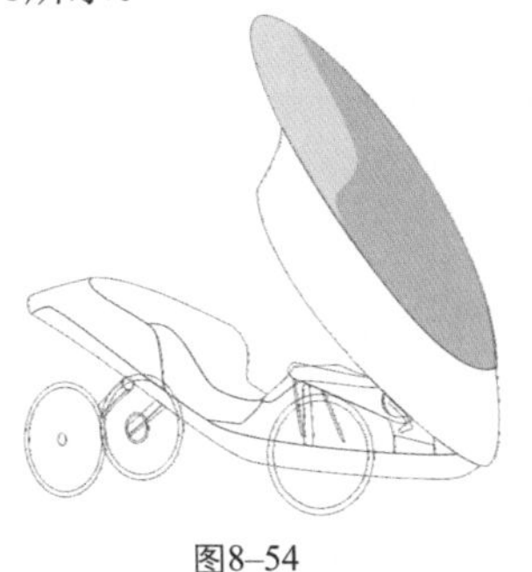

图8-54

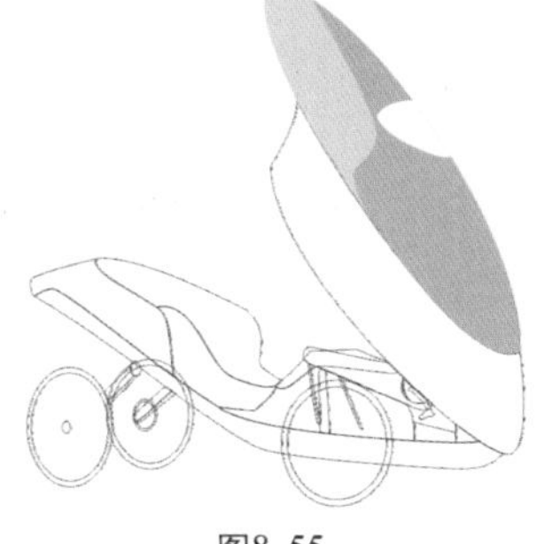

图8-55

12 填充颜色

为挡风玻璃填充颜色值为（R:60、G:56、B:113）的颜色，然后在其侧上方绘制一个图形，填充颜色值为（R:170、G:180、B:250）的颜色，得到如图8-56所示的效果。

13 调节透明度

选择工具箱中的“透明度”工具，在其属性栏中选择“渐变透明度”，然后通过鼠标拖动进行调整，得到的效果如图8-57所示。

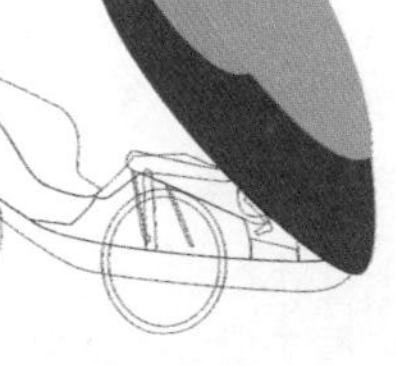

图8-56

图8-57

14 绘制车头的暗部造型

绘制车头的暗部轮廓并填充为黑色，效果如图8-58所示。

15 添加高斯式模糊效果

使用“椭圆形”工具在车头镜前绘制一个椭圆，填充颜色为白色，然后选择“位图”→“模糊”→“高斯式模糊”菜单命令，设置“半径”为90，得到的效果如图8-59所示。

16 为车架和车后座填充颜色

给车架和车后座填充颜色，并使用“透明度”工具增加层次感和光感，得到的效果如图8-60所示。

17 为车架和车后座的其他部位填充渐变颜色

单击工具箱中的“交互式填充”工具按钮，打开“编辑

设计师经验

产品色彩设计的常用手法

- 功能主导：满足功能，以功能为主导。
- 卓尔不群：显示个性，特立独行，吸引眼球。
- 时尚流行：追随季节和潮流，不断翻新色彩。
- 入乡随俗：与现有同类产品相适用，与目标使用环境相协调。
- 价值攀附：通过参考造型相似和逻辑相关的物体获得被参考物体的意义和价值。

行业知识

产品色彩的定位

色彩设计的定位依据主要有以下几种。

- 根据产品发展阶段定位：产品的生命周期分为4个阶段：导入期、成长期、成熟期和衰退期。不同阶段的色彩设计策略不同。前两个阶段的配色应主要突出产品的功能特点，形象应清晰易于辨认，从而有助于扩大认知度。后两个阶段的色彩设计应采取关注和挖掘市场潜力的策略，可以用修改色彩设计体系的方式延长产品线，如增加色彩方案、采用流行色等。
- 根据品牌定位：在为既定的品牌开发新产品时，产品色彩设计要严格与品牌推广策略、品牌形象保持一致。
- 根据流行的消费价值定位：在消费文化的背景下，产品开发应以消费价值为主导，产品色彩设计常常从产品的消费价值出发并进行定位，如倡导至尊体验的礼品用富丽堂皇的金色、黄色，高科技产品使用神秘的蓝色。
- 根据流行色定位：时尚产品设计、色彩设计需要密切关注市场的色彩嗜好，预测色彩的流行趋势，根据权威部门发布的流行色不断改进产品的色彩设计。

填充”对话框，选择“渐变填充”工具◪，设置填充“类型”为“线性填充”，并设置渐变颜色，得到的效果如图8-61所示。

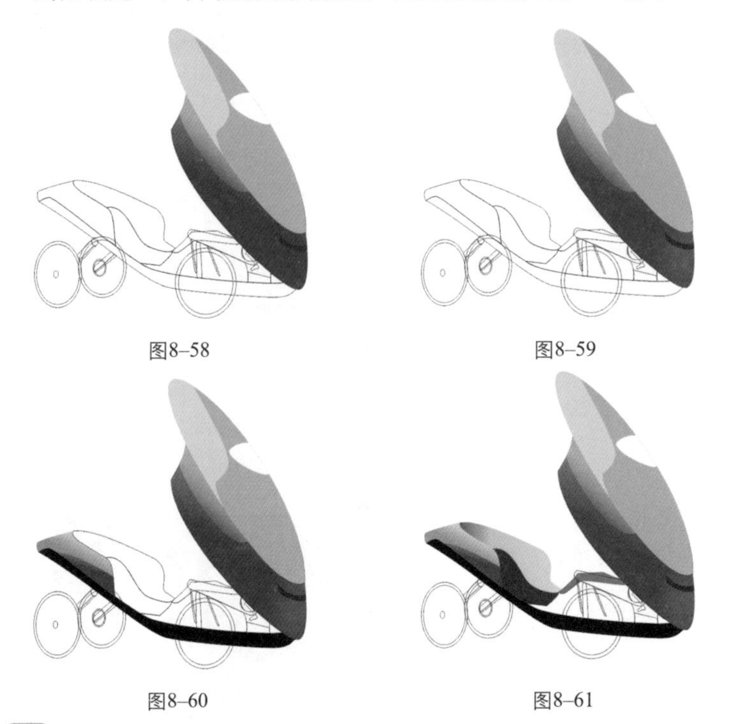

图8-58　图8-59

图8-60　图8-61

18 为车链和脚踏填充颜色

使用“填充”工具分别给车链和脚踏填充颜色，效果如图8-62所示。

19 添加车座细节

在车座侧面绘制形状，填充渐变色，然后设置高斯式模糊，效果如图8-63所示。

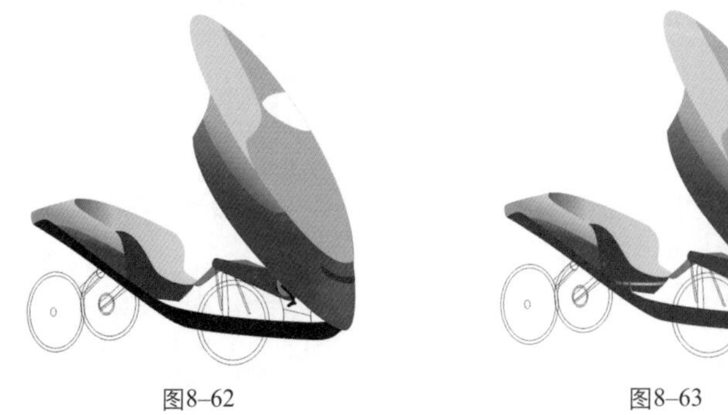

图8-62　图8-63

20 制作螺钉

使用工具箱中的“多边形”工具⬠，在其属性栏中将边数设置为5，然后绘制五边形，填充颜色，将其转换为位图并进行高斯式模糊，效果如图8-64所示。

21 为车轮和支架填充颜色

使用“交互式填充”工具给车轮和支架填充颜色，效果如图8-65所示。

行业知识

产品色彩设计程序

1. 市场调查及色彩设计定位

色彩设计的主要依据是从市场调查实践中而来的，通过市场信息的收集和整理得出科学的结论，以确定产品色彩设计定位，并应用于具体的产品设计中。

2. 建立感性坐标系统，选择适当的色彩

通过语义分析法建立色彩感性坐标系统，使感性形容词与产品色彩和产品色彩设计方案建立起对应关系，在坐标系中根据相应的语义色彩进行色彩设计。

3. 主色调的选择

产品色彩设计主要包括主色调和辅助色。主色调是设计的总倾向、总效果。任何色彩设计方案均有主色调和辅助色。主色调以一到两种颜色为佳，辅助色应与主色调相协调，形成统一的整体色调。

4. 重点部位的色彩设计

主色调确定后，为了强调某一部位，可进行重点配置，重点配置常用于操作部位、引人注意的运动部位和商标等。

5. 实验与实施

通过进行实验来确定色彩设计与产品的配合，发现并修正相关问题。

6. 追踪与管理

收集产品在市场上的相关信息，根据市场反馈信息调整色彩设计策略，为色彩设计改进找到切实的依据。

行业知识

产品形态与色彩

1. 产品形态色彩设计的功能

- 以形态结合色彩暗示功能。
- 以色彩制约和诱导行为。
- 以色彩象征功能。

图8-64

图8-65

22 制作车轮的亮部

复制车轮，为其填充白色并缩小，效果如图8-66所示。

23 添加高斯式模糊效果

将上一步骤中复制的车轮转换为位图并添加高斯式模糊，效果如图8-67所示。

图8-66

图8-67

24 制作其余车轮的模糊效果

参照制作后轮的方法制作出其他车轮的模糊效果，效果如图8-68所示。

25 制作车架效果

利用“渐变填充”工具和“高斯式模糊”命令给支架添加效果，效果如图8-69所示。

图8-68

图8-69

26 制作后轮中心的螺帽

先填充渐变色，然后进行中心缩小并复制，将两个圆一起转换为位图，然后进行高斯式模糊，效果如图8-70所示。

2.产品形态色彩设计的原则

- 产品形态色彩应符合产品形象及企业整体形象的色彩应用。
- 所选用的色彩不仅适用于单位产品，还要适用于纵横系列的产品。
- 系列产品形态应使用较为一致的色彩，并结合一些装饰性细节，使各产品之间产生某种联系，形成系列感、家族感。
- 以色彩区分模块，体现产品的组合性能和功能区分。
- 以某种有标准的用色为参考进行同类产品的调和配色。
- 以销售业绩好的产品为参考配色。
- 推广及研究流行色。
- 使用公众持续看好的、富于生命力的产品色彩，对可能选用者进行色彩喜好分析。
- 恰当、及时地运用季节感的配色。
- 色彩要体现企业的品质。

3.产品形态色彩设计方法

- 强化：加强产品形态的色彩效果，从而加强对产品局部形态的感受，表达产品的设计概念。
- 丰富：用色彩来丰富单一的产品形态，改善产品的整体效果。
- 归纳：用色彩归纳、整理和概括形态，使形态单纯，统一。
- 对比：通过明度对比、色相对比、纯度对比、面积对比等手段烘托、陪衬和加强主体形象。
- 划分：用不同的色彩对产品的局部和整体进行合理划分，以减轻形态的笨重和单调感，增加视觉分辨率。

行业知识

产品配色的基本原则

1.整体色调

整体色调指从配色整体得到的感

27 绘制后轮飞盘并填充颜色

使用“贝塞尔”工具绘制出后轮飞盘的轮廓，然后填充颜色，效果如图8-71所示。

图8-70

图8-71

28 添加阴影

将后轮的飞盘和支架群组，单击工具箱中的“阴影”工具按钮，然后拖动鼠标添加阴影，得到的效果如图8-72所示。

29 完成制作

在车尾部分绘制出排气孔，完成制作，最终效果如图8-73所示。

图8-72

图8-73

觉，由一组色彩中的面积占绝对优势的色调来决定。色调的设计必须满足以下基本要求。

- 产品的物质功能要求。
- 人机协调要求。
- 色彩的时代感要求。
- 不同国家和地区对色彩的喜好。

2.配色的平衡

- 色彩的强弱与平衡关系。
- 色彩的轻重对比与平衡关系。
- 色彩的面积对比与平衡关系。

3.配色的层次感

各种色彩之所以具有不同的层次感，是由人们的视觉透视和习惯造成的。在产品设计时，可利用色彩的层次感特性来增强产品的立体感。

一般来说，纯度高、注目性高，有前进感，反之有后退感；明度高，有扩张感，反之有收缩感；面积大，有前进感；面积小，有后退感等。

拓展训练——自行车造型设计

利用本节所介绍的制作人力动车的相关知识，按照智慧职教本课程提供的素材文件完成自行车造型的设计，最终效果如图8-74所示。

图8-74

- 技术盘点：“贝塞尔”工具、“椭圆形”工具、“形状”工具、“填充”工具、“调和”工具、“文本”工具。
- 素材文件：“Chapter8\8.5\素材\自行车造型设计.cdr”。
- 制作分析：

实践●提高

8.6 时尚平板电脑设计

● 难易程度 ★★★★

项目创设

本案例制作的是时尚平板电脑。制作的平板电脑造型时尚动感，制作的部分主要分为背面区域和正面区域，最终效果如图8-75所示。

制作思路

首先绘制出平板电脑的大致轮廓，然后逐步细化，制作出屏幕、按键，最后完成平板电脑的正面区域。

图8-75

素材：素材与源文件\Chapter8\8.6\素材
视频：教学视频\8.6 时尚平板电脑设计.f4v

案例制作步骤

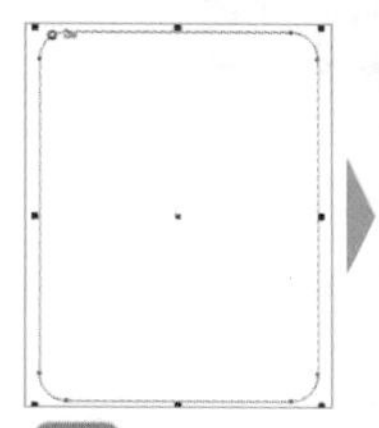

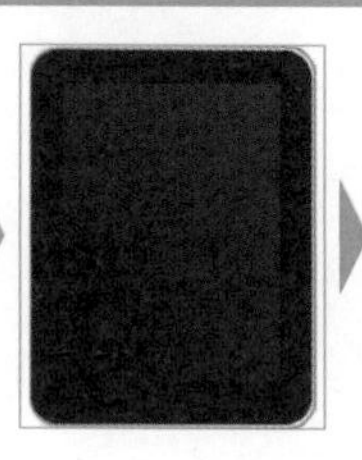
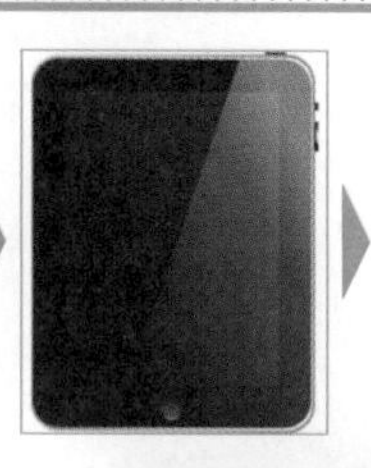

01 创建文档

选择“文件”→“新建”菜单命令，在弹出的“创建新文档”对话框中设置“名称”为“时尚平板电脑设计”、“大小”为A4、“原色模式”为CMYK、“渲染分辨率”为300dpi，单击“横向”按钮□，如图8-76所示。单击“确定”按钮，即可创建文档，如图8-77所示。

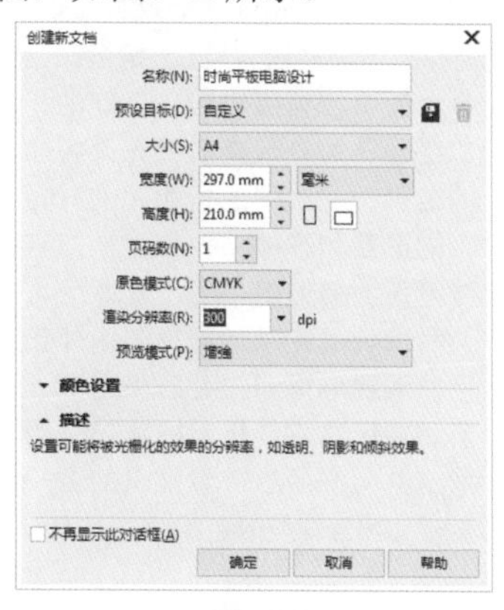

图8-76

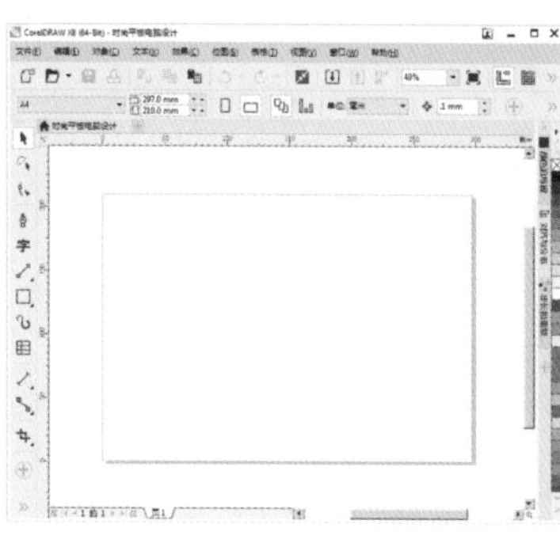
图8-77

02 绘制矩形

单击工具箱中的“矩形”工具按钮□，通过拖动鼠标绘制一个矩形，然后在其属性栏中设置宽为114.893mm、高为148.59mm，

行业知识

产品配色几种常用的基本方法

产品配色的几种常用的基本方法如下。

● 渐变色：渐变色是柔和晕染开来的色彩，可从明到暗，可由深转浅，也可由从一个色彩过渡到另一个色彩，充满变幻无穷的神秘浪漫气息。

渐变色搭配

● 支配色：所谓支配，即对周围环境起引导控制作用。支配色是

效果如图8-78所示。

03 设置圆角

在属性栏中单击“圆角”按钮，设置4个转角半径值均为11mm，得到的图形如图8-79所示。

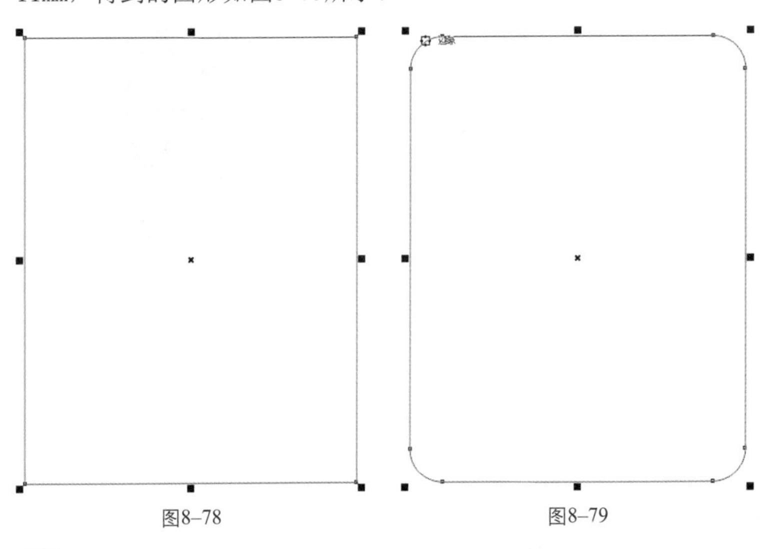

图8-78　　图8-79

04 填充渐变色

单击工具箱中的“交互式填充”工具按钮，打开“编辑填充”对话框，选择“渐变填充”工具，设置填充“类型”为“矩形渐变填充”，并设置渐变颜色，参数设置如图8-80所示。然后单击“确定”按钮，得到的效果如图8-81所示。

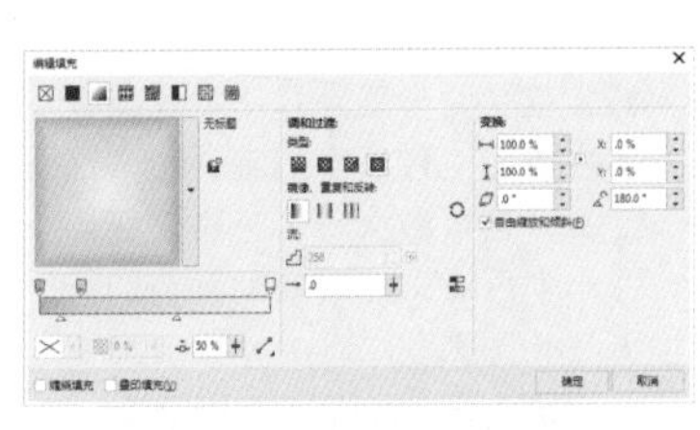

图8-80

图8-81

05 复制并调整图形

按住【Shift】键向里拖动，然后单击鼠标右键，便会得到一个新的图形，效果如图8-82所示。

06 填充颜色

设置轮廓宽度为“无”，然后单击工具箱中的“交互式填充”工具按钮，打开“编辑填充”对话框，选择“均匀填充”工具，参数设置及效果如图8-83所示。

主要色彩，浸染或主导其他色彩的颜色。

以高纯的颜色作为支配色

● 分隔：就是隔开、离开的意思。为分离效果配色，是指在两色或多色的配色中，在过于融合或过于强烈的情况下，在相互连接的色彩中插入一种分离色，来达到色彩调和的目的。

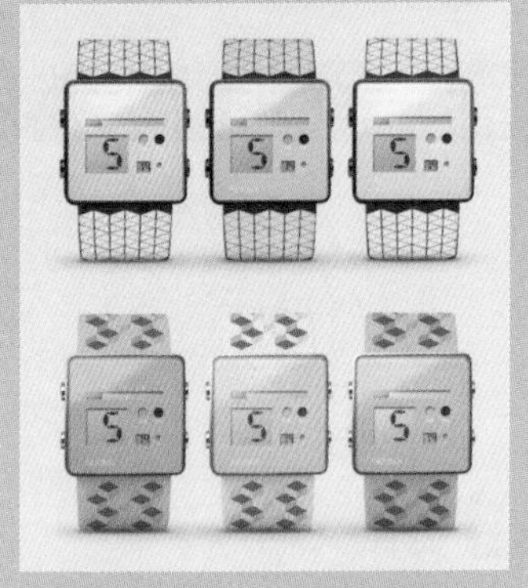

利用无彩色分隔有彩色

行业知识

产品设计与流行色

流行色（Fashion Color或Fresh Living Color），广义上是指在社会生活中较为突出的、活跃的、广泛使用的或带有前卫先锋特质的色彩，是一种泛指的人们对色彩的形容和称呼。狭义上是指在流行色协会的组织下，从事装饰色彩设计的专家们根据国内外市场的消费心理和社会时尚研究，预测市场流通变化，提前18个月拟定并向产品生产者推出的若干色相和相互搭配的色组。

在产品更新越来越快的今天，能否抓住潮流是一个企业掌握市场的关键能力。在产品色彩层面，能够让生产出来的产品顺应色彩流行趋势，能成为市场上的流行

图8-82

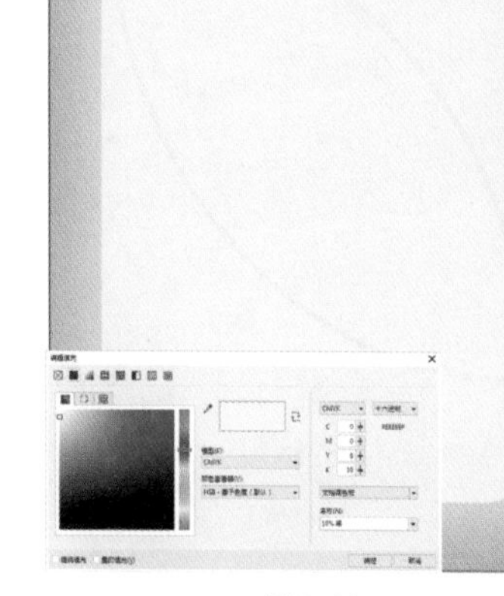
图8-83

07 设置透明度

选择工具箱中的“透明度”工具，在其属性栏中选择“渐变透明度”选项，单击“编辑透明度”按钮，打开“编辑透明度”对话框，参数设置如图8-84所示，单击“确定”按钮完成填色，然后按住【Shift】键不放拖动渐变图形一角使其变大，得到的效果如图8-85所示。

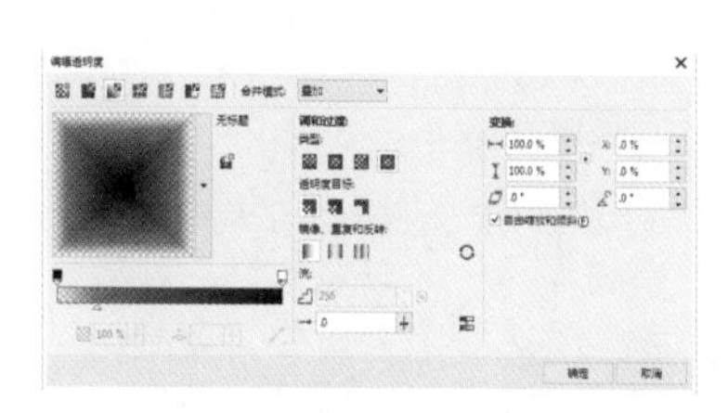
图8-84

图8-85

08 绘制标志

选择工具箱中的“椭圆形”工具，然后按住【Ctrl】键不放在空白区域再绘制一个正圆，效果如图8-86所示。

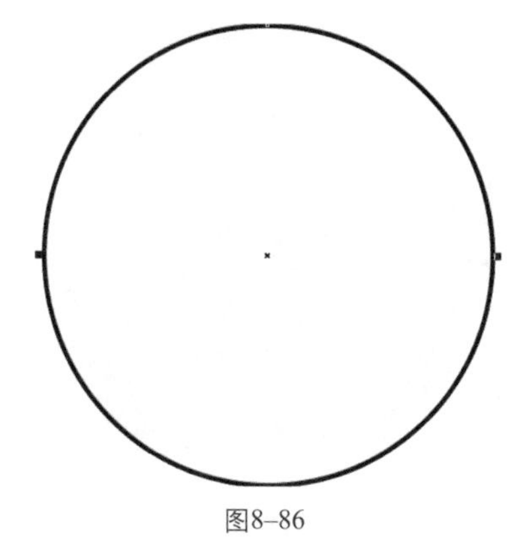
图8-86

09 调整弧度

单击鼠标右键，在弹出的快捷菜单中选择“转换为曲线”命令将圆形转换为曲线，然后选择“形状”工具，调整圆形的两端节点位置以及上下节点的弧度，效果如图8-87所示。

色或者引领某种色彩潮流，这是企业获胜的法宝。

1.流行色特点

● 鲜明性特点：具有鲜明特征，从而与其他色彩相区别。

● 延时性特点：不是即时性的显现和应用，某一季的流行色不会因为下一季流行色的公布而立刻宣告结束。

● 周期循环性特点：7年为一个周期，与人的生物规律相符合。

● 流行色与常规颜色：这是一对互相联系、互相区别、相辅相成的概念，二者互相依存、互相补充、互相转化。

2.流行色预测中的若干因素

● 地理环境因素。

● 重要背景事件因素。

● 不同阶层人群因素。

● 材料因素。

3.流行色预测方法

● 综合分析国际、国内的色彩动向。

● 分析历年的和当前的流行色资料，通过对纵向与横向流行色资料的分析、研究，根据当前的流行趋向，抓住即将显露的萌芽因素，作出判断。

●每年2月与7月，国际流行色委员会在巴黎召开各委员国专家会议，各国专家介绍本国的流行色提案，通过评论最后表决国际流行色。

行业知识

产品设计中的人机工程学

人机工程学和工业设计在基本思想与工作内容上有很多一致性。人机工程学的基本理论——“产品设计要适合人的生理、心理因素”与工业设计的基本观念——“创造的产品应同时满足人们的物质与文化需求”意义基本相

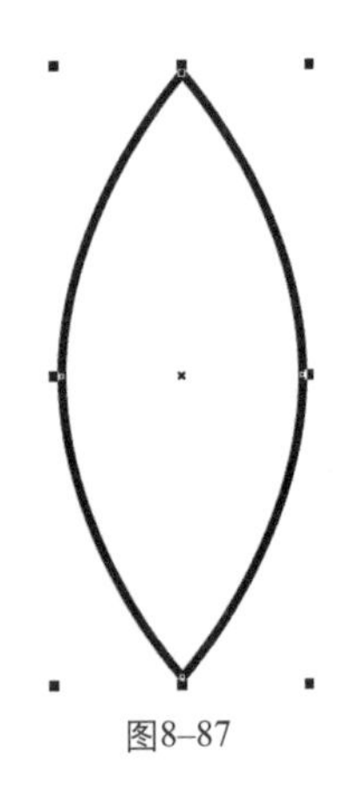

图8–87

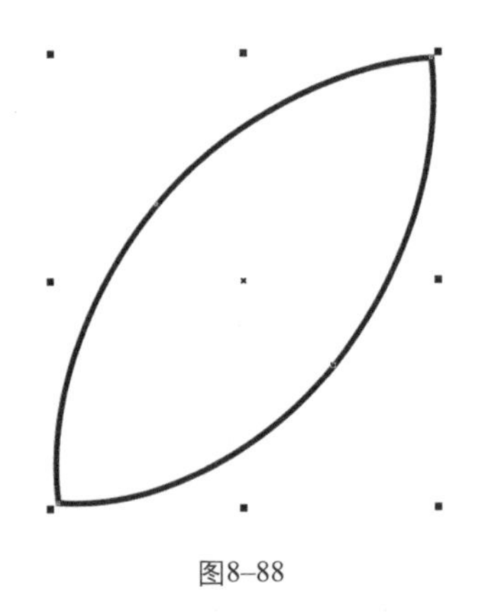

图8–88

10 旋转角度

使用“选择”工具选中上一步的图像，在其属性栏中设置旋转角度为45°，效果如图8–88所示。

11 填充渐变色

设置轮廓宽度为“无”，然后选择工具箱中的“交互式填充”工具为图形填充渐变色，参数设置及效果如图8–89所示。

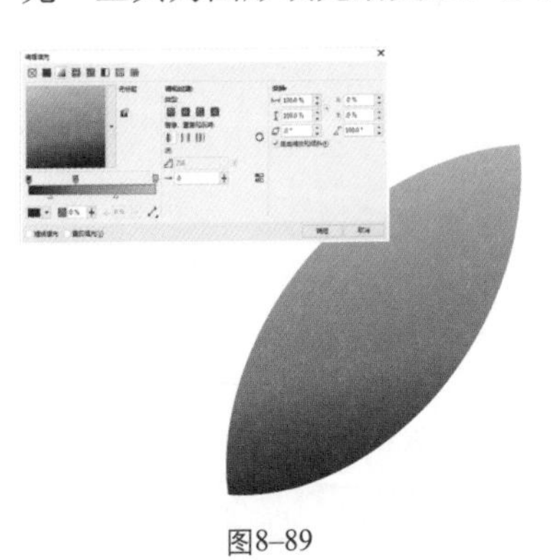

图8–89

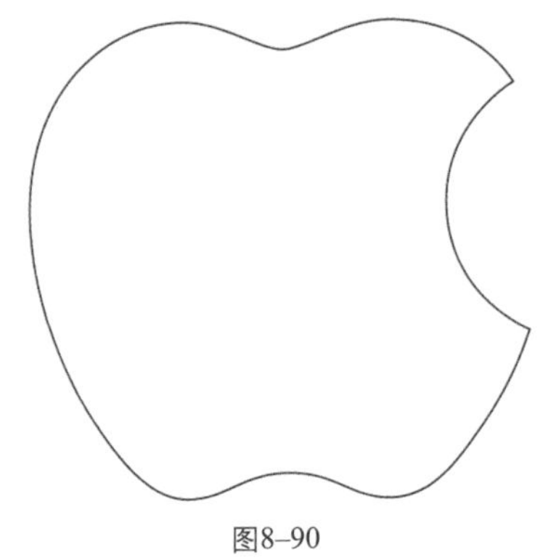

图8–90

12 再绘制一个图形

使用工具箱中的“钢笔”工具再绘制一个图形，然后使用“形状”工具进行微调，效果如图8–90所示。

13 填充渐变色

设置轮廓宽度为“无”，然后选择工具箱中的“交互式填充”工具为图形填充渐变色，参数设置及效果如图8–91所示。

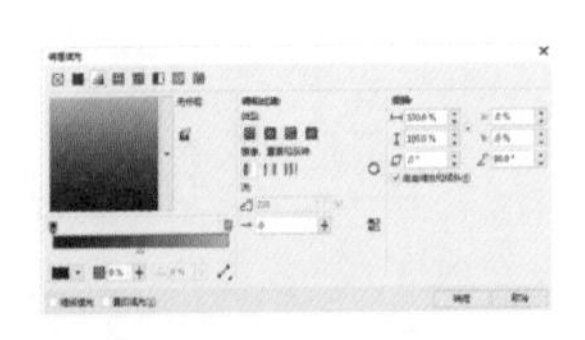

图8–91

同，侧重稍有不同。工业设计与人机工程学都是研究人与物之间的关系，都是研究人与物交接界面上的问题，不同于工程设计(以研究与处理“物与物”之间的关系为主)。工业设计在历史发展中溶入了更多美的探求等文化因素，工作领域还包括视觉传达设计等方面，而人机工程学则在劳动与管理科学中有广泛的应用，这是二者的区别。

工业设计是一项综合性的规划活动，是一门技术与艺术相结合的学科，同时受环境/社会形态、文化观念以及经济等多方面的制约和影响，即工业设计是功能与形式、技术与艺术的统一。工业设计的出发点是人，设计的目的是为人服务，工业设计必须遵循自然与客观的法则，这3项明确地体现了现代工业设计中“用”与“美”的高度统一、“物”与“人”的完美结合，把先进的技术科学和广泛的社会需求作为设计风格的基础。概而言之，工业设计的主导思想以人为中心，着重研究“物”与“人”之间的协调关系。

在美国，有人称人机工程学为人类工程学、人因工程学；在欧洲，有人称之为生物工艺学、工程心理学、应用实验心理学、人体状态学等；在日本，称之为“人间工学”；在我国，目前除了使用上述名称外，有的还译成工效学、宜人学、人体工程学、人机学、运行工程学、机构设备利用学、人机控制学等。人体工程学的命名已经充分体现了该学科是“人体科学”与“工程技术”的结合。实际上，这一学科就是人体科学、环境科学不断向工程科学渗透和交叉的产物，以人体科学中的人类学、生物学、心理学、卫生学、解剖学、生物力学、人体测量学等学科为“一肢”，以环境科学中的环境保护学、环境医学、环境卫生学、环境心理学、环境监测技术等学科为“另一肢”，以技术科学中的工业设计、工业经济、系统工程、交通工程、企业管理等学科为“躯干”，它们形象地构成了

14 组合图形并编组

将上面绘制完成的两个渐变图形放置在一起，效果如图8-92所示。然后同时选中图形并右击，在弹出的快捷菜单中选择“组合对象”命令将图形编组，效果如图8-93所示。

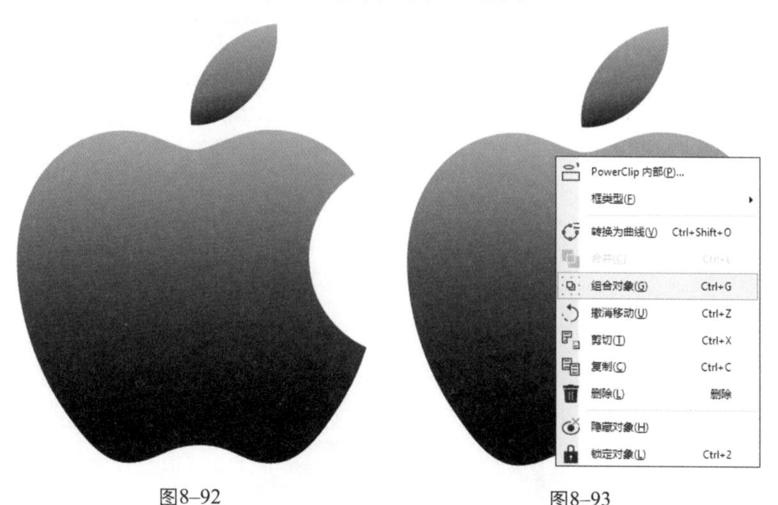

图8-92 图8-93

15 调整图形位置

将编组后的图形放置在如图8-94所示的位置，使其与渐变底图居中对齐。

图8-94

16 调整轮廓并绘制按键

将底图轮廓宽度设置为0.2mm，然后单击右侧调色板上的“60%黑”，如图8-95所示，接着用“钢笔”工具在左上角绘制3个按键图形并填充渐变色，参数设置及效果如图8-96所示。

图8-95

图8-96

本学科的体系。由于社会分工不同，可分为职业和非职业两类。职业类指在物质文明和精神文明创造活动中对工具、设备、环境进行设计、加工的专业活动，在这个范畴中运用人机工程学创造完美的“人－机－环境”系统。非职业范畴指自我服务性范畴，如家务活动、休息及娱乐活动等，在这个范畴中，运用人机工程学创造出高效率的、有利于身心健康的高质量生活。总而言之，人机工程学不仅有利于专业化分工的专门性创造活动，也有利于人类大的生活领域；不仅适合对生产工具、设备及环境的创造，而且适合人们整个生活、娱乐、休息、工作、学习等领域。

人机工程学的研究内容及其对于设计学科的作用可以概括为以下内容。

- 为工业设计中考虑“人的因素”提供人体尺度参数。应用人体测量学、人体力学、生理学、心理学等学科的研究方法，对人体结构特征和肌能特征进行研究，提供人体各部分在活动时的相互关系和范围等人体结构特征参数等。

- 为工业设计中“产品”的功能合理性提供科学依据。考虑如何解决“产品”与人相关的各种功能的最优化，创造出与人的生理和心理肌能相协调的“产品”。

- 为工业设计中考虑“环境因素”提供设计准则。通过研究人体对环境中各种物理因素的反应和适应能力，确定人在生产和生活活动中所处的各种环境的舒适范围和安全限度，为其提供了设计方法和设计准则。

社会发展、技术进步、产品更新、生活节奏紧张，这一切必然导致“产品”质量观的变化。人们将会更加重视“方便”“舒适”“可靠”“价值”“安全”和“效率”等方面的评价，以及人机工程学等边缘学科的发展和应用，也必然会将工业设计的水

17 添加文本

单击工具箱中的“文本”工具按钮字，输入“iPad”，设置字体为Myriad Pro、大小为16pt，并填充黑色，然后将字体移动到相应位置，效果如图8-97所示。至此，平板电脑的背面图形已经制作完成，接下来绘制平板电脑的正面图形。

图8-97

18 绘制矩形

单击工具箱中的“矩形”工具按钮□，通过拖动鼠标绘制一个与背面相同大小的矩形，效果如图8-98所示。

19 设置圆角

在属性栏中单击“圆角”按钮□，设置4个转角半径值均为11mm，得到的图形如图8-99所示。

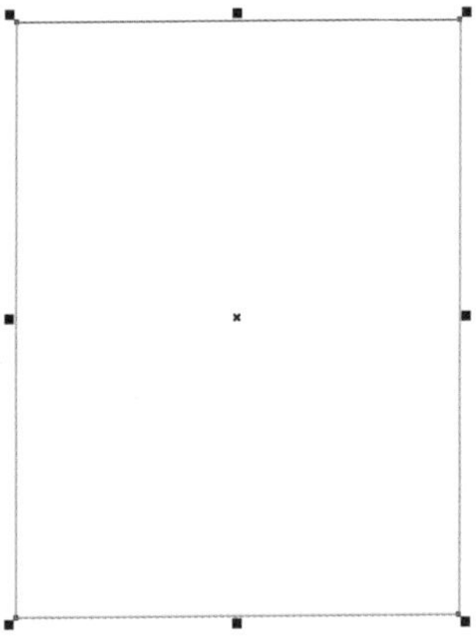

图8-98

图8-99

20 填充渐变色

设置轮廓宽度为无，使用“交互式填充”工具为矩形填充渐颜色，参数设置如图8-100所示。然后单击“确定”按钮，得到的效果如图8-101所示。

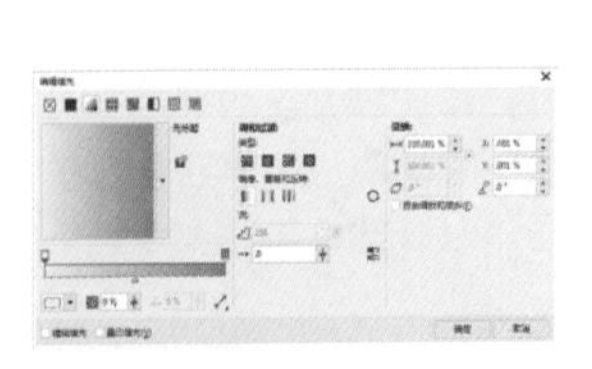

图8-100

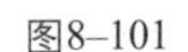

图8-101

准提高到人们所追求的那个崭新高度。

工具详解

交互式调和工具

交互式调和是一种渐变效果，它可以产生由一种对象向另外一种对象的渐变。渐变可以沿指定的路径进行，渐变的效果包括了对象的大小、颜色、填充内容、轮廓粗细等属性。

1. 沿直线渐变

① 绘制两个大小、颜色、填充内容和轮廓粗细都不同的图形。

绘制图形并填充颜色

② 单击工具箱中的“交互式展开”工具按钮，在弹出的工具组中单击“调和”工具按钮，然后从一个对象上拖曳鼠标到另外一个对象上，即可产生调和效果。

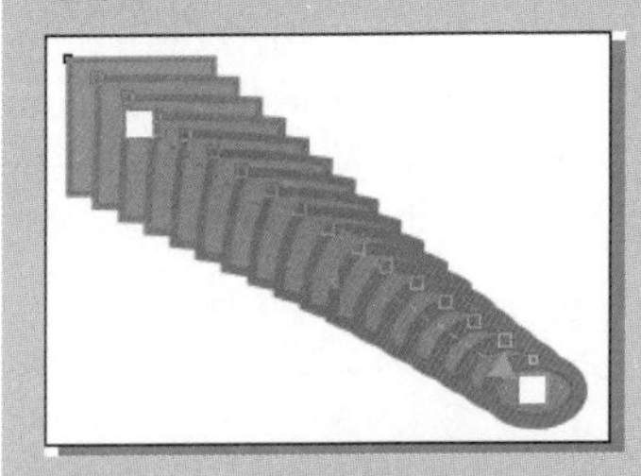

调和效果

③ 在“调和”工具的属性栏中设置“对象的位置”中X和Y的数值，可以改变渐变对象的位置；设置“对象的大小”数值，可以改变渐变对象的大小；设置“步数或调和形状之间的偏移量”数值，可以改变渐变的层次数。

④ 用鼠标拖曳渐变对象上的正方形控制句柄，可以调整起始或结束对象的位置。拖曳渐变对象上

21 复制并调整图形

按住【Shift】键向里拖动，然后单击鼠标右键，便会得到一个新的图形，然后单击属性栏中的“水平镜像”按钮，得到的效果如图8-102所示。

22 复制图像并填充颜色

再复制一个圆角矩形，然后调整大小并填充黑色，得到的效果如图8-103所示。

图8-102

图8-103

23 绘制矩形

利用“矩形”工具在空白区域绘制一个宽为86.43mm、高为115.358mm的矩形，效果如图8-104所示。

图8-104

图8-105

24 填充渐变色

使用“交互式填充”工具为矩形填充渐颜色，参数设置及效果如图8-105所示。

的两个箭头控制句柄，可以改变各层次的间距和颜色的变化。

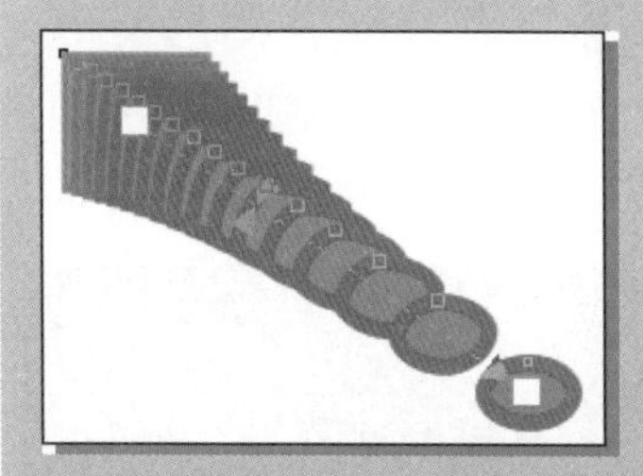

调整角度后的效果

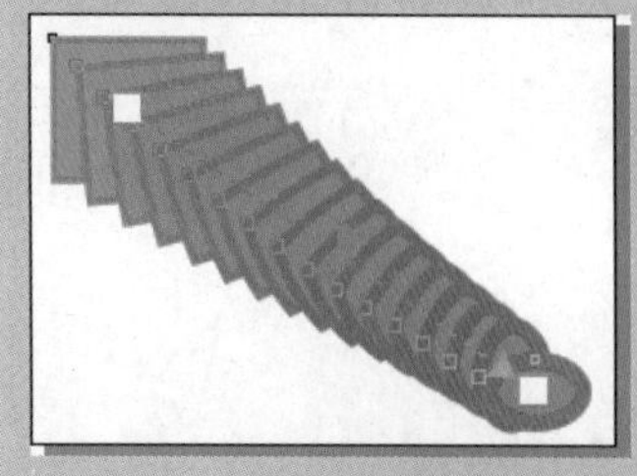

改变各个层次的间距和颜色

⑤在“调和”工具的属性栏中设置“调和方向”的数值，可以使渐变的图形改变旋转角度。

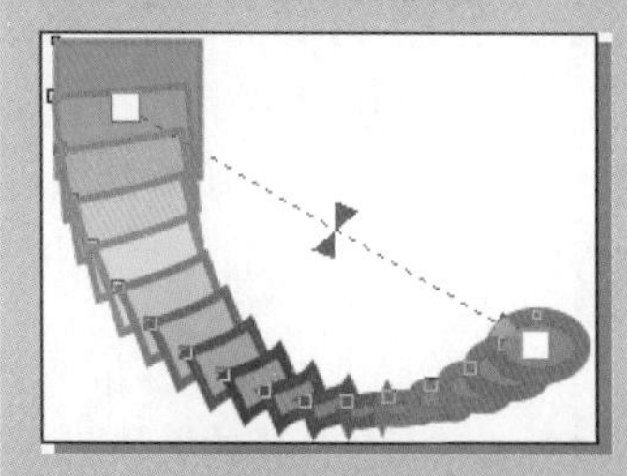

调整角度后的效果

2.沿路径调和

①制作矩形到椭圆形调和渐变的图形效果，然后在调和图形下边绘制一条曲线。

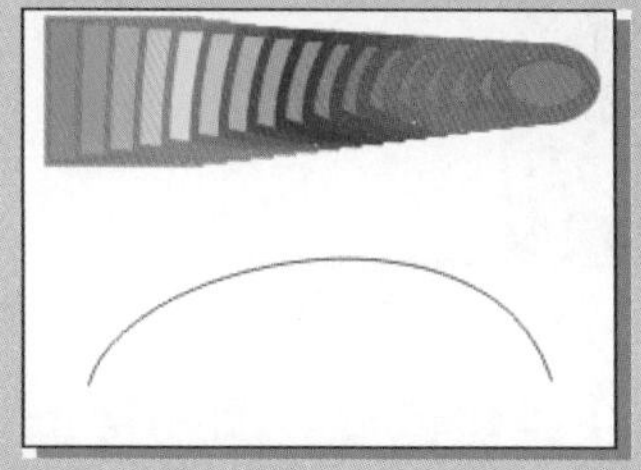

设置渐变调和并绘制曲线

②将鼠标指针移到调和渐变对象上后单击鼠标右键，在弹出的快捷菜单中选择“新建路径”命令，鼠标指针会变成弯曲的箭头状。将鼠标指针移到曲线路径

25 调整位置

将上一步绘制的渐变矩形调整到如图8-106所示的位置。

26 复制并调整图形节点

复制步骤22制作的圆角矩形，然后将其转换为曲线，利用“形状”工具调整节点的位置及形状，得到的效果如图8-107所示。

图8-106

图8-107

27 调整透明度并添加渐变

将渐变图放置在相应位置，然后使用“透明度”工具将透明度数值调整为50，并添加渐变色，效果及参数设置如图8-108所示。

28 制作HOME键

利用“椭圆形”工具和“矩形”工具，分别绘制两个图形，并为圆形填充渐变色，效果如图8-109所示。

图8-108

图8-109

29 调整位置并添加按键

将Home键图形组合并放置于相应位置，然后复制步骤16绘制的3个按键，做水平镜像后放置在屏幕右上角，效果如图8-110所示。至此，时尚平板电脑已经全部制作完成，将正面图形编组并与背面图形放置在一起，效果如图8-111所示。

上，然后单击，即可使调和渐变的图形对象沿曲线路径渐变。

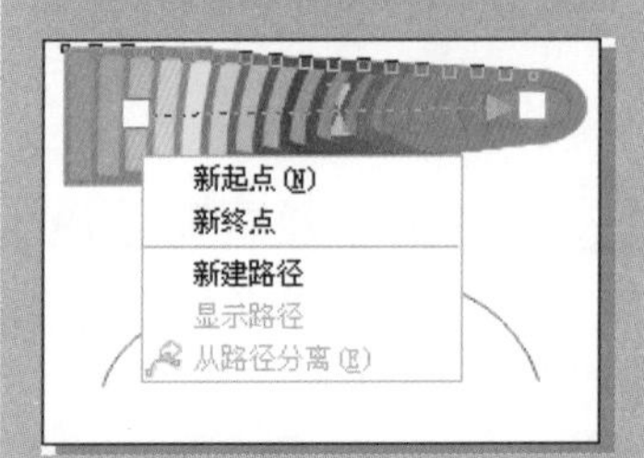

弹出快捷菜单

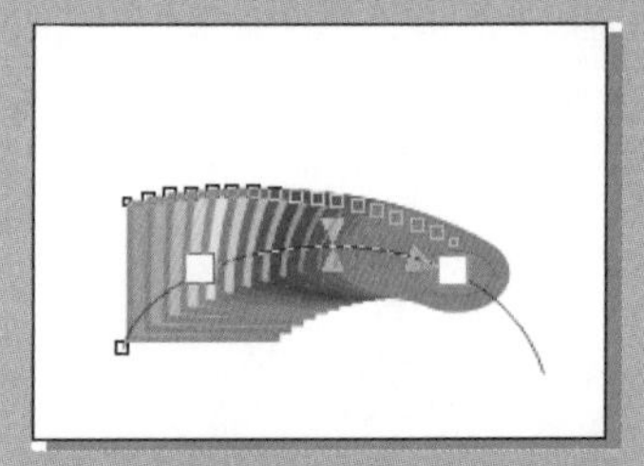

沿曲线路径的渐变效果

3.复合渐变

复合渐变就是由两个或多个渐变对象组成一个渐变对象。

①绘制两个渐变对象。

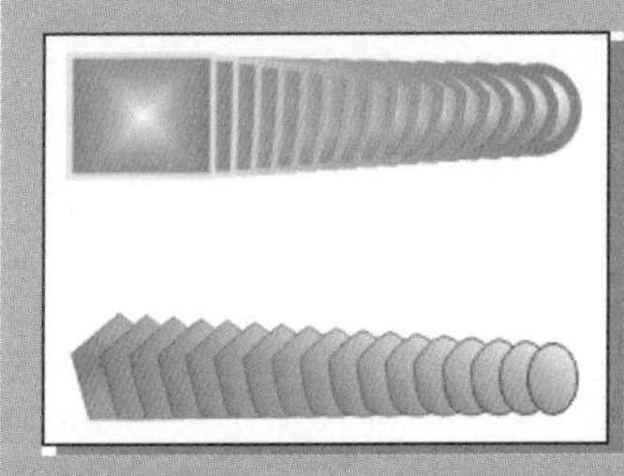

绘制渐变对象

②选择“调和”工具，选中一个渐变对象，然后单击选中渐变对象的起始或结束图形，用鼠标拖曳到另外一个渐变对象的起始或结束图形上，从而产生复合渐变。

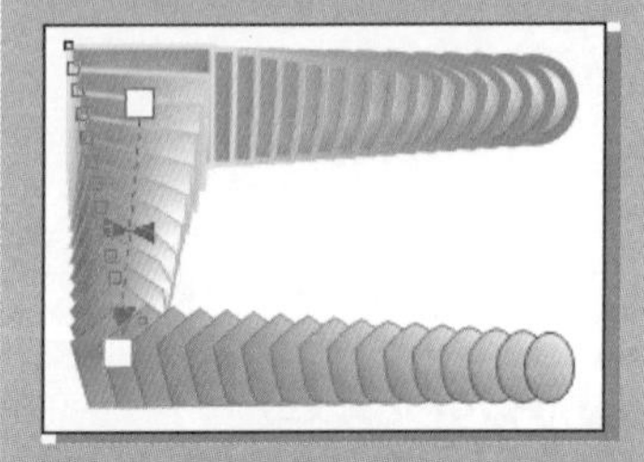

复合渐变效果

③选择起始和结束属性菜单中的“新终点”命令，鼠标指针呈粗

图8–110

图8–111

箭头状，此时将鼠标指针移到下边渐变对象的右侧终止图形处，然后单击，即可改变复合渐变的连接形式。

改变渐变连接的形式

拓展训练——时尚智能手机设计

利用本节所介绍的时尚平板电脑设计的相关知识，按照素材文件制作时尚智能手机，最终的效果如图8–112所示。

图8–112

- 技术盘点：“贝塞尔”工具、“矩形”工具、“椭圆形”工具、“形状”工具、“渐变填充”工具、“文本”工具。
- 素材文件：“Chapter8\8.6\素材\时尚智能手机设计.cdr”。
- 制作分析：

8.7 知识与技能梳理

本章通过3个不同形式的案例，阐述了产品造型设计的基本方法和制作技巧。

- 重要工具：“贝塞尔”工具、“形状”工具、“文本”工具、“渐变填充”工具、“椭圆形”工具、“矩形”工具。
- 核心技术：综合使用“贝塞尔”工具、“形状”工具、“文本”工具、“渐变填充”工具、“椭圆形”工具、“矩形”工具制作出各种类型的产品造型。
- 实际运用：产品造型设计、礼品设计。

系列教材后记——得鱼忘筌

有一个成语，叫做得鱼忘筌。筌是古代一种捉鱼的竹器，形态像个小篓子，里面装有倒刺，鱼钻入就很难脱身。得鱼忘筌的意思就是捕到了鱼，忘掉了筌，比喻事情成功以后就忘了本来依靠的东西。

时至今日，我们已经很难想象如何用当年那么原始的工具去捉鱼了。因为现在在渔具店里，一套高级的钓鱼用具可能要花上好几千元，用的全是最新的高科技材料。总而言之，鱼还是几千年前那种鱼，但工具已经发生了翻天覆地的变化。

艺术设计发展到现在，也有异曲同工的境界。计算机、互联网，以及各种硬件设备和软件工具的快速发展，已经彻底改变了人们的生活方式，也让数字设计成为主流方向。为了追求更高更美的设计，软件工具的发展甚至引导了艺术设计的走向。不过，设计者所追求的终极目标从未有过变化——始终在追求大真大善大美。

在引导学生进入艺术设计领域时，学习新的软件工具就成了他们掌握设计知识和技术的敲门砖。无奈信息时代知识的更新奇快，工具的迭替飞速，软件版本的升级更是层出不穷，更有甚者，企业运营不良导致使用多年的工具被吞并消亡。在数量、版本众多的工具面前，学生无从选择。所以，我们不得不仔细想想应该提供什么样的教材给学生，不至于让他们只学会了工具，而没有领会到设计本身的精髓。

授人以鱼还是授人以渔是一个不用争辩的命题。所以，方法永远是我们所倡导的，这也是这套教材的立意，只要掌握了好的方法，就不用担心工具的替换，也不用追求软件的升级。希望我们和高等教育出版社携手打造的这套教材可以引领学生在学习软件工具的同时，深入掌握设计的方法及表现要领。

艺术设计没有那么多约束和规则，完全是心意的体现，设计无边界更不可能有工具的束缚。在当前的发展状况下，工具可以也必定会被使用，但一味地依靠工具，只能适得其反。我们的目的是鱼，而不是工具，如果执着于工具，便会求鱼于筌终不可得矣。

所以，于艺术设计而言，“得鱼忘筌”其实是一种至高的境界啊！

系列教材组编　李涛

于北京

资源服务提示

欢迎访问职业教育数字化学习中心——“智慧职教”（http://www.icve.com.cn），以前未在本网站注册的用户，请先注册。用户登录后，在首页或“课程”频道搜索本书对应课程“CorelDRAW X8 案例教程”进行在线学习。用户可以扫描本书封底数字课程二维码进行在线学习，也可以在“智慧职教”首页或扫描本页右侧提供的二维码下载“智慧职教”移动客户端，通过该客户端进行在线学习。

扫描下载官方APP